图 4-6 直板机六视图

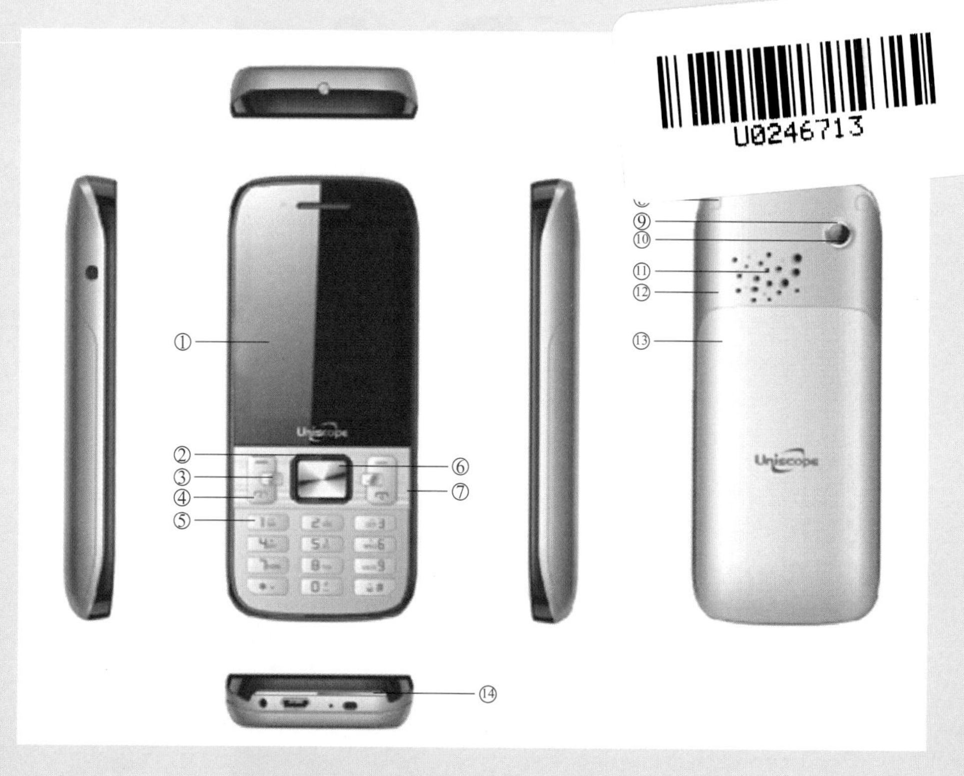

图 4-17 完成编号后的直板机六视图 4

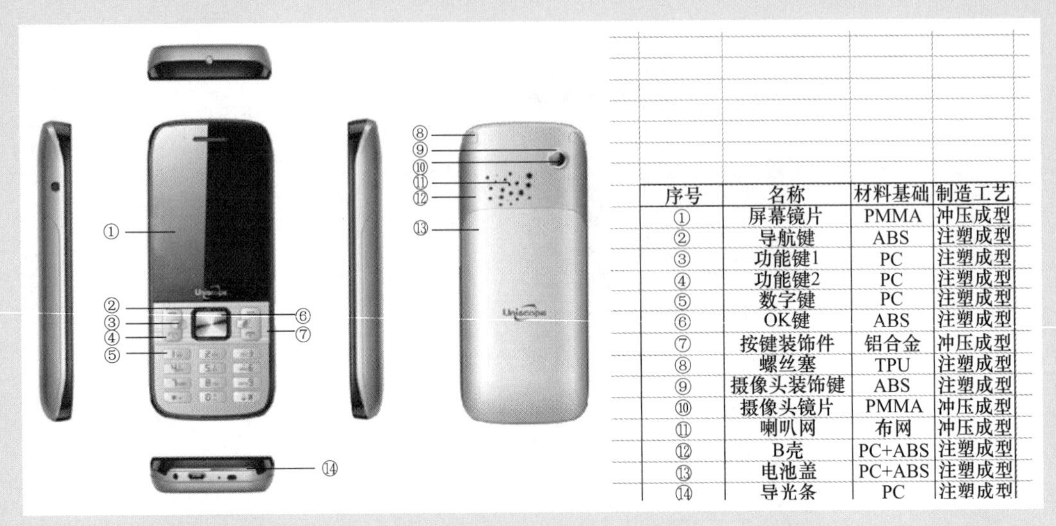

序号	名称	材料基础	制造工艺
①	屏幕镜片	PMMA	冲压成型
②	导航键	ABS	注塑成型
③	功能键1	PC	注塑成型
④	功能键2	PC	注塑成型
⑤	数字键	PC	注塑成型
⑥	OK键	ABS	注塑成型
⑦	按键装饰件	铝合金	冲压成型
⑧	螺丝塞	TPU	注塑成型
⑨	摄像头装饰键	ABS	注塑成型
⑩	摄像头镜片	PMMA	冲压成型
⑪	喇叭网	布网	冲压成型
⑫	B壳	PC+ABS	注塑成型
⑬	电池盖	PC+ABS	注塑成型
⑭	导光条	PC	注塑成型

图 4-22 最终完成的表格和直板机六视图

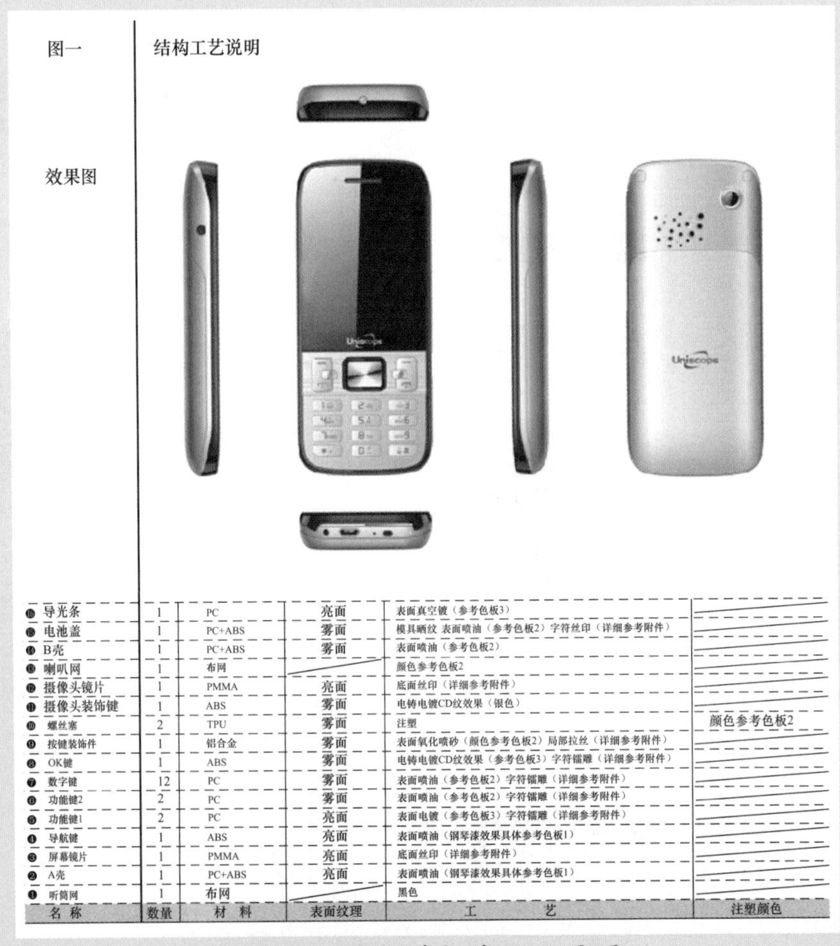

名称	数量	材料	表面纹理	工艺	注塑颜色
⓰ 导光条	1	PC	亮面	表面真空镀（参考色板3）	
⓯ 电池盖	1	PC+ABS	雾面	模具晒纹 表面喷油（参考色板2）字符丝印（详细参考附件）	
⓮ B壳	1	PC+ABS	雾面	表面喷油（参考色板2）	
⓭ 喇叭网	1	布网		颜色参考色板2	
⓬ 摄像头镜片	1	PMMA	亮面	底面丝印（详细参考附件）	
⓫ 摄像头装饰键	1	ABS	雾面	电铸电镀CD纹效果（银色）	
❿ 螺丝塞	2	TPU	雾面	注塑	颜色参考色板2
❾ 按键装饰件	1	铝合金	雾面	表面氧化喷砂（颜色参考色板2）局部拉丝（详细参考附件）	
❽ OK键	1	ABS	雾面	电铸电镀CD纹效果（参考色板3）字符镭雕（详细参考附件）	
❼ 数字键	12	PC	雾面	表面喷油（参考色板2）字符镭雕（详细参考附件）	
❻ 功能键2	2	PC	雾面	表面喷油（参考色板2）字符镭雕（详细参考附件）	
❺ 功能键1	2	PC	亮面	表面电镀（参考色板3）字符镭雕（详细参考附件）	
❹ 导航键	1	ABS	亮面	表面喷油（钢琴漆效果具体参考色板1）	
❸ 屏幕镜片	1	PMMA	亮面	底面丝印（详细参考附件）	
❷ A壳	1	PC+ABS	亮面	表面喷油（钢琴漆效果具体参考色板1）	
❶ 听筒网	1	布网		黑色	

图 5-1 直板手机产品效果图

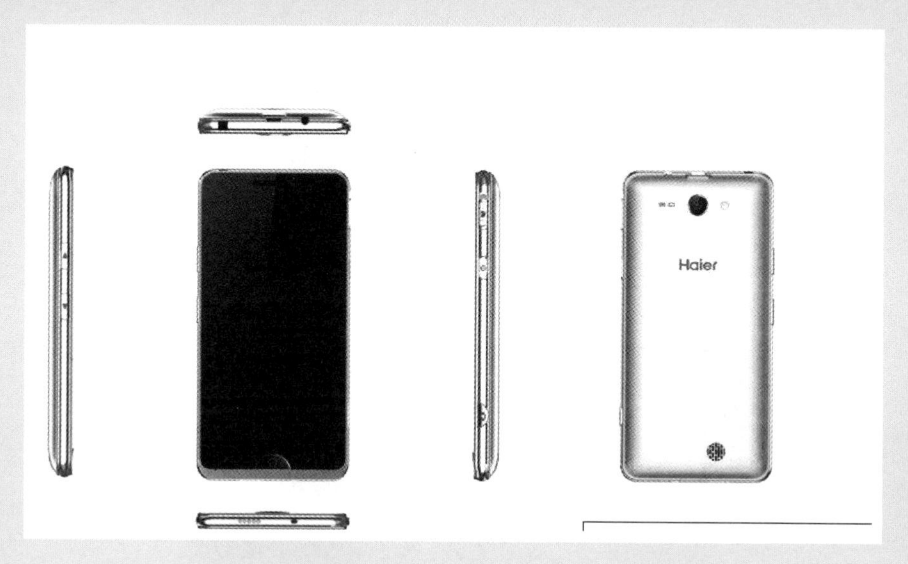

图 5-6 直板手机六视效果图

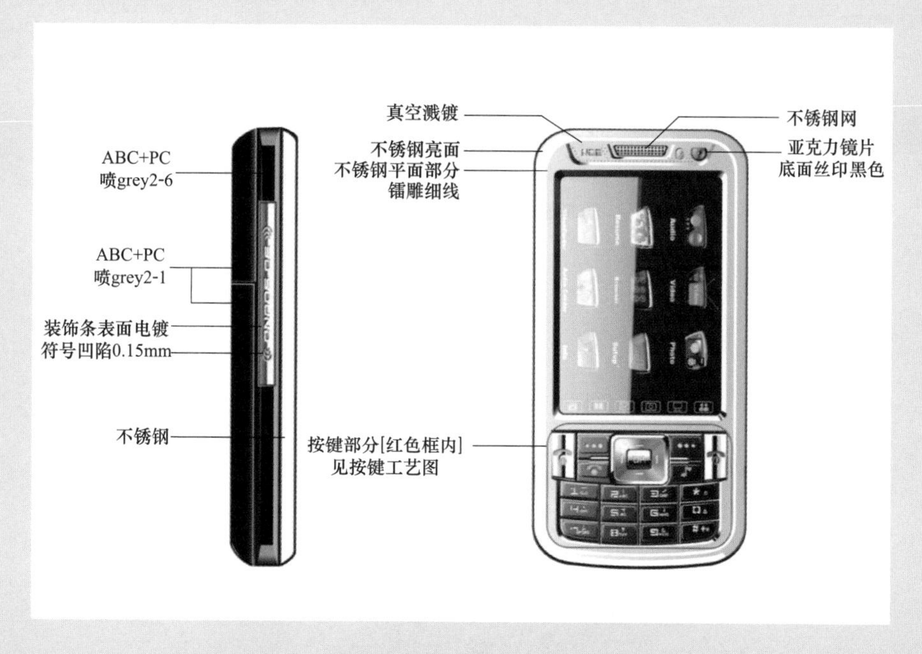

图 5-11 直板手机效果图表面处理方案 1

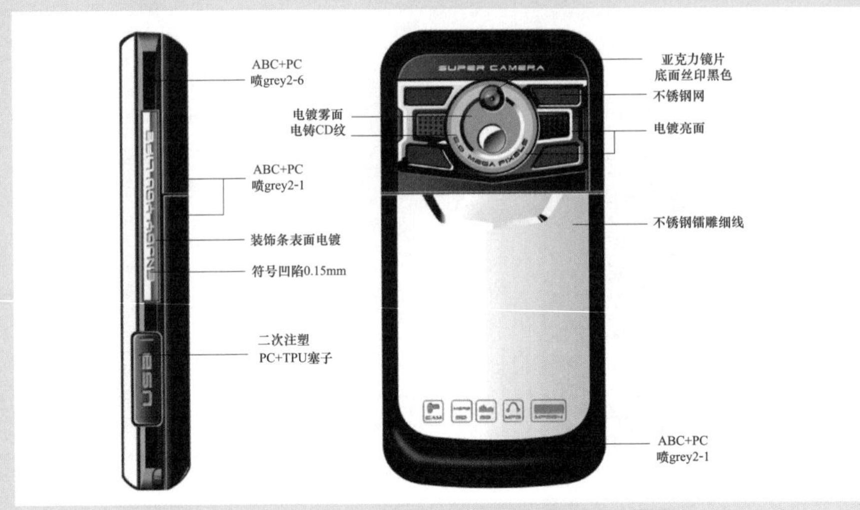

图 5-12 直板手机效果图表面处理方案 2

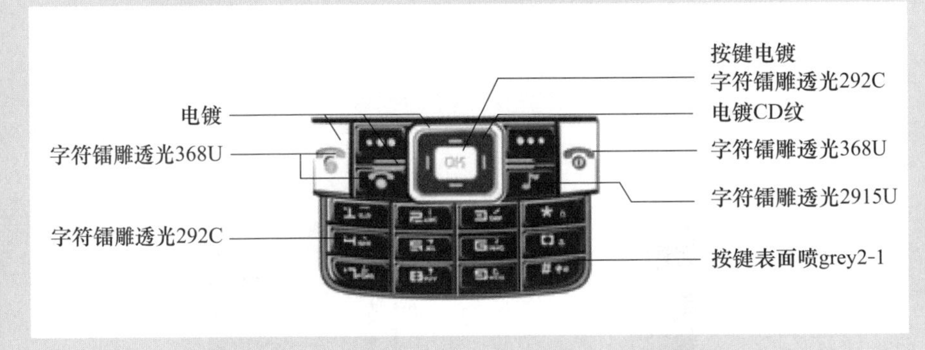

图 5-13 直板手机效果图表面处理方案 3

图 7-1 手持 POS 机效果图

图 7-3 按键丝印图

颜色区域使用背面丝印
参考颜色为：PANTONE Black C

图 7-4 镜片丝印图

图 11-1 车载内窥镜产品的手柄

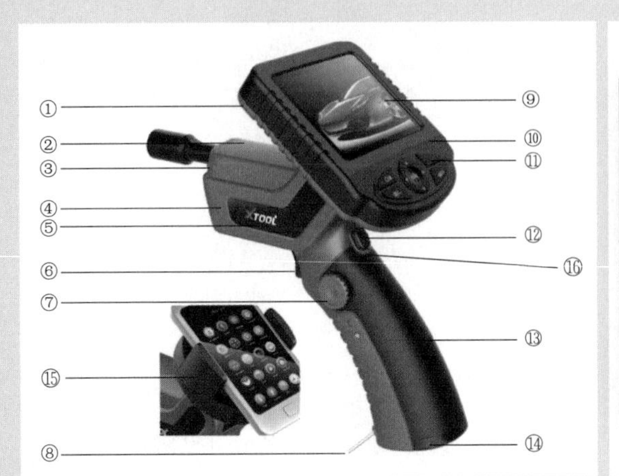

效果图仅供参考，以色卡为准

编号	零件名称	数量	材料	颜色	备注
1	后壳	1	ABS	PT1807U	模具细亚面
2	右壳	1	ABS	PT1807U	模具细亚面
3	前壳	1	ABS	PT1807U	模具细亚面
4	左壳	1	ABS	PT1807U	模具细亚面
5	标贴	2	PVC	见标贴文件	
6	电筒按键	1	ABS	黑色	模具细亚面
7	旋钮开关	1	ABS	PT1807U	模具细亚面（符号内凹面为亮面）
8	挂绳环	1	金属		
9	镜面	1	PMMA		背丝印（参见丝印文件）
10	前壳	1	ABS	黑色	模具细亚面
11	按键	5	rubber	黑色	模具细亚面
12	拍照按键	1	ABS	黑色	模具细亚面
13	硅胶	1	rubber	黑色	模具细亚面
14	电池盖	1	ABS	黑色	模具细亚面
15	支架	1	ABS	黑色	模具细亚面
16	按键装饰件	1	ABS	PT1807U	模具细亚面

图 11-2 车载内窥镜产品的手柄材料清单

内窥镜产品材料明细表								制作人：		
								日　期：		
序号		图片	名　称	3D档名	单位	数量	技术要求			
							材料	素材颜色	表面处理	备注
塑胶类	1		左壳	left-cabinet	pcs	1	abs			预制M2s4螺母一个
	2		右壳	right-cabinet	pcs	1	abs			预制M2s4螺母一个
	3		前壳	front-cover	pcs	1	abs			
硅胶类	序号	图片	名　称	3D档名	单位	数量	技术要求			
							材料	素材颜色	表面处理	备注
	4			rubber	pcs	1	rubber			

图 11-17 拆件物料明细表

图 11-18 车载内窥镜显示屏组件

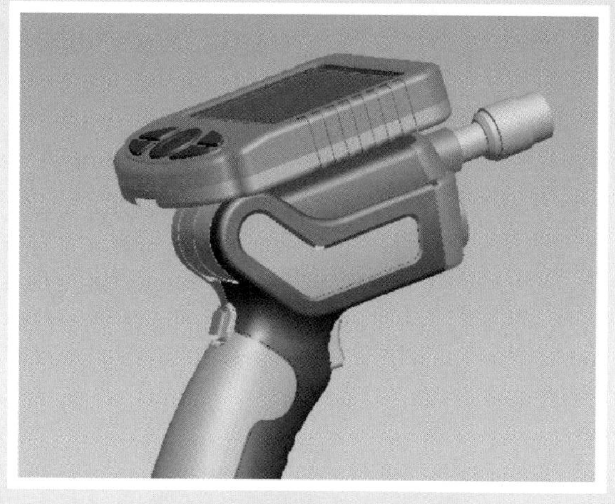

图 13-1 车载内窥镜形态

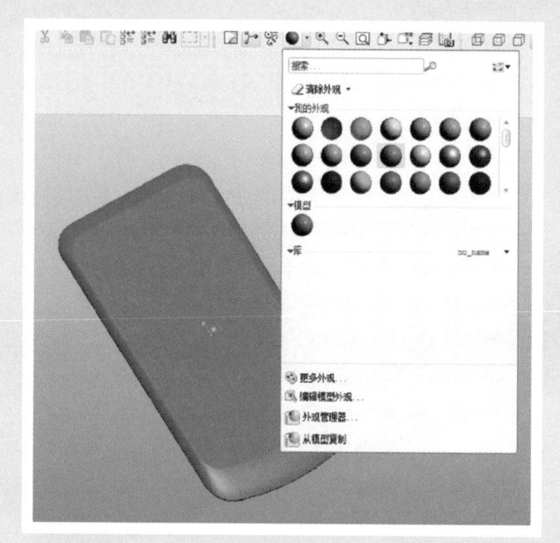

图 16-85 前壳上色

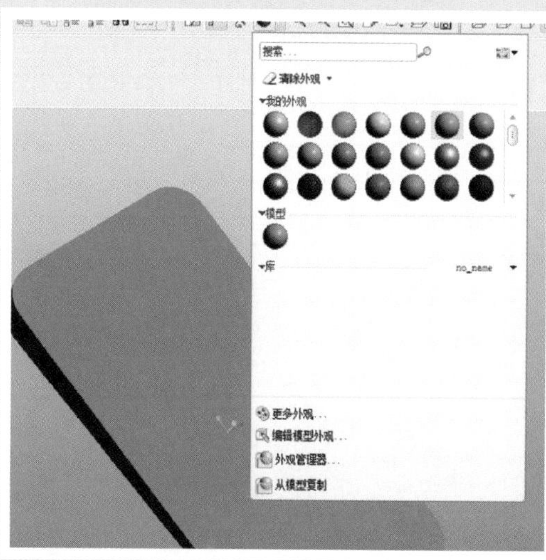

图 16-98 打开“外观库”给后壳着色

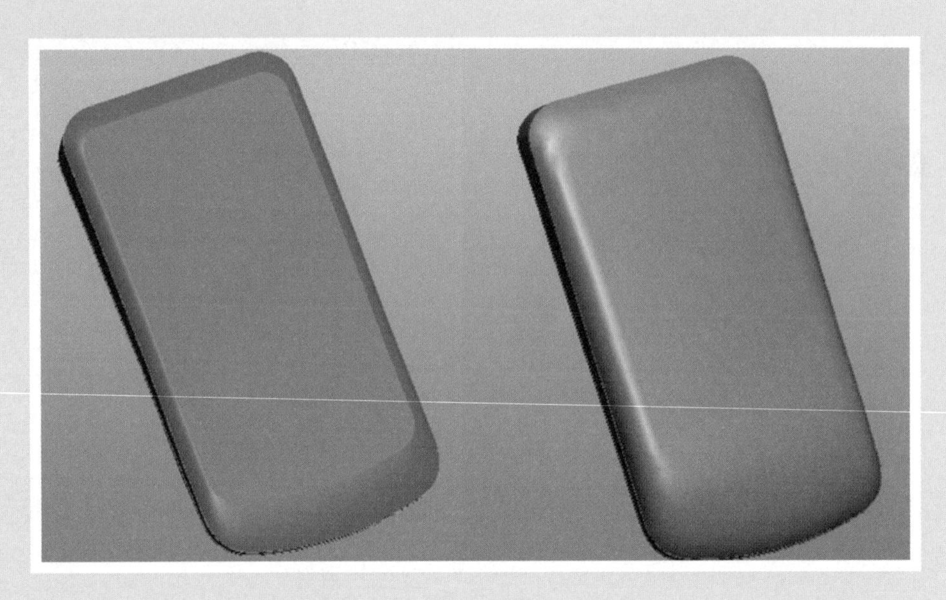

图 16-124 模型上下壳形态

编号	零件名称	数量	材料	颜色	备注
1	上壳	1	铝合金	PT Black U	金属喷漆细纹
					镭雕
2	铭牌	1	铝合金	PT Cool Gray 1C	表面氧化
3	下壳	1	铝合金	PT Black U	金属喷漆细纹
4	还原键	1	软胶	PT 186 C	模具光面
5	接口盖	1	软胶	PT Black U	模具亚面

图 18-1 硬盘 ID 设计图稿和 CMF 图表

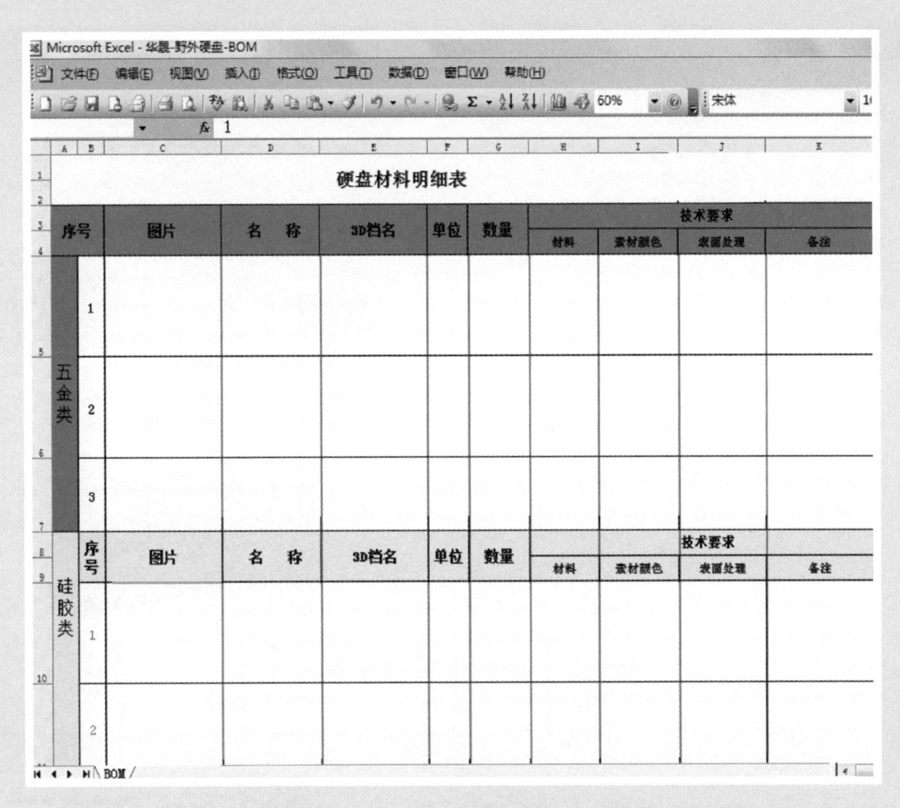

Microsoft Excel - 华晨-野外硬盘-BOM

文件(F) 编辑(E) 视图(V) 插入(I) 格式(O) 工具(T) 数据(D) 窗口(W) 帮助(H)

硬盘材料明细表

	序号	图片	名 称	3D档名	单位	数量	技术要求			
							材料	素材颜色	表面处理	备注
五金类	1									
	2									
	3									
硅胶类	序号	图片	名 称	3D档名	单位	数量	技术要求			
							材料	素材颜色	表面处理	备注
	1									
	2									

BOM

图 18-2 手板物料清单底版

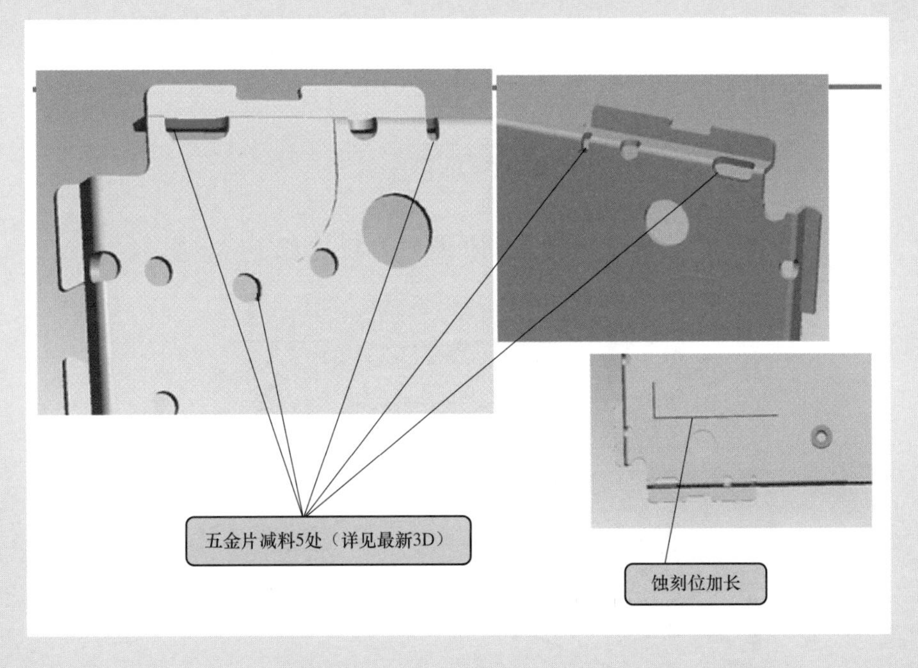

图 23-15 三维模型处理过程 1

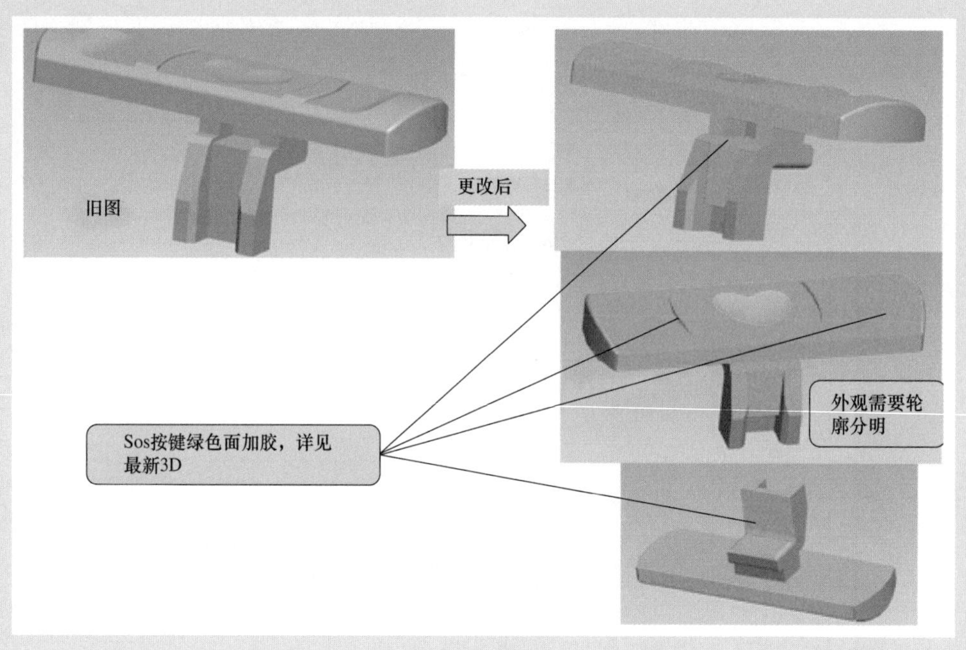

图 23-16 三维模型处理过程 2

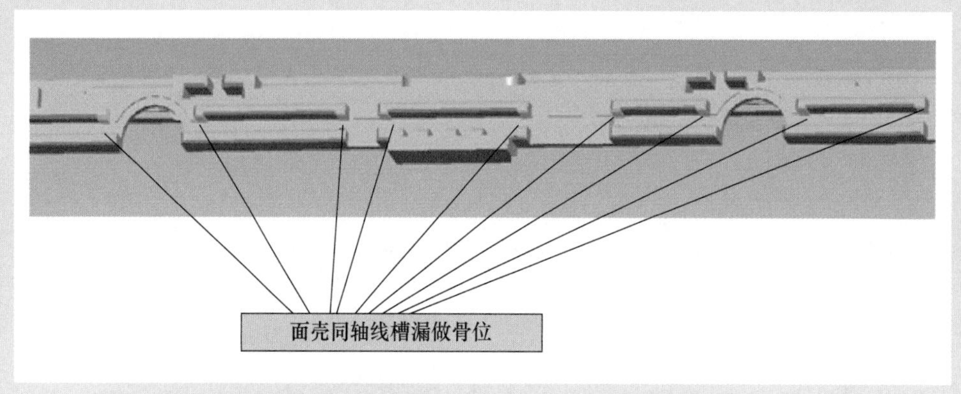

图 23-17 三维模型处理过程 3

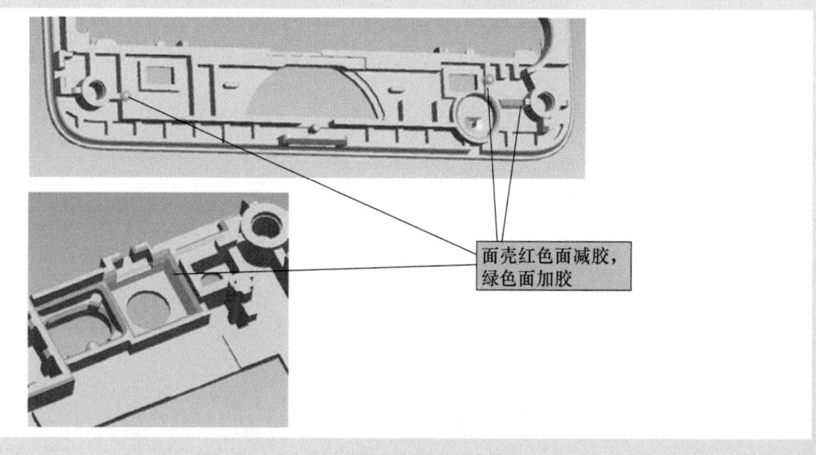

图 23-18 三维模型处理过程 4

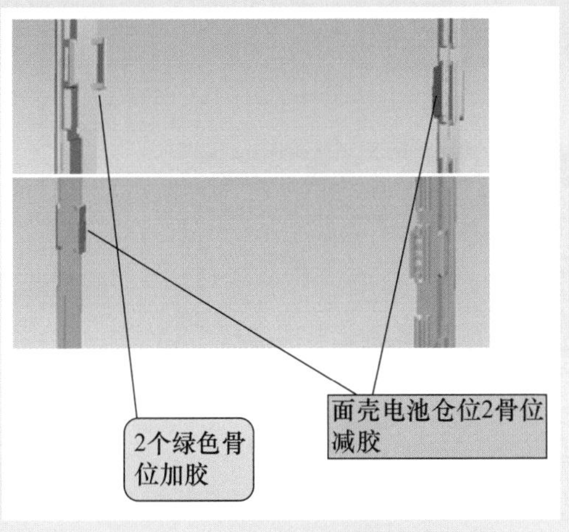

图 23-19 三维模型处理过程 5

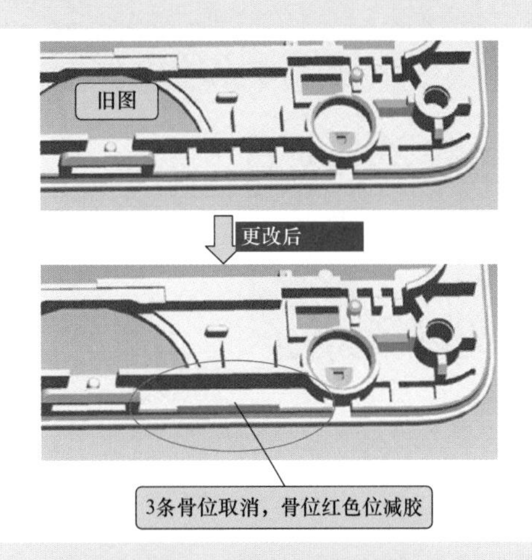

图 23-20 三维模型处理过程 6

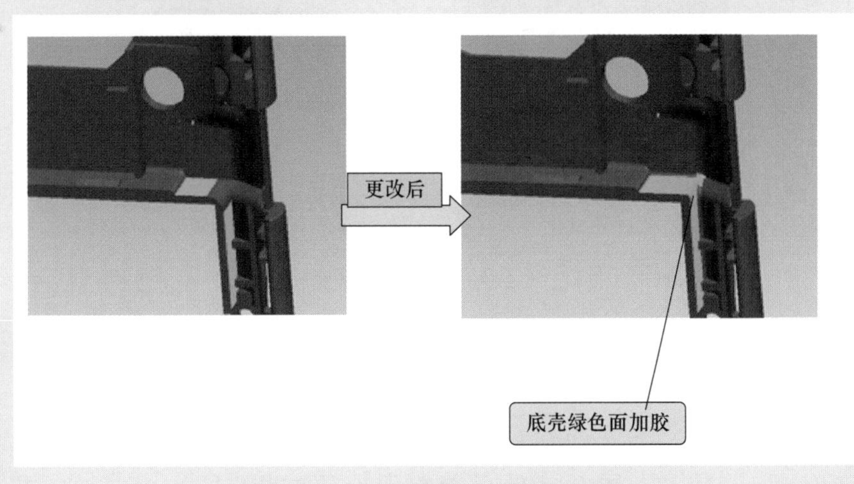

图 23-21 三维模型处理过程 7

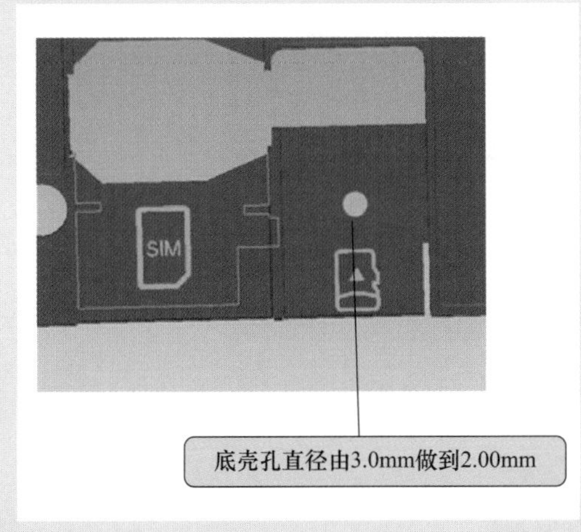

图 23-22 三维模型处理过程 8

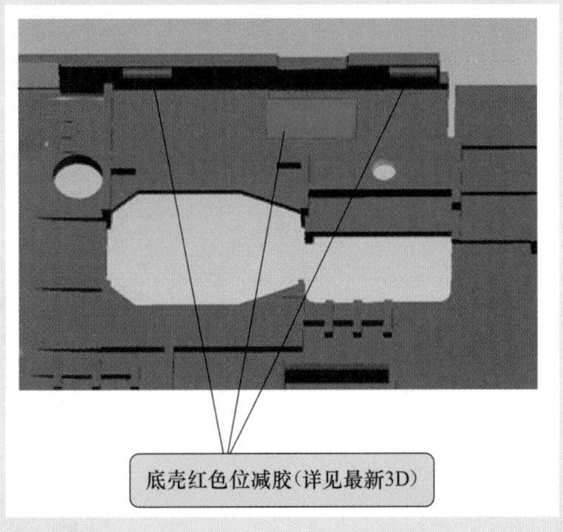

图 23-23 三维模型处理过程 9

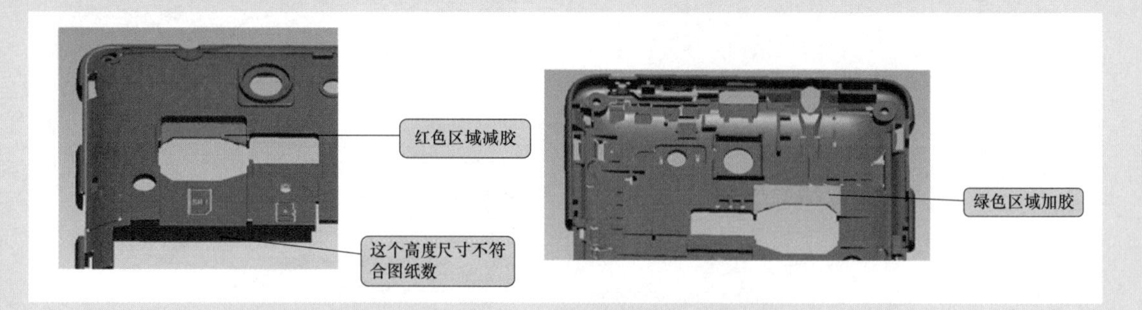

图 23-24 三维模型处理过程 10

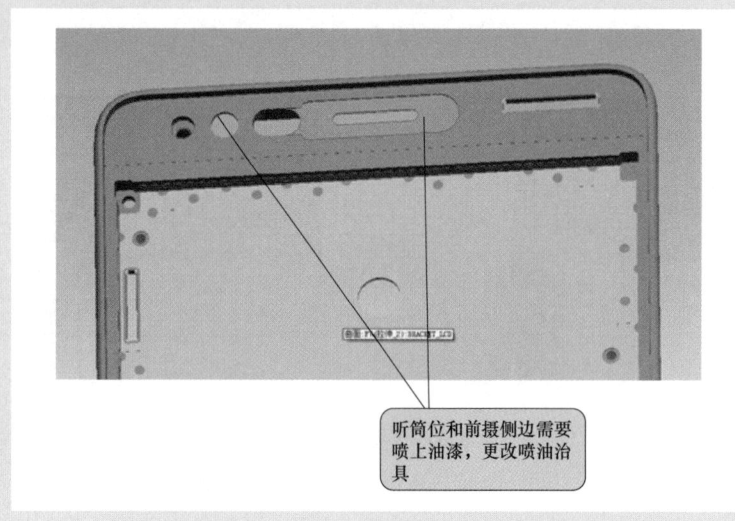

图 23-25 三维模型处理过程 11

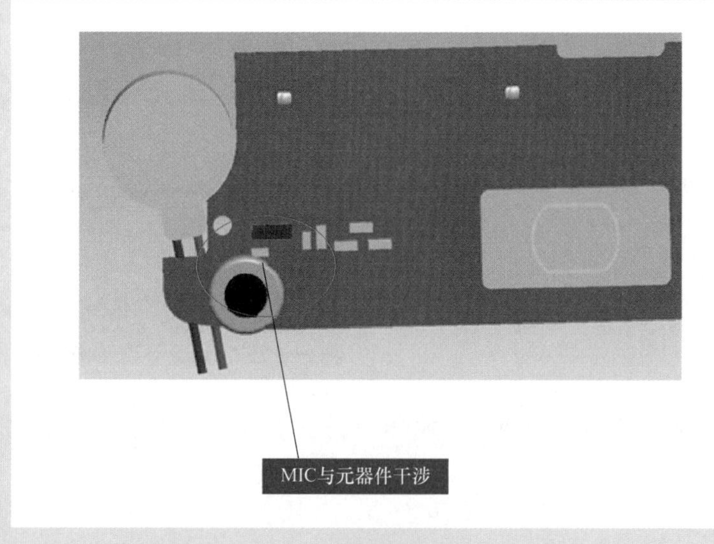

图 23-26 三维模型处理过程 12

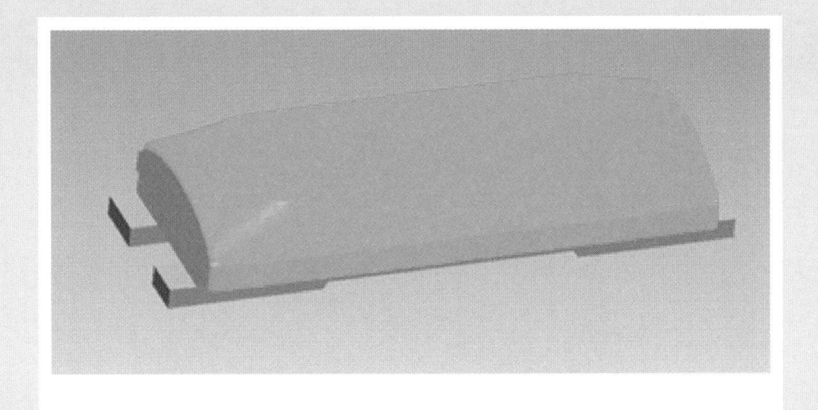

图 23-27 三维模型处理过程 13

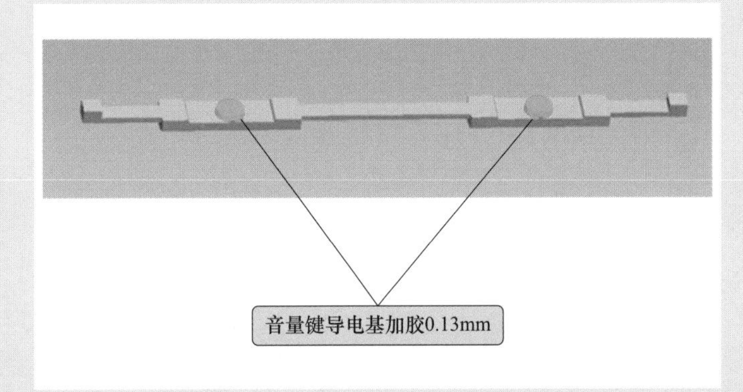

图 23-28 三维模型处理过程 14

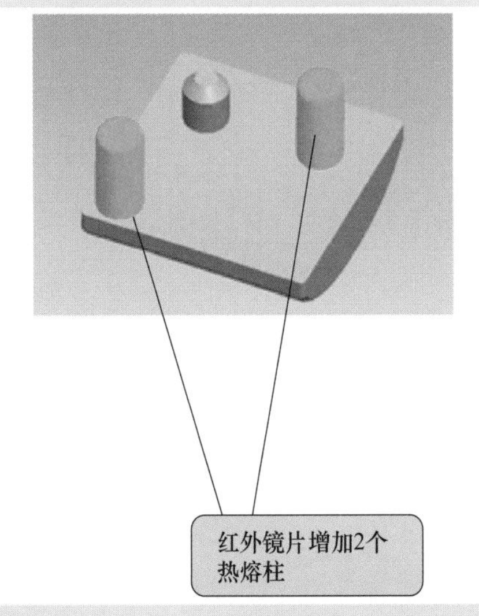

图 23-29 三维模型处理过程 15

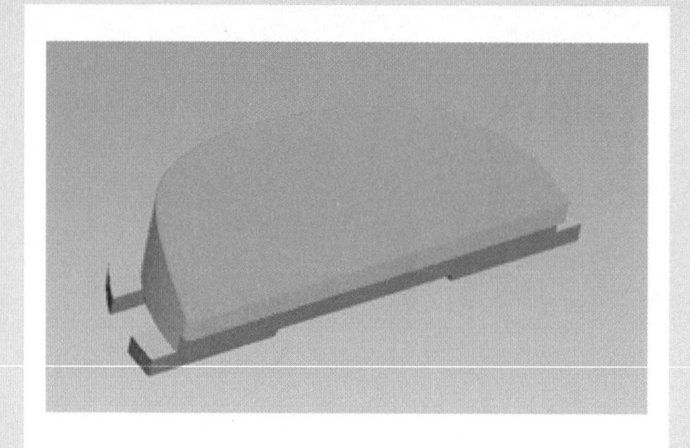

图 23-30 三维模型处理过程 16

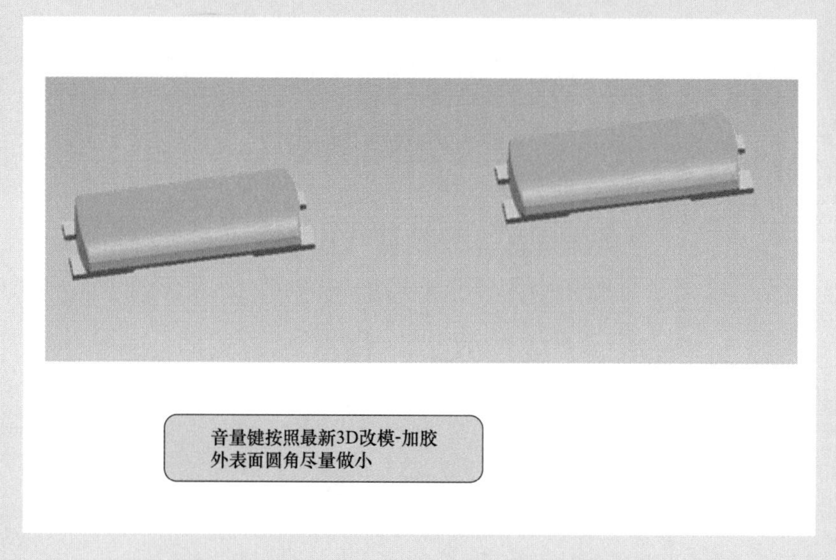

图 23-31 三维模型处理过程 17

高技能人才培训丛书 | 丛书主编　李长虹

产品结构设计及应用实例

刘　振　闵光培　编著
李长虹　主审

中国电力出版社
CHINA ELECTRIC POWER PRESS

内 容 提 要

本书采用任务引领训练模式编写，以工作过程为导向，以岗位技能要求为依据，以典型工作任务为载体，训练任务来源于企业真实的工作岗位。

本书共由24个训练任务构成，均基于产品结构设计职业岗位高级工等级从业人员的职业能力要求，通过系统学习这24个训练任务并达到其能力目标要求，学习者可以完全具备进行产品结构设计与开发的能力。每个任务均由任务来源、任务描述、能力目标、任务实施、效果评价、相关知识与技能、练习与思考几部分组成。训练实施采用目标、任务、准备、行动、评价五步训练法，涵盖从任务（问题）来源到分析问题、解决问题、效果评价的完整学习活动。

本书注重应用，示范操作步骤翔实且图文并茂，既可作为职业院校或企业员工培训的教材，也可供开发人员学习并提升技能使用，还可作为从事职业教育与职业培训课程开发人员的参考书。

图书在版编目（CIP）数据

产品结构设计及应用实例/刘振，闵光培编著. —北京：中国电力出版社，2016.5（2019.8 重印）
（高技能人才培训丛书/李长虹主编）
ISBN 978-7-5123-8964-9

Ⅰ.①产… Ⅱ.①刘…②闵… Ⅲ.①产品结构-结构设计-岗位培训-教材 Ⅳ.①TB472

中国版本图书馆 CIP 数据核字（2016）第 040182 号

中国电力出版社出版、发行
（北京市东城区北京站西街 19 号 100005 http://www.cepp.sgcc.com.cn）
三河市航远印刷有限公司印刷
各地新华书店经售

*

2016 年 5 月第一版 2019 年 8 月北京第二次印刷
787 毫米×1092 毫米 16 开本 23 印张 624 千字 7 插页
印数 3001—4000 册 定价 **49.00** 元

编委会

序

国务院《中国制造 2025》提出“坚持把人才作为建设制造强国的根本，建立健全科学合理的选人、用人、育人机制，加快培养制造业发展急需的专业技术人才、经营管理人才、技能人才。营造大众创业、万众创新的氛围，建设一支素质优良、结构合理的制造业人才队伍，走人才引领的发展道路”。随着我国新型工业化、信息化同步推进，高技能人才在加快产业优化升级，推动技术创新和科技成果转化发挥了不可替代的重要作用。经济新常态下，高技能人才应掌握现代技术工艺和操作技能，具备创新能力，成为技能智能兼备的复合型人才。

《高技能人才培训丛书》由嵌入式系统设计应用、PLC 控制系统设计应用、智能楼宇技术应用、产品造型设计应用、工业机器人设计应用等近 20 个课程组成。丛书课程的开发，借鉴了当今国外发达国家先进的职业培训理念，坚持以工作过程为导向，以岗位技能要求为依据，以典型工作任务为载体，训练任务来源于企业真实的工作岗位。在高技能人才技能培养的课程模式方面，可谓是一种创新、高效、先进的课程，易理解、易学习、易掌握。丛书的作者大多来自企业，具有丰富的一线岗位工作经验和实际操作技能。本套丛书既可供一线从业人员提升技能使用，也可作为企业员工培训或职业院校的教材，还可作为从事职业教育与职业培训课程开发人员的参考书。

当今，职业培训的理念、技术、方法等不断发展，新技术、新技能、新经验不断涌现。这套丛书的成果具有一定的阶段性，不可能一劳永逸，要在今后的实践中不断丰富和完善。互联网技术的不断创新与大数据时代的来临，为高技能人才培养带来了前所未有的发展机遇，希望有更多的课程专家、职业院校老师和企业一线的技术人员，参与研究基于“互联网+”的高技能人才培养模式和课程体系，提高职业技能培训的针对性和有效性，更好地为高技能人才培养提供专业化的服务。

全国政协委员
深圳市设计与艺术联盟主席
深圳市设计联合会会长

丛书序

《高技能人才培训丛书》由近20个课程组成，涵盖了嵌入式系统设计应用、PLC控制系统设计应用、智能楼宇技术应用、工业控制网络设计应用、三维电气工程设计应用、产品造型设计应用、产品结构设计应用、工业机器人设计应用等职业技术领域和岗位。

《高技能人才培训丛书》采用典型的任务引领训练课程，是一种科学、先进的职业培训课程模式，具有一定的创新性，主要特点如下：

先进性。任务引领训练课程是借鉴国内外职业培训的先进理念，基于“任务引领一体化训练模式”开发编写的。从职业岗位的工作任务入手，设计训练任务（课程），采用专业理论和专业技能一体化训练考核，体现训练过程与生产过程零距离，技能等级与职业能力零距离。

有效性。训练任务来源于企业岗位的真实工作任务，大大提高了操作技能训练的有效性与针对性。同时，每个训练任务具有相对独立性的特征，可满足学员个性能力需求和提升的实际需要，降低了培训成本，提高了培训效益。每个训练任务具有明确的判断结果，可通过任务完成结果进行能力的客观评价。

科学性。训练实施采用目标、任务、准备、行动、评价五步训练法，涵盖从任务（问题）来源到分析问题、解决问题、效果评价的完整学习活动，尤其是多元评价主体可实现对学习效果的立体、综合、客观评价。

本课程的另外一个特色是训练任务（课程）具有二次开发性，且开发成本低，只需要根据企业岗位工作任务的变化补充新的训练任务，从而“高技能人才任务引领训练课程”确保训练任务与企业岗位要求一致。

“高技能人才任务引领训练课程”已在深圳高技能人才公共训练基地、深圳市的职业院校及多家企业使用了五年之久，取得了良好的效果，得到了使用部门的肯定。

“高技能人才任务引领训练课程”是由企业、行业、职业院校的专家、教师和工程技术人员共同开发编写的。可作为为高等院校、行业企业和社会培训机构高技能人才培养的教材或参考用书。但由于现代科学技术高速发展，编写时间仓促等原因，难免有漏错之处，恳求广大读者及专业人士指正。

编委会主任　李长虹

前　言

产品结构设计主要是指是针对产品内部结构、机械部分的设计，产品能否实现其各项功能与结构设计工作息息相关。优良的产品结构设计不仅能使产品结构紧凑合理、安全美观，而且也能有力提升产品性能和品质，使其易于制造且有效降低成本。在工业高度发达的时代，产品结构设计决定了产品开发的成败，同时也成为了决定企业乃至整个产业发展的核心要素之一。

在设计产业中，产品结构设计师岗位群主要依附于制造业与工业设计行业而发展，处于衔接造型设计师和生产制造部门的核心位置。近年来，随着工业设计行业的迅猛发展，产品结构设计日益受到企业和设计公司的重视，从业人员成倍增加。行业的发展也对产品结构设计相关职业岗位的培训和鉴定提出了更高的要求，本书由行业协会牵头，设计公司共同参与开发，书籍内容具有鲜明职业特色和专业性。

本书设计的24个训练任务，就是基于产品造型设计职业岗位高级工等级的从业人员的职业能力目标而设定。从内容上看，本书有以下特点：

(1) 全新的教材编目框架。本书完全打破传统教材的章节框架结构，基于“任务引领型一体化训练及评价模式”，全书共由24个训练任务构成，这24个任务全部来源于企业真实的工作任务，经过提炼，转化为训练任务。

(2) 能力目标以企业职业岗位目标为依据。24个训练任务的能力目标，以产品造型设计职业岗位高级工等级的从业人员的职业能力为基础，并参考机电一体化设备维修高级工、可编程序控制系统助理设计师、电气智能化助理工程师、过程控制助理工程师、运动控制助理工程师等职业岗位从业人员的岗位职责与工作任务。

(3) 训练任务具有独立性、完整性，目标明确且可实现、可考评，能够满足个性化的能力提升要求。学习者可以根据自己的实际情况，独立选择训练任务，每个训练任务的成绩是独立的，在成绩有效期内，全部完成24个训练任务的学习与考评，即可获得该课程的最终成绩。训练任务的设计与实现真正实现了理论与实操的一体化，每个训练任务都有针对该训练任务的理论练习与思考题，大部分理论题的答案都可以在训练过程以及每个任务的第6个部分“相关知识与技能”中找到。

此外，在训练任务实施部分中，示范操作步骤详实且图文并茂，每一步操作都有操纵结果的效果状态图，力求做到学习者在没有老师指导的情况下，也能够完成示范操作的内容，因此非常适合学习者自学。

本书既可作为职业院校或企业员工培训的教材，也可供开发人员学习并提升技能使用，还可作为从事职业教育与职业培训课程开发人员的参考书。

本书由刘振与闵光培共同编写，全书由李长虹统一审核定稿。陈向峰对全书任务进行了规划和编制，陈飞健、王秀峰、张霄、黄承俊、葛堃、胡莎莎、陈伟强、何华、曾曼丽、曾准司、黄丽贤、吴丽婷、张桓瑜、林庆生、张丽敏等为本书部分内容提供了编写素材。宫主、陈汉才、鲁和平、周赞昌、陈亦农、李玉顺、廖天佑、李平、温政权、张焱、谢绍彬等为本书的编写提供了无私的帮助，在此一并表示感谢！

由于时间仓促，编者水平有限，书中错误和不足之处在所难免，欢迎读者提出批评和建议。

编　者

目 录

任务 1

行业认知及职业规划训练

该训练任务建议用 6 个学时完成学习。

1.1 任务来源

产品结构设计师在入职之初，应该对整个行业的特征和地位有所认知，充分认识产品设计及结构设计的内涵和外延，明白其在整个产业中的作用和社会价值，同时做好自身的职业规划，为日后的职业发展打下良好的基础。

1.2 任务描述

根据产品结构设计师相关产业及行业现状，兼顾行业及岗位未来发展趋势，结合自身能力和基础，撰写自己作为产品结构设计师的职业规划。

1.3 能力目标

1.3.1 技能目标

完成本训练任务后，你应当能（够）：

1. 关键技能

（1）会分析产品结构设计相关行业职业特征。

（2）会分析产品结构设计相关行业及岗位发展趋势。

（3）会撰写个人职业规划。

2. 基本技能

（1）会列举工业设计公司的机构设计岗位群，说明其含义。

（2）会使用办公软件。

1.3.2 知识目标

完成本训练任务后，你应当能（够）：

（1）掌握结构设计行业发展相关知识。

（2）了解国家扶持行业发展的相关政策。

（3）理解结构设计师岗位的社会价值。

1.3.3 职业素质目标

完成本训练任务后，你应当能（够）：

（1）具有严谨务实的工作态度认真学习。

（2）具备积极向上的职业道德和职业理想。

1.4 任务实施

1.4.1 活动一　知识准备

（1）工业设计的重要意义相关知识。

（2）产品结构设计的含义。

（3）结构设计师岗位工作职责。

（4）典型设计公司结构部组织架构。

1.4.2 活动二　示范操作

1. 活动内容

根据产品结构设计相关产业及行业现状，兼顾行业及岗位未来发展趋势，结合自身能力和基础，撰写自己从事产品结构设计的职业规划。

具体要求如下：

（1）确定产品结构设计个人职业规划的整体框架目录。

（2）从自我认知、岗位及行业认知、职业生涯规划设计三个方面，进行具体描述，撰写职业规划相关文案内容。

（3）对个人所撰写的职业规划书进行总结。

2. 操作步骤

（1）步骤一：设计职业规划书首页。职业规划书首页主要包括岗位名称、个人基本形象等内容，如图 1-1 所示。

（2）步骤二：设计职业规划书内容的目录框架。职业规划书的主要内容包括序言、自我认知、岗位及行业认知、职业生涯规划及小结五个部分，如图 1-2 所示。

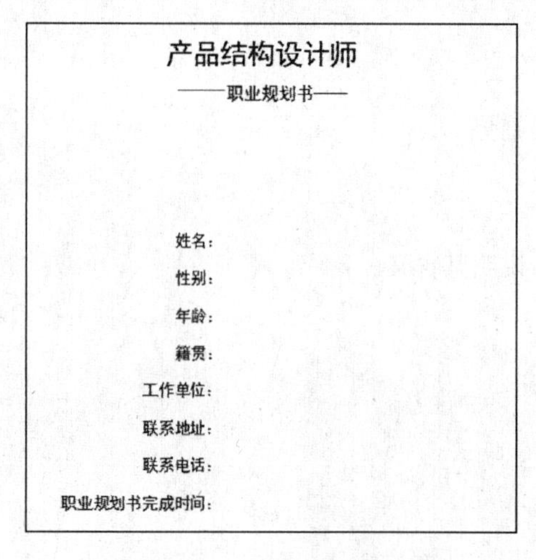

产品结构设计师

——职业规划书——

姓名：

性别：

年龄：

籍贯：

工作单位：

联系地址：

联系电话：

职业规划书完成时间：

图 1-1　职业规划书首页

——目录——

1. 序言

2. 自我认知

2.1 性格及职业价值观

2.2 能力特点

2.2 兴趣爱好

3. 岗位及行业认知

3.1 岗位及行业环境分析

3.2 目标职业岗位分析

4. 职业生涯规划

4.1 确定目标和路径

4.2 制订行动计划

4.3 动态分析调整

5. 小结

图 1-2　职业规划书提纲

（3）步骤三：撰写职业规划书的序言。职业规划书的序言是职业规划书的重要组成部分，为后续的具体规划树立有针对性的工作目标，如图 1-3 所示。

1. 序言

职业生涯规划是帮助自己取得成功的途径。做好职业生涯按规划，能帮助自己科学地规划自己的人生，明确人生的目标，走好人生的每一步，尤其是计划好工作生活的每一天。当我走上职业岗位的时候，能在这份规划书的计划下，完成自己的职业目标。在充分地思考与选择之后，在我写下了这份计划书之时，我的奋斗目标也就随之明确，学习更加充满动力，努力有了方向，不用再走迂回曲折的道路，在实际与目标这两点之间形成一条线段，达到"两点之间线段最短"定律的实现。只要路是对的，就不怕路远。在最正确的道路下，坚持走下去，完成自己职业人生规划的目标。

图 1-3　职业规划书序言

（4）步骤四：进行自我认知分析。

1）分析列举自己的性格与职业价值观，如图 1-4 所示。

2）分析自己的能力特点及优势，如图 1-5 所示。

2. 自我认知

人生最强大的敌人往往是自己，想要成功首先得从自我认识开始，基于本人对自己的认识、朋友对我的评价的前提之下，我进行了客观的自我分析。

2.1 性格及职业价值观

性格及职业价值观	优点	缺点
自信	在某些方面比别人有优势	盲目自信，导致事情完成的并不理想
稳重	做事踏实，不会过于轻浮	由于比较稳重而显得保守，无法发挥出自己的潜能
情绪化	比较考虑别人的感受，乐于帮助别人	受身边环境影响比较明显
随和	别人容易接受自己	做事考虑不够全面，不计较个人得失，显得比较随便
责任感（完美主义）	做事认真负责，完成任务质量高	要求过高，很多时候让自己不知足
独立自主	凡事能够独立思考，拥有独立完成工作的能力	不懂利用身边的关系，很多事情都太过于自主，走了很多弯路

图 1-4　性格与职业价值观分析

2.2 能力特点

能力	优势	能力特点
交际	懂得如何与别人沟通，清楚表达自己的意思，让别人愿意接受自己，人际关系好，有困难时别人愿意帮助自己	工作期间，广泛参加活动，使自己的交际能力得到优化
策划	统筹、策划集体活动，分工明确，做到事半功倍，合理利用资源	和部门领导共同策划了羽毛球比赛等活动
创新	思维活跃，不受传统观念影响，经常有意想不到的收获	自小形成的思想，对一切新鲜的事物很好奇，能够发挥想象力
逻辑推理	对事情的发展能预先判断，并预先做好防范措施，使事情顺利完成	从小喜欢独处，善于观察事情的本质，推理逻辑感很强
书面表达	在文案方面比较得心应手，文字表达清楚，让人一目了然	从小对文学很感兴趣，书面表达能力是强项

图 1-5　能力特点及优势分析

3）分析自己的兴趣爱好及优势，如图 1-6 所示。

2.3 兴趣爱好

兴趣爱好	具体行动	优势
体育（篮球、羽毛球、乒乓球）	体育（、篮球、羽毛球、乒乓球）	在体育活动中，提高团体合作精神，得到强健的体魄，为学习、工作提供良好的身体素质，并从中认识朋友，扩大交际圈
音乐	加入音乐组织，自行学习各种乐器，经常参加业余音乐活动	以音乐作为舒缓工作压力的重要途径
设计	对创新产品设计保持敏感和关注！以设计的眼光打造生活空间和工作环境	从小的一个梦，做设计师，改造生活环境，创造新产品

图 1-6　兴趣爱好及优势分析

（5）步骤五：进行职业岗位及行业认知分析。

1）对岗位和相关的行业环境进行分析，如图 1-7 所示。

2）目标职业岗位分析，包含岗位名称、岗位的工作内容、岗位的任职资格认定、岗位群内任职前景等，如图 1-8 所示。

（6）步骤六：进行职业生涯规划分析。

3. 岗位及行业认知

3.1 岗位及行业环境分析

近年来，随着我国新型工业化、信息化、城镇化和农业现代化进程的加快，文化创意和设计服务已贯穿在经济社会各领域各行业，呈现出多向交互融合态势。文化创意和设计服务具有高知识性、高增值性和低能耗、低污染等特征。推进文化创意和设计服务等新型、高端服务业发展，促进与实体经济深度融合，是培育国民经济新的增长点、提升国家文化软实力和产业竞争力的重大举措，是发展创新型经济、促进经济结构调整和发展方式转变、加快实现由“中国制造”向“中国创造”转变的内在要求，是促进产品和服务创新、催生新兴业态、带动就业、满足多样化消费需求、提高人民生活质量的重要途径。

在文化创意产业中，工业设计行业与国家工业化、信息化的转型升级联系最为密切，也是国家优先发展的战略扶持行业。作为与其配套的产品结构设计行业，产品结构设计师在工业设计产业链条中占据着重要地位，也必将是未来行业发展的重要基石，发展潜力巨大，且市场需求迫切。产品结构设计师群体必将在社会职业岗位群中备受关注而日益受到全社会的青睐

图 1-7　岗位及行业环境分析

3.2 目标职业岗位分析

分析项目	内容
目标职业岗位	产品结构设计师
岗位说明	产品结构设计工作是一个强调逻辑思维和复合知识储备的工作，大部分的产品结构设计师主要透过不断的项目实践和自我教育来做进修、提升设计能力。结构设计师岗位群主要依附于制造业与工业设计行业而发展，处于衔接造型设计师和生产制造部门的核心位置
工作内容	1. 工业设计造型方案评审； 2. 产品堆叠、产品拆件； 3. 产品装配、固定及运动结构设计； 4. 产品三维建模； 5. 手板、样机评审检测 6. 工程试产与跟模
任职资格	结构设计师的认证有两种：一种是劳动部门的；另外一种是信息产业部的。目前两种任务也正处于开发阶段
岗位群内任职前景	产品结构设计岗位群对应到设计公司的结构设计需求。大型设计公司和企业内部会在内部设立诸多岗位，诸如助理结构设计师、结构设计师、高级结构设计师等岗位，还配置有相当数量的结构设计领军人才，人才在公司发展前景广阔

图 1-8　目标职业岗位分析

1）确定个人发展的目标和路径，如图 1-9 所示。

2）制订行动计划。行动计划分为短期计划、中期计划和长期计划，如图 1-10 所示。

4. 职业生涯规划

4.1 确定目标和路径

① 近期职业目标。

进入工业设计公司产品结构设计岗位任职，从助理结构设计师做起，不断吸取本行业的技术经验，提高自身技术水平。认认真真工作，踏踏实实做事。处理好与同事和领导之间的关系。参加产品结构设计师资格认证考试并取得成功。

② 中期职业目标。

经过三年左右的学习和努力，成为合格结构设计师。

③ 长期职业目标。

经历不同产品项目历练，并努力使自己转型为高级结构设计师。

④ 职业发展路径。

助理结构设计师—结构设计师—结构设计部经理—产品结构设计总监

图 1-9　个人发展目标和路径

4.2 制订行动计划

短期计划（未来1年）	1）加强设计软件的操作能力，和资深结构设计师多交换意见，多参考和学习成功的产品结构设计案例。 2）拿到产品结构设计师三级证书 。 3）关注行业动态，加深工作历练。尽可能参与各种项目开发与合作
中期计划（未来3年）	1）成为合格产品结构设计师，工作稳定，争取一批设计产品案例上市。 2）在工作中不断学习并熟练技能，改善家庭经济状况，具备经济独立能力。 3）掌握好本行业的相关知识和技能，成为公司的骨干力量，善于和其他设计师打交道，要有交际能力，同时也要认识更多的专业人士
长期计划（未来5年）	1）成为高级产品结构设计师 2）结合自己已掌握的知识和实际经验，不断摸索创新，形成自己独特的工作特点。 3）能结合更多行业力量，带动基层设计工作人员来创造社会财富

图 1-10　岗位相关行动计划

4.3 动态分析调整

根据实际，以自己的理想为准则，一切围绕成为产品结构设计总监的理想调整

图 1-11　职业规划动态调整情况

3）设定对职业规划动态分析调整的情况，如图 1-11 所示。

（7）步骤七：对个人职业规划进行小结。

个人职业规划小结是职业规划书的重要组成部分，通过对之前内容的小结，可以坚定自身的职业理想，为后续的行动实施打下良好的基础，如图 1-12 所示。

1.4.3 活动三　能力提升

依据典型设计公司的内部组织架构，根据产品结构设计相关产业及行业现状，兼顾行业及岗位未来发展趋势，结合自身能力和基础，撰写自己从事产品结构设计的职业规划。

具体要求如下：

（1）通过对典型设计公司的内部组织架构进行分析，提高对产品结构设计岗位的现状及未来发展的认识。

（2）设计产品结构，设计个人职业规划的整体内容及目录框架。

（3）从序言、自我认知、岗位及行业认知、职业生涯规划设计、小结五个方面，进行具体描述，撰写职业规划相关文案内容。

（4）对示范操作及能力提升两个环节撰写的个人职业规划书进行点评。

5. 小结

计划订好固然好，但更重要的，在于其具体实施并取得成效。这一点时刻都不能被忘记。任何目标，只说不做到头来都只会是一场空。然而，现实是未知多变的。订出的目标计划随时都可能受到各方面因素的影响。这一点，每个人都应该有充分心理准备。当然，包括我自己。因此，在遇到突发因素、不良影响时，要注意保持清醒冷静的头脑，不仅要及时面对、分析所遇问题，更应快速果断地拿出应对方案，对所发生的事情，能挽救的尽量挽救，不能挽救的要积极采取措施，争取做出最好矫正。相信如此以来，即使将来的作为和目标相比有所偏差，也不至于相距太远。其实，每个人心中都有一座山峰，雕刻着理想、信念、追求、抱负。每个人心中都有一片森林，承载着收获、芬芳、失意、磨砺。但是，无论眼底闪过多少刀光剑影，只要没有付诸行动，那么，一切都只是镜中花，水中月，可望而不可及。一个人，若要获得成功，必须得拿出勇气，付出努力、拼博、奋斗。成功，不相信眼泪；成功，不相信颓废；成功，不相信幻影。成功，只垂青有充分磨砺充分付出的人。未来，掌握在自己手中。未来，只能掌握在自己手中。人生好比是海上的波浪，有时起，有时落，三分天注定，七分靠打拼！爱拼才会赢！坐而写不如站而行，用毛主席的话作为结束语：最无益莫过于一日曝，十日寒，恒为贵，何必三更眠，五更起。为了我的辉煌人生，我会笑对挑战，奋力拼搏，因为我的未来不是梦

图 1-12　个人职业规划小结

1.5 效果评价

在技能训练中，效果评价可分为学习者自我评价、小组评价和老师评价三种方式，三种评价方式要相互结合，共同构成一个完整的评价系统。训练任务不同，三种评价方式的使用也会有差异，但必须要突出学习者自我评价为主体。

训练任务既可作为培训使用，也可用于考核评价使用，不论哪一种使用场合，对训练的效果进行评价是非常必要的，但两种使用场合评价的目的略有不同。如果作为培训使用，则效果评价应以关键技能的掌握情况评价为主，任务完成情况的评价为辅，即重点对学习者的训练过程进行评价，详细考评技能点、操作过程的步骤等；如果作为考核评价使用，则效果评价应重点对任务的完成情况进行考评，如果任务完成结果正确，质量、工艺符合要求，则可以不对关键技能目标的掌握情况进行考评，但是如果任务未完成，则考评结果为不合格，这种情形需要考评者明确指出任务未完成的原因，如果需要给出一个对应的分数，则可以根据每一项关键技能目标的掌握情况，给予合理的配分。

1.5.1 成果点评

（1）学生展示成果。

（2）教师点评优秀成果。

（3）教师对共同存在的问题进行总结。

1.5.2 结果评价

1. 自我评价

自我评价是由学习者对训练任务目标的掌握情况进行评价，评价的主要内容是训练任务的完成情况和技能目标的掌握情况，任务完成评价重点是自我检查有没有按照质量要求在规定的时间内完成训练任务，技能目标评价则是对照任务的技能目标，主要是关键技能目标，逐条检查掌握情况。

（1）训练任务的关键技能及基本技能有没有掌握？

（2）是否按照质量要求完成训练任务？

评价情况：

2. 小组评价

小组评价有两种主要应用场合，一是训练任务需要小组（团队）成员合作完成，此时需要将小组所有成员的工作看作一个整体来评价，个人评价所关注的重点可能不是小组的工作重点，小组评价更加注重整个小组的共同成就，而不是个人的表现。二是训练任务是由学习者独立完成的，没有小组（团队）成员合作，这种情况下，小组评价中参与评价的成员承担第三方的角色，通过参与评价，也是一个学习和提高的过程。

在小组评价过程中，被评价人员通过分析、讲解、演示等活动，不仅可以展示学习效果，更是可以全面提高综合能力。当然，从评价的具体结果指标来看，小组评价重点是对任务完成的情况进行评价，主要包括任务完成的质量、效率、工艺水平、被评价者的方案设计、表达能力等，小组评价也可以参照表1-1的评价标准。

（1）训练任务的目标有没有实现？效果如何？

（2）表达等其他综合能力评价。

评价情况：

参评人员：

3. 老师评价

老师评价重点是对学习者的训练过程、训练结果进行整体评估，并在必要的时候要考评学习者的设计方案、流程分析等内容，评价标准可以参照表1-1。

（1）训练任务的完成情况以及完成的质量。

（2）训练过程中有没有违反安全操作规程，有没有造成设备及人身伤害？

（3）职业核心能力及职业规范。

评价情况：

考评老师：

表1-1　评价标准

评价项目	评价内容	配分	完成情况	得分	合计	评价标准
安全操作	未按安全规范操作，出现设备及人身安全事故，则评价结果为0分					
能力目标	1. 符合质量要求的任务完成情况	50	是□　否□			若完成情况为“是”，则该项得满分，否则得0分
	2. 完成知识准备	10	是□　否□			
	3. 会分析产品结构设计相关行业职业特征	10	是□　否□			
	4. 会分析产品结构设计相关行业及岗位发展趋势	10	是□　否□			
	5. 会撰写个人职业规划	20	是□　否□			
评价结果						

1.6 相关知识与技能

1.6.1 工业设计对于生活的重要性

“好的设计是将我们与竞争对手区分开的最重要方法”，三星电子首席执行官尹钟龙这样表达对工业设计的理解。其实不仅如此，尹钟龙的意思是：设计也是生产力。索尼、东芝以及韩国三星和 LG，都把工业设计作为自己的“第二核心技术”，被许多厂商视为摆脱同质化竞争，实施差异化品牌竞争策略的重要手段。对产品的外观和性能、材料、制造技术的发挥，以及品牌建设产生最直接的影响。

据美国工业设计协会测算，工业品外观每投入 1 美元，可带来 1500 美元的收益。日本日立公司每增加 1000 亿日元的销售收入，工业设计起作用所占的比例为 51%，而设备改造所占的比例为 12%。好的工业设计可以降低成本，提高用户的接受概率，提高产品附加值，并且通过促进产品的不断成长，企业也将获得更高的战略价值。

2004 年下半年，美国研究机构 Bancorp Piper Jaffray 针对青少年的一份最新调查表明，计划购买数字媒体播放器的青少年中，有 75%的希望能够得到苹果的 iPod 播放器。在 2004 年年末的年终报表中，在美国纳斯达克上市的苹果公司在全球范围内已经售出了 1000 万台 iPod，在整个 MP3 市场上的份额超过 60%，位列第一。同属苹果公司、为 iPod 提供下载的 iTunes 音乐收费网站也已经售出 12.5 亿首歌，在同类市场上以 70%的占有量同样位列第一。在一年时间内，苹果公司的总资产从 60 亿美元攀升到了 80 多亿美元，产业也从电子产品延伸到了动画、音乐、图片等数码领域的内容供应。

1.6.2 工业设计五大元素

众所周知，对于苹果公司来说，核心价值之一就是设计。那么 iPod 仅就外观而言没有惊世的设计，那么如苹果公司这样成功运用工业设计的企业，它的设计价值体现在哪儿？工业设计与产品销售关系的真正秘密在哪里？产品自身所承载的五大元素与工业设计有着紧密的联系。

1. 结构

在硬件产品生产过程中，产品的所有零件按照结构的方式制造成物质形态，这是产品的内核：物质基础。顾客没有到商店购买之前就已经存在。在这方面工业设计主要的价值在于产品生产合理化、材料的合理选择以及对加工制造成本的控制。

2. 效果

产品效果带给消费者各种感官的感受：形态漂亮？丑陋？颜色鲜艳？简洁？质感高贵、平易？价值感如何？对于消费者来说，好的产品形象能使其愿意支付更多的溢价来购买该产品。目前大部分中国企业还把工业设计的概念停留在这一层面，即单一的产品外观效果吸引消费者购买。

3. 功能

顾客将产品买回家后，产品的用途即使用功能成为与消费者最紧密的部分，好的工业设计要使消费者使用有效、舒适和方便并带来使用价值、易于维护和回收。

有些产品的功能是人们不可缺少的，因此有些产品的功能在生活中比其他产品重要。

对于技术成熟的产品来说，像汽车、家具、日用品等，结构、材料、工艺、用途、效果问题都已经获得了很好地解决，因此，这类产品的重要性、象征意义、文化等要素就成为了工业设计的主要设计因素。这也是与产品营销最直接产生关系的阶段。

4. 象征意义

企业通过工业设计统一规划产品的形象，将在市场上产生很强的视觉冲击力和统一感，在产品设计上与竞争对手的差异能够带来销售市场的优势，并使产品产生象征意义。好的产品形象是区别于其他同类产品的认知符号，好的产品形象与企业形象结合将产生强大的合力，通过工业设计创造出产品和体现出重要的商业区别。

产品整体形象（Products Identity，PI）是产品在设计、开发、研制、流通、使用中形成统一的形象特质，是产品内在的品质形象与产品外在的视觉形象形成统一性的结果。产品的形象设计是为实现企业的总体形象目标的细化。它是以产品设计为核心而展开的系统形象设计，对产品的设计、开发、研究的观念、原理、功能、结构、构造、技术、材料、造型、色彩、加工工艺、生产设备、包装、装潢、运输、展示、营销手段、广告策略等进行一系列统一的策划、统一设计，形成统一的感官形象和统一的社会形象，能够起到提升、塑造和传播企业形象的作用。显示企业的个性，强化企业的整体素质，造就品牌效应。

5. 文化

对于经典产品，它的文化含义已经大于了它的功能，也大于它的品牌影响。设计不仅是整个产品的焦点，更是蕴含一种特殊的生活方式，如果你的设计代表的生活方式与社会需求一致，人们将会支持你，购买你的产品，能够成为文化的一定代表着它的时代，即行业领先者。

当音乐与网络结合，数字音乐时代来临，iPod已经成了新的文化象征——就像影响世界20年之久的索尼Walkman那样。消费者把苹果产品的设计看作是代表了一种时尚、脱俗的生活方式。明亮的背景、动感的剪影、全世界都在流行的摇滚、U2，或鲜绿或魅紫的时尚色彩，还有永远成为画面视觉中心的无所不在的白色iPod。苹果公司非常清晰地认同了我们现在所处的时代特征和年轻一族的社会价值观及生活形态，在此基础上顺应、提炼消费者的需求，并用全球统一的时尚符号表达自己，设计出iPod，因此改变产品外观效果只是设计工作的一部分，把握住不断变化的时代消费需求，结合超凡魅力的设计理念才能引起产品价值的剧烈波动。

1.6.3　工业设计是战略投资

不同的行业，不同发展阶段的企业所面临的产品设计着重点不同，但工业设计的价值始终贯穿影响产品自身所承载的五大元素。因此工业设计对企业营销与品牌产生重大影响，企业应当真正把工业设计作为企业的一种战略投资。

在欧美发达国家，工业设计的资金投入一般占到总产值的5%～15%，高的可占到当年产值的30%，而中国绝大多数家电企业工业设计的资金投入一般不到总产值的1%。三星公司斥资数亿美元用于改善电冰箱、洗衣机、手机等所有产品的外观、触感和功能，在消费者清楚自己需要什么产品之前，调查出什么样的产品可能会畅销。这一努力已经产生了回报：三星已经从电子和家电领域的一个仿造品制造商成长为世界顶级品牌之一，这在很大程度上要归功于公司对设计的重视。

自身就拥有庞大的设计中心的联想，在并购IBM PC后，花了大量的资金与美国的Ziba工业设计公司合作前瞻性的产品设计项目，这也说明部分中国企业摆脱了工业设计只解决产品外形美观的旧有观点，在对工业设计的战略性认识上开始与国际接轨。

1.6.4　产品结构设计

产品结构设计是针对产品内部结构、机械部分的设计；一个好产品首先要实用，因此，产品设计首先是功能，其次才是形状。产品实现其各项功能完全取决于一个优秀的结构设计。结构设计是机械设计的基本内容之一，也是整个产品设计过程中最复杂的一个工作环节，在产品形成过程中，起着至关重要的作用。

设计者既要构想一系列关联零件来实现各项功能，又要考虑产品结构紧凑、外形美观；既要安全耐用、性能优良，又要易于制造、降低成本。所以说，结构设计师应具有全方位和多目标的空间想象力，并具有跨领域的协调整合能力。根据各种要求与限制条件寻求对立中的统一。

1.6.5　典型设计公司结构部组织架构

典型设计公司结构部组织架构如图1-13所示。

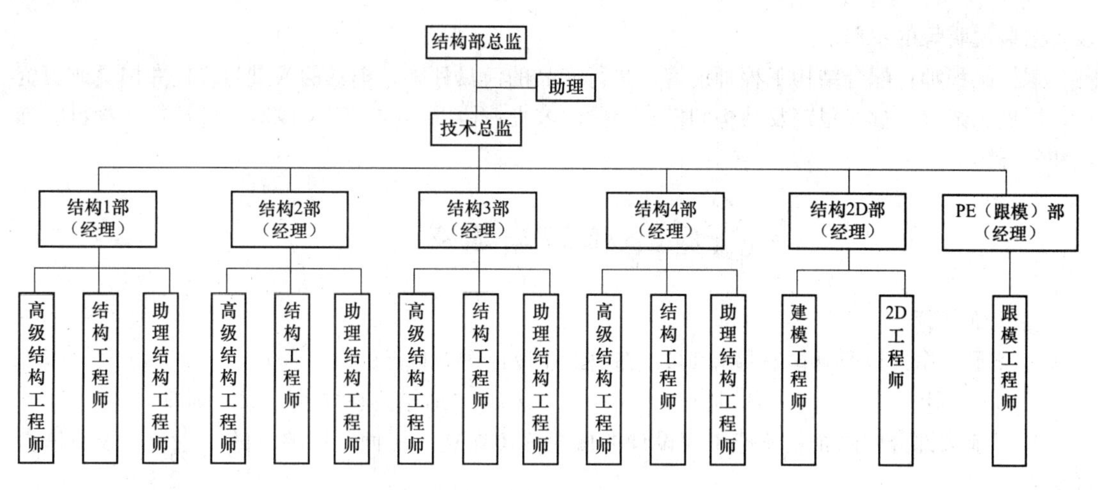

图 1-13　典型设计公司结构部组织图

1.6.6　结构设计师岗位工作职责

结构总监：全面负责主持管理结构设计中心的工作，需向总经理复命，并承担相应的责任和权利；制订部门的年度发展规划、业绩目标、绩效考核等相关的制度和措施；依据客户需求及公司要求负责结构设计的开发和策划；管理本部门人员，并合理安排工作，协调各成员之间的关系，并能有效地激励和考核本部门人员；组织结构设计评审、结构设计验证和结构设计确认；制订和组织内部的培训和技术交流；对内对外统筹协调和沟通及设计进度的跟踪。

技术总监：作为技术总负责人，协助结构总监负责制订结构设计的技术标准及规范；负责技术攻关，制订较大较复杂结构项目的解决方案；负责结构设计评审、验证、把关和技术支持等工作。

助理：负责 BOM、产品档案、电子资料的解密及对外对内邮件的收发管理；负责结构部资料文件的收发、打印工作；负责结构部项目进度表，每周完成任务核对表，每月每季度每年业绩统计表，内部评审汇总表等报表资料的制作；结构部日常考勤及其他文秘工作。

结构部经理：负责管理本部门，进行工作的安排分配及人员的考核指导；本部门产品设计方案的制订及技术图纸的审核；与客户及 ID 进行沟通，进行新产品结构方案的评审、规划、前期资料收集及具体结构项目和设计方案的制订；本部门结构设计图纸及技术文件的审核及内部人员的培训；本部门结构设计进度的跟踪。

PE（跟模部）经理：负责管理 PE 部，进行工作的安排分配及人员的考核指导；与客户进行沟通，负责跟模、试产、量产等重大结构及跟模问题的把关及分析解决。

高级结构工程师：协助结构经理进行技术方案的制订和评审把关，以及对部门人员进行培训和指导工作；承担较大较复杂及重要客户项目的结构设计工作。

结构工程师：配合 ID 设计师进行产品结构方式的评估；产品结构 3D 设计及堆叠设计；配合客户及跟模工程师进行模具评审的修改及改模资料的制作；协助客户或跟模工程师进行产品试产或量产结构问题的解决。

助理结构工程师：配合 ID 设计师或结构工程师进行建模的工作及评估；协助结构工程师进行产品 2D 工程图，产品及模具报价资料，BOM 表，组装说明等的制作。

建模工程师：配合 ID 设计师或结构工程师进行建模的工作及评估。

2D（助理结构）工程师：协助结构工程师进行产品 2D 工程图，产品及模具报价资料，BOM

表，组装说明等的制作。

跟模工程师：配合结构工程师或客户进行产品的模具评审；模具的跟进与改良并出具改模资料；试模、试产、量产跟踪及结构和模具问题的改良；协助结构工程师或客户进行量产物料的确认和签样。

练习与思考

一、单选题

1. 索尼、东芝以及韩国三星和LG，都把工业设计作为自己的（　　）。

A. 准则　　B. 基础　　C. “第二核心技术”　　D. 财富

2. 目前大部分中国企业还把工业设计的概念停留在这一层面，即单一的（　　）吸引消费者购买。

A. 产品外观效果　　B. 外部结构　　C. 产品结构　　D. 实用

3. 产品整体形象是产品内在的品质形象与产品外在的（　　）形成统一性的结果。

A. 意志品质　　B. 视觉形象　　C. 色彩　　D. 包装

4. 在欧美发达国家，工业设计的资金投入一般占到总产值的5%～15%，高的可占到当年产值的（　　）。

A. 16%　　B. 20%　　C. 30%　　D. 50%

5. 支持基于新技术、新工艺、新装备、新材料、新需求的设计应用研究，促进工业设计向（　　）服务转变，推动工业设计服务领域延伸和服务模式升级。

A. 会员制　　B. 高端综合设计　　C. 专属　　D. 定制化

6. 汽车、飞机、船舶、轨道交通等（　　）要加强产品的外观、结构、功能等设计能力建设。

A. 装备制造业　　B. 服务行业　　C. 大众业　　D. 金属工业

7. 深入挖掘优秀文化资源，推动动漫游戏等产业优化升级，打造（　　）。

A. 游戏玩家　　B. 文化基地　　C. 民族品牌　　D. 明星产品

8. 加强商标法、专利法、著作权法、反不正当竞争法等（　　）法律法规宣传普及，完善有利于创意和设计发展的产权制度。

A. 配合　　B. 重要　　C. 知识产权保护　　D. 现实

9. 产品结构设计是针对产品内部结构、（　　）的设计。

A. 视觉部分　　B. 显示部分　　C. 电路部分　　D. 机械部分

10. 助理结构工程师负责配合ID设计师或结构工程师进行建模的工作及评估；协助结构工程师进行产品2D工程图，（　　）报价资料，BOM表，组装说明等的制作。

A. 设计　　B. 人工成本　　C. 产品及模具　　D. 手板

二、多选题

11. 工业设计的五大元素包含（　　）。

A. 效果　　B. 结构　　C. 功能　　D. 配件

E. 组件

12. 企业通过工业设计统一规划产品的形象，将在市场上产生很强的（　　）。

A. 销售量　　B. 视觉冲击力　　C. 价格优势　　D. 统一感

E. 韵律感

13. 近年来，随着我国（　　）城镇化和农业现代化进程的加快，文化创意和设计服务已贯穿在经济社会各领域各行业，呈现出多向交互融合态势。

A. 新型工业化　B. 生产力　C. 信息化　D. 收入
E. 老龄化

14. 文化创意和设计服务具有（　　）等特征。

A. 高知识性　B. 高增值性　C. 低能耗　D. 低污染
E. 以上都不是

15. 到 2020 年，（　　）的先导产业作用更加强化，与相关产业全方位、深层次、宽领域的融合发展格局基本建立。

A. 文化创意　B. 房地产　C. 销售　D. 设计服务
E. 信息产业

16. 推动文化产品和服务的生产、传播、消费的（　　）进程，强化文化对信息产业的内容支撑、创意和设计提升，加快培育双向深度融合的新型业态。

A. 科技化　B. 现代化　C. 数字化　D. 草根化
E. 网络化

17. 支持消费类产品提升新产品设计和研发能力，加强传统文化与现代时尚的融合，创新管理经营模式，以创意和设计引领商贸流通业创新，加强广告营销策划，增加消费品的（　　），健全品牌价值体系，形成一批综合实力强的自主品牌，提高整体效益和国际竞争力。

A. 价格　B. 文化内涵　C. 成本　D. 附加值
E. 销量

18. 结构设计师应具有（　　）的空间想象力，并具有跨领域的协调整合能力。

A. 全方位　B. 多空间　C. 多目标　D. 单一
E. 勤奋

19. 以下哪些属于结构总监的工作任务？（　　）

A. 全面负责主持管理结构设计中心的工作
B. 依据客户需求及公司要求负责结构设计的开发和策划
C. 产品造型设计
D. 管理本部门人员，并合理安排工作
E. 对内对外统筹协调和沟通及设计进度的跟踪

20. 以下哪些属于结构工程师的工作任务？（　　）

A. 配合 ID 设计师进行产品结构方式的评估
B. 客户商务洽谈
C. 产品结构 3D 设计及堆叠设计
D. 配合客户及跟模工程师进行模具评审的修改及改模资料的制作
E. 协助客户或跟模工程师进行产品试产或量产结构问题的解决

三、判断题

21. “好的设计是将我们与竞争对手区分开的最重要方法”，三星电子首席执行官尹钟龙这样表达对工业设计的理解。（　　）

22. 对于技术成熟的产品来说，像汽车、家具、日用品等，结构、材料、工艺、用途、效果问题都已经获得了很好地解决，因此，这类产品的重要性、象征意义、文化等要素就成为了工业设计的主要设计因素。（　　）

23. 产品整体形象的英文全称为 Products Identity，简称 PD。（　　）

24. 对于经典产品，它的文化含义小于它的功能，也小于它的品牌影响。（　）

25. 不同的行业，不同发展阶段的企业所面临的产品设计着重点不同，但工业设计的价值始终贯穿影响产品自身所承载的五大元素。（　）

26. 中国绝大多数家电企业工业设计的资金投入一般不到总产值的30%。（　）

27. 支持基于新技术、新工艺、新装备、新材料、新需求的设计应用研究，促进工业设计向高端综合设计服务转变，推动工业设计服务领域延伸和服务模式升级。（　）

28. 鼓励各地结合当地文化特色不断推出原创文化产品和服务，积极发展新的艺术样式，推动特色文化产业发展。（　）

29. 深入实施知识产权战略，加强知识产权运用和保护，健全创新、创意和设计激励机制。（　）

30. 结构设计是机械设计的基本内容之一，也是整个产品设计过程中最复杂的一个工作环节，但在产品形成过程中，起的作用很有限。（　）

练习与思考参考答案

1. C	2. A	3. B	4. C	5. B	6. A	7. C	8. C	9. D	10. C
11. ABC	12. BD	13. AC	14. ABCD	15. AD	16. CE	17. BD	18. AC	19. ABDE	20. ACDE
21. Y	22. Y	23. N	24. N	25. Y	26. N	27. Y	28. Y	29. Y	30. N

任务 2

产品结构项目流程计划表制作

该训练任务建议用 6 个学时完成学习。

2.1 任务来源

根据结构设计项目流程制作的工作计划表对产品的进度管理能起到积极的作用，合理设置工作时间节点和周期有助于确保产品开发按进度进行，有效地调整各方面资源来推动项目的顺利实施。

2.2 任务描述

针对手机项目编排详细的结构设计项目流程表。

2.3 能力目标

2.3.1 技能目标

完成本训练任务后，你应当能（够）：

1. 关键技能

（1）会针对不同产品的结构特性进行开发工作流程分析。

（2）会制订典型产品结构设计工作任务计划。

（3）会合理规划典型产品结构设计的分项任务进度和时间。

2. 基本技能

（1）会制作结构设计项目工作计划表。

（2）会使用办公软件完成文档编辑。

2.3.2 知识目标

完成本训练任务后，你应当能（够）：

（1）掌握结构设计行业发展相关知识。

（2）了解结构设计不同任务的工作周期。

（3）懂得结构项目工作计划表的编排方法。

2.3.3 职业素质目标

完成本训练任务后，你应当能（够）：

（1）具备严谨细致的工作态度。

（2）具有宏观分析问题的能力。

2.4 任务实施

2.4.1 活动一　知识准备

（1）产品结构设计的含义。

（2）产品结构设计的基本流程。

2.4.2 活动二　示范操作

1. 活动内容

用Excel绘制一份手机结构项目流程计划表。

具体要求如下：

（1）新建Excel文档。

（2）绘制表格并设定好内容对齐方式。

（3）设置填写好横向和纵向标题栏。

（4）分栏填写结构设计流程具体项目内容。

（5）设定项目各步骤工作周期。

（6）完成表格并保存。

2. 操作步骤

（1）步骤一：初始表格。新建Excel文档，创建一个横11纵23的表格，如图2-1所示。

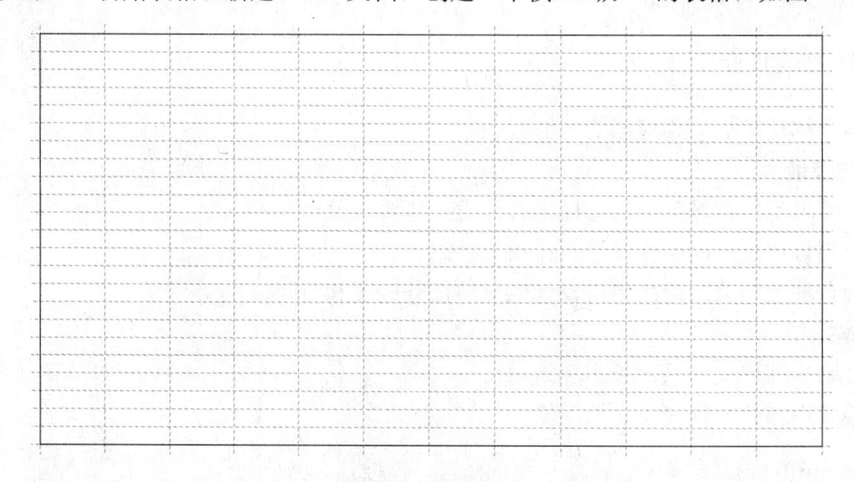

图2-1　初始表格

（2）步骤二：表格标题栏。绘制标题栏，如图2-2所示。

（3）步骤三：表格分栏。根据需求完善表格，如图2-3所示。

（4）步骤四：选中要合并的单元格。将需要合并的单元格选中，如图2-4所示。

（5）步骤五：合并单元格的菜单选项。单击开始菜单下的“合并后居中”选项，如图2-5所示。

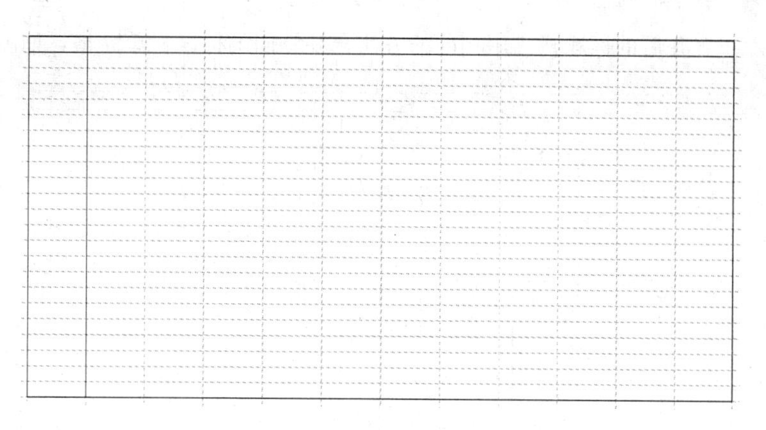

图 2-2　表格标题栏

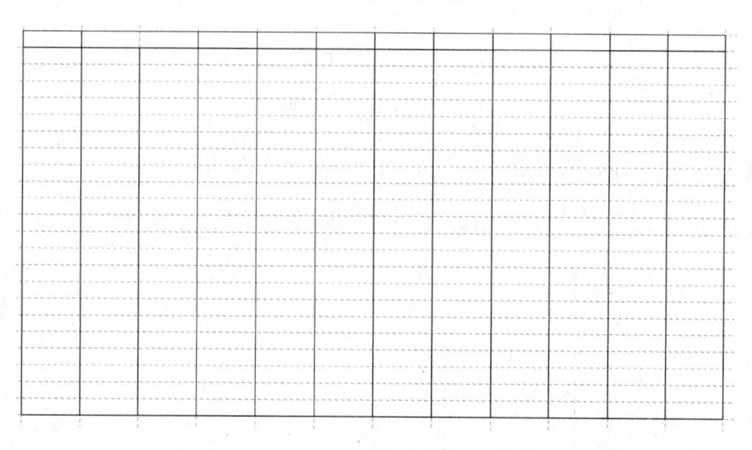

图 2-3　表格分栏

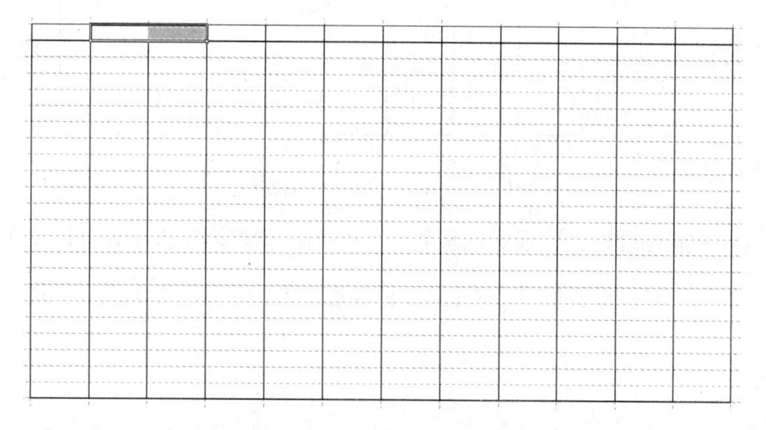

图 2-4　选中要合并的单元格

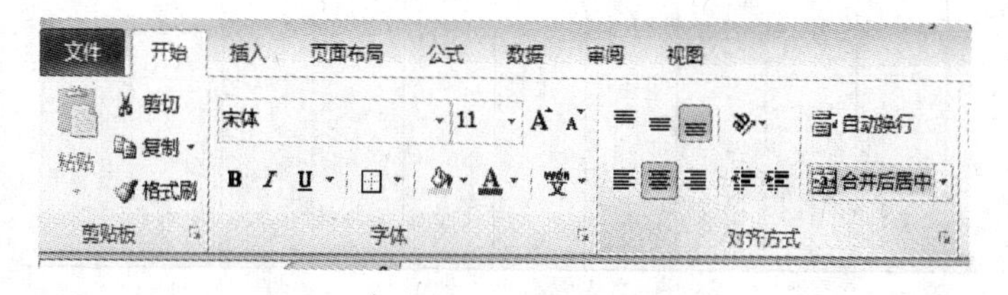

图 2-5　合并单元格的菜单选项

（6）步骤六：合并后的标题栏。用相同的方法合并纵向的标题栏单元格，如图 2-6 所示。

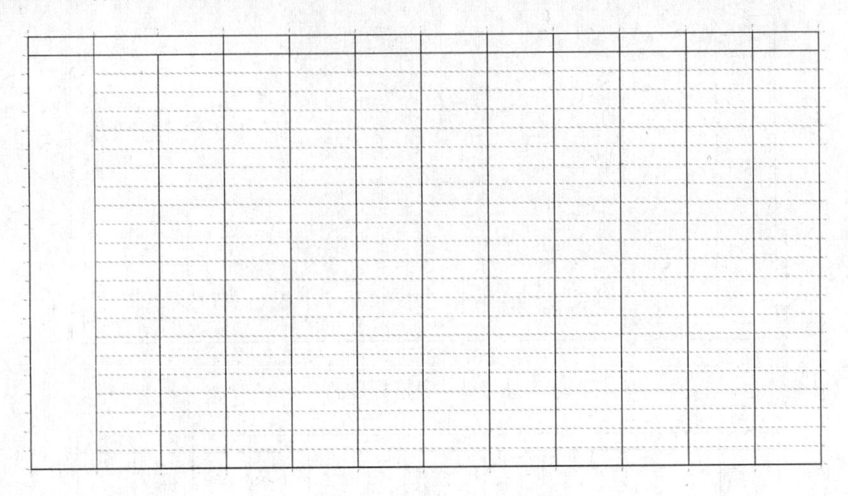

图 2-6　合并后的标题栏

（7）步骤七：添加内容后的标题栏。完成横向标题栏的添加，如图 2-7 所示。

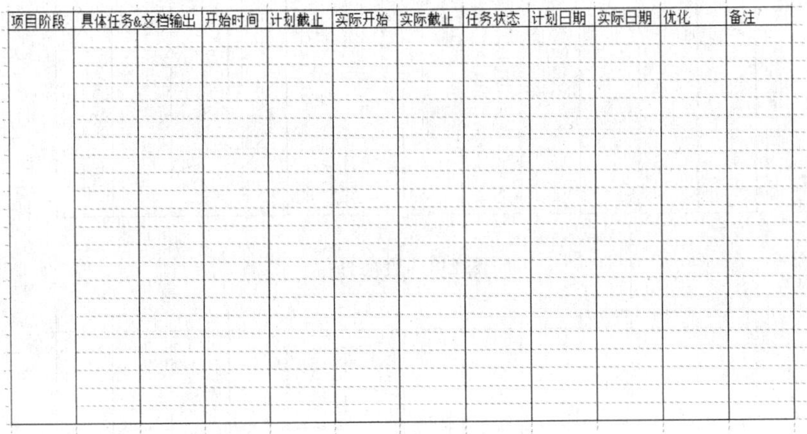

项目阶段	具体任务&文档输出		开始时间	计划截止	实际开始	实际截止	任务状态	计划日期	实际日期	优化	备注

图 2-7　添加内容后的标题栏

（8）步骤八：纵向标题栏。完成纵向标题栏的添加，调整表格大小，如图 2-8 所示。

项目阶段	具体任务&文档输出		开始时间	计划截止	实际开始	实际截止	任务状态	计划日期	实际日期	优化	备注
结构设计阶段											

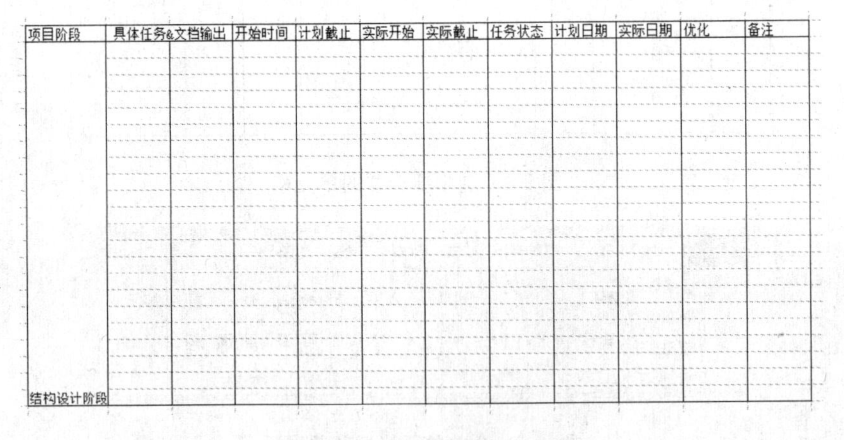

图 2-8　纵向标题栏

（9）步骤九：调整纵向标题栏文字。居中纵向单元格中的所有文字，如图 2-9 所示。

项目阶段	具体任务&文档输出	开始时间	计划截止	实际开始	实际截止	任务状态	计划日期	实际日期	优化	备注
结构设计阶段										

图 2-9　调整纵向标题栏文字

（10）步骤十：前期工作步骤。完成设计流程的前期工作步骤的添加，如图 2-10 所示。

项目阶段	具体任务&文档输出		开始时间	计划截止	实际开始	实际截止	任务状态	计划日期	实际日期	优化	备注
结构设计阶段	内部器件选型	器件规划书（PDF文档）									
	PCB堆叠设计	PCB外形图（DXF格式）									
		PCB限高图（DXF格式）									
		PCB器件布局图（DXF格式）									

图 2-10　前期工作步骤

（11）步骤十一：“初步结构设计”步骤添加。完成“初步结构设计”步骤的添加，如图 2-11 所示。

项目阶段	具体任务&文档输出		开始时间	计划截止	实际开始	实际截止	任务状态	计划日期	实际日期	优化	备注
结构设计阶段	内部器件选型	器件规划书（PDF文档）									
	PCB堆叠设计	PCB外形图（DXF格式）									
		PCB限高图（DXF格式）									
		PCB器件布局图（DXF格式）									
	初步结构设计	3D文档（PRO/E格式）									
		零件清单									

图 2-11　“初步结构设计”步骤添加

（12）步骤十二：“结构评审 1”步骤添加。完成“结构评审 1”步骤的添加，如图 2-12 所示。

（13）步骤十三：“结构深化设计”步骤添加。完成“结构深化设计”步骤的添加，如图 2-13 所示。

项目阶段	具体任务&文档输出		开始时间	计划截止	实际开始	实际截止	任务状态	计划日期	实际日期	优化	备注
结构设计阶段	内部器件选型	器件规划书（PDF文档）									
	PCB堆叠设计	PCB外形图（DXF格式）									
		PCB限高图（DXF格式）									
		PCB器件布局图（DXF格式）									
	初步结构设计	3D文档（PRO/E格式）									
		零件清单									
	结构评审1	结构评审文档1									

图 2-12　“结构评审 1”步骤添加

项目阶段	具体任务&文档输出		开始时间	计划截止	实际开始	实际截止	任务状态	计划日期	实际日期	优化	备注
结构设计阶段	内部器件选型	器件规划书（PDF文档）									
	PCB堆叠设计	PCB外形图（DXF格式）									
		PCB限高图（DXF格式）									
		PCB器件布局图（DXF格式）									
	初步结构设计	3D文档（PRO/E格式）									
		零件清单									
	结构评审1	结构评审文档1									
	结构深化设计	3D文档（PRO/E格式）									
		零件清单									

图 2-13　“结构深化设计”步骤添加

（14）步骤十四：“结构评审 2”步骤添加。完成“结构评审 2”步骤的添加，如图 2-14 所示。

项目阶段	具体任务&文档输出		开始时间	计划截止	实际开始	实际截止	任务状态	计划日期	实际日期	优化	备注
结构设计阶段	内部器件选型	器件规划书（PDF文档）									
	PCB堆叠设计	PCB外形图（DXF格式）									
		PCB限高图（DXF格式）									
		PCB器件布局图（DXF格式）									
	初步结构设计	3D文档（PRO/E格式）									
		零件清单									
	结构评审1	结构评审文档1									
	结构深化设计	3D文档（PRO/E格式）									
		零件清单									
	结构评审2	结构评审文档2									

图 2-14　“结构评审 2”步骤添加

（15）步骤十五：“有限元分析”步骤添加。完成“有限元分析”步骤的添加，如图 2-15 所示。

项目阶段	具体任务&文档输出		开始时间	计划截止	实际开始	实际截止	任务状态	计划日期	实际日期	优化	备注
结构设计阶段	内部器件选型	器件规划书（PDF文档）									
	PCB堆叠设计	PCB外形图（DXF格式）									
		PCB限高图（DXF格式）									
		PCB器件布局图（DXF格式）									
	初步结构设计	3D文档（PRO/E格式）									
		零件清单									
	结构评审1	结构评审文档1									
	结构深化设计	3D文档（PRO/E格式）									
		零件清单									
	结构评审2	结构评审文档2									
	有限元分析	强度、疲劳分析报告文档									

图 2-15　“有限元分析”步骤添加

（16）步骤十六：“结构手板的加工与验证”步骤添加。完成“结构手板的加工与验证”步骤的添加，如图 2-16 所示。

项目阶段	具体任务&文档输出		开始时间	计划截止	实际开始	实际截止	任务状态	计划日期	实际日期	优化	备注
结构设计阶段	内部器件选型	器件规划书（PDF文档）									
	PCB堆叠设计	PCB外形图（DXF格式）									
		PCB限高图（DXF格式）									
		PCB器件布局图（DXF格式）									
	初步结构设计	3D文档（PRO/E格式）									
		零件清单									
	结构评审1	结构评审文档1									
	结构深化设计	3D文档（PRO/E格式）									
		零件清单									
	结构评审2	结构评审文档2									
	有限元分析	强度、疲劳分析报告文档									
	结构手板加工	强度、疲劳分析报告文档									
	手板验证	结构装配验证及问题点反馈									
		根据验证问题点修改结构									
		修改后结构评审，问题反馈及修改									
		用户体验									
		硬件测试									

图 2-16　“结构手板的加工与验证”步骤添加

（17）步骤十七：“成果鉴定及开模决策”步骤添加。完成“成果鉴定及开模决策”步骤的添加，如图 2-17 所示。

项目阶段	具体任务&文档输出		开始时间	计划截止	实际开始	实际截止	任务状态	计划日期	实际日期	优化	备注
结构设计阶段	内部器件选型	器件规划书（PDF文档）									
	PCB堆叠设计	PCB外形图（DXF格式）									
		PCB限高图（DXF格式）									
		PCB器件布局图（DXF格式）									
	初步结构设计	3D文档（PRO/E格式）									
		零件清单									
	结构评审1	结构评审文档1									
	结构深化设计	3D文档（PRO/E格式）									
		零件清单									
	结构评审2	结构评审文档2									
	有限元分析	强度、疲劳分析报告文档									
	结构手板加工	强度、疲劳分析报告文档									
	手板验证	结构装配验证及问题点反馈									
		根据验证问题点修改结构									
		修改后结构评审，问题反馈及修改									
		用户体验									
		硬件测试									
	成果鉴定及开模决策	成果鉴定及开模决策									

图 2-17　“成果鉴定及开模决策”步骤添加

（18）步骤十八：“模具开模”步骤添加。完成“模具开模”步骤的添加，如图 2-18 所示。

项目阶段	具体任务&文档输出		开始时间	计划截止	实际开始	实际截止	任务状态	计划日期	实际日期	优化	备注
结构设计阶段	内部器件选型	器件规划书（PDF文档）									
	PCB堆叠设计	PCB外形图（DXF格式）									
		PCB限高图（DXF格式）									
		PCB器件布局图（DXF格式）									
	初步结构设计	3D文档（PRO/E格式）									
		零件清单									
	结构评审1	结构评审文档1									
	结构深化设计	3D文档（PRO/E格式）									
		零件清单									
	结构评审2	结构评审文档2									
	有限元分析	强度、疲劳分析报告文档									
	结构手板加工	强度、疲劳分析报告文档									
	手板验证	结构装配验证及问题点反馈									
		根据验证问题点修改结构									
		修改后结构评审，问题反馈及修改									
		用户体验									
		硬件测试									
	成果鉴定及开模决策	成果鉴定及开模决策									
	模具开模（检讨+加工）	模具评审文件									
		评审修改回复									
		开模3D文件									
		2D图档完善									

图 2-18　“模具开模”步骤添加

（19）步骤十九：完善表格。完善表格，完成单元格的合并，如图 2-19 所示。

（20）步骤二十：调整表格字体。调整单元格的大小并设置标题栏字体为加粗，如图 2-20 所示。

（21）步骤二十一：设定项目流程工作周期，完成表格。合理安排计划日期，完成表格制作，如图 2-21 所示。

项目阶段	具体任务&文档输出		开始时间	计划截止	实际开始	实际截止	任务状态	计划日期	实际日期	优化	备注
结构设计阶段	内部器件选型	器件规划书（PDF文档）									
	PCB堆叠设计	PCB外形图（DXF格式）									
		PCB限高图（DXF格式）									
		PCB器件布局图（DXF格式）									
	初步结构设计	3D文档（PRO/E格式）									
		零件清单									
	结构评审1	结构评审文档1									
	结构深化设计	3D文档（PRO/E格式）									
		零件清单									
	结构评审2	结构评审文档2									
	有限元分析	强度、疲劳分析报告文档									
	结构手板加工	强度、疲劳分析报告文档									
	手板验证	结构装配验证及问题点反馈									
		根据验证问题点修改结构									
		修改后结构评审，问题反馈及修改									
		用户体验									
		硬件测试									
	成果鉴定及开模决策	成果鉴定及开模决策									
	模具开模（检讨+加工）	模具评审文件									
		评审修改回复									
		开模3D文件									
		2D图档完善									

图 2-19　完善表格

项目阶段	具体任务&文档输出		开始时间	计划截止	实际开始	实际截止	任务状态	计划日期	实际日期	优化	备注
结构设计阶段	内部器件选型	器件规划书（PDF文档）									
	PCB堆叠设计	PCB外形图（DXF格式）									
		PCB限高图（DXF格式）									
		PCB器件布局图（DXF格式）									
	初步结构设计	3D文档（PRO/E格式）									
		零件清单									
	结构评审1	结构评审文档1									
	结构深化设计	3D文档（PRO/E格式）									
		零件清单									
	结构评审2	结构评审文档2									
	有限元分析	强度、疲劳分析报告文档									
	结构手板加工	强度、疲劳分析报告文档									
	手板验证	结构装配验证及问题点反馈									
		根据验证问题点修改结构									
		修改后结构评审，问题反馈及修改									
		用户体验									
		硬件测试									
	成果鉴定及开模决策	成果鉴定及开模决策									
	模具开模（检讨+加工）	模具评审文件									
		评审修改回复									
		开模3D文件									
		2D图档完善									

图 2-20　调整表格字体

项目阶段	具体任务&文档输出		开始时间	计划截止	实际开始	实际截止	任务状态	计划日期	实际日期	优化	备注
结构设计阶段	内部器件选型	器件规格书（PDF文档）						1			
	PCB堆叠设计	PCB外形图（DXF格式）						2			
		PCB限高图（DXF格式）									
		PCB器件布局图（DXF格式）									
	初步结构设计	3D文档（PRO/E格式）						3			
		零件清单									
	结构评审1	结构评审文档1						1			
	结构深化设计	3D文档（PRO/E格式）						3			
		零件清单									
	结构评审2	结构评审文档2						1			
	有限元分析	强度、疲劳分析报告文档						1			
	结构手板加工	3D数据、零件清单、工艺说明、2D图档						7			
	手板验证	结构装配验证及问题点反馈						7			
		根据验证问题点修改结构									
		修改后结构评审，问题反馈及修改									
		用户体验									
		硬件测试									
	成果鉴定及开模决策	成果鉴定及开模决策						1			
	模具开模（检讨+加工）	模具评审文件						1			
		评审修改回复									
		开模3D文件									
		2D图档完善									

图 2-21　完成后的表格

2.4.3 活动三　能力提升

根据活动内容和示范操作要求，学员以电话机或者其他类型产品为主题制作结构项目流程计划表。

具体要求如下：

(1) 新建 Excel 文档，绘制边框。

(2) 绘制标题栏。

(3) 完善标题栏内容。

(4) 完成表格的合并与字体选择及居中对齐。

(5) 分栏填写结构设计流程具体项目内容。

(6) 设定项目各步骤工作周期。

(7) 完成表格并保存。

2.5 效果评价

效果评价参见任务 1，评价标准见附录。

2.6 相关知识与技能

2.6.1 产品结构设计

产品结构设计是指产品开发环节中结构设计工程师根据产品功能而进行的内部结构的设计工作，产品结构设计的工作包括根据外观模型进行零件的分件、确定各个部件的固定方法、设计产品使用和运动功能的实现方式、确定产品各部分的使用材料和表面处理工艺等，产品结构设计是机械设计的基本内容之一，也是设计过程中花费时间最多的一个工作环节。在产品形成过程中，起着十分重要的作用。

如果把设计过程视为一个数据处理过程，那么，以一个零件为例，工作能力设计只为人们提供了极为有限的数据，尽管这少量数据对于设计很重要，而零件的最终几何形状，包括每一个结构的细节和所有尺寸的确定等大量工作均需在结构设计阶段完成。其次，因为零件的构形与其用途以及其他“相邻”零件有关，为了能使各零件之间彼此“适应”，一般一个零件不能抛开其余相关零件而孤立地进行构形。因此，设计者总是需要同时构形较多的相关零件（或部件）。此外，在结构设计中，人们还需更多地考虑如何使产品尽可能做到外形美观、使用性能优良、成本低、可制造性、可装配性、维修简单、方便运输以及对环境无不良影响，等等。因此可以说，结构设计具有“全方位”和“多目标”的工作特点。

一个零件、部件或产品，为要实现某种技术功能，往往可以采用不同的构形方案，而这项工作又大都是凭着设计者的“直觉”进行的，所以结构设计具有灵活多变和工作结果多样性等特点。

对于一个产品来说，往往从不同的角度提出许多要求或限制条件，而这些要求或限制条件常常是彼此对立的。例如：高性能与低成本的要求，结构紧凑与避免干涉或足够调整空间的要求，在接触式密封中既要密封可靠又要运动阻力小的要求，以及零件既要加工简单又要装配方便的要求等。结构设计必须面对这些要求与限制条件，并需要根据各种要求与限制条件的重要程度去寻求某种“折中”，求得对立中的统一。

2.6.2 新产品立项阶段

确定开发项目后，由工业设计工程师在一周内完成产品设计效果图，随后由项目负责人召集会议，对效果图进行评审，包括：

(1) 结构的可行性。

(2) 包装方案。

(3) 外观颜色的搭配。

(4) 零件的材料要求。

(5) 功能是否可行。

(6) 特别注意对产品功能以及产品成本的影响。

如评审中发现问题，需及时提出修改建议，重做效果图，随后做好评审报告。

2.6.3 设计结构图阶段

此阶段工作由结构工程师与电子工程师共同负责。

结构工程师根据效果图，用 PROE（或其他软件）设计结构图。如果有 IGS 文件则可以直接导入，如没有则对应效果图做结构图，当在画图过程中发现在 PROE 上不能做到，或是出不了模时应及时提出，看是否可以更改外观要求。普通的结构图必须在 5 天内完成，复杂的结构图必须在 7 天内完成。

做结构图时要考虑以下问题：

(1) 胶件的缩水问题。

(2) 胶件出模具角度问题。

(3) 生产装配的问题。

(4) 零部件生产可行性，五金件尽量用现有的、标准的。

(5) 装配间隙的问题（如喷油后、电镀后的装配问题）。

(6) 设计结构时注意胶件尽量不要用行位出模。

(7) 包装保护。

(8) 胶件的进胶问题。

(9) 安全性的问题。

如果结构涉及五金模具方面，需考虑加工工艺的可行性，跟供认商沟通好，确认五金零件的加工可行性。做结构图时，必须将所有的零件按尺寸画好，在电脑上检查零件的互配性。不能贪一时的方便，导致有的装配发生冲突。

此设计阶段结构工程师和电子工程师要有良好的沟通，保证功能的实现没有问题，机板的装配没有问题。做好结构图后，项目负责人召集品管/模房/电子组一起进行结构图评审，写好新产品评审报告。评审完成后安排手板制作，如需要供应商打样的零件，要打样回来准备做手板。产品结构设计应以“结构简单、装配容易”为原则。

2.6.4 手板制作阶段

1. 完成 3D 图档

提供 3D 图档（STP 格式文件）给手板部做手板，项目工程师编写好“产品手板制作清单”交由主管审核经理批准后发给手板部做手板，确定手板的完成时间（常定为 4～5 天）；如有特别难做的，可以延长到 7 天。

2. 零件准备完成

零件准备好后，结构工程师、电子工程师、助理工程师一起装配手板，主要由结构工程师负责。并记录在手板装配过程发现的问题，装好后，测试产品的功能；手板必须要达到以下要求：

(1) 配合尺寸都是准确的，要注意出模角度影响产品的功能及外观。

(2) 功能都是可靠的、全面的。

(3) 安全方面的考虑（如利边、尖点、跌落）。

（4）外观都已定好形，不可以再改变，若是影响到功能，可提议更改，但不可以变化太大。

（5）尽可能做到生产装配方便及留意喷油、电镀位置的配合问题。

（6）生产线装配是可行的。

3. 写装配总结报告

手板装配完后，结构工程师写好手板装配总结报告。

4. 评审会议

结构工程师召集品管、生产工程、模房，开手板评审会议。

5. 设计开发评审报告

根据手板总结以及评审会议所收集的建议，编写好“设计开发评审记录”也就是手板评审报告。设计开发评审报告。

6. 修正产品的3D图

更改好手板制作、手板评审时发现的问题，将产品的3D图修正好。

7. 编写物料清单

编写好初步的物料清单（Brill of Material）。

8. 完成2D图

绘制好开模用的2D图，并转成PDF格式供报价模具价用。

2.6.5 模具制作阶段

1. 提供文件（2D图、3D图）给模具部开模具

文件中需要做出的要求包括：

（1）零件图上要注明零件的尺寸公差。

（2）如果有地方不能有出模斜度的一定要在图纸上注明。

（3）外观要求要清楚。

2. 模具部评审图档

要求模具部在收到图档后提供模具评审结果（是否有难做的模具，在不影响产品性能的情况下，可以根据模具部反映的情况做结构图的更改。

3. 模具部反馈

模具部在收到产品图的3天内提供的内容包括：

（1）模具结构图（3D图、2D图），模具图要经工程师评审确认。

（2）开模进度排期。

模具结构评审内容包括：

（1）入水位。

（2）分模面。

（3）排位。

（4）顶针。

（5）材料。

4. 开模时间确定

一般要求在35天，急的话可以在25～30天完成。

5. 产品模具制作期间注意事项

（1）编写好物料清单。

（2）根据物料清单，在10天内将五金电子零配件样板打回来，打板必须填写“样板制造通知单”参照打板流程。

(3) 线路板功能测试好。

(4) 在试模前写好第一次试模件的要求给模具部，如颜色、数量、材料等。

6. 关于五金模具

(1) 一般五金模具是要求先开好成型模具的。

(2) 开料模、飞边模在确认好结构后才开。

(3) 对标准五金件，如电池片之类的不需要开模的要用标准件。

2.6.6 第一次工程样板阶段

1. 第一次工程样板必须要达到的要求

(1) 无明显的扣模、粘模现象。

(2) 对照图纸用量具量度零件的尺寸，必须在公差之内。

(3) 试装配、配合应是没有问题。

(4) 零件配合性，如零件是多个模腔的，必须进行互配。

(5) 零件没有明显的变形。

(6) 第一次试模，必要时要省光模具，钻好运水，确保尺寸的稳定性。

2. 第一次工程样板阶段注意事项

(1) 要求模具部最少送20套胶件做第一次工程样板。

(2) 出工模表。

(3) 安排做包装方案。

(4) 准备装配夹具。

(5) 所有的改模资料必须在3天内出齐，并要明确改模完成时间及确定下一次送胶件日期。

(6) 所有的改模资料要用“模具更改通知单”的文件形式发出。

(7) 不合格的五金电子零件要重新出“样板制造通知单”打样。

(8) 此阶段不可以交样给销售部送样。

(9) 编写产品使用说明给销售部做产品说明书。

(10) 如果试装结构没有问题，则要装2台有功能的样板到实验室做产品疲劳测试。

(11) 第一次功能样板一定要由结构工程师及PE参与组装。并记下装配时发现的问题。

(12) 编制“样机测试记录表”。

(13) 编写“样机制作总结”。

(14) 结构工程师一定要仔细检查零配件的尺寸、外观。要在第一次工程样板时就将问题找出来，越早发现问题越好。

2.6.7 第二次工程样板阶段

1. 第二次工程样板阶段的工作目的

工作目的：验证新产品组件或零部件的性能能否达到产品的最终规格要求，新产品至少要进行一次工程试验样板来完成产品的全部测试。

2. 第二次工程样板阶段工作的注意事项

(1) 所有的零部件和材料必须是产品要求和最终更新确定的，允许装配前对零部件进行加工，但必须是最小的。

(2) 工程试验板必须做2卡通箱的数量交给品管部做全面测试，例如：

1）功能测试，（至少测试 5 个点），电气特性。

2）高低温、恒湿、恒温测试。

3）模拟运输测试、跌落测试。

4）喷油、丝印、移印附着力测试。

5）拉扭力测试。

（3）色粉油漆颜色自定，如有客户要求，可以按客户要求做。

（4）如有喷油部件，则要开喷油模具，以及试喷油效果。

（5）如有移印、丝印则要试移印、丝印效果，确认是否正确。

（6）所有的五金要进行确认。

（7）包装部分：如有彩盒则用彩盒做包装，没有则用相同尺寸的白盒做，内卡或泡沫的设计可以很好地保护产品。

（8）胶袋尺寸是否合适，是否需要印警告文字及打孔，厚度是否合乎标准。

（9）贴纸尺寸是否合适。

（10）说明书核对文字是否正确。

（11）卡通箱尺寸、材质是否合乎要求。

（12）与 QE 一起分析测试不合格品，找出次品的原因及解决办法。

（13）如有零部件要进行改模，则改模图纸要在测试完成后的 3 天内完成。

（14）此阶段要编制以下文件：

1）零件图纸。

2）产品说明。

3）爆炸图。

4）能够确认的零件要写《样品确认书》并签样板。

5）样机制作总结，样机测量测试记录表。

6）夹具制造申请单

7）物料清单的发放。

（15）假如所有测试均可以达到产品的最终要求，则可以写“试产申请单”，若不通过则要做最后工程试验板测试。

2.6.8 第三次工程样板阶段

1. 第三次工程样板阶段的工作目的

工作目的：检验和证实产品的设计符合产品的规格要求，QE 最后工程试验板确认所有的产品设计问题均已解决；检验和证实模具、材料和产品外观均已达到产品的要求。

2. 第三次工程样板阶段的注意事项

（1）所有零部件和原材料必须是最后所规定的类型；从模具注塑出来的胶件在装配前不可以做任何加工（修披锋、水口除外）。

（2）工程试验板的数量必须要保证在 2 卡通箱。

（3）最后工程试验板必须是由生产线所用的夹具来装配完成的。

（4）交 2 卡通箱的样板给品管部做测试。

（5）如在装配过程中发现塑胶有问题，必须在 2 天内出“模具更改通知”给模具部。

（6）若发现有问题，要做第四次工程样板。

（7）若测试合格，则出放产资料、BOM、测试方法等，所有零部件要确认好，签好样板。

（8）做零件板（或电脑文件形式的零件板图档）给仓库和生产部。

（9）此阶段要编写以下文件：

1）最新的物料清单发放。

2）产品装配工艺作业指导书、工序流程图。

3）设计开发验证报告。产品开发表格—设计开发验证报告。

4）设计开发输出清单。产品开发表格—设计开发输出清单。

5）试产清单。

6）样机制作总结。

7）物料的确认。

（10）结构工程师召集品管、生产、采购、仓库、销售开新产品发布会。

（11）有物料在新产品发布会后一天内确认，如有些注塑件要在注塑前确认的，可以延后确认。

（12）新产品试产一定要在“试产申请”后一个月内完成。

（13）提供整机样板给生产部参考。

（14）统筹作业指导书、夹具的进度情况。

2.6.9 试产阶段

1. 试产前会议

结构工程师在试产前两天负责召开试产前会议：参加部门要有品管、生产、销售、采购、仓库。介绍产品的功能、性能、生产难度、装配方法、包装方法、生产注意事项等。

2. 试产阶段工作注意事项

（1）确认生产线能生产出符合要求的产品，以及让生产线熟悉新产品生产工艺。

（2）生产工程确认工序流程是否合理，核对工时、夹具是否适用。

（3）试产时项目工程师、生产工程师、IE工程师必须要在生产现场。

（4）试产所产生的坏机必须由开发部人员与生产工程分析其不良原因，其他人员不能擅自拆机（包括生产线的修理工）。

（5）试产完成后2天内结构工程师要负责召开试产总结会。

（6）确认试产通过后，编写设计开发确认书。

（7）如果试产不通过，出资料改善好问题，申请再一次试产。

（8）整好产品的文件，（计算机的电子文档）上传服务器备份。

（9）此阶段要编写以下文件：

1）试产总结报告。样机测试报告。

2）设计开发确认书。产品开发表格—设计开发确认书PDF。

3）如需要工程设计变更通知单—工程变更通知单PDF。

（10）成品样机做签样板。

（11）确认所有物料签好板。

（12）IE工程师要做好产品标准工时。

2.6.10 生产阶段（量产阶段）

1. 生产阶段的注意事项

（1）为确保生产线能按产品质量标准做好产品，在前两批货生产时开发部的工程师要巡逻跟进，若发现问题必须及时处理。小问题必须当天解决，并要有书面的处理结果，大问题（比如某个五金零件有问题）要在一个星期内解决并要有书面的处理结果。

（2）所有的更改和生产注意事项要出“工程决定备忘”（EDM）。如果销售部有特别要求，要根据要求转化成工程资料发放给各个部门（如要更新物料表、图纸等）。

（3）IE 工程师要在批量生产时到生产线核实产能，并检查工艺是否可以优化。

2. 关于生产阶段的设计变更

设计变更的流程——当产品已经生产完成或开发完成，某个原因要改变设计时，要按以下流程来进行：

（1）先做样板确认合格。

（2）填写“设计变更申请单”。

（3）“设计变更申请单”经各个部门确认后，开发部发出更改资料。

（4）更改后验证。

（5）出“工程变更通知单“通知各部门，注明新旧件的处理方法。

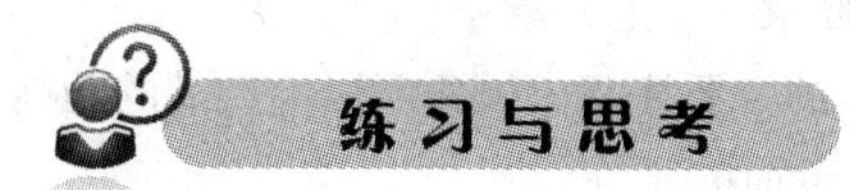

一、单选题

1. 一个零件、部件或产品，为要实现某种技术功能，往往可以采用不同的（　　）。

A. 名字　　B. 周期　　C. 速度　　D. 构形方案

2. 在设计企业中，复杂的结构设计图一般必须在（　　）内完成。

A. 5 个月　　B. 60 天　　C. 7 天　　D. 8 个月

3. 开模时间一般要求在（　　）天完成。

A. 120　　B. 60　　C. 35　　D. 100

4. （　　）设计是机械设计的基本内容之一，也是设计过程中花费时间最多的一个工作环节。

A. 产品结构　　B. 功能　　C. 外形　　D. ABC

5. 第一次功能样板一定要由结构工程师及（　　）参与组装。

A. PE　　B. QE　　C. BE　　D. DE

6. “工程决定备忘”的英文简写是?（　　）

A. EDM　　B. BOM　　C. ROM　　D. 以上都不对

7. 试产时项目工程师、生产工程师、IE 工程师（　　）要在生产现场。

A. 不需　　B. 必须　　C. 不一定都　　D. 一定都不

8. 试产完成后（　　）天内结构工程师要负责召开试产总结会。

A. 1　　B. 2　　C. 3　　D. 4

9. 一个零件、部件或产品，为要实现某种技术功能，往往可以采用不同的构形方案，而目这项工作又大都是凭着设计者的“（　　）”进行的，所以结构设计具有灵活多变和工作结果多样性等特点。

A. 认知　　B. 直觉　　C. 知识背景　　D. 决定

10. 对于一个产品来说，往往从不同的角度提出许多要求或限制条件，而这些要求或限制条件常常是彼此（　　）的。

A. 对立　　B. 有关　　C. 互为条件　　D. 呼应

二、多选题

11. 结构设计具有（　　）的工作特点。

A. 多目标　B. 全方位　C. 单方面　D. 无目标

E. 少目标

12. 新产品立项阶段，由项目负责人召集会议，对效果图进行评审，包括（　　）。

A. 结构的可行性　B. 包装方案　C. 外观颜色的搭配　D. 零件的材料要求

E. 功能是否可行

13. 设计结构图阶段，做结构图时要考虑以下问题（　　）。

A. 胶件的缩水问题

B. 胶件出模具角度问题

C. 生产装配的问题

D. 零部件生产可行性，五金件尽量用现有的、标准的

E. 装配间隙的问题（如喷油后、电镀后的装配问题）

14. 手板必须要达到以下要求（　　）。

A. 配合尺寸都是准确的，要注意出模角度影响产品的功能及外观

B. 功能都是可靠的、全面的

C. 安全方面的考虑（如利边、尖点、跌落）

D. 外观都已定好形，但可以再改变，若是影响到功能，可提议更改，但不可以变化太大

E. 生产线装配是可行的

15. 提供文件（二维图、三维图）给模具部开模具，要作以下要求（　　）。

A. 零件图上要注明零件的尺寸公差

B. 零件图上可以不需要注明零件的尺寸公差

C. 如果有地方不能有出模斜度的一定要在图纸上注明

D. 外观不一定要求清楚

E. 外观要求清楚

16. 第一次工程样板必须要达到的要求（　　）。

A. 无明显的扣模、粘模现象

B. 对照图纸用量具量度零件的尺寸，必须在公差之内

C. 试装配，配合应是没有问题

D. 零件配合性，如零件是多个模腔的，必须进行互配

E. 零件没有明显的变形

17. 结构工程师召集（　　）开新产品发布会。

A. 品管　B. 生产　C. 采购　D. 仓库

E. 销售

18. 设计变更的流程，当产品已经生产完成或开发完成，某个原因要改变设计时，要按以下流程来进行（　　）。

A. 先做样板确认合格

B. 填写“设计变更申请单”

C. “设计变更申请单”经各个部门确认后，开发部发出更改资料

D. 更改后验证

E. 出“工程变更通知单”通知各部门，注明新旧件的处理方法

19. 塑料是以树脂为主要成分，以（　　）等添加剂为辅助成分，在一定温度和压力作用下能流动的高分子有机材料。

A. 增塑剂　　B. 着色剂　　C. 填充剂　　D. 润滑剂

E. 稳定剂

20. 结构工程师在试产前两天负责召开试产前会议：参加部门要有（　　）。

A. 品管　　B. 生产　　C. 销售　　D. 采购

E. 仓库

三、判断题

21. 产品的结构设计是指产品开发环节中结构设计工程师根据产品功能而进行的内部结构的设计工作。（　　）

22. 产品结构设计是机械设计的基本内容之一，也是设计过程中花费时间最多的一个工作环节。（　　）

23. 结构设计不具有“全方位”和“多目标”的工作特点。（　　）

24. 确定开发项目后，由平面设计工程师在一周内完成平面设计效果图。（　　）

25. 模具部最少送 10 套胶件做第一次工程样板。（　　）

26. 第二次工程样板阶段的目的是验证新产品组件或零部件的性能能否达到产品的最终规格要求。（　　）

27. 第三次工程样板阶段的目的是检验和证实产品的设计符合产品的规格要求。（　　）

28. 结构工程师在试产前五天负责召开试产前会议。（　　）

29. 试产时项目工程师、生产工程师、IE 工程师必须要在生产现场。（　　）

30. 如果试产不通过，出资料改善好问题，申请再一次试产。（　　）

练习与思考参考答案

1. D	2. B	3. C	4. A	5. A	6. A	7. B	8. C	9. B	10. A
11. AB	12. ABCDE	13. ABCDE	14. ABCE	15. ACE	16. ABCDE	17. CDE	18. ABCDE	19. ABCD	20. ABCDE
21. Y	22. Y	23. N	24. Y	25. N	26. Y	27. Y	28. N	29. Y	30. Y

任务 3

产品结构设计基础逻辑认知与训练

该训练任务建议用 12 个学时完成学习。

3.1 任务来源

在进行产品结构设计前，需要针对产品的结构特点对其构成的零件及组件进行分析，并确定各零件和组件间的装配方式。

3.2 任务描述

根据产品结构设计实际需求，在进行结构设计前对样机各组件、零件及运动机构进行结构逻辑分析。

3.3 能力目标

3.3.1 技能目标

完成本训练任务后，你应当能（够）：

1. 关键技能

（1）会分析整机结构组成。

（2）会分析各组件之间的结构关系。

（3）会合理规划典型产品结构设计的分项任务进度和时间。

2. 基本技能

（1）会理解产品结构设计基本术语。

（2）会理解产品结构设计的基本原理。

（3）会理解常见材料的特性。

（4）会计算机三维基础建模。

3.3.2 知识目标

完成本训练任务后，你应当能（够）：

（1）掌握自由度与约束的概念。

（2）掌握装配面与非装配面的判断方法。

（3）了解自顶向下的设计理念。
（4）掌握常见运动机构的判断。

3.3.3 职业素质目标

完成本训练任务后，你应当能（够）：
（1）具备严谨科学的工作态度。
（2）具备耐心细致的工作素质。
（3）善于进行工作总结。

3.4 任务实施

3.4.1 活动一　知识准备

（1）结构设计基础逻辑的重要意义。
（2）结构设计基础逻辑。
（3）结构设计基础逻辑流程认知。
（4）自顶向下的设计理念。

3.4.2 活动二　示范操作

1. 活动内容

现有手持 POS 机样机一台，其结构由面壳组件、PCBA 组件、底壳组件组成。根据产品结构设计实际需求，在进行结构设计前对样机各组件、零件及运动机构进行结构逻辑分析。

具体要求如下：
（1）对手持 POS 机进行整机结构分析。
（2）对手持 POS 机基本特征进行整机拆解演示分析。
（3）整理 POS 机配件到整机的装配过程。

2. 操作步骤

（1）步骤一：进行手持 POS 机整机的认识。
1）明确主要组件及零件构成，手持 POS 机整机如图 3-1 所示。
2）明确基本功能及对应元器件主要材料与结构设计特点，手持 POS 机整机组成图如图 3-2 所示。

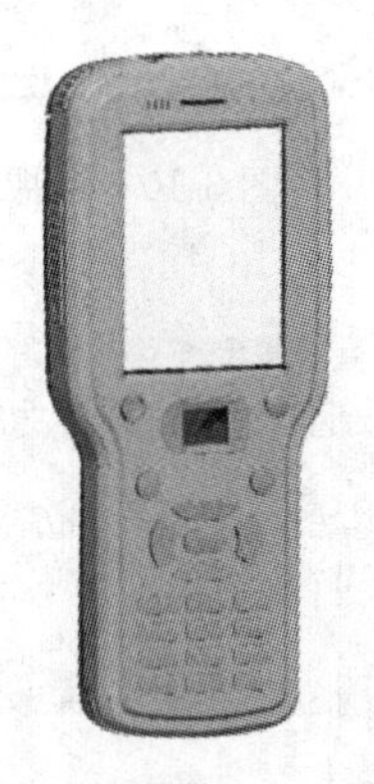

图 3-1　手持 POS 机整机

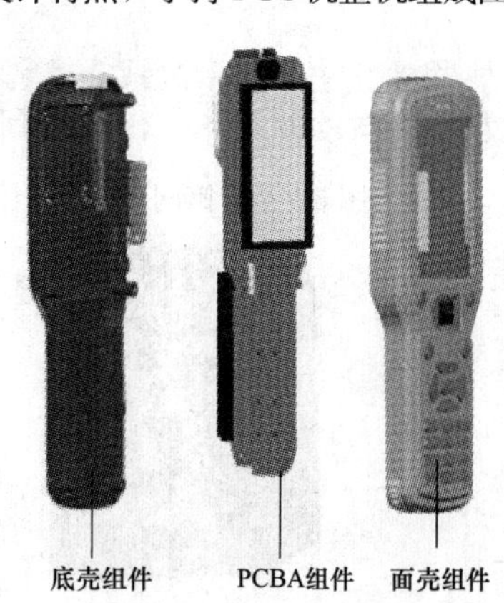

图 3-2　手持 POS 机整机组成图

（2）步骤二：面壳组件各零件结构的分析。

1）明确面壳组件所包含的元器件，面壳组件如图 3-3 所示。

2）结合样机零件分析各元器件的自由度及约束条件，面壳组件分解如图 3-4 所示。

3）分析主要零件的装配面及非装配面，主要零件如图 3-5～图 3-12 所示。

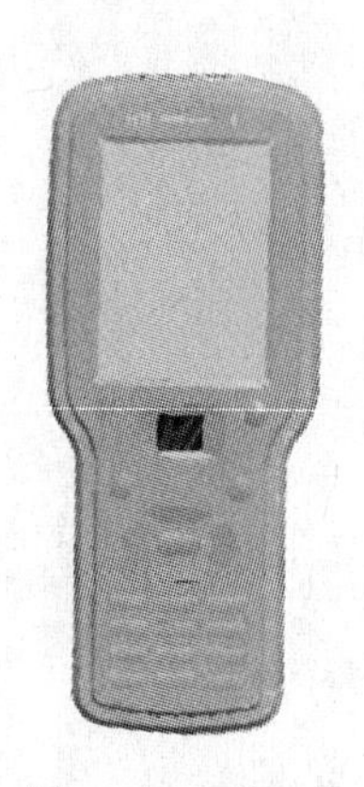

图 3-3　面壳组件

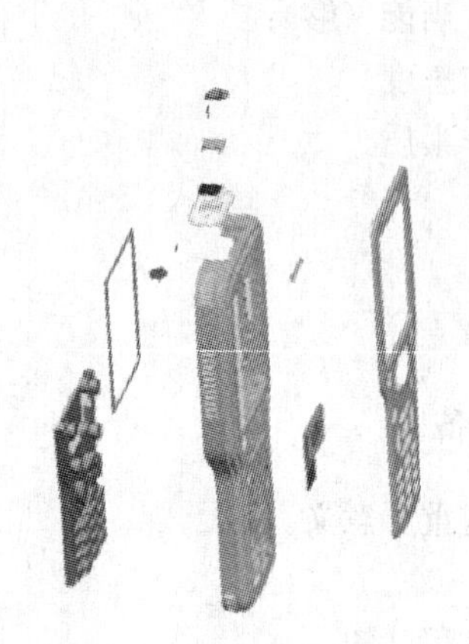

图 3-4　面壳组件分解

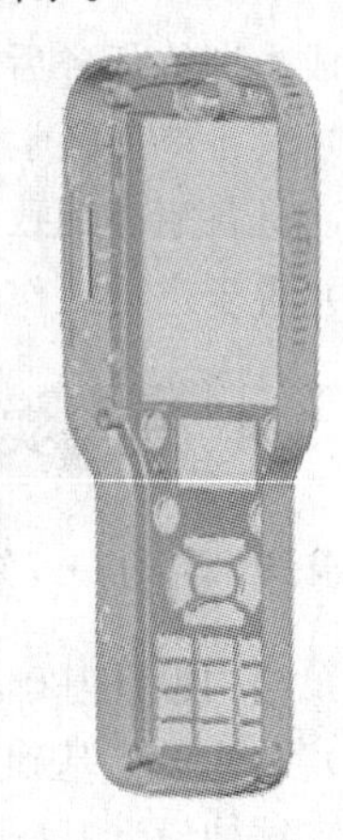

图 3-5　面壳

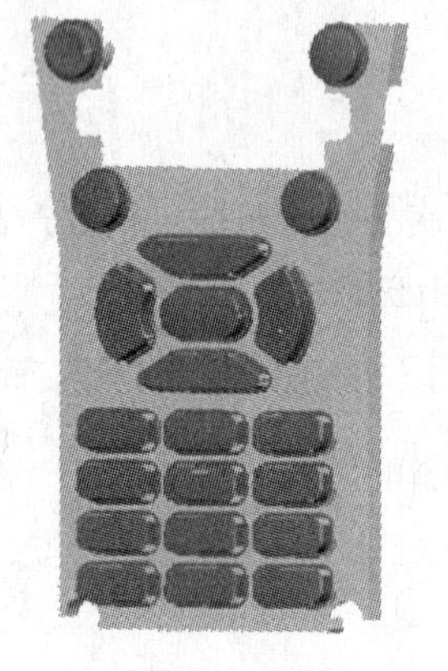

图 3-6　主按键

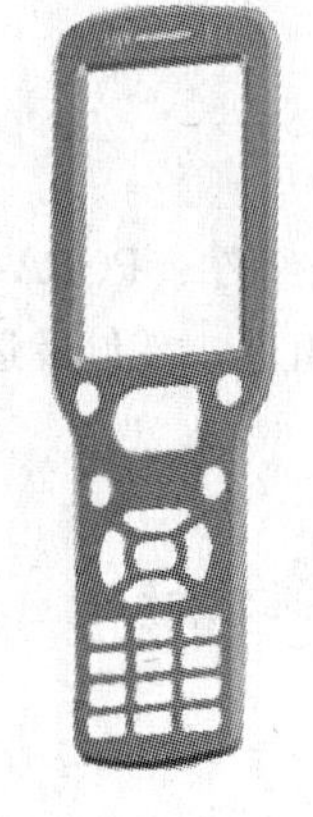

图 3-7　面壳装饰件

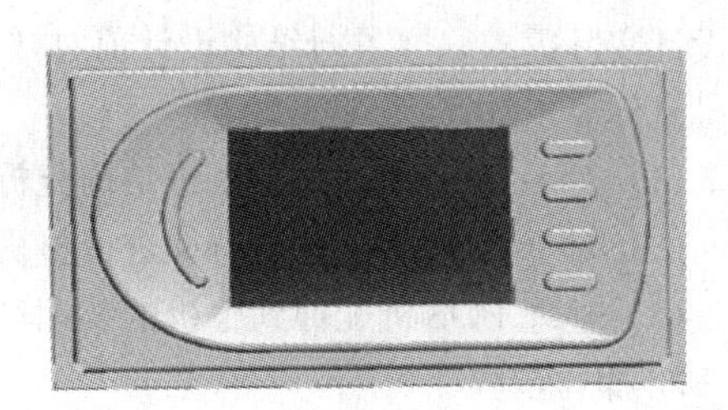

图 3-8　指纹扫描模块

图 3-9　听筒网

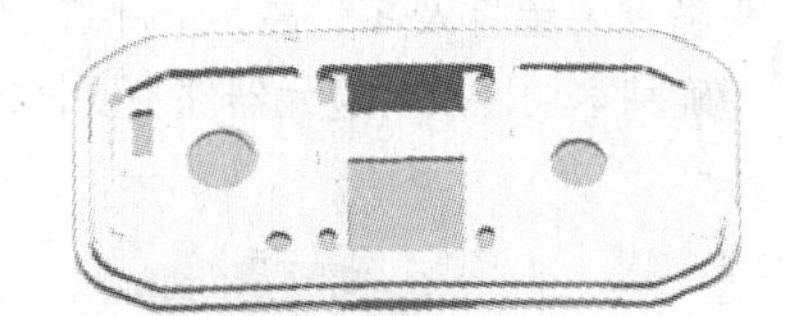

图 3-10　摄像头装饰件

图 3-11　摄像头镜片

图 3-12　闪光灯镜片

(3) 步骤三：底壳组件各零件的结构分析。

1) 明确底壳组件所包含的元器件，底壳组件如图 3-13 所示。

2) 结合样机零件分析各元器件的自由度及约束条件，零件分析各元器件如图 3-14 所示。

3) 分析主要零件的装配面及非装配面，主要零件如图 3-15～图 3-18 所示。

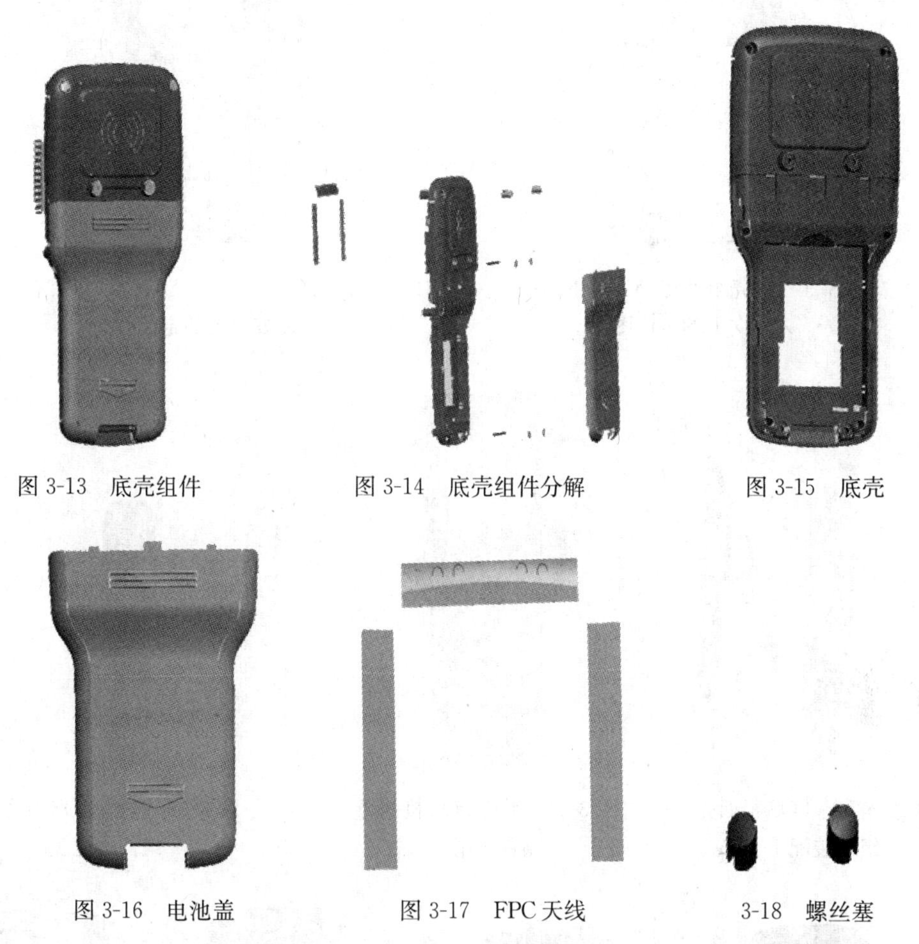

图 3-13　底壳组件　　图 3-14　底壳组件分解　　图 3-15　底壳

图 3-16　电池盖　　图 3-17　FPC 天线　　3-18　螺丝塞

(4) 步骤四：面壳组件、底壳组件及 PCBA 组件的结构分析。

1) 简单说明组件间的结构逻辑与面壳组件和 PCBA 组件在 X、Y 方向上的定位，如图 3-19 所示。

2) 结合样机对组件间的自由度及约束条件，分析面壳组件与 PCBA 组件在 Z 方向上的定位，如图 3-20、图 3-21 所示。

(5) 步骤五：产品装配顺序的分析。

1) 简单说明产品装配的一般顺序，如图 3-22 所示。

2) 对判断产品装配顺序的方法提出分析依据，并通过实际操作进行演示，如图 3-23～图 3-28所示。

3) 介绍自顶向下的设计理念。

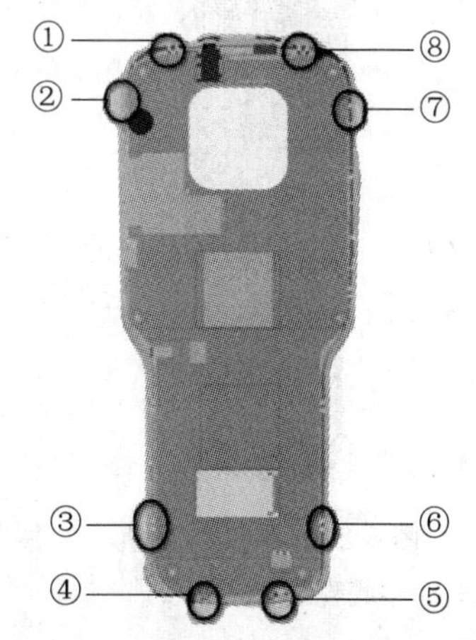

图 3-19　面壳组件与 PCBA 组件在 X、Y 方向上的定位图

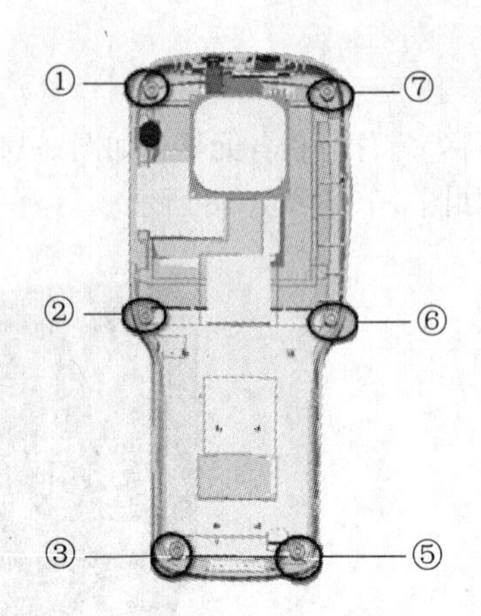

图 3-20　面壳组件与 PCBA 组件在 Z 方向上的定位图 1

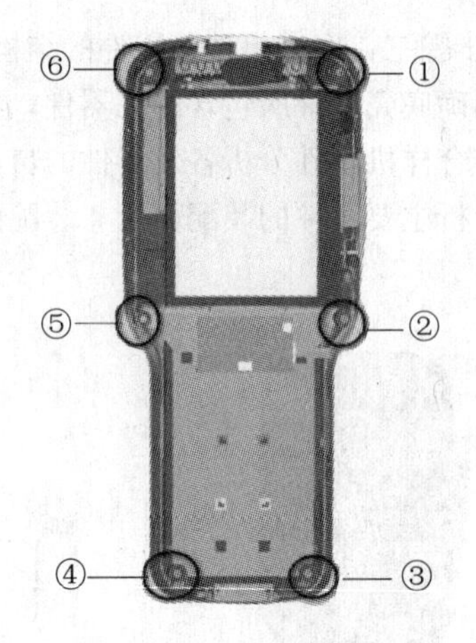

图 3-21　面壳组件与 PCBA 组件在 Z 方向上的定位图 2

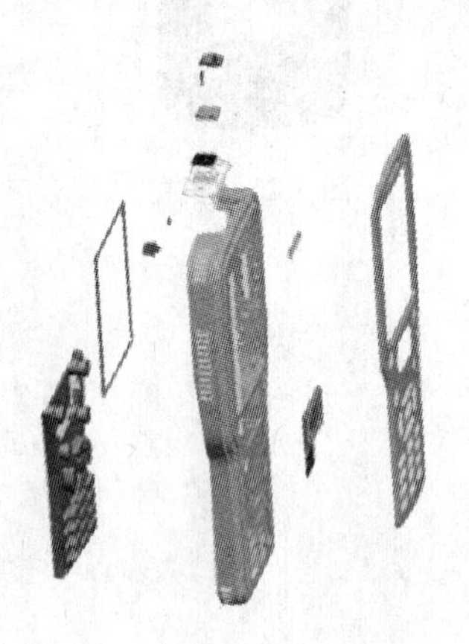

图 3-22　手持 POS 机面壳组件装配 1

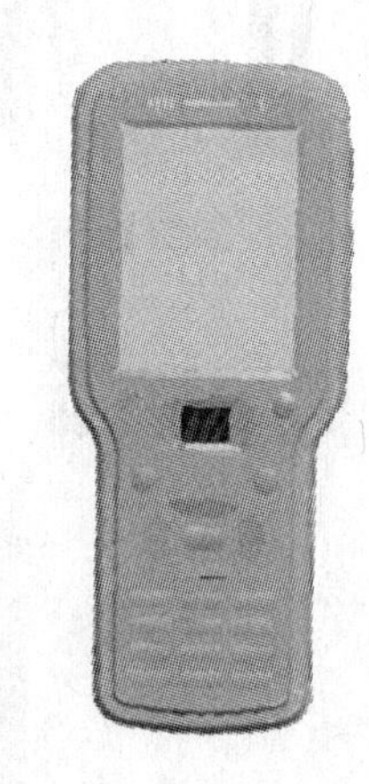

图 3-23　手持 POS 机面壳组件装配 2

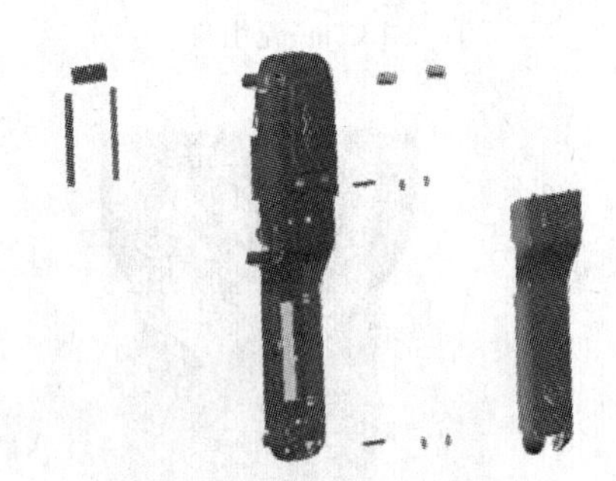

图 3-24　手持 POS 机底壳组件装配 1

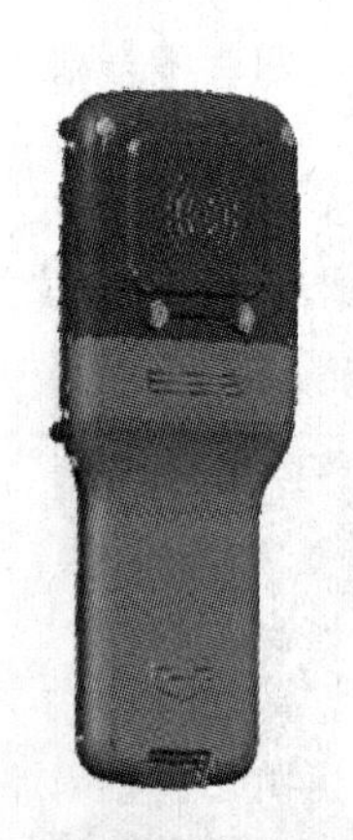

图 3-25　手持 POS 机底壳组件装配 2

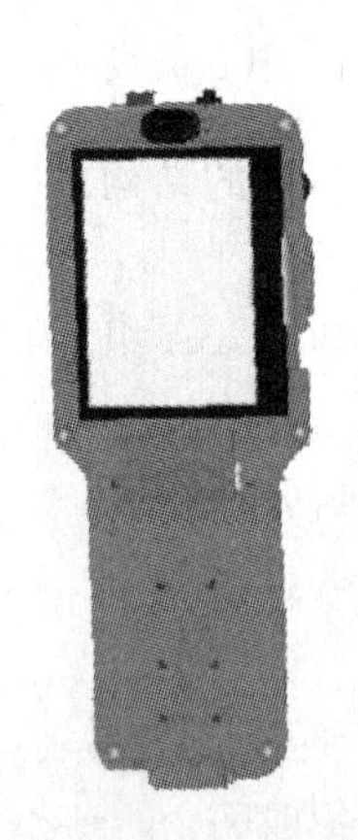

图 3-26　PCBA 组件

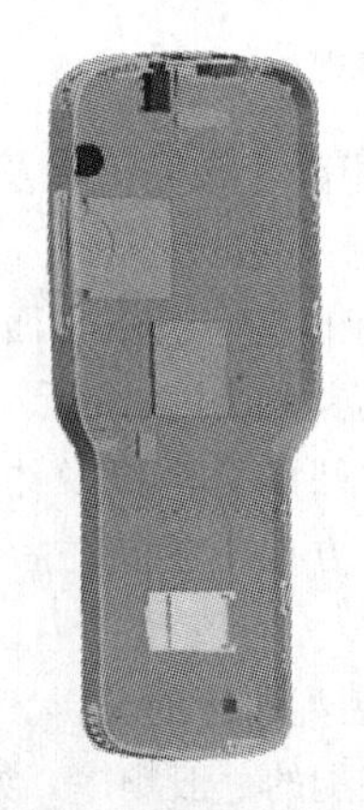

图 3-27　PCBA 组件安装于面壳组件上

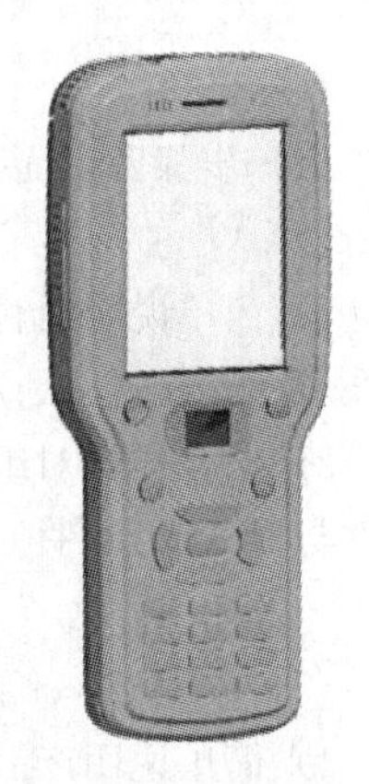

3-28　合上底壳组件完成装配

(6) 步骤六：运动机构的分析。

1) 简单说明运动机构的类别和基本特征。

2）对移动副、转动副等概念通过实际产品零件结构进行说明，产品零件结构如图 3-29、图 3-30所示。

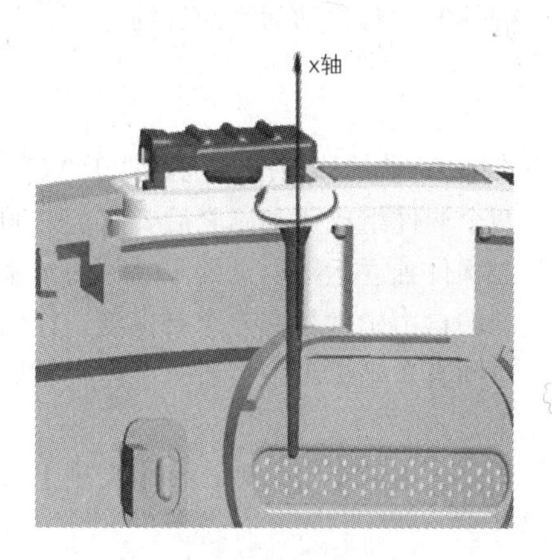

图 3-29　软胶塞的转动副分析

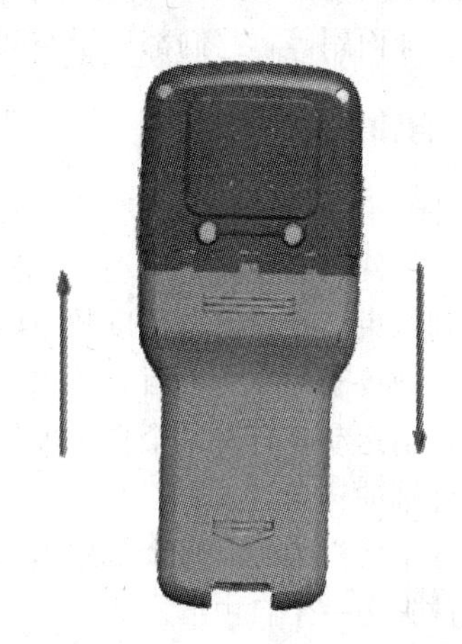

图 3-30　电池盖的移动副分析

3.4.3 活动三　能力提升

根据产品结构设计实际需求，针对典型产品结构电子模型，在进行结构设计前对样机各组件、零件及运动机构进行结构逻辑分析。

具体要求如下：

（1）通过对整机结构分析得出面壳组件与各个零件之间的关系。

（2）进行外壳组件与 PCBA 组件的结构分析。

（3）分析样机从零件到整机中间的装配过程。

3.5 效果评价

效果评价参见任务 1，评价标准见附录。

3.6 相关知识与技能

3.6.1 模板介绍

产品结构设计中的模板是指一系列的文件档案名称的集合，在 Pro/E 软件中，模板是指由一系列没有特征的组件构成的三维装配档案。

3.6.2 运动副

凡两构件直接接触并能产生一定相对运动的连接称为运动副。

两个构件组成的运动副

通常用三种接触形式连接起来，即点接触、线接触和面接触。根据两构件的接触情况，将平面运动副分为低副和高副两大类。

（1）低副。两构件通过面接触组成的运动副称为低副。低副在受载时，单位面积上的压力较小。根据构件相对运动形式的不同，它又分为转动副和移动副。

1）转动副。两构件组成只能做相对转动的运动副称为转动副，或称铰链。

2）移动副。两构件组成只能沿某一轴线做相对移动的运动副称为移动副。

（2）高副。两构件以点、线的形式相接触而组成的运动副称为高副。此外，在常用的运动副中，螺旋副、球面副等，它们都属于空间运动副，即两构件的相对运动为空间运动。

3.6.3 自由度与约束

一个构件做平面运动时，具有三个独立运动：沿 X 轴和 Y 轴的移动以及绕垂直于 XOY 平面A轴的转动。构件的这种独立运动称为构件的自由度。两个构件组成运动副之后，它们之间的相对运动就受到约束，相应的自由度数也随之减少。这种对构件独立运动所加的限制称为约束。自由度减少的个数等于约束的数目。所以，一个做平面运动的自由构件具有三个自由度。任何一个构件在空间自由运动时皆有六个自由度，它可表达为在空间直角坐标系内沿着三个坐标轴的移动和绕三个坐标轴的转动。

注意：在平面机构中，每个低副引入两个约束，使构件失去两个自由度；每个高副引入一个约束，使构件失去一个自由度。

3.6.4 自顶向下的设计理念

1. 自顶向下设计

从已完成的产品对产品进行分析，然后向下设计。因此，可从主组件开始，将其分解为组件和子组件。然后标识主组件元件及其关键特征。最后，了解组件内部及组件之间的关系，并评估产品的装配方式。掌握了这些信息，就能规划设计并能在模型中体现总体设计意图。自顶向下设计是各公司的业界范例，用于设计历经频繁设计修改的产品，或者被设计各种产品的各公司所广泛采用。

2. 由下到上设计

用户从元件级开始分析产品，然后向上设计到主组件。注意，成功的由下到上设计要求对主组件有基本的了解。基于自下而上方式的设计不能完全体现设计意图。尽管可能与自顶向下设计的结果相同，但加大了设计冲突和错误的风险，从而导致设计不灵活。目前，由下到上设计仍是设计界最广泛采用的范例。设计相似产品或不需要在其生命周期中进行频繁修改的产品的公司均采用由下到上的设计方法。

自顶向下就是从上往下设计，是交互式设计软件的一大特色，也是一种与传统设计方式不同的设计理念。Pro/E软件把自顶向下的设计发挥到极致，在Pro/E软件中是如何实现自顶向下设计的呢？

（1）创建一个顶级组件，也就是总装配图，后续工作就是围绕这个构架展开。

（2）给这个顶级组件创建一个骨架，骨架相当于地基，骨架在自顶向下设计理念中是最重要的部分，骨架做的好坏，直接影响后续好不好修改。

（3）创建子组件，并在子组件中创建零件，所有子组件与零件装配方式按默认（缺省）装配。

（4）所有子组件的主要零件参照骨架绘制，其外形大小与装配位置由骨架来控制。

（5）零件如需改动外形尺寸与装配位置，只需改动骨架，重新生成零件即可。

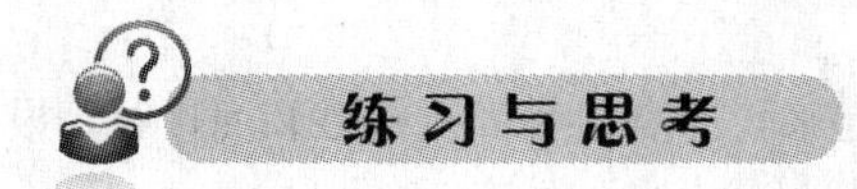

一、单选题

1. 暖水瓶螺旋瓶盖的旋紧或旋开，是低副中的（　　）副在接触处的复合运动。

A. 球面　　B. 移动　　C. 转动　　D. 螺旋

2. 带动其他构件（　　）的构件，叫原动件。

A. 移动　　B. 转动　　C. 运动　　D. 跳动

3. 当机构的原动件数目小于或大于其自由度数时，该机构将（　　）确定的运动。

A. 有　　B. 没有　　C. 不一定　　D. 以上答案皆不正确

4. 当两构件组成转动副时，其相对速度瞬心在（　　）处。

A. 转动副中心　　B. 转动副外缘　　C. 转动方向的切线　　D. 无法确定

5. 当两构件组成移动副时，其相对速度瞬心在（　　）处。

A. 移动副中心　　B. 移动方向的垂线上无穷远处

C. 移动方向无穷远处　　D. 无法确定

6. 机械出现自锁是由于（　　）。

A. 机械效率小于零　　B. 驱动力太小

C. 阻力太大　　D. 约束反力太大

7. 平面四杆机构共有（　　）个速度瞬心，其中（　　）个是绝对瞬心。

A. 4，2　　B. 5，2　　C. 6，2　　D. 6，3

8. 单运动副机械自锁的原因是驱动力（　　）摩擦锥（圆）。

A. 切于　　B. 交于　　C. 分离　　D. 重叠

9. 抽屉的拉出或推进运动，是（　　）在接触处所允许的相对移动。

A. 转动副　　B. 移动副　　C. 螺旋副　　D. 球面副

10. 构件是机器的（　　）单元。

A. 制造　　B. 运动　　C. 固定　　D. 限制

二、多选题

11. 低副的优点是（　　）。

A. 制造和维修容易　　B. 单位面积压力小

C. 承载能力大　　D. 摩擦损失低

E. 以上答案皆不正确

12. 定义产品结构的好处有（　　）。

A. 所有的组件都是以同样的原始特征和组合限制来放置的

B. 所有的设计者都能很清楚地与产品结构联系上

C. 在产品设计期间或产品设计前，计划管理者都可以控制或是创建产品结构

D. 可以更有效的在设计组或设计者间分割工作

E. 以上都不正确

13. 根据运动传递路线和构件的运动状况，构件可分为（　　）。

A. 机构　　B. 机架　　C. 原动件　　D. 从动件

E. 主动件

14. 运动副的作用是（　　）。

A. 限制或约束两个构件之间的相对运动

B. 限制或约束两个构件之间的绝对运动

C. 减小其相对运动的自由度数目

D. 增加其相对运动的自由度数目

E. 以上答案都正确

15. 运动副包含哪几层含义（　　）。

A. 两个构件　B. 三个构件　C. 直接接触　D. 间接接触

E. 可动连接

16. 两构件是通过内、外表面接触，可以组成（　　）。

A. 回转副　B. 移动副　C. 球面副　D. 螺旋副

E. 以上皆不是

17. 以下哪些是常用的帮助客户规划的设计方法（　　）。

A. 自顶向下设计　B. 自下向上设计　C. 自左向右设计　D. 自右向左设计

E. 自前向后设计

18. （　　）不是影响凸轮机构结构尺寸大小的主要参数。

A. 基圆半径　B. 轮廓曲率半径　C. 滚子半径　D. 压力角

E. 压力

19. 为使机构运动简图能够完全反映机构的运动特性，则运动简图相对于与实际机构的（　　）应相同。

A. 构件数、运动副的类型及数目

B. 构件的运动尺寸

C. 机架和原动件

D. 机架尺寸

E. 以上答案都正确

20. 下面对于机构虚约束的描述中，正确的是（　　）。

A. 机构中对运动不起独立限制作用的重复约束称为虚约束，在计算机构自由度时应除去虚约束

B. 虚约束可提高构件的强度、刚度、平稳性和机构工作的可靠性等

C. 虚约束应满足某些特殊的集合条件，否则虚约束会变成实约束而影响机构的正常运动。为此应规定相应的制造精度要求。虚约束还使机器的结构复杂，成本增加。

D. 设计机器时，在满足使用要求的情况下，含有的虚约束越多越好

E. 以上答案均正确

三、判断题

21. 两构件以点、线的形式相接触而组成的运动副称为高副。（　　）

22. 自顶向下的设计理念是一种概念化设计，属高层次的总体设计问题，是整个设计过程最重要、创造性最强、最集中、影响也最大的一个阶段。（　　）

23. 在平面机构中，每个低副引入两个约束，使构件失去一个自由度。（　　）

24. 自顶向下设计理念是一种传统设计理念。（　　）

25. 自顶向下的设计理念首先要创建子组件。（　　）

26. 自顶向下的设计中，零件如需改动外形尺寸与装配位置，只需改动骨架，重新生成零件即可。（　　）

27. 机械一般是由若干常用机构组成。（　　）

28. 约束是指对构件联合运动的限制。（　　）

29. 产品结构设计中的模板是指一系列的文件档案名称的集合。（　　）

30. 任何一个构件在空间自由运动时皆有六个自由度。（　　）

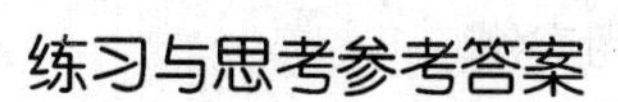

练习与思考参考答案

1. D	2. C	3. C	4. A	5. B	6. A	7. C	8. C	9. B	10. B
11. ABC	12. ABCD	13. BCD	14. AC	15. ACE	16. AB	17. AB	18. BCDE	19. ABC	20. ABC
21. Y	22. Y	23. N	24. N	25. N	26. Y	27. Y	28. N	29. Y	30. Y

任务 4

产品工艺及材料信息表制作

该训练任务建议用 6 个学时完成学习。

4.1 任务来源

为产品选用合理的制造工艺和材料是一个成功的产品结构设计提案的基础，好的产品结构设计方案应该充分利用材料及工艺的性能和用途，确保其投入实际生产的可行性和可靠性。不同新工艺与新材料在产品设计中的应用也是产品创新的重要条件。

4.2 任务描述

分析现有产品设计六视图方案，为其选择正确的分件方式和工艺、材料，汇总成信息表。

4.3 能力目标

4.3.1 技能目标

完成本训练任务后，你应当能（够）：

1. 关键技能

（1）会准确分析和理解产品效果图所表达的零部件造型。

（2）会为产品各个部件选用合理的制造工艺。

（3）会为产品各个部件选用合理的材料。

（4）会制作产品结构设计工艺及材料信息表。

2. 基本技能

（1）会应用软件完成标注图形的基本操作。

（2）会应用办公软件完成制表操作。

4.3.2 知识目标

完成本训练任务后，你应当能（够）：

（1）掌握不同制造工艺的相关知识。

（2）了解不同产品材料的性能及用途。

（3）掌握产品工艺及材料选用的相互关系。

4.3.3 职业素质目标

完成本训练任务后，你应当能（够）：

（1）具备广泛的产品制造相关知识。

（2）具备严谨认真的工作态度。

4.4 任务实施

4.4.1 活动一 知识准备

（1）制造工艺与材料基础的重要意义。

（2）结构设计项目基本流程。

（3）产品工艺及材料选用的相互关系。

4.4.2 活动二 示范操作

1. 活动内容

用 CorelDRAW 完成大喇叭直板机的标注图形的基本操作，同时用 Excel 制作产品结构设计工艺及材料信息表。

具体要求如下：

（1）准确分析和理解产品效果图所表达的零部件造型。

（2）为产品各个部件选用合理的制造工艺。

（3）应用办公软件完成制表操作。

2. 操作步骤

（1）步骤一：初始表格。打开 Excel，创建一个横向为 4 纵向为 15 的表格，如图 4-1 所示。

（2）步骤二：表格标题栏。绘制标题栏，如图 4-2 所示。

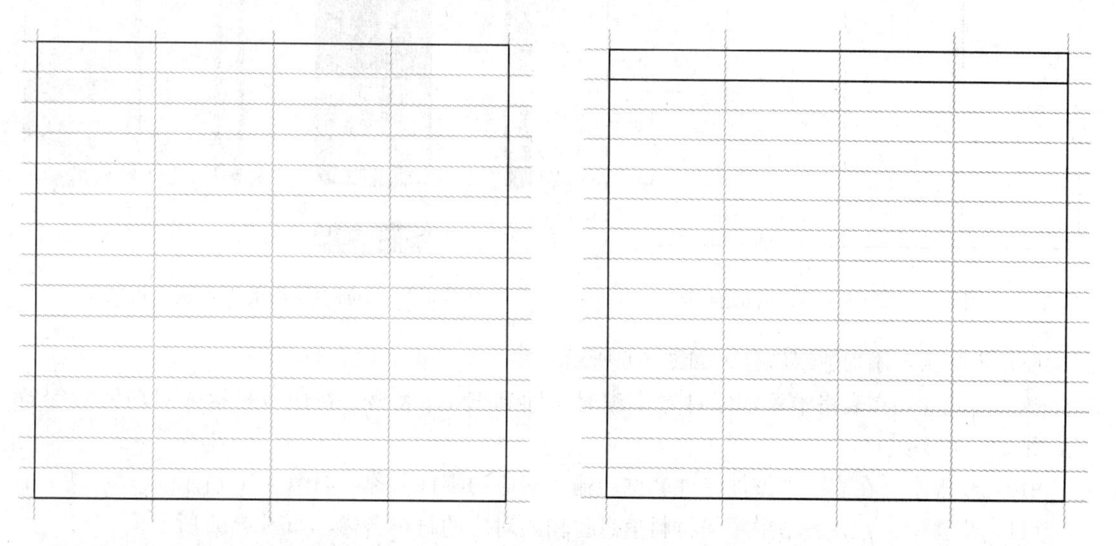

图 4-1 初始表格

图 4-2 表格标题栏

（3）步骤三：表格分栏。完善表格内容，如图 4-3 所示。

（4）步骤四：单元格。为表格添加标题，如图 4-4 所示。

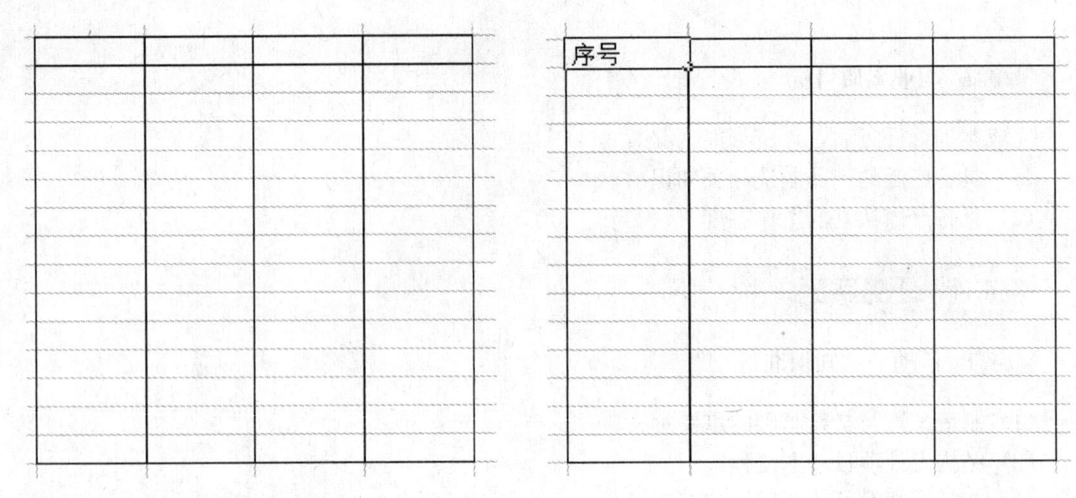

图 4-3 表格分栏　　　　图 4-4 单元格

（5）步骤五：标题栏的标题栏。完成标题栏的标题栏添加，如图 4-5 所示。

（6）步骤六：直板机六视图。打开 CorelDRAW 创建新文档，打开手机视图并调整好位置，图 4-6 见文前彩页。

（7）步骤七：为六视图添加引线。使用画笔工具绘制引线，如图 4-7 所示。

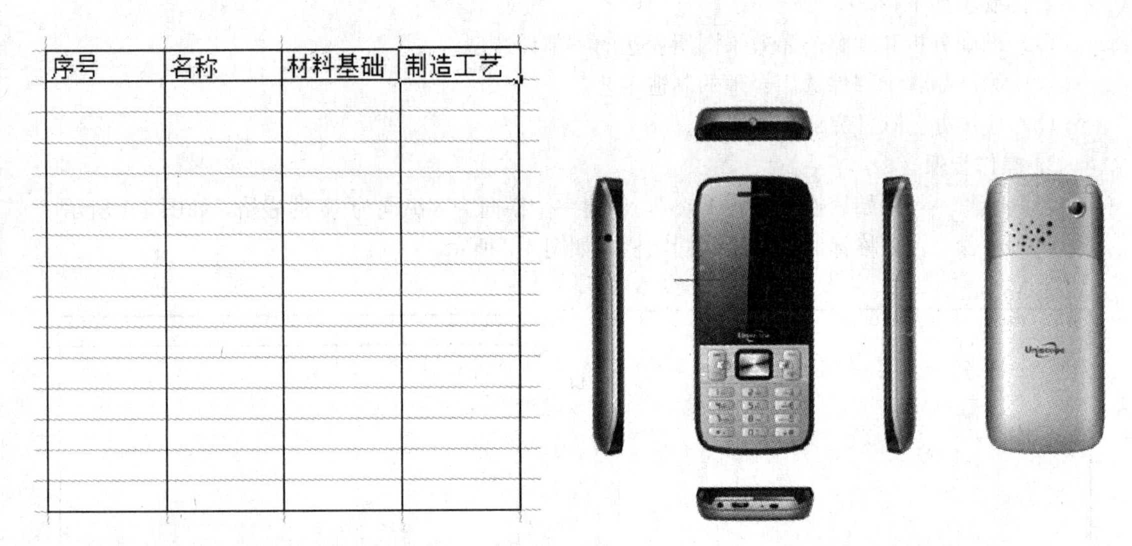

图 4-5 添加标题后的标题栏　　　　图 4-7 添加引线后的直板机六视图 1

（8）步骤八：添加数字编号，如图 4-8 所示。

（9）步骤九：在表格中添加零件数字编号。回到 Excel 表格，在序号栏输入对应的数字符号，如图 4-9 所示。

（10）步骤十：在表格中添加零件名称。输入对应的零件名称，如图 4-10 所示。

（11）步骤十一：在表格中添加材料信息。输入对应的材料名称，如图 4-11 所示。

（12）步骤十二：在表格中添加工艺信息。输入对应的制造工艺，如图 4-12 所示。

（13）步骤十三：在图纸中完成产品各个零件的编号。返回 CorelDRAW，继续添加各个零件的引线与数字编号，如图 4-13 所示。

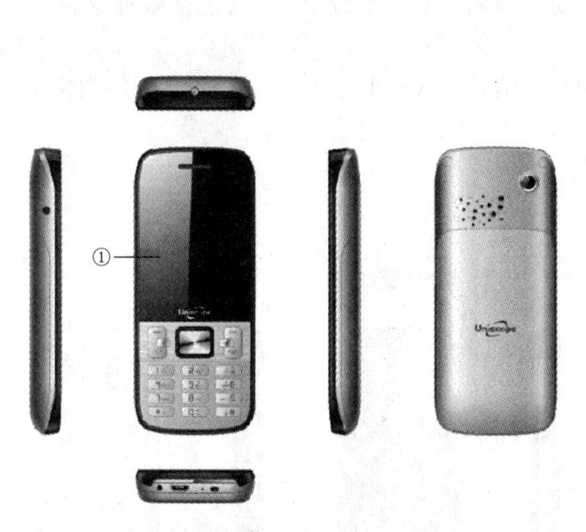

图 4-8　编号后的直板机六视图 2

序号	名称	材料基础	制造工艺
①			

图 4-9　输入数字符号的表格

序号	名称	材料基础	制造工艺
①	屏幕镜片		

图 4-10　输入工作名称后的表格

序号	名称	材料基础	制造工艺
①	屏幕镜片	PMMA	

图 4-11　输入材料后的表格

序号	名称	材料基础	制造工艺
①	屏幕镜片	PMMA	冲压成型

图 4-12　输入制造工艺后的表格

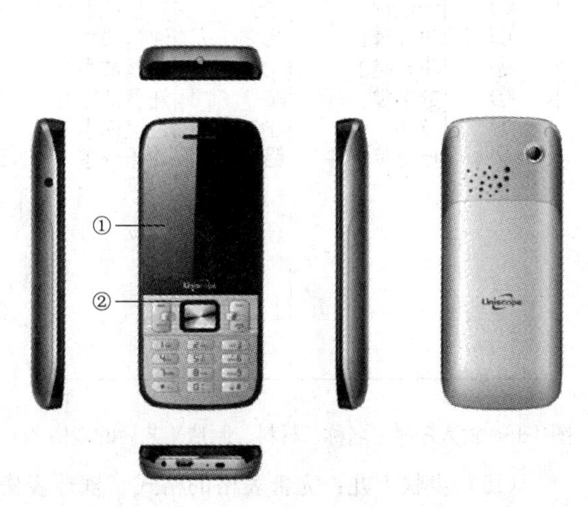

图 4-13　编号后的直板机六视图 3

(14) 步骤十四：在表格中继续输入序号、名称、材料信息。继续对 Excel 表格做对应的输入，输入序号、名称、材料，如图 4-14 所示。

(15) 步骤十五：继续添加产品零件的引线和数字编号。重复上述步骤，完成产品主视图的零件引线与数字编号，如图 4-15 所示。

序号	名称	材料基础	制造工艺
①	屏幕镜片	PMMA	冲压成型
②	导航键	ABS	注塑成型

图 4-14　输入序号、名称、材料、制造工艺后的表格 1

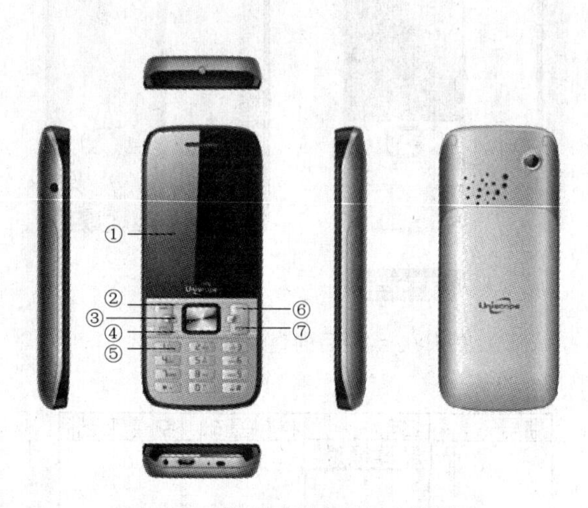

图 4-15　编号后的直板机六视图 4

(16) 步骤十六：继续在表格中输入序号、名称、材料、制造工艺。完成 Excel 中对应的表格输入，输入序号、名称、材料、结果如图 4-16 所示。

(17) 步骤十七：在图纸中完成所有零件引线与编号。重复上述步骤，完成产品后视图与底视图的组件引线与数字编号，完成所有数字编号的添加，并且将图片作为 JPEG 格式文件导出，图 4-17 见文前彩页。

(18) 步骤十八：完成表格所有信息。完成 Excel 中对应的信息输入，完成表格，如图 4-18 所示。

序号	名称	材料基础	制造工艺
①	屏幕镜片	PMMA	冲压成型
②	导航键	ABS	注塑成型
③	功能键1	PC	注塑成型
④	功能键2	PC	注塑成型
⑤	数字键	PC	注塑成型
⑥	OK键	ABS	注塑成型
⑦	按键装饰件	铝合金	冲压成型

图 4-16　输入序号、名称、材料、制造工艺后的表格 2

序号	名称	材料基础	制造工艺
①	屏幕镜片	PMMA	冲压成型
②	导航键	ABS	注塑成型
③	功能键1	PC	注塑成型
④	功能键2	PC	注塑成型
⑤	数字键	PC	注塑成型
⑥	OK键	ABS	注塑成型
⑦	按键装饰件	铝合金	冲压成型
⑧	螺丝塞	TPU	注塑成型
⑨	摄像头装饰键	ABS	注塑成型
⑩	摄像头镜片	PMMA	冲压成型
⑪	喇叭网	布网	冲压成型
⑫	B壳	PC+ABS	注塑成型
⑬	电池盖	PC+ABS	注塑成型
⑭	导光条	PC	注塑成型

图 4-18　完成后的表格

(19) 步骤十九：完善表格的格式。框选表格，选择开始菜单栏下的对齐方式中的垂直居中对齐，如图 4-19 所示。

(20) 步骤二十：调整表格中标题文字的字体。选中标题栏，对标题文字进行加粗，如图 4-20所示。

序号	名称	材料基础	制造工艺
①	屏幕镜片	PMMA	冲压成型
②	导航键	ABS	注塑成型
③	功能键1	PC	注塑成型
④	功能键2	PC	注塑成型
⑤	数字键	PC	注塑成型
⑥	OK键	ABS	注塑成型
⑦	按键装饰件	铝合金	冲压成型
⑧	螺丝塞	TPU	注塑成型
⑨	摄像头装饰键	ABS	注塑成型
⑩	摄像头镜片	PMMA	冲压成型
⑪	喇叭网	布网	冲压成型
⑫	B壳	PC+ABS	注塑成型
⑬	电池盖	PC+ABS	注塑成型
⑭	导光条	PC	注塑成型

图 4-19　完善后的表格

序号	**名称**	**材料基础**	**制造工艺**
①	屏幕镜片	PMMA	冲压成型
②	导航键	ABS	注塑成型
③	功能键1	PC	注塑成型
④	功能键2	PC	注塑成型
⑤	数字键	PC	注塑成型
⑥	OK键	ABS	注塑成型
⑦	按键装饰件	铝合金	冲压成型
⑧	螺丝塞	TPU	注塑成型
⑨	摄像头装饰键	ABS	注塑成型
⑩	摄像头镜片	PMMA	冲压成型
⑪	喇叭网	布网	冲压成型
⑫	B壳	PC+ABS	注塑成型
⑬	电池盖	PC+ABS	注塑成型
⑭	导光条	PC	注塑成型

图 4-20　标题文字进行加粗后的标题栏

(21) 步骤二十一：在 Excel 软件中调出菜单栏，准备插入图片。选择菜单栏中的插入图片按钮，如图 4-21 所示。

(22) 步骤二十二：最终完成表格和直板机六视图操作。插入在步骤十七中保存的图片，调整好位置，最终完成的表格和直板机六视图，图 4-22 见文前彩页。

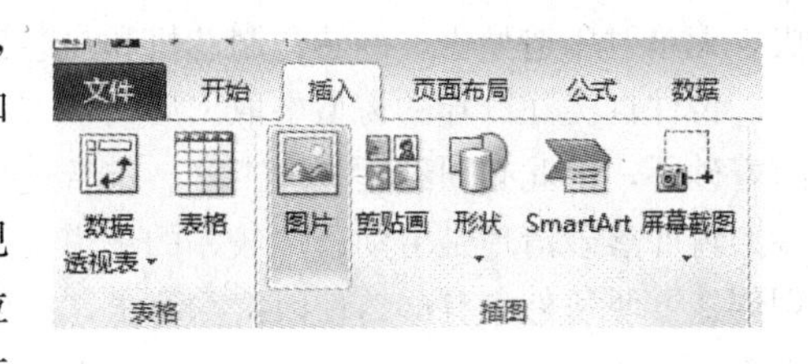

图 4-21　菜单栏

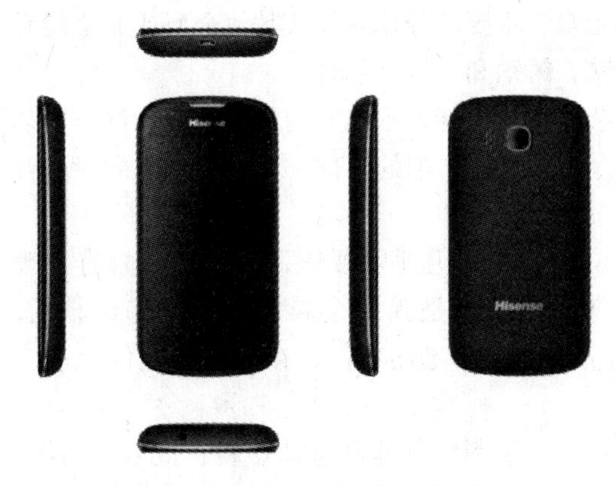

图 4-23　EG901 手机六视图

4.4.3 活动三　能力提升

根据活动内容和示范操作要求，用 CorelDRAW 完成 EG901 手机的标注图形的基本操作，同时用 Excel 制作产品结构设计工艺及材料信息表。EG901 手机六视图如图 4-23 所示。

具体要求如下：

(1) 准确分析和理解产品效果图所表达的零部件造型。

(2) 为产品各个部件选用合理的制造工艺。

(3) 应用办公软件完成制表操作。

4.5 效果评价

效果评价参见任务 1，评价标准见附录。

4.6 相关知识与技能

4.6.1 产品常规加工工艺

常规加工工艺主要是铸造成型工艺、切削加工工艺与金属钣金冲压工艺、塑料注射和特种加工工艺。常规加工工艺是产品主要加工工艺。

4.6.2 设计中常见的加工工艺

1. 铸造成型工艺

随着科技的进步与铸造业的蓬勃发展，不同的铸造方法有不同的铸型准备内容。以应用最广泛的砂型铸造为例，铸型准备包括造型材料准备和造型、造芯两大项工作。砂型铸造中用来造型、造芯的各种原材料，如铸造原砂、型砂粘结剂和其他辅料，以及由它们配制成的型砂、芯砂、涂料等统称为造型材料，造型材料准备的任务是按照铸件的要求、金属的性质，选择合适的原砂、粘结剂和辅料，然后按一定的比例把它们混合成具有一定性能的型砂和芯砂。常用的混砂设备有碾轮式混砂机、逆流式混砂机和连续式混砂机。后者是专为混合化学自硬砂设计的，连续混合，混砂速度快。

造型、造芯是根据铸造工艺要求，在确定好造型方法，准备好造型材料的基础上进行的。铸件的精度和全部生产过程的经济效果，主要取决于这道工序。在很多现代化的铸造车间里，造型、造芯都实现了机械化或自动化。常用的砂型造型造芯设备有高、中、低压造型机、气冲造型机、无箱射压造型机、冷芯盒制芯机和热芯盒制芯机、覆膜砂制芯机等。

铸件自浇注冷却的铸型中取出后，带有浇口、冒口、金属毛刺、披缝，砂型铸造的铸件还粘附着砂子，因此必须经过清理工序。进行这种工作的设备有磨光机、抛丸机、浇冒口切割机等。砂型铸件落砂清理是劳动条件较差的一道工序，所以在选择造型方法时，应尽量考虑到为落砂清理创造方便条件。有些铸件因特殊要求，还要经铸件后处理，如热处理、整形、防锈处理、粗加工等。

铸造工艺可分为三个基本部分，即铸造金属准备、铸型准备和铸件处理。铸造金属是指铸造生产中用于浇注铸件的金属材料，它是以一种金属元素为主要成分，并加入其他金属或非金属元素而组成的合金，习惯上称为铸造合金，主要有铸铁、铸钢和铸造有色合金。

铸造是比较经济的毛坯成形方法，对于形状复杂的零件更能显示出它的经济性。如汽车发动机的缸体和缸盖，船舶螺旋桨以及精致的艺术品等。有些难以切削的零件，如燃汽轮机的镍基合金零件不用铸造方法无法成形。

另外，铸造的零件尺寸和质量的适应范围很宽，金属种类几乎不受限制；零件在具有一般机械性能的同时，还具有耐磨、耐腐蚀、吸震等综合性能，是其他金属成形方法如锻、轧、焊、冲等所做不到的。因此在机器制造业中用铸造方法生产的毛坯零件，在数量和吨位上迄今仍是最多的。

铸造生产经常要用的材料有各种金属、焦炭、木材、塑料、气体和液体燃料、造型材料等。所需设备有冶炼金属用的各种炉子，有混砂用的各种混砂机，有造型、造芯用的各种造型机、造芯机，有清理铸件用的落砂机、抛丸机等。还有供特种铸造用的机器和设备以及许多运输和物料处理的设备。

铸造生产有与其他工艺不同的特点，主要是适应性广、需用材料和设备多、污染环境。铸造生产会产生粉尘、有害气体和噪声，对环境造成污染，比起其他机械制造工艺来更为严重，需要采取措施进行控制。

铸造产品发展的趋势是要求铸件有更好的综合性能，更高的精度，更少的余量和更光洁的表面。此外，节能的要求和社会对恢复自然环境的呼声也越来越高。为适应这些要求，新的铸造合金将得到开发，冶炼新工艺和新设备将相应出现。

铸造生产的机械化自动化程度在不断提高的同时，将更多地向柔性生产方面发展，以扩大对不同批量和多品种生产的适应性。节约能源和原材料的新技术将会得到优先发展，少产生或不产生污染的新工艺新设备将首先受到重视。质量控制技术在各道工序的检测和无损探伤、应力测定方面，将有新的发展。

2. 锻造成型工艺

不同的锻造方法有不同的流程，其中以热模锻的工艺流程最长，一般顺序为：锻坯下料；锻坯加热；辊锻备坯；模锻成形；切边；冲孔；矫正；中间检验，检验锻件的尺寸和表面缺陷；锻件热处理，用以消除锻造应力，改善金属切削性能；清理，主要是去除表面氧化皮；矫正；检查，一般锻件要经过外观和硬度检查，重要锻件还要经过化学成分分析、机械性能、残余应力等检验和无损探伤。

与铸件相比，金属经过锻造加工后能改善其组织结构和力学性能。铸造组织经过锻造方法热加工变形后由于金属的变形和再结晶，使原来的粗大枝晶和柱状晶粒变为晶粒较细、大小均匀的等轴再结晶组织，使钢锭内原有的偏析、疏松、气孔、夹渣等压实和焊合，其组织变得更加紧密，提高了金属的塑性和力学性能。

铸件的力学性能低于同材质的锻件力学性能。此外，锻造加工能保证金属纤维组织的连续性，使锻件的纤维组织与锻件外形保持一致，金属流线完整，可保证零件具有良好的力学性能与长的使用寿命。采用精密模锻、冷挤压、温挤压等工艺生产的锻件，都是铸件所无法比拟的。

锻件是金属被施加压力，通过塑性变形塑造要求的形状或合适的压缩力的物件。这种力量典型的通过使用铁锤或压力来实现。锻件过程建造了精致的颗粒结构，并改进了金属的物理属性。在零部件的现实使用中，一个正确的设计能使颗粒流保持在主压力的方向。铸件是用各种铸造方法获得的金属成型物件，即把冶炼好的液态金属，用浇注、压射、吸入或其他浇铸方法注入预先准备好的铸型中，冷却后经落砂、清理和后处理等，所得到的具有一定形状、尺寸和性能的物件。

3. 切削加工工艺

金属切削加工是用刀具从工件上切除多余材料，从而获得形状、尺寸精度及表面质量等合乎要求的零件的加工过程。实现这一切削过程必须具备三个条件：工件与刀具之间要有相对运动，即切削运动；刀具材料必须具备一定的切削性能；刀具必须具有适当的几何参数，即切削角度等。金属的切削加工过程是通过机床或手持工具来进行切削加工的，其主要方法有车、铣、刨、磨、钻、镗、齿轮加工、划线、锯、锉、刮、研、铰孔、攻螺纹、套螺纹等。其形式虽然多种多样，但它们有很多方面都有着共同的现象和规律，这些现象和规律是学习各种切削加工方法的共同基础。

4. 金属板材料冲压成型工艺

冲压成型是指靠压力机和模具对板材、带材、管材和型材等施加外力，使之产生塑性变形或分离，从而获得所需形状和尺寸的工件（冲压件）的加工成型方法。冲压的坯料主要是热轧和冷轧的钢板和钢带。全世界的钢材中，有60%～70%是板材，其中大部分经过冲压制成成品。汽车的车身、底盘、油箱、散热器片，锅炉的汽包，容器的壳体，电机、电器的铁心硅钢片等都是冲压加工的。仪器仪表、家用电器、自行车、办公机械、生活器皿等产品中，也有大量冲压件。

5. 焊接

金属的焊接，按其工艺过程的特点分有熔焊、压焊和钎焊三大类。

在熔焊的过程中，如果大气与高温的熔池直接接触的话，大气中的氧就会氧化金属和各种合金元素。大气中的氮、水蒸气等进入熔池，还会在随后冷却过程中在焊缝中形成气孔、夹渣、裂纹等缺陷，恶化焊缝的质量和性能。

为了提高焊接质量，人们研究出了各种保护方法。例如，气体保护电弧焊就是用氩、二氧化碳等气体隔绝大气，以保护焊接时的电弧和熔池率；又如钢材焊接时，在焊条药皮中加入对氧亲和力大的钛铁粉进行脱氧，就可以保护焊条中有益元素锰、硅等免于氧化而进入熔池，冷却后获得优质焊缝。

各种压焊方法的共同特点，是在焊接过程中施加压力，而不加填充材料。多数压焊方法，如扩散焊、高频焊、冷压焊等都没有熔化过程，因而没有像熔焊那样的，有益合金元素烧损和有害元素侵入焊缝的问题，从而简化了焊接过程，也改善了焊接安全卫生条件。同时由于加热温度比熔焊低、加热时间短，因而热影响区小。许多难以用熔化焊焊接的材料，往往可以用压焊焊成与母材同等强度的优质接头。

焊接时形成的，连接两个被连接体的接缝称为焊缝。焊缝的两侧在焊接时，会受到焊接热作用，而发生了组织和性能变化，这一区域被称作为热影响区。焊接时因工件材料焊接材料、焊接电流等方面的不同。恶化焊接性这就需要调整焊接的条件，焊前对焊件接口处的预热、焊时保温和焊后热处理，可以改善焊件的焊接质量。

另外，焊接是一个局部的迅速加热和冷却过程，焊接区由于受到四周工件本体的拘束而不能自由膨胀和收缩，冷却后在焊件中便产生焊接应力和变形。重要产品焊后都需要消除焊接应力，矫正焊接变形。

现代焊接技术已能焊出无内外缺陷的、机械性能等于甚至高于被连接体的焊缝。被焊接体在空间的相互位置称为焊接接头，接头处的强度除受焊缝质量影响外，还与其几何形状、尺寸、受力情况和工作条件等有关。接头的基本形式有对接、搭接、丁字接（正交接）和角接等。

对接接头焊缝的横截面形状，决定于被焊接体在焊接前的厚度和两接边的坡口形式。焊接较厚的钢板时，为了焊透而在接边处开出各种形状的坡口，以便较容易地送入焊条或焊丝。坡口形式有单面施焊的坡口和两面施焊的坡口。选择坡口形式时，除保证焊透外还应考虑施焊方便，填充金属量少、焊接变形小和坡口加工费用低等因素。

厚度不同的两块钢板对接时，为避免截面急剧变化引起严重的应力集中，常把较厚的板边逐渐削薄，达到两接边处等厚。对接接头的静强度和疲劳强度比其他接头高。在交变、冲击载荷下或在低温高压容器中工作的连接，常优先采用对接接头的焊接。

搭接接头的焊前准备工作简单，装配方便，焊接变形和残余应力较小，因而在工地安装接头和不重要的结构上时常采用。一般来说，搭接接头不适于在交变载荷、腐蚀介质、高温或低温等条件下工作。

采用丁字接头和角接头通常是由于结构上的需要。丁字接头上未焊透的角焊缝工作特点与搭接接头的角焊缝相似。当焊缝与外力方向垂直时便成为正面角焊缝，这时焊缝表面形状会引起不同程度的应力集中；焊透的角焊缝受力情况与对接接头相似。

角接头承载能力低，一般不单独使用，只有在焊透时，或在内外均有角焊缝时才有所改善，多用于封闭形结构的拐角处。

焊接产品比铆接件、铸件和锻件重量轻，对于交通运输工具来说可以减轻自重，节约能量。焊接的密封性好，适于制造各类容器。发展联合加工工艺，使焊接与锻造、铸造相结合，可以制成大型、经济合理的铸焊结构和锻焊结构，经济效益很高。采用焊接工艺能有效利用材料，焊接结构可以在不同部位采用不同性能的材料，充分发挥各种材料的特长，达到经济、优质的目的。焊接已成为现代工业中一种不可缺少，而且日益重要的加工工艺方法。

在近代的金属加工中，焊接比铸造、锻压工艺发展较晚，但发展速度很快。焊接结构的重量约占钢材产量的45%，铝和铝合金焊接结构的比重也在不断增加。

未来的焊接工艺，一方面要研制新的焊接方法、焊接设备和焊接材料，以进一步提高焊接质量和安全可靠性，如改进现有电弧、等离子弧、电子束、激光等焊接能源；运用电子技术和控制技术，改善电弧的工艺性能，研制可靠轻巧的电弧跟踪方法。

另一方面要提高焊接机械化和自动化水平，如焊机实现程序控制、数字控制；研制从准备工序、焊接到质量监控全部过程自动化的专用焊机；在自动焊接生产线上，推广、扩大数控的焊接机械手和焊接机器人，可以提高焊接生产水平，改善焊接卫生安全条件。

6. 热处理

金属热处理是机械制造中的重要工艺之一，与其他加工工艺相比，热处理一般不改变工件的形状和整体的化学成分，而是通过改变工件内部的显微组织，或改变工件表面的化学成分，赋予或改善工件的使用性能。其特点是改善工件的内在品质，而这一般不是肉眼所能看到的。

为使金属工件具有所需要的力学性能、物理性能和化学性能，除合理选用材料和各种成形工艺外，热处理工艺往往是必不可少的。钢铁是机械工业中应用最广的材料，钢铁显微组织复杂，可以通过热处理予以控制，所以钢铁的热处理是金属热处理的主要内容。另外，铝、铜、镁、钛等及其合金也都可以通过热处理改变其力学、物理和化学性能，以获得不同的使用性能。

热处理工艺一般包括加热、保温、冷却三个过程，有时只有加热和冷却两个过程。这些过程互相衔接，不可间断。

加热是热处理的重要工序之一。金属热处理的加热方法很多，最早是采用木炭和煤作为热源，近而应用液体和气体燃料。电的应用使加热易于控制，且无环境污染。利用这些热源可以直接加热，也可以通过熔融的盐或金属，以至浮动粒子进行间接加热。

金属加热时，工件暴露在空气中，常常发生氧化、脱碳（即钢铁零件表面碳含量降低），这对于热处理后零件的表面性能有很不利的影响。因而金属通常应在可控气氛或保护气氛中、熔融盐中和真空中加热，也可用涂料或包装方法进行保护加热。

加热温度是热处理工艺的重要工艺参数之一，选择和控制加热温度，是保证热处理质量的主要问题。加热温度随被处理的金属材料和热处理的目的不同而存在差异，但一般都是加热到相变温度以上，以获得高温组织。另外转变需要一定的时间，因此当金属工件表面达到要求的加热温度时，还须在此温度保持一定时间，使内外温度一致，使显微组织转变完全，这段时间称为保温时间。采用高能密度加热和表面热处理时，加热速度极快，一般就没有保温时间，而化学热处理的保温时间往往较长。

冷却也是热处理工艺过程中不可缺少的步骤，冷却方法因工艺不同而不同，主要是控制冷却速度。一般退火的冷却速度最慢，正火的冷却速度较快，淬火的冷却速度更快。但还因钢种不同而有不同的要求，如空硬钢就可以用正火一样的冷却速度进行淬硬。

7. 塑料加工成型工艺

塑料成型的选择主要决定于塑料的类型（热塑性还是热固性）、起始形态以及制品的外形和尺寸。加工热塑性塑料常用的方法有挤出、注射成型、压延、吹塑和热成型等，加工热固性塑料一般采用模压、传递模塑，也用注射成型等方法。塑料成型是将各种形态（粉料、粒料、溶液和分散体）的塑料制成所需形状的制品或坯件的过程。成型的方法多达 30 几种。层压、模压和热成型是使塑料在平面上成型。上述塑料加工的方法，均可用于橡胶加工。此外，还有以液态单体或聚合物为原料的浇铸等。在这些方法中，以挤出和注射成型用得最多，也是最基本的成型方法。

4.6.3 产品表面处理

1. 金属的表面镀层法

金属零件的表面装饰大多采用涂镀法，在表面涂刷或镀上另外一种材料。为了使涂镀层在金属材料表面的附着良好，必须进行镀涂前处理。其工艺是：热碱溶液除油—酸洗除锈—表面磷化—表面钝化。钝化处理的目的是让磷化处理后的表面磷化层经化学钝化处理，使其在等待下一步喷漆，裸露于空气中的一段时间里不至于生锈，以保证喷漆的质量。

涂镀法包括电镀、化学镀、真空蒸发沉积镀等。电镀是通过有电流的电镀液将被电镀物质转移到零件表面；化学镀则是通过化学反应将被镀物沉积在被电镀零件上；真空蒸发沉积镀是通过电高温技术（电弧、离子加热等）将被镀物质在真空中蒸发后沉积于零件表面。镀层法的可镀物质范围很广，包括金、银、铬、镍、铜、锡、锌等，其中，耐候性以铬和金最好。

2. 塑料的表面镀层法

适用于金属的许多涂装方法和涂装材料大多也适用于塑料，（塑料不导电，其电镀有特殊性。）不同之处是塑料表面不存在锈蚀，不需要除锈。但塑料零件在加工过程中表面沾染有脱模剂，要除去，而且为了提高塑料基底与涂层的附着力，塑料表面要经过活化处理。

（1）塑料的电镀。塑料表面可以电镀铜、镍、铝、银、金、锡等金属及其合金。

由于塑料是不导电的，因此，塑料电镀的关键是要通过物理—化学方法在塑料表面可靠地形成一层用于进一步电镀的金属薄层。

（2）塑料电镀的工艺过程。

1）表面粗化。通过喷砂或用硫酸腐蚀等达到。

2）去油。

3）敏化、活化。敏化是让塑料表面吸附易氧化的金属离子。这样，经过敏化、活化后，塑料表面就形成了一薄层锡。

4）化学浸镀。靠贵金属离子催化，形成薄层金属。

5）电镀。

6）抛光。

4.6.4 材料

材料指可以直接制造成品的自然物与人造物，也可以称为物质或原料，或成为尚未定型的物。所有材料均以“貌”呈现给人们，并以此区别不同的物质材料，这便是各种材料的独有特征。

设计就狭义方面而言可解释为：为某一目的的而赋予材料形状、色彩和机能，而材料必须合乎目的的需要。

设计中所用材料主要有金属材料、无机非金属材料、有机高分子材料和复合材料四类。金属材料又可以分为黑色金属和有色金属两种。长期以来，黑色金属在工程上得到了广泛应用。无机非金属材料和有机高分子材料种类繁多，常用的有塑料、橡胶、玻璃、陶瓷、木材等。非金属材料的使用历史悠久。近几十年来非金属材料也得到了广泛的研究和飞速的发展，从而适用范围日益增大。复合材料由于性能特殊，是未来前景特别宽广的材料。

4.6.5 设计中常见材料

1. 金属材料

人类文明的发展和社会的进步同金属材料关系十分密切。继石器时代之后出现的铜器时代、铁器时代。均以金属材料的应用为其时代的显著标志。现代，种类繁多的金属材料已成为人类社会发展的重要物质基础。

金属材料通常分为黑色金属、有色金属和特种金属材料。

（1）黑色金属又称钢铁材料，包括含铁量90%以上的工业纯铁，含碳量2%～4%的铸铁，含碳量小于2%的碳钢，以及各种用途的结构钢、不锈钢、耐热钢、高温合金、精密合金等。广义的黑色金属还包括铬、锰及其合金。

（2）有色金属是指除铁、铬、锰以外的所有金属及其合金，通常分为轻金属、重金属、贵金属、半金属、稀有金属和稀土金属等，有色合金的强度和硬度一般比纯金属高，并且电阻大、电阻温度系数小。

（3）特种金属材料包括不同用途的结构金属材料和功能金属材料。其中有通过快速冷凝工艺获得的非晶态金属材料，以及准晶、微晶、纳米晶金属材料等；还有隐身、抗氢、超导、形状记忆、耐磨、减振阻尼等特殊功能合金，以及金属基复合材料等。

2. 生铁

生铁是含碳量大于2%的铁碳合金，工业生铁含碳量一般在2.11%～4.3%，并含C、Si、Mn、S、P等元素，是用铁矿石经高炉冶炼的产品。根据生铁里碳存在形态的不同，又可分为炼钢生铁、铸造生铁和球墨铸铁等几种。

生铁性能坚硬、耐磨、铸造性好，但脆且不能锻压。

3. 铁合金

铁合金（Ferroalloys)，广义的铁合金是指炼钢时作为脱氧剂、元素添加剂等加入铁水中使钢具备某种特性或达到某种要求的一种产品。铁与一种或几种元素组成的中间合金，主要用于钢铁冶炼。在钢铁工业中一般还把所有炼钢用的中间合金，不论含铁与否（如硅钙合金)，都称为“铁合金”。习惯上还把某些纯金属添加剂及氧化物添加剂也包括在内。

习惯上还把某些纯金属添加剂及氧化物添加剂也包括在内。铁合金一般用作：①脱氧剂：在炼钢过程中脱除钢水中的氧，某些铁合金还可脱除钢中的其他杂质如硫、氮等；②合金添加剂：按钢种成分要求，添加合金元素到钢内以改善钢的性能；③孕育剂：在铸铁浇铸前加进铁水中，改善铸件的结晶组织。

4. 铸铁

铸铁是主要由铁、碳和硅组成的合金的总称。在这些合金中，含碳量超过在共晶温度时能保留在奥氏体固溶体中的量。

5. 钢与钢材

钢是对含碳量（质量分数）为0.02%～2.06%的铁碳合金的统称。钢的化学成分可以有很大变化，只含碳元素的钢称为碳素钢（碳钢）或普通钢；在实际生产中，钢往往根据用途的不同含有不同的合金元素，比如锰、镍、钒等。人类对钢的应用和研究历史相当悠久，但是直到19世纪贝氏炼钢法发明之前，钢的制取都是一项高成本低效率的工作。如今，钢以其低廉的价格、可靠的性能成为世界上使用最多的材料之一，是建筑业、制造业和人们日常生活中不可或缺的成分。可以说钢是现代社会的物质基础。

钢材应用广泛、品种繁多，根据断面形状的不同，钢材一般分为型材、板材、管材和金属制品四大类。钢材是钢锭、钢坯或钢材通过压力加工制成的一定形状、尺寸和性能的材料。大部分钢材加工都是通过压力加工，使被加工的钢（坯、锭等）产生塑性变形。根据钢材加工温度不同，可以分为冷加工和热加工两种。

6. 有色金属及有色金属材料

有色金属：(Metallurgy non-ferrous metal)，狭义的有色金属又称非铁金属，是铁、锰、铬以外的所有金属的统称。广义的有色金属还包括有色合金。有色合金是以一种有色金属为基体(通常大于50%)，加入一种或几种其他元素而构成的合金。

有色金属通常指除去铁（有时也除去锰和铬）和铁基合金以外的所有金属。有色金属可分为重金属（如铜、铅、锌）、轻金属（如铝、镁）、贵金属（如金、银、铂）及稀有金属（如钨、钼、锗、锂、镧、铀）。

有色金属材料，指铁、铬、锰三种金属以外的所有金属。有色金属材料是金属材料的一类，主要是铜、铝、铅和镍等。其耐腐蚀性在很大程度上取决于其纯度。加入其他金属后，一般其机械性能增高，耐腐蚀性则降低。冷加工（如冲压成型）可提高其强度，但降低其塑性。最高许用温度：铜（及其合金）是250℃，铝是200℃，铅是140℃，镍是500℃。

7. 塑料

塑料是以单体为原料，通过加聚或缩聚反应聚合而成的高分子化合物（macromolecules），俗称塑料（plastics）或树脂（resin），可以自由改变成分及形体样式，由合成树脂及填料、增塑剂、稳定剂、润滑剂、色料等添加剂组成。

塑料的主要成分是树脂。树脂这一名词最初是由动植物分泌出的脂质而得名，如松香、虫胶等，树脂是指尚未和各种添加剂混合的高聚物。树脂占塑料总质量的40%～100%。塑料的基本性能主要决定于树脂的本性，但添加剂也起着重要作用。有些塑料基本上是由合成树脂所组成，不含或少含添加剂，如有机玻璃、聚苯乙烯等。所谓塑料，其实它是合成树脂中的一种，形状跟天然树脂中的松树脂相似，但因经过化学手段进行人工合成，而被称为塑料。

8. 橡胶

橡胶是取自橡胶树、橡胶草等植物的胶乳，加工后制成的具有弹性、绝缘性、不透水和空气的材料。高弹性的高分子化合物。分为天然橡胶与合成橡胶两种。天然橡胶是从橡胶树、橡胶草等植物中提取胶质后加工制成；合成橡胶则由各种单体经聚合反应而得。橡胶制品广泛应用于工业或生活各方面。

9. 陶瓷材料

陶瓷材料是用天然或合成化合物经过成形和高温烧结制成的一类无机非金属材料。它具有高熔点、高硬度、高耐磨性、耐氧化等优点。可用作结构材料、刀具材料，由于陶瓷还具有某些特殊的性能，又可作为功能材料。

10. 复合材料

复合材料（Composite Materials），是由两种或两种以上不同性质的材料，通过物理或化学的方法，在宏观（微观）上组成具有新性能的材料。各种材料在性能上互相取长补短，产生协同效应，使复合材料的综合性能优于原组成材料而满足各种不同的要求。复合材料的基体材料分为金属和非金属两大类。金属基体常用的有铝、镁、铜、钛及其合金。非金属基体主要有合成树脂、橡胶、陶瓷、石墨、碳等。增强材料主要有玻璃纤维、碳纤维、硼纤维、芳纶纤维、碳化硅纤维、石棉纤维、晶须、金属丝和硬质细粒等。

一、单选题

1.（　　）是比较经济的毛坯成形方法，对于形状复杂的零件更能显示出它的经济性。

A. 铸造　　B. 熔焊　　C. 铸铁　　D. 锻造

2.（　　）的零件尺寸和质量的适应范围很宽，金属种类几乎不受限制。

A. 铸造　　B. 熔焊　　C. 铸铁　　D. 锻造

3. 在（　　）的过程中，如果大气与高温的熔池直接接触的话，大气中的氧就会氧化金属和各种合金元素。

A. 铸造　　B. 锻造　　C. 熔焊　　D. 铸铁

4. 各种压焊方法的共同特点，是在焊接过程中（　　），而不加填充材料。

A. 提高温度　　B. 减少压力　　C. 施加压力　　D. 降低温度

5. 焊接时形成的，连接两个被连接体的接缝称为（　　）。

A. 锻造　　B. 焊缝　　C. 连接　　D. 铸造

6. 金属材料通常分为（　　）、有色金属和特种金属材料。

A. 黑色金属　　B. 生金属　　C. 钛合金　　D. 钢材

7. 黑色金属又称（　　）。

A. 钛合金　　B. 铝合金　　C. 有色合金　　D. 钢铁材料

8. （　　）主要由铁、碳和硅组成的合金的总称。

A. 铸铁　　B. 钛合金　　C. 黑色金属　　D. 钢材

9. 狭义的（　　）又称非铁金属，是铁、锰、铬以外的所有金属的统称。

A. 黑色金属　　B. 有色金属　　C. 钛合金属　　D. 钢铁材料

10. 广义的有色金属还包括（　　）。

A. 钢铁材料　　B. 黑色金属　　C. 有色合金　　D. 钛合金属

二、多选题

11. 材料工业日新月异的发展给产品设计带来了无限的可发展空间，世界上千姿百态的产品之所以具有现实的可能性，归根结底依赖于（　　）的发展。

A. 新材料　　B. 新工艺　　C. 新技术　　D. 新产品

E. 新金属

12. 铸造工艺可分为三个基本部分，即（　　）。

A. 金属准备　　B. 视图检查　　C. 铸型准备　　D. 加工说明

E. 铸件处理

13. 铸造金属是指铸造生产中用于浇注铸件的金属材料，它是以一种金属元素为主要成分，并加入其他金属或非金属元素而组成的合金，习惯上称为铸造合金，主要有（　　）。

A. 铸铁　　B. 铸铝合金　　C. 铸钢　　D. 铸金属

E. 铸造有色合金

14. 有些铸件因特殊要求，还要经铸件后处理，如（　　）等。

A. 热处理　　B. 整形　　C. 防锈处理　　D. 外观加工

E. 粗加工

15. 铸造生产经常要用的材料有（　　）等。

A. 各种金属　　B. 焦炭　　C. 木材　　D. 塑料

E. 气体和液体燃料

16. 铸造生产有与其他工艺不同的特点，主要是（　　）。

A. 适应性广　　B. 需用材料和设备多　　C. 污染环境　　D. 美观

E. 廉价

17. 金属的焊接，按其工艺过程的特点分为（　　）三大类。

A. 熔焊　　B. 压焊　　C. 接焊　　D. 钎焊

E. 铸焊

18. 实现切削过程必须具备的条件有（　　）。

A. 工件与刀具之间要有相对运动，即切削运动

B. 刀具材料必须具备一定的切削性能

C. 刀具必须具有适当的几何参数，即切削角度等

D. 通过机床来进行切削加工

E. 通过手持工具来进行切削加工

19. 有色金属是指除铁、铬、锰以外的所有金属及其合金，通常分为（　　）等。

A. 轻金属　　B. 重金属　　C. 贵金属　　D. 半金属

E. 稀有金属

20. 铁合金一般用作（　　）。

A. 脱氧剂　　B. 合金添加剂　　C. 孕育剂　　D. 氧化剂

E. 添加剂

三、判断题

21. 冷冲压是在常温下，利用冲压模在压力机上对板料或热料施加压力，使其产生塑性变形或分离，从而获得所需形状和尺寸的零件的一种压力加工方法。（　　）

22. 金属加热时，工件暴露在空气中，常常发生氧化、脱碳（即钢铁零件表面碳含量降低），这对于热处理后零件的表面性能有很不利的影响。因而金属通常应在可控气氛或保护气氛中、熔融盐中和真空中加热，也可用涂料或包装方法进行保护加热。（　　）

23. 黑色金属是指除铁、铬、锰以外的所有金属及其合金，通常分为轻金属、重金属、贵金属、半金属、稀有金属和稀土金属等，有色合金的强度和硬度一般比纯金属高，并且电阻大、电阻温度系数小。（　　）

24. 生铁性能坚硬、耐磨、铸造性好，但脆且不能锻压。（　　）

25. 钢材应用广泛、品种繁多，根据断面形状的不同，钢材一般分为型材、板材、管材和金属制品四大类。（　　）

26. 陶瓷材料，是由两种或两种以上不同性质的材料，通过物理或化学的方法，在宏观（微观）上组成具有新性能的材料。（　　）

27. 生铁是含碳量大于2%的铁碳合金，工业生铁含碳量一般在2.11%～4.3%，并含C、Si、Mn、S、P等元素，是用铁矿石经高炉冶炼的产品。（　　）

28. 广义的铁合金是指炼钢时作为脱氧剂、元素添加剂等加入铁水中使钢具备某种特性或达到某种要求的一种产品。铁与一种或几种元素组成的中间合金，主要用于钢铁冶炼。（　　）

29. 如今，铁以其低廉的价格、可靠的性能成为世界上使用最多的材料之一，是建筑业、制造业和人们日常生活中不可或缺的成分。（　　）

30. 黑色金属材料，指铁、铬、锰三种金属以外的所有金属。（　　）

练习与思考参考答案

1. A	2. A	3. C	4. C	5. B	6. A	7. D	8. A	9. B	10. C
11. AB	12. ACE	13. ACE	14. ABCE	15. ABCDE	16. ABC	17. ABD	18. ABC	19. ABCDE	20. ABC
21. Y	22. Y	23. N	24. Y	25. Y	26. N	27. Y	28. Y	29. Y	30. N

任务 5

产品表面工艺文件编制

该训练任务建议用9个学时完成学习。

5.1 任务来源

对表面工艺处理的认识是实现产品设计的前提和保证，结构设计师需要结合产品功能和不同部件做合理的方案，通常在设计产品时会根据设计效果和功能调整合适的表面处理工艺。

5.2 任务描述

针对一款电子产品，根据其表面处理工艺规范和实际应用需求，完成该产品表面处理方案设计。

5.3 能力目标

5.3.1 技能目标

完成本训练任务后，你应当能（够）：

1. 关键技能

（1）会分析产品表面工艺处理特性。

（2）会合理选用产品表面处理工艺。

2. 基本技能

（1）会理解常用表面处理工艺的原理和特点。

（2）会使用软件进行产品工艺分析与呈现。

5.3.2 知识目标

完成本训练任务后，你应当能（够）：

（1）掌握各种主要产品表面工艺处理的基本原理。

（2）掌握产品工艺分析的方法。

5.3.3 职业素质目标

完成本训练任务后，你应当能（够）：

（1）具备严谨科学的工作态度。

（2）具有耐心细致的工作素质。

（3）善于对工作过程进行总结。

（4）具有独立自主的工作意识。

5.4 任务实施

5.4.1 活动一　知识准备

（1）表面工艺处理的基础知识。

（2）结构设计基本流程。

5.4.2 活动二　示范操作

1. 活动内容

分析典型直板手机效果图方案，为其各个零件选择合适的表面处理工艺，使用 Excel 软件制作其零部件材料及表面工艺清单。

具体要求如下：

（1）对现有产品设计效果图进行表面处理分析。

（2）结合材料及表面工艺知识，制作该直板手机材料及表面工艺清单。

2. 操作步骤

（1）步骤一：进行产品造型方案造型识图。

（2）步骤二：对直板手机设计效果图进行表面处理分析，图 5-1 见文前彩页。

（3）步骤三：使用 Excel 软件制作该直板手机材料及表面工艺清单，结果如图 5-2～图 5-5 所示。

优思2.4直板机-BOM V1.2

序号		组件名称	零件名称	3D档名	3D效果	单位	数量	技术要求/材料	表面处理	备注	规格/型号	供应商
1 前 壳 部 分	前壳部分											
	1.1	前壳组件		FRONT		套	1					
		1.1.1	前壳	FRONT_COVER		件	1	PC+ABS	表面喷油			
		1.1.2	按键装饰件	DECO_FRONT		件	1	铝合金	表面氧化喷砂 局部拉丝			
		1.1.3	听筒网	NET_REC		件	1	镍片	黑色			
		1.1.4	前摄像头泡棉	PORON_CAM		件	1	PORON				
		1.1.5	主屏镜片背胶	LENS_STICK		件	1	3M9495MP				
		1.1.6	LCD泡棉	PORON_LCD		件	1	PORON				
		1.1.7	按键装饰件背胶	DECO_FRONT_STICK		件	1	3M9495MP				
		1.1.8	前壳装饰件	LED		件	1	透明PC	表面真空镀			
		1.1.9	前壳导电泡棉	SRPING_END		件	2	导电泡棉				
	1.2	1.2.1	M1.4X25热熔铜螺母	NUT_INLAY-M14X25		颗	6					

图 5-2　直板手机材料及表面工艺清单 1

5 主板部分和散件	主板部分和散件											
		主板部分和散件										
	5.1	5.1.1	主屏镜片	LENS		件	1	PMMA	底面镀膜 底面丝印			
		5.1.2	摄像头镜片	LENS_CAM		件	1	PMMA	底面丝印			
	5.2	5.2.1	GSM天线	MANIFOLD_SOLID_BREP_432880		件	1					
		5.2.2	蓝牙天线	MANIFOLD_SOLID_BREP_433753		件	1					
		5.2.3	CDMA天线	FPC_CDMA		件	1					
		5.2.4	CDMA天线支架	CDMA_ZHIJIA		件	1	ABS				
		5.2.5	GSM天线支架	GMS_ZJIJIA		件	1	ABS				
		5.2.6	GSM天线支架泡棉	PORON_ZHIJIA		件	1	PORON				
		5.2.7	按键FPC	MAIN_KEY_ASM_19		件	1					
		5.2.8	前摄像头FPC	CAMERA_3_ASM_5		件	1					
		5.2.9	按键支架	MAINKEY_HOLDER_63		件	1	ABS				
		5.2.10	按键支架2	MAINKEY_HOLDER_B		件	1	ABS				
		5.2.11	按键支架2背胶	MAINKEY_HOLDER_B_STICK		件	1	3M9495MP				
		5.2.12	导光膜	DAOGUANGMO		件	1	导光膜				
		5.2.13	按键FPC背胶	FPC_STICK		件	1	3M9495MP				

图 5-3 直板手机材料及表面工艺清单 2

2 底壳部分	底壳部分											
	2.1	底壳组件		REAR		套	1					
		2.1.1	底壳	REAR_COVER		件	1	PC+ABS	表面喷油			
		2.1.2	螺丝塞1	CAP_SCR		件	1	TPU	表面喷油			
		2.1.3	螺丝塞2	CAP_SCR_1		件	1	TPU	表面喷油			
		2.1.4	摄像头装饰件	DECO_CAM		件	1	ABS	电铸电镀			
		2.1.5	喇叭泡棉	PORON_SPK		件	1	PORON				
		2.1.6	喇叭网	NET_SPK		件	1	镍片	氧化			
		2.1.7	摄像头镜片背胶	LENS_CAM_STICK		件	1	3M9495MP				
		2.1.8	摄像头压紧泡棉	PORON_CAM_BACK_A		件	1	PORON				
	2.2	2.2.1	M1.4*4.0机牙螺钉	PM1_4X40		颗	6					
3 按键部分	按键部分											
	3.1	功能键组件		KEY		套	1					
		3.1.1	数字键	KEY_NUM		件	1	ABS	表面喷油 字符镭雕			
		3.1.2	功能键1	KEY_FUN_A		件	1	ABS	表面喷油 字符镭雕			
		3.1.3	导航键	KEY_DIR		件	1	ABS	表面喷油			
		3.1.4	OK键	KEY_OK		件	1	PC	电铸电镀 字符镭雕			
		3.1.5	功能键2	KEY_FUN_B		件	1	ABS	表面电镀 字符镭雕			
		3.1.6	按键软胶	KEY_RUBBER		件	1	SILICON				

图 5-4 直板手机材料及表面工艺清单 3

		5.2.14	MIC泡棉	PORON_MAI		件	1	PORON				
		5.2.15	喇叭压紧泡棉1	MANIFOLD_SOLID_BREP_357668		件	1	PORON				
		5.2.16	喇叭压紧泡棉2	PORON_BACK		件	1	PORON				
		5.2.17	LCD屏压紧泡棉	PORON_LCD_BACK		件	1	PORON				
		5.2.18	ST1.4*4.0自攻螺钉	SCREW_ST14X5L_4		颗	2					
			新增									
			修改									
			删除									
		制作:		日期:								
		修改:		日期:								
		审核:		日期:								

图 5-5　直板手机材料及表面工艺清单 4

5.4.3 活动三　能力提升

根据活动内容和示范操作要求，分析某典型直板手机效果图方案，为其各个零件选择合适的表面处理工艺，使用 Excel 软件制作其零部件材料及表面工艺清单，某直板手机效果图见文前彩页。

具体要求如下：

(1) 对现有产品设计效果图进行表面处理分析。

(2) 结合材料及表面工艺知识，制作该直板手机材料及表面工艺清单，结果如图 5-7～图 5-10 所示。

3	序号		组件名称	零件名称	3D档名	3D效果	单位	数量	技术要求/材料	表面处理	备注	规格/型号	供应商
4													
5		前壳部分											
6			前壳組件		FRONT.ASM		套	1					
7				前壳	FRONT_COVER		件	1	PC+10%GF CF-3104HF				
8				热熔铜螺母	NUT_INLAY-M14X25		颗	4	铜				
9			1.1.1	LCD支架	BRACKET_LCD		件	1	SUS304 3/4H				
10				铜螺母1	NUT-1_4		颗	5	SUS304 3/4H				
11				铜螺母2	NUT-1_4-CU		颗	2	SUS304 3/4H				
12			1.1.2	TP背胶	ADHE_TP		件	1	SKF-95020, T=0.2				
13			1.1.3	TP背胶1	ADHE_TP_1		件	1	SKF-95020, T=0.2				
14			1.1.4	TP背胶2	ADHE_TP2		件	2	SKF-95020, T=0.2				
15	1 前 壳 部 分	1.1	1.1.5	听筒网	FRONT_DECO		件	1	钢片, SUS304, 1/2H				
16			1.1.6	听筒网背胶	ADHE_FRONT_DECO		件	1	3M9495LE				
17			1.1.7	感光灯软胶	RUBBER_GANGUANG		件	1	RUBBER 70黑色				
18			1.1.8	感应灯导光柱	LED_GUIDE		件	1	PC透明				
19			1.1.9	LCD钢片导电泡棉	PORON_LCD		件	2	导电泡棉：XQ-DW-03, T=0.30				
20			1.1.10	LCD钢片导电泡棉2	PORON_LCD_TOP		件	1	导电泡棉：XQ-DW-03, T=0.30				
21			1.1.11	前摄像头压紧泡棉	PORON_FRONT_CAM		件	1	材料：E100-05，单面背胶				
22			1.1.12	听筒泡棉	PORON_EAR		件	1	材料：E100-05，单面背胶				

图 5-7　某直板手机材料及表面工艺清单 1

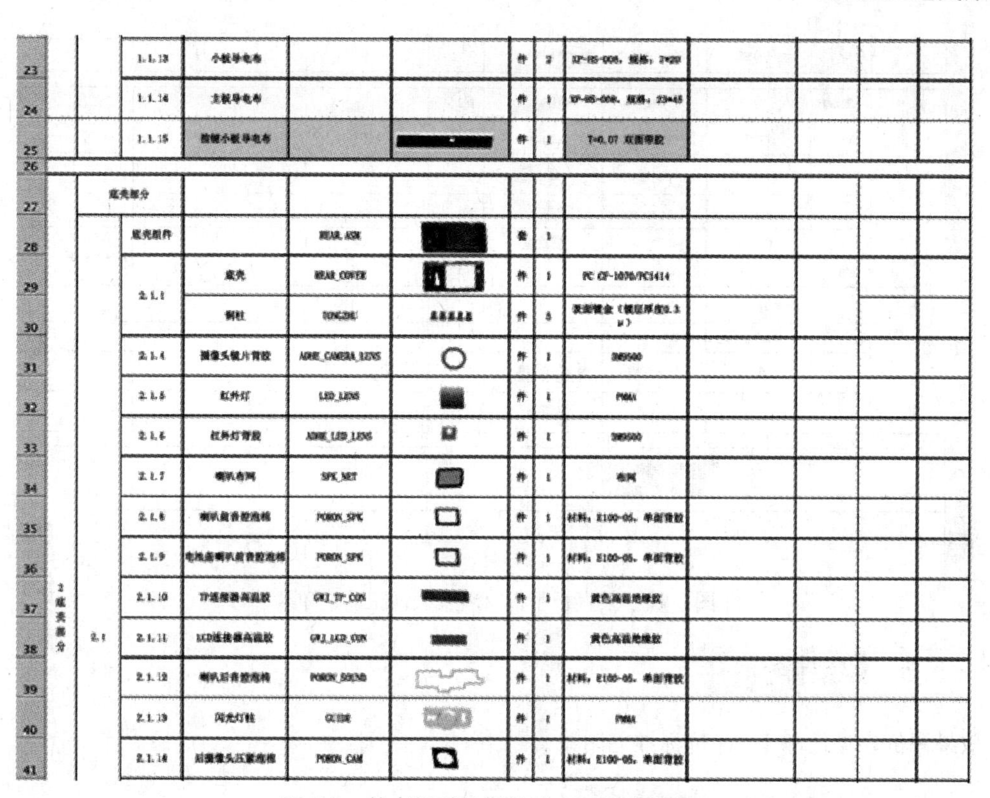

23			1.1.13	小板导电布			件	2	XP-HS-008，规格：2*20				
24			1.1.14	主板导电布			件	1	XP-HS-008，规格：23*45				
25			1.1.15	按键小板导电布			件	1	T=0.07 双面背胶				
26													
27		底壳部分											
28			底壳组件		REAR_ASM		套	1					
29			2.1.1	底壳	REAR_COVER		件	1	PC CF-1070/PC1414				
30				铜柱	TONGZHU		件	5	表面镀金（镀层厚度0.3μ）				
31			2.1.4	摄像头镜片背胶	ADHE_CAMERA_LENS		件	1	3M9500				
32			2.1.5	红外灯	LED_LENS		件	1	PMMA				
33			2.1.6	红外灯背胶	ADHE_LED_LENS		件	1	3M9500				
34			2.1.7	喇叭布网	SPK_NET		件	1	布网				
35			2.1.8	喇叭前音腔泡棉	PORON_SPK		件	1	材料：E100-05，单面背胶				
36			2.1.9	电池盖喇叭前音腔泡棉	PORON_SPK		件	1	材料：E100-05，单面背胶				
37	2 底壳部分		2.1.10	TP连接器高温胶	GWJ_TP_CON		件	1	黄色高温绝缘胶				
38		2.1	2.1.11	LCD连接器高温胶	GWJ_LCD_CON		件	1	黄色高温绝缘胶				
39			2.1.12	喇叭后音腔泡棉	PORON_SOUND		件	1	材料：E100-05，单面背胶				
40			2.1.13	闪光灯柱	GUIDE		件	1	PMMA				
41			2.1.14	后摄像头压紧泡棉	PORON_CAM		件	1	材料：E100-05，单面背胶				

图 5-8 某直板手机材料及表面工艺清单 2

42			2.1.15	摄像头连接器压高温胶	GWJ_CAM_CON		件	1	黄色高温绝缘胶				
43			2.1.16	主FPC压紧泡棉	PORON_MAINFPC		件	1	PORON				
44			2.1.17	同轴线压紧泡棉	PORON_TONGZHOUTOU		件	2	PORON				
45			2.1.18	麦拉片	MALAY_BAT		件	1	PC片				
46			2.1.19	弹片压紧泡棉	YING_PORON_TANPIAN		件	1	硬泡棉				
47			2.1.20	GPRS天线	ANT_GPRS								
48			2.1.21	FM与WIFI二合一天线	ANT_FM								
49													
50	3.电池盖部分	3.1	电池盖组件		REAR_ASM		套	1					
51			3.1.1	电池盖	BAT_COVER		件	1	PC CF-1070/PC1414				
52		按键部分											
53		4.1	4.1.1	呼叫键	KEY_SOS		件	1	ABS				
54			音量键组件		VOL_ALL_ASM		套	1					
55		4.2	4.2.1	音量键	KEY_VOL		件	1	ABS				
56	4 侧键部分		4.2.2	音量键软胶	KEY_VOL_RUBBER		件	1	TPU85度				
57			电源键组件		POW_ALL_ASM		套	1					
58		4.3	4.3.1	电源键	KEY_POWER		件	1	ABS				
59			4.3.2	电源键软胶	RUBBER_POW_KEY		件	1	TPU85度				
60			摄像键组件		CAM_ALL_ASM		套	1					
61		4.4	4.4.1	摄像键	KEY_CAM		件	1	ABS				

图 5-9 某直板手机材料及表面工艺清单 3

62			4.4.2	摄像键软胶	KEY_CAM_RUBBER		件	1	TPU86度				
63													
64	5按键部分		主键组件		KEY_HOME.ASM		套	1					
65		5.1	5.1.1	主按键	KEY_HOME		件	1	PC透明				
66			5.1.2	主按键装饰件	KEY_DECO		件	1	ABS				
67			5.1.3	主按键软胶	RUBBER_KEY_HOME		件	1	RUBBER				
68			5.1.4	主按键背胶	ADH_KEY_HOME		件	1	3M9500				
69	6主板部分和散件	主板部分和散件											
70		4.1	主板部分和散件										
71			4.1.1	摄像头镜片	CAMERA_LENS_40		件	1	PMMA				
72			4.1.2	铜片	TONGPIAN		件	5	表面镀金（镀层厚度0.3μ）				
73			4.1.3	十字圆头螺母	PM1_4X2-5		颗	7	规格：牙长2.5MM，牙径1.4MM 帽长0.6MM，帽径2.5MM				
74													
75				新增									
76				修改									
77				删除									
78													
79			制作：	胡益谦	日期：								
80			修改：		日期：								
81			审核：		日期：								

图 5-10 某直板手机材料及表面工艺清单 4

5.5 效果评价

效果评价参见任务 1，评价标准见附录。

5.6 相关知识与技能

5.6.1 表面工艺的含义及标准

1. 常规加工工艺

常规加工工艺主要是铸造成型工艺、切削加工工艺与金属钣金冲压工艺、塑料注射和特种加工工艺。常规加工工艺是产品主要加工工艺。

2. 表面工艺处理

表面工艺处理是在基体材料表面上人工形成一层与基体的机械、物理和化学性能不同的表层的工艺方法。表面处理的目的是满足产品的耐蚀性、装饰或其他特种功能要求。在国际和国内都制定了相应的标准。

3. GB 标准

GB 为国家强制性国家标准。编号由国家标准的代号、国家标准发布的顺序号和国家标准发布的年号构成。GB/T 是指推荐性国家标准（GB/T），“T”是推荐的意思。推荐性国家标准是指生产、交换、使用等方面，通过经济手段调节而自愿采用的一类标准，又称自愿标准。这类标准任何单位都有权决定是否采用，违反这类标准，不承担经济或法律方面的责任。但是，一经接受并采用，或各方商定同意纳入经济合同中，就成为各方必须共同遵守的技术依据，具有法律上的约束性。

（1）国家表面工艺处理相关标准。

1）GB/T 15717—1995 真空金属镀层厚度测试法－电阻法。

2）GB/T 3138—1995 金属镀覆和化学处理与有关过程术语。

3）GB/T 1238—1976 金属镀层及化学处理表示方法。

4）GB/T 4955—1985 金属覆盖层厚度测量阳极溶解库仑方法。

5）GB/T 4956—1985　磁性金属基体上非磁性覆盖层厚度测量磁性方法。

6）GB/T 4957—1985　非磁性金属基体上非导电覆盖层厚度测量涡流方法。

7）GB/T 5270—1985　金属基体上的金属覆盖层（电沉积层和化学沉积层）附着强度试验方法。

8）GB/T 5926—1986　轻工产品金属镀层和化学处理层的外观质量测试方法。

9）GB/T 5927—1986　轻工产品金属镀层的厚度测试方法计时。

10）GB/T 5928—1986　轻工产品金属镀层和铝氧化膜的厚度测试方法测重法。

11）GB/T 5929—1986　轻工产品金属镀层和化学处理层的厚度测试方法。

（2）金相显微镜法。

1）GB/T 5930—1986　轻工产品金属镀层的厚度测试方法一点滴法。

2）GB/T 5931—1986　轻工产品金属镀层和化学处理层的厚度测试方法β射线反向散射法。

3）GB/T 5932—1986　轻工产品金属镀层和化学处理层的耐磨试验方法。

4）GB/T 5933—1986　轻工产品金属镀层的接合强度测试方法。

5）GB/T 5934—1986　轻工产品金属镀层的硬度测试方法一显微硬度法。

6）GB/T 5935—1986　轻工产品金属镀层的孔隙率测试方法。

7）GB/T 5936—1986　轻工产品黑色金属化学保护层的测试方法浸渍点滴法。

8）GB/T 5937—1986　轻工产品镀锌白色钝化膜的存在试验及耐腐蚀试验方法。

9）GB/T 5938—1986　轻工产品金属镀层和化学处理层的耐腐蚀试验方法。

（3）中性盐雾试验（NSS）。

GB/T 5939—1986　轻工产品金属镀层和化学处理层的耐腐蚀试验方法。

（4）乙酸盐雾试验（ASS）。

GB/T 5940—1986　轻工产品金属镀层和化学处理层的耐腐蚀试验方法。

（5）铜盐加速乙酸盐雾试验（CASS）法。

4. 相关国家标准缩写

ANSI（美国国家标准）、BIS（印度标准）、BSI（英国标准）CSA（加拿大标准协会）、NF（法国标准）、DIN（德国标准）、GOST（俄罗斯国家标准）JSA（日本标准）、TIS（泰国标准）、AS（澳大利亚标准）。

美国防护涂料协会相关标准。

（1）SSPC-SP　COM　　表面预处理摘要。
（2）SSPC-GUIDE　TO VIS 1-89　　喷砂处理的钢材表面的目测标准。
（3）SSPC-GUIDE　TO VIS 2　　已涂装表面锈蚀程度的标准评价方法。
（4）SSPC-GUIDE　TO VIS 3　　动力和手动工具清理钢材表面的目测标准。
（5）SSPC-SP 1　　溶剂清理。
（6）SSPC-SP 2　　手动工具清理。
（7）SSPC-SP 3　　动力工具清理。
（8）SSPC-SP 5/NACE 1　　喷砂清理到金属表面呈彻底的金属光泽。
（9）SSPC-SP 6/NACE 3　　经济型喷砂清理。
（10）SSPC-SP 7/NACE 4　　扫砂清理。
（11）SSPC-SP 8　　酸洗法清理。
（12）SSPC-SP 10/NACE 2　　喷砂清理到表面呈金属光泽。
（13）SSPC-SP 11　　动力工具除锈至金属表面呈金属光泽。

(14) SSPC-AB 1　　天然矿石与工业废渣磨料。

(15) SSPC-TR 1/NACE CG 1994　　相关热力学方法钢材表面清理的科技报道。

5.6.2 典型产品效果图表面处理方案

直板手机表面工艺处理方案，图 5-11～图 5-13 见文前彩页。

一、单选题

1.（　　）是材料表面反材料本身的光泽，不呈现镜面效果。

A. 原色　B. 哑面　C. 光面　D. 粗纹面

2.（　　）的原理是把所需印刷的图案先利用照像制版的方法，把钢版制成凹版再经由特制矽胶印头转印在被印物上，并且可依产品的材质不同，调制专用的油墨，以使品质得到保证。

A. 丝印　B. 移印　C. 复印　D. 油印

3. 铝氧化着色的温度是（　　）。

A. 100℃　B. 90℃　C. 室温　D. 60℃

4.（　　）在黑色底漆及黑色素材表面喷涂塑胶高光 UV 油，使表面形成一层 UV 涂层。

A. 高光 UV 喷涂　B. 哑光 UV 喷涂　C. 钢琴漆　D. 橡胶漆

5. 在金属压力加工中。在外力作用下使金属强行通过模具，金属横截面积被压缩，并获得所要求的横截面积形状和尺寸的技术加工方法称为（　　）。

A. 车纹　B. 批花　C. 拉丝　D. 镭射

6.（　　）雕刻的图案一般是凹进去，其七彩效果是靠表面的细碎面进行光的反射达到的。

A. 批边　B. 拉丝　C. 镭射　D. 氧化

7.（　　）具有铁磁性的金属元素，它能够高度磨光和抗腐蚀。主要用来制造不锈钢和其他抗腐蚀合金可用来制造货币等。

A. 铝　B. 镍　C. 铜　D. 锌

8. 表面粗糙度的数值表示零件的表面质量（　　）。

A. 数值愈大，表面质量愈好　B. 数值的大小没有影响

C. 数值愈小，表面质量愈好　D. 数值愈小，表面质量愈差

9. 锐边上的涂层通常会（　　）。

A. 堆积过厚　B. 对边的保护比对平面的保护好

C. 具有不同的颜色　D. 回缩而留下薄涂层

10. 丝网印刷中丝网的材料主要有（　　）。

A. 尼龙　B. 木头　C. 竹子　D. 蚕丝

二、多选题

11. 电镀的作用是（　　）。

A. 防腐蚀　B. 防护装饰　C. 抗磨损　D. 导电性

E. 防故障

12. 真空溅镀的运用主要运用于（　　）。

A. 笔记本外壳　B. 手机外壳　C. 鼠标　D. 光盘制作

E. 灯具

13. 移印机的流程包括（　　）。

A. 由印头移位上移至产品将图案盖上

B. 由毛刷将油墨均匀覆盖在钢版上

C. 由印头下降到钢版将图案内的油墨沾起

D. 由刮墨钢刀将多余油墨刮除

E. 由印头移位下降至产品将图案盖上

14. 手机壳体材料应用较广的是（　　）。

A. AS　　B. ABS　　C. PC　　D. PMMA

E. PET

15. 用在充电器（使用 220V 交流）上的塑料应具备哪些要求？（　　）

A. 附着力好　　B. 耐气候性　　C. 电性能良好　　D. 耐化学性

E. 较高冲击韧性和力学强度

16. 注塑塑胶产品上的缺陷的有（　　）。

A. 缩水　　B. 划伤　　C. 变形　　D. 走料

E. 水纹线

17. 周围环境条件的测试应在下列哪些时间进行测试？（　　）

A. 表面处理工作开始前　　B. 涂料施工期间

C. 涂料储存期间　　D. 涂料施工即将开始之前

18. 喷涂剥落/脱皮可能是由于下列哪些原因造成的？（　　）

A. 涂料被喷涂在被污染过的表面上　　B. 基材表面结露

C. 基材太硬表面太光滑，涂层结合力差　　D. 超过涂装间隔期

19. 拉丝可根据装饰需要制成（　　）。

A. 直纹　　B. 螺纹　　C. 乱纹　　D. 波纹

E. 旋纹

20. 键盘常用塑料键材料有（　　）

A. 透明 PC　　B. ABS（可电镀）　　C. 透明 PMMA　　D. TPU

E. TPR

三、判断题

21. 金属电印打标（刻字）利用的是低电压在打标液的作用下是金属表面局部离子化的高科技。（　　）

22. 光面是经过打磨、抛光，材料表面光滑，显出一种高光效果。（　　）

23. IML 的中文名称：模内镶件注塑。（　　）

24. 橡胶漆不适用材质有塑胶、五金、木材、玻璃等。（　　）

25. 电铸件只能镀出三种颜色：银色、金色、黑色。其他色只能通过后期喷涂达到。（　　）

26. 氧化膜、油污等影响体材料性质，镀前处理可完全、彻底消除其影响。（　　）

27. 喷涂的适应范围：木材表面、墙体表面、金属表面喷涂、塑料件表面喷涂。（　　）

28. 螺纹拉丝是在高速运转的铜丝刷下，使铝板前后左右移动摩擦所获得的一种无规则、无明显纹路的亚光丝纹。（　　）

29. 激光的最初中文名叫作“镭射”“莱塞”，是英文名称 LASER 的音译。（　　）

30. 材料表面是指材料与真空或各种外部介质如气体、液体、固体相接触的界面。（　　）

练习与思考参考答案

1. B	2. B	3. C	4. A	5. C	6. C	7. B	8. A	9. D	10. A
11. ABCD	12. ABDE	13. BCDE	14. BC	15. BCDE	16. ABCDE	17. ABD	18. ABCD	19. ABCDE	20. ABCD
21. Y	22. Y	23. Y	24. N	25. Y	26. N	27. Y	28. N	29. Y	30. Y

任务 6

产品测试及安全标准认知与训练

该训练任务建议用 3 个学时完成学习。

6.1 任务来源

产品测试是产品结构设计开发的重要环节，通过测试可以评估现有的造型、结构设计方案是否符合产品性能及行业安全规范的要求。优良的产品设计不仅应有漂亮的外观，还应该与其性能和安全规范的要求高度吻合，这是产品能否成功上市的重要条件。

6.2 任务描述

检查典型产品的 BOM 表信息，纠正里面不符合产品性能、制造工艺条件、安全规定的内容。

6.3 能力目标

6.3.1 技能目标

完成本训练任务后，你应当能（够）：

1. 关键技能

（1）会对产品设计方案进行测试使其性能符合设计要求。

（2）会分析产品设计方案的工艺、材料等要素，使其符合安全标准。

（3）会基于测试及安全规范的审核结论对现有产品设计信息进行修改。

2. 基本技能

（1）会辨别和分析产品零部件的性能要求。

（2）会应用办公软件来修订相关信息表。

6.3.2 知识目标

完成本训练任务后，你应当能（够）：

（1）了解产品测试相关方法和工具。

（2）理解产品功能及其对应的零部件的性能要求。

（3）了解不同产品所涉及的安全规范。

6.3.3 职业素质目标

完成本训练任务后，你应当能（够）：

（1）具备严谨细致的分析能力。

（2）具有扎实的产品工艺及材料知识基础。

6.4 任务实施

6.4.1 活动一　知识准备

（1）产品安规的重要意义。

（2）国际、国内典型产品安全标准。

（3）常规产品安全测试方法。

6.4.2 活动二　示范操作

1. 活动内容

用Office软件打开车充直充产品BOM表，找出其中在材料方面不符合相关安全规定，存在安全问题的零部件。将其更换为安全性更高的材料，保证用户的安全和产品的顺利上市。

具体要求如下：

（1）对车充直充产品的设计特征、安全规范、用户环境等进行分析。

（2）检查产品BOM表中可能在材料方面存在安全问题的零部件。

（3）对存在材料安全问题的零部件进行信息修改。

（4）复查修改结果并提交表格。

2. 操作步骤

（1）步骤一：检查车充直充BOM表的零件信息。打开车充直充BOM表，发现主要的外壳零件均没有采用阻燃级别的材料，给用户造成一定风险，如图6-1、图6-2所示。

零件名称	3D档名	3D效果图	单位	数量	技术要求/材料
前壳组件	FRONT.ASM		套	1	
前壳	FRONT_COVER		件	1	ABS+PC
前壳盖板	FRONT_COVER_GAIBAN		件	1	ABS+PC
镜片	LENS		件	1	PMMA
镜片背胶	LENS_STICK		件	1	3M9500LE
连接线组件	LIANJIEXIAN.ASM		套	1	
CAP USB线	CAP_USB		件	1	PVC
MIC USB	MIC_USB		件	1	二合一任选一
I5 USB	I5_USB		件	1	
灯透光硅胶	LIGHT_RUBBER		件	1	RUBBER
后壳组件	REAR.ASM		件	1	
后壳	REAR_COVER		件	1	ABS+PC
后壳盖板	REAR_DECO		件	1	ABS+PC
硅胶塞A	RUBBER_SAIZI_A		件	1	RUBBER

图6-1　车充直充BOM表1

车充插头A	CHECHONGCHATOU_A		件	1	ABS+PC
车充插头B	CHECHONGCHATOU__B		件	1	ABS+PC
弹针头	TANZHENTOU		件	1	不锈钢
弹簧	TANWANG		件	1	弹簧钢
弹片C	TANPIAN_C		件	2	不锈钢
弹片软胶	TANPIAN_RUBBER		件	2	RUBBER
直充插头组件	**BATT_REAR.ASM**		套	1	
插头后盖	BAT_COVER_GAIBAN		件	1	ABS+PC
电池装饰件	BAT_DECO		件	1	ABS+PC
母头	ASM0002		套	1	
中规，美规，澳规	**CHINA_CHATOU.ASM**		套	1	
插头前盖	BAT_COVER		件	1	ABS+PC
弹片	TANPIAN_Z		件	2	铜
弹片支架	TANPIAN_ZHIJIA		件	1	ABS+PC

图 6-2 车充直充 BOM 表 2

(2) 步骤二：根据安全要求对存在安全隐患的零件材料进行修改。将前后壳的普通材料换成阻燃级别的材料，降低故障时引发火灾的风险，如图 6-3 所示。

前壳	FRONT_COVER		件	1	阻燃级ABS+PC
前壳盖板	FRONT_COVER_GAIBAN		件	1	阻燃级ABS+PC
镜片	LENS		件	1	PMMA
镜片背胶	LENS_STICK		件	1	3M9500LE
连接线组件	**LIANJIEXIAN.ASM**		套	1	
CAP USB线	CAP_USB		件	1	PVC
MIC USB	MIC_USB		件	1	二合一任选一
I5 USB	I5_USB		件	1	
灯透光硅胶	LIGHT_RUBBER		件	1	RUBBER
后壳组件	**REAR.ASM**		件	1	
后壳	REAR_COVER		件	1	阻燃级ABS+PC
后壳盖板	REAR_DECO		件	1	阻燃级ABS+PC

图 6-3 替换材料后的车充直充 BOM 表 1

(3) 步骤三：检查车充直充 BOM 表中直充插头组件的零件信息。插头部分的零件拥有阻燃性能更加重要，同样地将各插头部分的零件材料更换成阻燃级的材料，如图 6-4 所示。

(4) 步骤四：核对并查阅各国规格的插头零件材料标准。查阅结果表明，各国规格的插头零件都应该使用阻燃级的材料，如图 6-5 所示。

(5) 步骤五：复查修改完毕后的车充直充 BOM 表，提交文件，如图 6-6、图 6-7 所示。

车充插头A	CHECHONGCHATOU_A		件	1	阻燃级ABS+PC
车充插头B	CHECHONGCHATOU__B		件	1	阻燃级ABS+PC
弹针头	TANZHENTOU		件	1	不锈钢
弹簧	TANWANG		件	1	弹簧钢
弹片C	TANPIAN_C		件	2	不锈钢
弹片软胶	TANPIAN_RUBBER		件	2	RUBBER
直充插头组件	**BATT_REAR.ASM**		套	1	
插头后盖	BAT_COVER_GAIBAN		件	1	阻燃级ABS+PC
电池装饰件	BAT_DECO		件	1	阻燃级ABS+PC
尾头	ASM0002		套	1	
中规，美规，澳规	**CHINA_CHATOU.ASM**		套	1	
插头前盖	BAT_COVER		件	1	阻燃级ABS+PC
弹片	TANPIAN_Z		件	2	铜
弹片支架	TANPIAN_ZHIJIA		件	1	阻燃级ABS+PC

图 6-4 替换材料后的车充直充 BOM 表 2

中，美规：							
5_05		插针Z支架	BRACKET_SUS_Z		件	1	阻燃级ABS+PC
5_06		插针Z	SUS_Z		件	1	不锈钢
澳规：							
5_07		插针支架	BRACKET_SUS_A		件	1	阻燃级ABS+PC
5_08		插针A	SUS_A		件	1	不锈钢
5_09		绝缘片	PVC_A		件	1	阻燃级ABS+PC
英规：							
6_02		UK前壳	UK_FRONT		件	1	阻燃级ABS+PC
6_04		UK插头后盖	BAT_COVER_GAIBAN_UK		件	1	阻燃级ABS+PC
6_06		插针Y	SUS_Y		件	2	铜
欧规：							
7_02		插座前壳	EUROPEAN_FRONT		件	1	阻燃级ABS+PC
7_03			EUROPEAN_CHATOU		件	1	铜

图 6-5 各国规格的插头规格标准

零件名称	3D档名	3D效果图	单位	数量	技术要求/材料
前壳组件	**FRONT.ASM**		套	1	
前壳	FRONT_COVER		件	1	阻燃级ABS+PC
前壳盖板	FRONT_COVER_GAIBAN		件	1	阻燃级ABS+PC
镜片	LENS		件	1	PMMA
镜片背胶	LENS_STICK		件	1	3M9500LE
连接线组件	**LIANJIEXIAN.ASM**		套	1	
CAP USB线	CAP_USB		件	1	PVC
MIC USB	MIC_USB		件	1	二合一任选一
I5 USB	I5_USB		件	1	
灯透光硅胶	LIGHT_RUBBER		件	1	RUBBER
后壳组件	**REAR.ASM**		件	1	
后壳	REAR_COVER		件	1	阻燃级ABS+PC
后壳盖板	REAR_DECO		件	1	阻燃级ABS+PC
硅胶塞A	RUBBER_SAIZI_A		件	1	RUBBER

图 6-6 修改完毕后的车充直充 BOM 表 1

车充插头A	CHECHONGCHATOU_A		件	1	阻燃级ABS+PC
车充插头B	CHECHONGCHATOU__B		件	1	阻燃级ABS+PC
弹针头	TANZHENTOU		件	1	不锈钢
弹簧	TANWANG		件	1	弹簧钢
弹片C	TANPIAN_C		件	2	不锈钢
弹片软胶	TANPIAN_RUBBER		件	2	RUBBER
直充插头组件	**BATT_REAR.ASM**		套	1	
插头后盖	BAT_COVER_GAIBAN		件	1	阻燃级ABS+PC
电池装饰件	BAT_DECO		件	1	阻燃级ABS+PC
母头	ASM0002		套	1	
中规，美规，澳规	**CHINA_CHATOU.ASM**		套	1	
插头前盖	BAT_COVER		件	1	阻燃级ABS+PC
弹片	TANPIAN_Z		件	2	铜
弹片支架	TANPIAN_ZHIJIA		件	1	阻燃级ABS+PC

图 6-7　修改完毕后的车充直充 BOM 表 2

6.4.3 活动三　能力提升

用 Office 软件打开如图 6-8、图 6-9 所示智能水杯产品 BOM 表，找出其中在材料方面不符合相关安全规定，存在安全问题的零部件。将其更换为安全性更高的材料，保证用户的安全和产品的顺利上市。

零件名称	3D档名	3D效果	单位	数量	技术要求/材料
杯身组件	**FRONT_COVER.ASM**		套	1	
杯身	FRONT_COVER		件	1	PET
内胆	FRONT_DECO		件	1	PET
胶圈2	JIAOQIAN2		件	1	硅胶
胶圈	JIAOQUAN		件	1	硅胶
泡棉	PORON		件	1	PORON
支架	ZHIJIA		件	1	ABS
支架2	ZHIJIA2		件	1	ABS
防水背胶	ADHE_1		件	1	防水背胶
硅胶垫	FRONT_RUBBER		件	1	硅胶
FPC泡棉	PORON_C1		件	2	泡棉

图 6-8　智能水杯 BOM 表 1

杯盖组件	**CAP_2_AN.ASM**		套	1	
杯盖A	CAP2_A_AN		件	1	PET
杯盖B	CAP2_B_AN		件	1	PET
弹簧	SPRING		件	1	65Mn
防水圈1	RUBBER_BG1		件	1	硅胶
拉钩	LAGOU		件	2	不锈钢
挡片	DANGPIAN		件	1	PP
防水圈2	RUB_FANGSHUI2		件	1	硅胶

图 6-9　智能水杯 BOM 表 2

具体要求如下：

（1）对智能水杯产品的设计特征、安全规范、用户环境等进行分析。

（2）检查产品BOM表中可能在材料方面存在安全问题的零部件。

（2）对存在材料安全问题的零部件进行信息修改。

（3）复查修改结果并提交表格。

6.5 效果评价

效果评价参见任务1，评价标准见附录。

6.6 相关知识与技能

6.6.1 小家电安规测试项目与方法

1. 安规

安规就是安全规范，是指电子产品在设计中必须要保持和遵守的规范。

（1）安规的特点。安规强调对使用和维护人员的保护，是我们在方便使用电子产品同时，不让电子产品给我们带来危险，同时允许设备部分或全部功能丧失。虽然设备部分或全部功能丧失，但是不会对使用人员带来危险，那么安全设计则是合格的——尽管设备不能使用或变成一堆废物。与电子产品功能设计考虑是不同的，常规电子产品设计主要考虑怎样实现功能和保持功能的完好，以及产品对环境的适应。安规是使用安全规范来考虑电子产品各方面性能，使产品更加安全。

（2）安规的发展。安规是在电子产品发展初期，就被人们同时发现的，同时随时间和产品更新，认识不断加深和变化。

（3）安规的规范。安全规范，就是目前各种产品使用的安全标准，这些标准根据产品的不同特点和需要，以及产品的安全要求制定出来的，由于对于安全要求和认识不断发生变化，因此标准也是不停地在更新。

2. 测试

下面介绍常见的安规测试项目。

由于安规是保护使用人员的，因此这个决定了安规测试与性能和设计测试有很大不同，甚至有些测试是稀奇古怪的测试。测试使用的仪器、工具也是安规特殊需求的。但是这些测试，有些是在我们日常生活中经常做的动作，有些是安规指标。

（1）输入测试。安规输入测试目的是考察产品设计时考虑输入是否满足产品在正常工作时，输入电路是否能够承受产品工作时需要的电流。在产品标准里面的规定是：最大功耗的输入电流不能大于产品标称值的110%。这个标称值也是告诉用户该产品安全工作需要的最小电流，让用户在使用这个设备前要准备这样的电气环境。

（2）安全标识的稳定性测试。对用户使用安全的警告标识，必须是稳定可靠的，不能因为使用一段时间后，就变得模糊不清，使用户错误使用，最终导致危险，或直接导致危险发生。所以需要测试这个稳定性。在安全标准里面的规定是：用水测试15s，然后用汽油测试15s，标识不能模糊不清。

（3）电容放电测试。对一个电源线可以插拔的设备，其电源线经常会被拔出插座，拔出插座的电源插头，经常会被人玩，或任意放置。这样导致一个问题，即被拔出的电源插头是带电的，而这个电随时间而消失。

如果这个时间太长，那么将会对玩插头的人造成电击，对任意放置的电源插头会损坏其他设备或设备自己。因此各个整机安全标准对这个时间做出严格的规定。我们设计产品要考虑这个时间，产品作安全认证需要测量这个时间。

（4）SELV电路稳定测试。

1）SELV电路介绍。SELV电路，即安全的电压电路，这个电路对使用人员来说是安全的，例如手机充电器的直流输出端到手机，它们是安全的，可以任意触摸不会有危险。

注：SELV电路在不同的标准里面有不同解释，例如在IEC60364里面解释与IEC60950-1是不同的，因此关于SELV需要注意在哪个标准下面，其危险也是不同的。

SELV电路只有满足特殊的要求，才能是SELV电路，这些要求是，在单一故障时，仍然是满足SELV电路要求的。因此对每一个SELV电路都需要做单一故障下的测试，证明SELV电路是稳定的。测试时是将单一故障逐一引入，监视SELV电路。

2）限功率源电路。由于限功率源电路输出的功率很小，在已经知道的经验中，它们不会导致着火危险，因此在安全标准中，对这类电路的外壳作了专门降低要求规定，它们阻燃等级是UL94V-2。因此有这类电路都需要测量，证明它们是限功率源电路。

3）限流源电路。做过电工的人知道，AC220V电路经过一定的电阻之后，对人就没有危险了。那么究竟是多大的电阻，和电阻有什么样的要求，可能大家就不知道了。在安全标准里面就有这个规定，这个规定就是限流源电路。限流源电路要求在电路正常和单一故障下，流出的电流是在安全限值以下的（小于0.25mA），对人不会产生危险。对于隔离一次和二次电路的电阻是要求满足专门标准的耐冲击电阻。

（5）接地连续测试。做过电气安装的人知道，有些设备必须接地，否则将在其可以触摸的表面有危险电压。这些危险电压必须通过接地释放。安规测试规定需要使用多大的电流，多久时间，测量的电阻必须小于0.1Ω，或电压降小于2.5V（有条件使用这个值）。

（6）潮湿测试。潮湿测试是模拟设备在极端环境下，设备的安全性能。设备制造出后，在任何湿度下都能安全运行，不能因为是雨季，湿度大而告诉用户设备不能使用。因此在设计时必须考虑设备在可以预见的湿度下满足安全要求，因此湿度测试是必需的。测试要求根据标准不同，有少量的差异。

（7）扭力测试。扭力测试是设备外部导线在使用中，经常受到外力作用而弯曲变形。这个测试就是测试导线能够承受的弯曲次数，在产品生命周期内不会因为外力作用发生断裂、AC220V电线外露等危险。

（8）稳定性测试。设备在正常使用中，常常会受到不同的外力作用。比如：比较高的设备，人会靠住它，或有人在维护时攀爬它；比较矮的设备，外形如同凳子式的，有人可能会站在上面等。由于设备受到这些外力作用，导致在设计时没有考虑周全而导致设备发生倒塌、翻转等危险。因此设备设计完成后需要做这些测试。检查它们是否满足安全要求。

（9）外壳受力测试。设备在使用过程中，会受到各种外力作用，这些外力可能会使设备外壳变形，这些变形可能导致设备内部的危险或指标不能满足要求。因此在设计设备时必须考虑这些影响，安全认证时必须测试这些指标。

（10）跌落测试。小的设备或台式设备，在正常使用中，可能会从手中或工作台跌落到地面。这些跌落可能会导致设备内部安全指标不能达到要求。因此在设计设备时必须考虑这种影响，在安全认证时需要测试这些指标。要求是设备跌落后，功能可以损失，但是不能对使用人员造成危险。

（11）应力释放测试。设备内部如果有危险电路，并且在正常使用中，如果外壳发生变形，导致危险外露，这样是不允许的。此在设计设备时必须考虑这些影响，安全认证时必须测试这些指标。

(12) 电池充放电测试。如果设备内部有可充电电池，则需要做充放电测试，和单一故障下的充电测试及过充电测试。这是因为设备在正常使用中，充电和放电，以及设备有故障，但是主要功能还没有损失，使用人员是不会发现设备故障的，这种情况下，充放电要求是安全的，不能因此而发生爆炸等危险。

(13) 设备升温测试（正常工作下内部和外部表面的温度）。安全测试中，升温测试最为重要，虽然测试使用设备仪器与人工气候环境测试相同，但是考察项目和测试器件与目的有很大区别。人工气候环境主要考察设备的适应性和可靠性。而安规考察的是设备是否可以安全地工作。这里举一例来说明它们区别：安规测试主要测试安规器件的温度，比如绝缘材料在正常情况下工作温度，这个温度在最高的设备允许工作温度下，要小于绝缘材料的最大允许温度。如在25℃环境下测试绝缘材料温度是100℃，而绝缘材料只能在130℃以下安全运行，定义设备允许的最高工作温度很关键，如果设备是50℃的环境温度，那么绝缘材料换算到50℃的环境温度测试温度应该是125℃，满足小于130℃要求，测试通过。如果设备是60℃环境温度，那么换算到60℃的环境温度测试温度应该是135℃，大于130℃要求，测试不通过。同样其他的安规器件也需要测试工作温度。以判断是否满足要求。

(14) 球压测试。作为支撑带危险电压的绝缘材料或塑料件，需要做球压测试，以保证危险电压部件在高温工作时，塑料件有足够的支撑强度。测试温度是最高温度加上15℃，但是不小于125℃。球压时间是在要求温度下保持1H。

(15) 接触电流测试。接触电流，就是常说的漏电流。这个电流严格控制，各个安规标准都有严格规定，因此在设计时要严格控制这个电流，在产品认证时要测试这个电流。

(16) 耐压测试。耐压测试，又叫耐电压测试或高压测试。主要用于考察设备绝缘的耐受能力，设计的绝缘是否满足设计要求。各种不同的绝缘，其测试电压不同。耐压测试都是在潮湿处理后进行测试，以便考察设备在潮湿时的耐受能力。

(17) 异常测试。异常测试分为单一故障测试、错误使用测试和常见异常使用测试。

单一故障测试是指设备在一个故障状态下，设备要求是安全的。

错误使用测试是指设备有调节装置或其他装置，在位置或状态不对的情况下测试，要求设备是安全的，这是允许设备功能损失。

常见异常使用测试是指设备可能由于人们喜欢美而额外加上的一些装饰部件，而这些装饰对设备的散热等是极为不利的测试。比如在电视机上盖一个防尘罩，在使用电视机时又忘记拿下来。手机装在一个手机袋中等。

3. 安规标准

在设备产品中，要满足产品的安全要求设计，就必须要符合相关安全标准。具体各个标准要求有所不同，但是目的都是保护使用人员的安全。

典型案例：玩具类产品安全测试及认证要求表，具体见表6-1。

表6-1　　　　玩具类产品认证要求表

出口国或出口地区	产品类型	需通过认证	需符合法规/标准	标准简述
中国	玩具成品	CCC认证	GB 6675	中国玩具安全标准
			GB 19865	中国电动玩具安全标准
			GB 24613—2009	玩具中涂料有害物质的限制要求

续表

出口国或出口地区	产品类型	需通过认证	需符合法规/标准	标准简述
欧洲	玩具成品	CE 认证	2009/48/EC 指令	欧洲玩具安全指令
			EN71	欧洲玩具安全标准（机械物理/燃烧/重金属）
			EN62115	欧洲电动玩具安全标准
			EN60825-1	关于激光管/红外管/LED 的辐射限制要求
			Non-Phthalate 指令	关于产品中邻苯二甲酸盐的限制法案（以被REACH 包括）
			94/62/EC 包装指令	关于包装物料的重金属限制法案
			REACH 法规	关于化学品注册限制的法规
	播放器	CE 认证	IEC60065	国际电工组织的电子音频设备（播放器）安全标准
	电池	CE 认证	2006/66/EC 指令	关于电池中重金属含量的限制指令
	火牛	CE 认证/GS 认证		关于高压产品的绝缘性，防火等级等要求
	所有电子产品	CE 认证	R&TTE，EMC	欧洲电磁兼容安全标准
			RoHS 指令	关于电子产品的重金属限制法案
			WEEE 指令	关于电子产品的回收法案
美国	玩具成品	TSCI（玩具安全倡议）	ASTM F963	美国玩具安全标准（机械物理/燃烧/重金属）
			FCC Part15	关于 RC 产品的频率及发射功率限制法规
			CPSIA 法案	关于产品中邻苯二甲酸盐和表面铅含量的限制法案
			CONEG	美国包材重金属要求
			加州 Pro-65 法案	关于产品中有毒物质的限质（包括重金属、邻苯二甲酸盐，以及其他致癌化学物）
	播放器	UL/ETL 认证	UL 60065	UL 电子音频设备（播放器）安全标准
	电池	RBRC 认证		进入北美市场的充电电池要通过 RBRC 认证
	电源线	UL 认证/CSA 认证		符合 UL 的绝缘性能，防火等级等安全标准
	火牛	UL 认证/CSA 认证		符合 UL 的绝缘性能，触电保护等安全标准
			加州能源法案	火牛上要标有火牛的效能等级
加拿大	玩具成品		CHPR（Toys）	加拿大玩具安全标准（机械物理/燃烧/重金属）
			CEPA	加拿大环保局关于有毒物质的限制及申报法案
	播放器	UL/ETL 认证	UL 60065	UL 电子音频设备（播放器）安全标准
	火牛	UL 认证/CSA 认证	ESA 注册	所有在加拿大安大略省销售的电气产品的制造商，须向 ESA（电气安全局）进行相关注册
日本	玩具成品	ST 认证	ST：2002，JFSL	日本玩具安全标准（机械物理/燃烧/重金属）
	火牛	PSE 认证		日本电子设备安全认证
韩国	玩具成品	KC 认证		韩国玩具安全标准（机械物理/燃烧/重金属）
	火牛	KC 认证		韩国电子设备安全认证

续表

出口国或出口地区	产品类型	需通过认证	需符合法规/标准	标准简述
澳大利亚/新西兰	成品		ISO-8124	国际玩具安全标准
	火牛		MEPS标准	MEPS＝最低能源性能标准，并且符合 AS/NZS 4665.2：2005 的小能耗要求。可以自由选择标记符合 AS/NZS 4665.1：2005 规定等级的能效标记。必须在 New South Wales、Victoria、Queensland 或 South Australia 的任一指定机构注册备案

练习与思考

一、单选题

1. 安规是用来保护（　　）的。

A. 生产人员　　B. 设计人员　　C. 使用人员　　D. 销售人员

2. 合格的安全标识应用水测试（　　），然后用汽油测试一段时间后仍然清晰可辨。

A. 5s　　B. 15s　　C. 20s　　D. 1min

3. SELV 电路是（　　）。

A. 高压电路

B. 低压电路

C. 安全电压电路

D. 可以在多种故障并发时依然保证安全的电路

4.（　　）用来测试导线能够承受的弯曲次数，确保在产品生命周期内不会因为外力作用发生断裂。

A. 稳定性测试　　B. 外壳受力测试　　C. 扭力测试　　D. 应力释放测试

5. 有些设备的外壳可以触摸的表面有危险电压，因此需要（　　）。

A. 断电　　B. 减小功率　　C. 减小电压　　D. 接地

6. 如果设备内部有可充电电池，则必要做（　　）。

A. 电池充放电测试　　B. 应力释放测试

C. 设备升温测试　　D. 跌落测试

7. 安全测试中，（　　）最为重要。

A. 稳定性测试　　B. 潮湿测试　　C. 电容放电测试　　D. 温升测试

8. 常说的漏电流就是（　　）。

A. 表面电流　　B. 接触电流　　C. 溢出电流　　D. 安全电流

9.（　　）主要用于考察设备绝缘的耐受能力。

A. 接触电流测试　　B. 应力释放测试　　C. 耐压测试　　D. 稳定性测试

10. 在设备产品中，要满足产品的安全要求的设计称为（　　）。

A. 安全设计　　B. 安规设计　　C. 安保设计　　D. 保障设计

二、多选题

11. 安规测试中的项目包括（　　）。

A. 超出预想环境的极限测试　　B. 产品外观的评价

C. 用户的常见举动　　　D. 产品功能的评价

E. 安规指标

12. 限流源电路中隔离（　　）的电阻是要求满足专门标准的耐冲击电阻。

A. 一次电路　　B. 二次电路　　C. 三次电路　　D. 四次电路

E. 五次电路

13. 设备升温测试中人工气候环境主要考察设备的（　　）。

A. 最大功率　　B. 稳定性　　C. 可靠性　　D. 适应性

E. 外壳耐用性

14. 设备升温测试是测试设备在正常工作下的（　　）。

A. 外部表面温度　　B. 所处环境的温度　　C. 最热处温度　　D. 平均温度

E. 内部温度

15. 耐压测试，又叫（　　）。

A. 球压测试　　B. 稳定性测试　　C. 高压测试　　D. 外壳受力测试

E. 耐电压测试

16. 异常测试分为（　　）。

A. 单一故障测试　　B. 多重故障测试　　C. 老化测试　　D. 错误使用测试

E. 常见异常使用测试

17. 用户的（　　）等行为构成异常使用。

A. 在电视机上盖一个防尘罩，在使用电视机时又忘记拿下来

B. 手机装在一个手机袋中，直接充电

C. 不及时擦除电厨具上的水渍

D. 将高发热的设备放在通风环境中使用

E. 使用微波炉加热金属容器盛装的食物

18. 在产品标准里，能输入电流功耗的产品标称值（　　）。

A. 90%　　B. 100%　　C. 110%　　D. 120%

E. 130%

19. 限流源电路要求在电路正常和单一故障下，流出的电流对人不会产生危险（　　）。

A. 0.25mA　　B. 0.15mA　　C. 0.05mA　　D. 1mA

20. 限功率源电路的外壳阻燃等级为（　　）时是安全的。

A. UL94V-0　　B. UL94V-1　　C. UL94V-2　　D. UL94H-3

三、判断题

21. 安规测试中使用的仪器、工具都是安规特殊需求的。（　　）

22. 输入测试目的是，考察产品设计时考虑输入电路是否能够承受产品工作时需要的电流。（　　）

23. 为了美观，对用户使用安全的警告标识可以被轻易抹去。（　　）

24. 限功率源电路输出的功率很小，不会导致着火危险。（　　）

25. 限功率源电路可以不被测量直接通过。（　　）

26. 就算是 AC220V 电路，经过一定的电阻之后，对人就没有危险了。（　　）

27. 有些设备可以在雨季时因为湿度大而告诉用户设备不能使用。（　　）

28. 设备在设计时需要考虑在不同的外力作用下保持稳定。（　　）

29. 跌落测试的通过要求是设备跌落后，功能不能损失，且不能对使用人员造成危险。（　　）

30. 设备在正常使用中，充电和放电，以及设备有故障，但是主要功能还没有损失，使用人员是不会发现设备故障的。（　　）

练习与思考参考答案

1. C	2. B	3. C	4. C	5. D	6. A	7. D	8. B	9. C	10. B
11. AB	12. ACE	13. ACE	14. ABCE	15. ABCDE	16. ABC	17. ABD	18. ABC	19. ABC	20. CD
21. Y	22. Y	23. N	24. Y	25. N	26. Y	27. N	28. Y	29. N	30. Y

任务 7

产品结构相关图纸识别训练

该训练任务建议用 6 个学时完成学习。

7.1 任务来源

在进行产品结构设计前，需要对结构设计输入的相关图纸进行识别，收集整理有效信息，以便开展接下来的设计工作。

7.2 任务描述

现有产品图纸一组，包括产品效果图、产品工艺图、零件工程图、零件装配图及丝印图等。根据产品结构设计实际需求，对各类图纸信息进行识别。

7.3 能力目标

7.3.1 技能目标

完成本训练任务后，你应当能（够）：

1. 关键技能

（1）会识别产品效果图及产品工艺图。

（2）会识别产品零件工程图。

（3）会识别产品零件装配图。

（4）会识别丝印图。

（5）会整理各类图纸中结构设计的有效信息。

2. 基本技能

（1）会理解产品结构设计基本术语。

（2）会理解产品结构设计的基本原理。

（3）会理解常见材料的特性。

（4）会计算机三维基础建模。

7.3.2 知识目标

完成本训练任务后，你应当能（够）：

(1) 掌握零件的尺寸标注方法。
(2) 掌握常见设计材料的加工方法及表面处理工艺。
(3) 掌握产品视图的排布方法。
(4) 掌握潘通色号的含义。

7.3.3 职业素质目标

完成本训练任务后，你应当能（够）：
(1) 具备严谨科学的工作态度。
(2) 具备耐心细致的工作素质。
(3) 善于总结工作经验。
(4) 具备独立思考能力。

7.4 任务实施

7.4.1 活动一 知识准备

(1) 工程制图规范。
(2) 产品效果图识图方法。
(3) 相关软件基本操作方法。

7.4.2 活动二 示范操作

1. 活动内容

现有手持POS机产品图纸一组，包括产品效果图、产品工艺图、零件工程图、零件装配图及丝印图等。根据产品结构设计实际需求，对其各类图纸信息进行识别。

具体要求如下：
(1) 识别产品效果图。
(2) 识别产品工艺图。
(3) 识别产品按键及镜片丝印图。
(4) 识别产品零部件工程图纸并标注尺寸。
(5) 识别产品零部件装配图。

2. 操作步骤

(1) 步骤一：识别手持POS机效果图，图7-1见文前彩页。
(2) 步骤二：识别手持POS机产品工艺图，如图7-2所示。
(3) 步骤三：识别手持POS机按键及镜片丝印图，图7-3、图7-4见文前彩页。
(4) 步骤四：识别手持POS机零部件工程图纸并标注尺寸，如图7-5～图7-7所示。
(5) 步骤五：识别手持POS机零部件装配图，如图7-8所示。

7.4.3 活动三 能力提升

根据活动内容和示范操作要求，针对某一典型产品，根据其结构设计实际需求，对其各类图纸信息进行识别。

具体要求如下：
(1) 识别产品效果图。

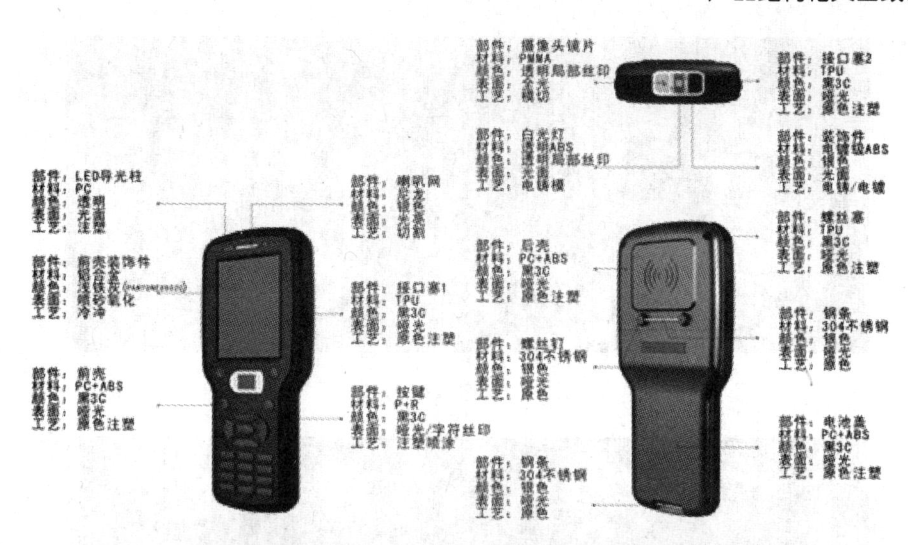

图 7-2　手持 POS 机产品工艺图

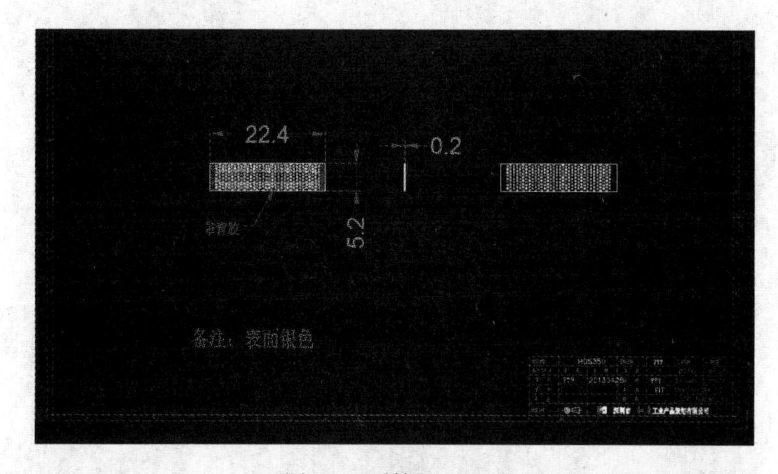

图 7-5　听筒网工程图

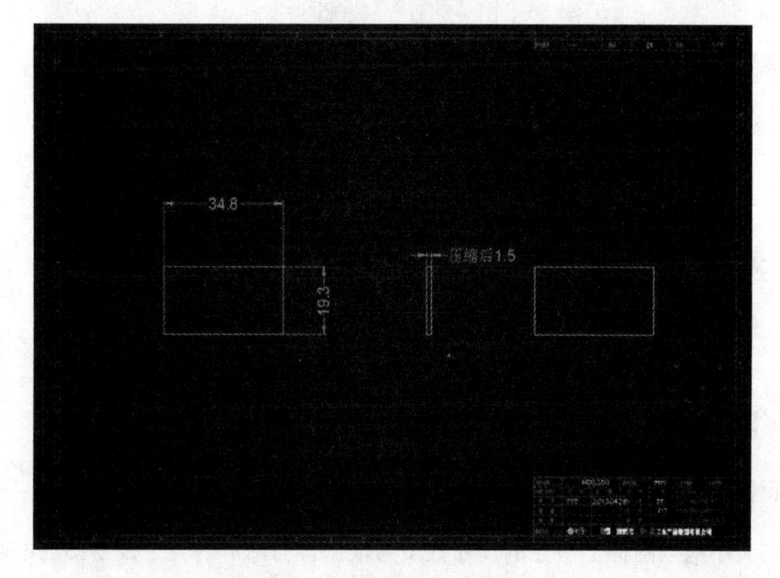

图 7-6　指纹泡棉工程图

图 7-7 工程图标题栏

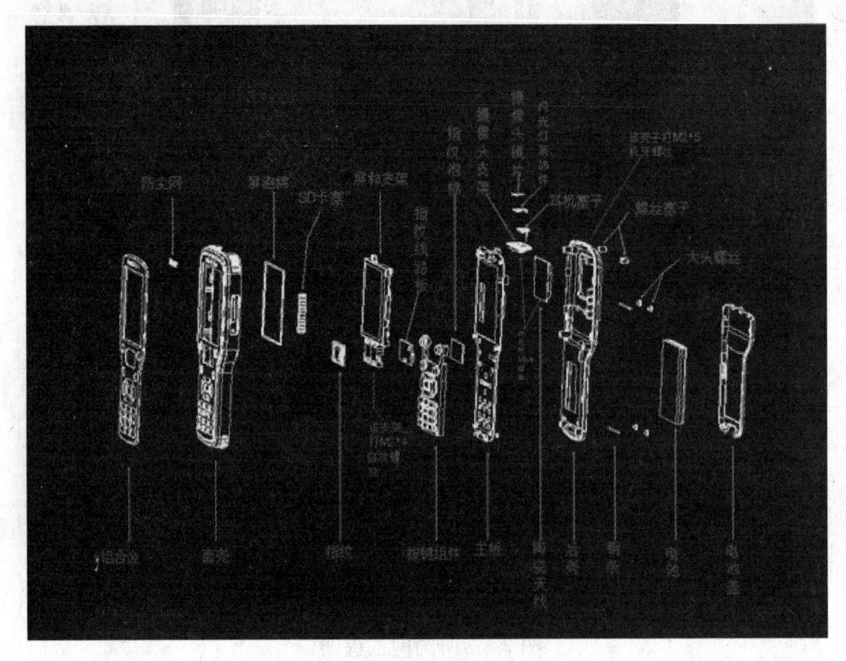

图 7-8 产品装配图

(2) 识别产品工艺图。

(3) 识别产品丝印图。

(4) 识别产品零部件工程图纸。

(5) 识别产品零部件装配图。

7.5 效果评价

效果评价参见任务 1，评价标准见附录。

7.6 相关知识与技能

7.6.1 标注尺寸的基本规则

机件的真实大小应以图样上所注的尺寸数值为依据，与图形的大小及绘图的准确度无关。图样中（包括技术要求和其他说明）的尺寸，以毫米为单位时，不需标注单位符号（或名称），如果采用其他单位，如米、英寸和度、分、秒等，则应注明相应的单位符号（或名称），而这些名称或符号应符合国际单位制的规定。

图样中所标注的尺寸是该图样所示机件的最后完工尺寸，否则应另加说明。这里所谓最后完工尺寸，是指这一张图样所表达的机件的最后要求，如毛坯图中的尺寸为毛坯的最后完工尺寸；半成品图中的尺寸是半成品的最后完工尺寸；零件图中的尺寸是该零件交付装配时的尺寸等。至于为了达到该尺寸的要求，中间所经过的各个工序的尺寸，则与之无关。否则必须另加说明。

机件的每一尺寸，一般只标注一次。这不仅能节省绘图时间，减少图中不必要的线条，更主要的是能避免产生两者不一致的错误。

尺寸的配置必须合理。

（1）应标注在反映该结构最清晰的图形上。例如孔组分布的定位尺寸、圆弧的半径尺寸、弧长及角度等，都应该标注在反映它们实形的视图上。圆的直径尺寸除外。

（2）同一要素的尺寸应尽量集中在同一处，如孔的直径和深度、槽的宽度和深度等。

（3）加工工序不同的尺寸应尽量分别排列；为减少看图时的麻烦，较快地找到加工该工序时所需的尺寸，除应将有关尺寸尽量集中在一起外，还要避免混杂在一起。

（4）尽量避免在不可见的轮廓处标注尺寸。

尺寸标注应符合设计和工艺的要求：对于功能尺寸应直接注出，不能依靠其他尺寸的换算关系来保证机件的功能要求。对于非功能尺寸一般按工艺的要求标注，以便加工和检验。功能尺寸是指对于机件的工作性能、装配精度及互换性起重要作用的尺寸。这些尺寸是尺寸链中重要的组成环，往往是为了满足设计要求而直接提出的。它对零件的装配位置或配合关系有决定性的作用，因而常常具有较高的精度。非功能尺寸是指不影响机件的装配关系和配合性质的尺寸。例如无装配关系的外形轮廓尺寸，不重要的工艺结构（倒角、退刀槽、凸台、凹槽、沉孔等）尺寸等，这些尺寸一般来说精度都较低。

7.6.2 标注尺寸的基本要素

在图样中尺寸的标注主要是采用尺寸界线、尺寸线和尺寸数字三个要素来表达的，有时为了说明尺寸的特殊性质，还在尺寸数字之前附加某种规定的符号，如 ϕ、R 等，更扩大了尺寸的含义，现分别介绍如下。

1. 尺寸界线

（1）尺寸界线用细实线绘制，用以表示所标注尺寸的范围界限。尺寸界线应由图形的轮廓线、轴线或对称中心线处引出，也可以直接利用轮廓线、轴线或对称中心线作尺寸界线。

（2）当表示曲线轮廓上各点的坐标时，可将尺寸线或其延长线作为尺寸界线。

（3）尺寸界线一般应与尺寸线垂直并略超过尺寸线（通常以 3～5mm 为宜），必要时才允许倾斜，但两尺寸界线必须互相平行。

（4）在光滑过渡处标注尺寸时，应用细实线将轮廓线延长，从它们的交点处引出尺寸界线。

（5）标注角度的尺寸界线应沿径向引出；标注弦长的尺寸界线应平行于该弦的垂直平分线；标注弧长的尺寸界线应平行于该弧所对圆心角的角平分线。但当弧度较大时，可沿径向引出。

2. 尺寸线

（1）尺寸线用细实线绘制，用以表示所注尺寸的范围。其终端可以有下列两种形式。

1）箭头：终端为箭头的尺寸线，在机械制图中是一种基本的形式，适用于各种类型图样的尺寸标注（机械图样中一般采用箭头作为尺寸线的终端）。

2）斜线：斜线用细实线绘制，斜线的方向是以尺寸线为基准，按逆时针方向旋转45°，无论尺寸线在图样中处于怎样的方位，斜线的方向总是唯一的。当尺寸线的终端采用斜线形式时，尺寸线与尺寸界线应相互垂直（注意：尺寸线有两种形式的终端是为了适应不同场合的需要而增加的，不是两种形式可以任意选用，尤其在同一张图样中不能混用。因此，在标准中特别指出：在同一张图样中，对于尺寸线与尺寸界线相互垂直的场合，其尺寸线终端的形式只能采用一种，但以斜线代替圆点的情况除外）。

（2）图样中标注线性尺寸时，尺寸线应与所标注的线段平行，在一般情况下尺寸线的长度就代表测量的距离。

（3）圆的直径和圆弧半径的尺寸线的终端应画成箭头。

（4）标注角度时，尺寸线应画成圆弧，其圆心是该角的顶点。

（5）当对称机件的图形只画出一半或略大于一半时，尺寸线应略超过对称中心线或断裂处的边界，此时仅在尺寸线的一端画出箭头。

（6）绘制尺寸线的箭头时，一般应尽量画在所注尺寸的区域之内，只有当所注尺寸的区域太小无法容纳箭头或注写数字时，才允许将箭头画在尺寸区域之外，并指向尺寸界线；当尺寸十分密集而确实无法画出箭头或注写数字时，才允许用圆点或斜线代替箭头（总之，在能够画出箭头的地方应该画出箭头，不能用圆点代替，箭头能画在所注尺寸区域之内时，不能无故将箭头画在尺寸区域之处）。

3. 尺寸数字

尺寸数字是表示尺寸的数值，是图样中指令性最强的部分，因而要求字迹清晰、容易辨认，并应避免会造成误解的一切因素。

（1）线性尺寸数字的注写位置：对于线性尺寸，其数字一般都应该标注在尺寸线的上方，并尽量处于中间的位置。但对于下列情况可以变通处理。

1）当没有足够的位置注写数字时，可以注写在尺寸线的延长线上或用引出线引出标注。

2）尺寸数字也可以填写在尺寸线的中断处，这个尺寸若一定要求注在尺寸线的上方或引出标注，反而感到困难，即使勉强注出，势必也会影响图形的清晰性。

（2）线性尺寸数字的方向：对于线性尺寸其数字的填写方向，一般避免在图示30°范围内标注尺寸，当无法避免时可引出标注。对于非水平方向的尺寸，在不致引起误解时，其数字可水平地注写在尺寸线的中断处。

（3）角度数字的注写方法：对于标注角度的尺寸数字，一般填写在尺寸线的中断处，并一律按水平方向书写，但对于下列情况可以灵活处理。

1）当角度处于（或接近于）上、下的居中位置，而又能完全容纳尺寸数字时，也可以注在尺寸线的上方。

2）当角度的尺寸线较短，在尺寸线的中断处标注数字有困难时，可以将数字注在尺寸线的附近或用引出线引出标注。

7.6.3 装配图

装配图是表达机器或部件的图样，主要表达其工作原理和装配关系。在机器设计过程中，装配图的绘制位于零件图之前，并且装配图与零件图的表达内容不同，它主要用于机器或部件的装配、调试、安装、维修等场合，也是生产中的一种重要的技术文件，具有非常的逻辑性，必须懂得建筑工程图纸。

在产品或部件的设计过程中，一般是先设计画出装配图，然后再根据装配图进行零件设计，画出零件图；在产品或部件的制造过程中，先根据零件图进行零件加工和检验，再按照依据装配图所制定的装配工艺规程将零件装配成机器或部件；在产品或部件的使用、维护及维修过程中，也经常要通过装配图来了解产品或部件的工作原理及构造。

1. 内容

（1）一组视图。一组视图正确、完整、清晰地表达产品或部件的工作原理、各组成零件间的相互位置和装配关系及主要零件的结构形状。

（2）必要的尺寸。标注出反映产品或部件的规格、外形、装配、安装所需的必要尺寸和一些重要尺寸。

（3）技术要求。在装配图中用文字或国家标准规定的符号注写出该装配体在装配、检验、使用等方面的要求。

（4）零、部件序号，标题栏和明细栏。按国家标准规定的格式绘制标题栏和明细栏，并按一定格式将零、部件进行编号，填写标题栏和明细栏。

2. 规定

（1）一般规定。

1）装配图中所有的零、部件都必须编写序号。

2）装配图中一个部件可以只编写一个序号；同一装配图中相同的零、部件只编写一次。

3）装配图中零、部件序号，要与明细栏中的序号一致。

（2）序号的编排方法。

1）装配图中编写零、部件序号的常用方法有三种。

2）同一装配图中编写零、部件序号的形式应一致。

3）指引线应自所指部分的可见轮廓引出，并在末端画一圆点。如所指部分轮廓内不便画圆点时，可在指引线末端画一个箭头，并指向该部分的轮廓。

4）指引线可画成折线，但只可曲折一次。

5）一组紧固件以及装配关系清楚的零件组，可以采用公共指引线。

6）零件的序号应沿水平或垂直方向按顺时针或逆时针方向排列，序号间隔应可能相等。

（3）标题栏及明细栏。

1）标题栏（GB/T 10609.1—1989）装配图中标题栏格式与零件图中相同。

2）明细栏（GB/T 10609.2—1989）。

a. 装配要求：装配后必须保证的精度以及装配时的要求。

b. 检验要求：装配过程中及装配后必须保证其精度的各种检验方法。

c. 使用要求：对装配体的基本性能、维护、使用时的要求。

3. 读图方法

（1）读装配图的基本要求。

1）了解部件的名称、用途、性能和工作原理。

2）弄清各零件间的相对位置、装配关系和装拆顺序。

3）弄懂各零件的结构形状及作用。

（2）读装配图的方法和步骤。

1）概括了解由标题栏、明细栏了解部件的名称、用途以及各组成零件的名称、数量、材料。

2）分析各视图及其所表达的内容。

3）弄懂工作原理和零件间的装配关系。

4）分析零件的结构形状。

(3) 由装配图拆画零件图。在拆画零件图时，对那些未能表达完全的结构形状，应根据零件的作用、装配关系和工艺要求予以确定并表达清楚；拆画零件图时，除装配图上已有的与该零件有关的尺寸要直接照搬外，其余尺寸按比例从装配图上量取；标注表面粗糙度、尺寸公差、形位公差等技术要求时，应根据零件在装配体中的作用，参考同类产品及有关资料确定。

7.6.4 丝网印刷

丝网印刷属于孔版印刷，它与平印、凸印、凹印一起被称为四大印刷方法。丝网印刷最早起源于中国，距今已有2000多年的历史了。早在中国古代的秦汉时期就出现了夹颉印花方法。到东汉时期夹颉蜡染方法已经普遍流行，而且印制产品的水平也有提高。至隋代大业年间，人们开始用绷有绢网的框子进行印花，使夹颉印花工艺发展为丝网印花。据史书记载，唐朝时宫廷里穿着的精美服饰就有用这种方法印制的。到了宋代丝网印刷又有了发展，并改进了原来使用的油性涂料，开始在染料里加入淀粉类的胶粉，使其成为浆料进行丝网印刷，使丝网印刷产品的色彩更加绚丽。

丝网印刷术是中国的一大发明。美国《丝网印刷》杂志对中国丝网印刷技术有过这样的评述："有证据证明中国人在2000年以前就使用马鬃和模板。明朝初期的服装证明了他们的竞争精神和加工技术。"丝网印刷术的发明，促进了世界人类物质文明的发展。在2000年后的今天，丝网印刷技术不断发展完善，现已成为人类生活中不可缺少的一部分。

孔版印刷包括誊写版、镂孔花版、喷花和丝网印刷等。孔版印刷的原理是：印版（纸膜版或其他版的版基上制作出可通过油墨的孔眼）在印刷时，通过一定的压力使油墨通过孔版的孔眼转移到承印物（纸张、陶瓷等）上，形成图像或文字。

丝网印刷是将丝织物、合成纤维织物或金属丝网绷在网框上，采用手工刻漆膜或光化学制版的方法制作丝网印版。现代丝网印刷技术，则是利用感光材料通过照相制版的方法制作丝网印版（使丝网印版上图文部分的丝网孔为通孔，而非图文部分的丝网孔被堵住）油画、版画、招贴画、名片、装帧封面、商品包装、商品标牌、印染纺织品、玻璃及金属等平面载体等。

制版方法如下。

(1) 直接制版法。

方法：直接制版的方法是在制版时首先将涂有感光材料腕片基感光膜面朝上平放在工作台面上，将绷好腕网框平放在片基上，然后在网框内放入感光浆并用软质刮板加压涂布，经干燥充分后揭去塑料片基，附着了感光膜腕丝网即可用于晒版，经显影、干燥后就制出丝印网版。

工艺流程：已绷网—脱脂—烘干—剥离片基—曝光—显影—烘干—修版—封网。

(2) 间接制版法。

方法：间接制版的方式是将间接菲林首先进行曝光，用1.2%的 H_2O_2 硬化后用温水显影，干燥后制成可剥离图形底片，制版时将图形底片胶膜面与绷好的丝网贴紧，通过挤压使胶膜与湿润丝网贴实，揭下片基，用风吹干就制成丝印网版。

工艺流程：已绷网—脱脂—烘干—间接菲林—曝光—硬化—显影—1and2—贴合—吹干—修版—封网。

(3) 直间混合制版法。先把感光胶层用水、醇或感光胶粘贴在丝网网框上，经热风干燥后，揭去感光胶片的片基，然后晒版，显影处理后即制成丝网版。

7.6.5 潘通（PANTONE）色卡

PANTONE色卡配色系统，中文官方名称为"彩通"。其是享誉世界的涵盖印刷等多领域的色彩沟通系统，已经成为事实上的国际色彩标准语言。PANTONE 色卡的客户来自于平面设计、纺织家具、色彩管理、户外建筑和室内装潢等领域。作为全球公认并处于领先地位的色彩资讯提供者，彩通色彩研究所同时成为全球最具影响力媒体的重要资源。世界任何地方的客户，只要指定一个 PANTONE 颜色编号，我们就可找到他所需颜色的色样，无须臆测，更可以避免电脑屏幕颜色及打印颜色与客户实际要求的颜色不可能一致所引起的麻烦。每年，Pantone、Inc. 及其遍布全球 100 多个国家的众多特许经营商户提供了无数的产品与服务，范围涉及制图艺术、纺织、服饰、室内家居、塑胶品、建筑和工业设计等领域。

练习与思考

一、单选题

1. 若采用 1∶5 的比例绘制一个直径为 40mm 的圆，其绘图直径为（　　）mm。
A. 8　　B. 10　　C. 200　　D. 240

2. 绘制图样时，对回转体的轴线或中心线用（　　）。
A. 粗实线　　B. 细实线　　C. 细点画线　　D. 粗点画线

3. 主视图与俯视图（　　）。
A. 长对正　　B. 高平齐　　C. 宽相等　　D. 高相等

4. 与三个投影面都倾斜的直线称为（　　）。
A. 垂线　　B. 切线　　C. 一般位置直线　　D. 特殊位置直线

5. 不属于矢量软件的是（　　）。
A. Photoshop　　B. Freehand　　C. Adobe Illustrator　　D. CorelDRAW

6. 根据组合体的组合方式，画组合体轴测图时，常用（　　）作图。
A. 切割法　　B. 叠加法
C. 综合法　　D. 切割法、叠加法和综合法

7. 三面投影中，反映一线两面为（　　）。
A. 投影面的平行面　　B. 投影面的倾斜面
C. 投影面的垂直面　　D. 以上答案皆不正确

8. 三视图是采用（　　）得到的。
A. 中心投影法　　B. 侧投影法　　C. 斜投影法　　D. 正投影法

9. 标题栏一般位于图纸的（　　）。
A. 左上角　　B. 左下角　　C. 右下角　　D. 右上角

10. 在尺寸标注中，尺寸线为（　　）。
A. 粗实线　　B. 细实线　　C. 细点画线　　D. 双点画线

二、多选题

11. 结构设计相关图纸包括（　　）。
A. 产品效果图　　B. 产品工艺图　　C. 零件工程图　　D. 装配图
E. 丝印图

12. 产品效果图通常反映了（　　）。
A. 产品的外部形态　　B. 产品的内部结构
C. 产品的主要材质　　D. 产品的色彩
E 产品的尺寸

13. 平面图形中的尺寸分为（ ）。

A. 定形尺寸 B. 圆弧尺寸 C. 直线尺寸 D. 定位尺寸

E. 曲线尺寸

14. 装配图的内容包括（ ）。

A. 产品或部件的工作原理

B. 各组成零件的相互位置和装配关系

C. 主要零件的结构形状

D. 必要的尺寸

E. 技术要求

15. 线性尺寸数字一般应注写在尺寸线的（ ）。

A. 上方 B. 右方 C. 左方 D. 下方

E. 任意

16. 孔版印刷包括（ ）。

A. 誊写版 B. 镂孔花版 C. 喷花 D. 丝网印刷

E. 以上皆不是

17. 丝网印的制版方法分为（ ）。

A. 手工制版法 B. 机器制版法 C. 自动制版法 D. 直接制版法

E. 间接制版法

18. 在图样中尺寸的标注主要是采用（ ）来表达的。

A. 尺寸界线 B. 尺寸线 C. 尺寸数字 D. 尺寸类别

E. 尺寸制式

19. 与一个投影面平行的平面，一定与其他两个投影面垂直，这种平面称为投影面的平行面，具体可分为（ ）。

A. 正平面 B. 反平面 C. 水平面 D. 侧平面

E. 斜平面

20. 空间平面按其对三个投影面的相对位置不同，可分为（ ）。

A. 投影面的平行面 B. 投影面的垂直面

C. 投影面的交叉面 D. 一般位置平面

E. 特殊位置平面

三、判断题

21. 机件的真实大小应以图样上所注的尺寸数值为依据，与图形的大小及绘图的准确度无关。（ ）

22. 图样中（包括技术要求和其他说明）的尺寸，以毫米为单位时，不需标注单位符号（或名称）。（ ）

23. 机件的每一尺寸，通常需要重复标注。（ ）

24. 同一要素的尺寸应尽量集中在同一处，如孔的直径和深度、槽的宽度和深度等。（ ）

25. 对于功能尺寸，可以依靠其他尺寸的换算关系来保证机件的功能要求。（ ）

26. 机械图样中一般采用箭头作为尺寸线的终端。（ ）

27. 标注角度时，尺寸线应画成圆弧，其圆心是该角的中点。（ ）

28. 当尺寸十分密集而确实无法画出箭头或注写数字时，允许用圆点或斜线代替箭头。（ ）

29. 装配图是表达机器或部件的图样，主要表达其工作原理和装配关系。（ ）

30. 丝网印刷属于孔版印刷。(　　)

练习与思考参考答案

1. A	2. C	3. A	4. C	5. A	6. D	7. C	8. D	9. C	10. B
11. ABCDE	12. ACDE	13. AD	14. ABCDE	15. AC	16. ABCD	17. DE	18. ABC	19. ACD	20. ABD
21. Y	22. Y	23. N	24. Y	25. N	26. Y	27. N	28. Y	29. Y	30. Y

任务 8 产品测量与绘图训练

该训练任务建议用 6 个学时完成学习。

8.1 任务来源

为保证产品结构设计的精度，在进行结构设计工作前，需要对样机或零件的几何量进行检验或测量，判断这些几何量是否符合设计要求。

8.2 任务描述

现有非标准零件样品一个，在结构设计前需要对其尺寸数据进行测量采集。根据产品结构设计实际需求，对其进行测量及绘图工作。

8.3 能力目标

8.3.1 技能目标

完成本训练任务后，你应当能（够）：

1. 关键技能

（1）会理解测量对象、测量工具和测量方法。

（2）会正确使用测量工具。

（3）会绘制零件草图。

（4）会根据测量数据完成计算机绘图。

（5）会进行尺寸标注和注写技术要求。

2. 基本技能

（1）会理解产品结构设计基本术语。

（2）会机械制图基础知识。

（3）会理解简单机器的装配工艺。

（4）会操作 CAD 制图软件。

8.3.2 知识目标

完成本训练任务后，你应当能（够）：

（1）掌握游标卡尺的使用方法。

（2）掌握零件测绘方法。

（3）了解装配图作用。

（4）掌握装配图的绘制方法。

8.3.3 职业素质目标

完成本训练任务后，你应当能（够）：

（1）具有严谨科学的工作态度。

（2）具备耐心细致的工作素质。

（3）善于进行工作总结。

（4）具有独立工作的能力。

8.4 任务实施

8.4.1 活动一　知识准备

（1）测量工具类型。

（2）测量工具的操作注意事项。

（3）零件制图方法。

8.4.2 活动二　示范操作

1. 活动内容

现有非标准零件样品一个，在结构设计前需要对其尺寸数据进行测量采集。根据产品结构设计实际需求，对其进行测量及绘图工作。

具体要求如下：

（1）对现有零件进行测量。

（2）绘制零件草图。

（3）操作 CAD 软件绘制零件工程图纸。

2. 操作步骤

（1）步骤一：明确测量对象、测量方法及测量工具。

1）分析测量对象，分析主要尺寸。

2）准备测量工具。

（2）步骤二：测量工具的使用。

1）明确测量工具的种类及应用范围。

2）熟悉测量工具的读数方法。

3）了解测量工具的使用方法。

（3）步骤三：测量并绘制零件草图。

1）确定绘图比例并定位布局。根据零件大小、视图数量、现有图纸大小，确定适当的比例。粗略确定各视图应占的图纸面积，在图纸上做出主要视图的作图基准线、中心线。注意留出标注尺寸和画其他补充视图的地方。

2）详细画出零件内、外机构和形状，检查、加深有关图线。注意各部分结构制件的比例应协调。

3）将应该标注的尺寸的尺寸界线、尺寸线全部画出，然后集中测量、注写各个尺寸。尺寸的真实大小只是在画完尺寸线后，再用工具测量，得出数据，填到草图上去。注意不要遗漏、重复或注错尺寸。

4）注写技术要求，确定零件的特殊要求。

5）检查修改全图并填写标题栏，完成草图，如图 8-1 所示。

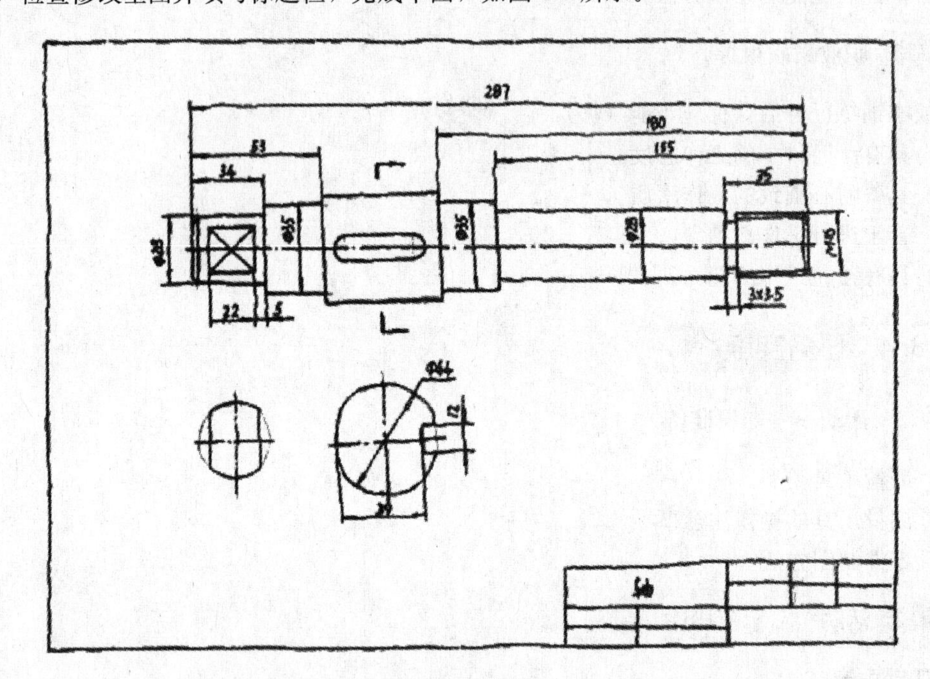

图 8-1　零件草图

（4）步骤四：根据零件草图绘制零件工程图纸。

1）进一步检查和校对零件草图。

2）根据测量结果使用计算机绘制零件工程图纸，如图 8-2 所示。

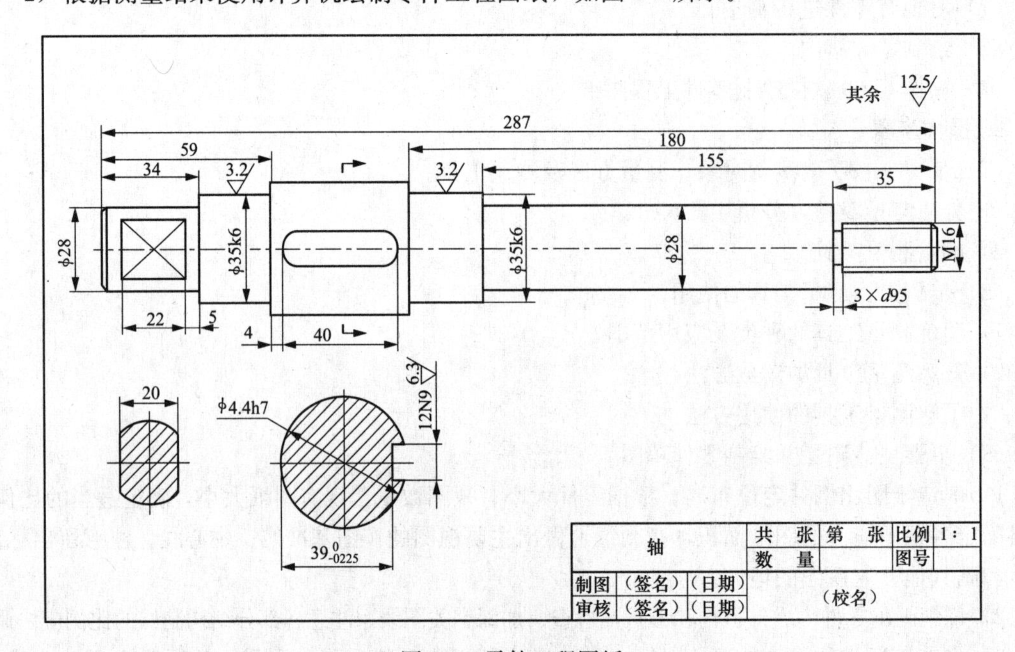

图 8-2　零件工程图纸

8.4.3 活动三　能力提升

根据活动内容和示范操作要求，对某一产品零件尺寸数据进行测量采集，随后完成零件草图和零件工程图纸绘制。

具体要求如下：

（1）对零件进行测量。

（2）绘制零件草图。

（3）操作 CAD 软件绘制零件工程图纸。

8.5 效果评价

效果评价参见任务 1，评价标准见附录。

8.6 相关知识与技能

8.6.1 游标卡尺

游标卡尺，是一种测量长度、内外径、深度的量具。游标卡尺由主尺和附在主尺上能滑动的游标两部分构成。主尺一般以毫米为单位，而游标上则有 10、20 或 50 个分格，根据分格的不同，游标卡尺可分为 10 分度游标卡尺、20 分度游标卡尺、50 分度游标卡尺等。游标卡尺的主尺和游标上有两副活动量爪，分别是内测量爪和外测量爪，内测量爪通常用来测量内径，外测量爪通常用来测量长度和外径。深度尺与游标尺连在一起，可以测槽和筒的深度。

8.6.2 游标卡尺的使用

用软布将量爪擦干净，使其并拢，查看游标和主尺身的零刻度线是否对齐。如果对齐就可以进行测量；如果没有对齐则要计取零误差。游标的零刻度线在尺身零刻度线右侧的叫正零误差，在尺身零刻度线左侧的叫负零误差（规定方法与数轴的规定一致，原点以右为正，原点以左为负）。

测量时，右手拿住尺身，大拇指移动游标，左手拿待测外径（或内径）的物体，使待测物位于外测量爪之间，当与量爪紧紧相贴时，即可读数。

读数时首先以游标零刻度线为准在尺身上读取毫米整数，即以毫米为单位的整数部分。然后看游标上第几条刻度线与尺身的刻度线对齐，如第 6 条刻度线与尺身刻度线对齐，则小数部分即为 0.6mm（若没有正好对齐的线，则取最接近对齐的线进行读数）。如果有零误差，则一律用上述结果减去零误差（零误差为负，相当于加上相同大小的零误差），读数结果为：

$$L = \text{整数部分} + \text{小数部分} - \text{零误差}$$

判断游标上哪条刻度线与尺身刻度线对准，可用下述方法：选定相邻的三条线，如左侧的线在尺身对应线之右，右侧的线在尺身对应线之左，中间那条线便可以认为是对准了。

$$L = \text{对准前刻度} + \text{游标上第 } n \text{ 条刻度线与尺身的刻度线对齐} \times \text{分度值}$$

如果需测量几次取平均值，不需要每次都减去零误差，只要从最后结果减去零误差即可。

8.6.3 零部件测绘

机器测绘是以整台机器为对象，通过测量和分析，并绘制其制造所需的全部零件图和装配图的过程。测绘是一个认识实物和再现实物的过程，简言之，是先有实物而后有图样；设计是一个构思实物的过程，简言之，是先有图样而后有实物。测绘与设计的不同点就在于此。

按机器测绘的目的分类，可分为三类。

1. 设计测绘

测绘是为了设计。为了设计新产品，对有参考价值的设备或产品进行测绘，作为新设计的参考或依据。

2. 机修测绘

测绘是为了修配。机器因零部件损坏不能正常工作，又无图样可查时，需要对有关零部件进行测绘，以满足修配工作需要。

设计测绘与机修测绘的明显区别是：设计测绘的目的是为了新产品的设计与制造，要确定的是基本尺寸和公差，主要满足零部件的互换性需要。而机修测绘的目的仅仅是为了修配，确定出制造零件的实际尺寸或修理尺寸，以修配为主，即配作为主，互换为辅，主要满足一台机器的传动配合要求。

3. 仿制测绘

测绘是为了仿制。当为了制造生产性能较好的机器，而又缺乏技术资料和图纸时，通过测绘机器的零部件，可以得到生产所需的全部图样和有关技术资料，以便组织生产。测绘的对象大多是较先进的设备，而且多为整机测绘。

8.6.4 使用游标卡尺的注意事项

(1) 游标卡尺是比较精密的测量工具，要轻拿轻放，不得碰撞或跌落。使用时不得用来测量粗糙的物体，以免损坏量爪，避免与刃具放在一起，以免刃具划伤游标卡尺的表面，不使用时应置于干燥中性的地方，远离酸碱性物质，防止锈蚀。

(2) 测量前应把卡尺揩干净，检查卡尺的两个测量面和测量刃口是否平直无损，把两个量爪紧密贴合时，应无明显的间隙，同时游标和主尺的零位刻线要相互对准。这个过程称为校对游标卡尺的零位。

(3) 移动尺框时，活动要自如，不应有过松或过紧，更不能有晃动现象。用固定螺钉固定尺框时，卡尺的读数不应有所改变。在移动尺框时，不要忘记松开固定螺钉，亦不宜过松以免掉了。

(4) 用游标卡尺测量零件时，不允许过分地施加压力，所用压力应使两个量爪刚好接触零件表面。如果测量压力过大，不但会使量爪弯曲或磨损，而且量爪在压力作用下会产生弹性变形，使测量得的尺寸不准确（外尺寸小于实际尺寸，内尺寸大于实际尺寸）。

(5) 在游标卡尺上读数时，应把卡尺水平地拿着，朝着亮光的方向，使人的视线尽可能和卡尺的刻线表面垂直，以免由于视线的歪斜造成读数误差。

(6) 为了获得正确的测量结果，可以多测量几次。即在零件的同一截面上的不同方向进行测量。对于较长零件，则应当在全长的各个部位进行测量，务使获得一个比较正确的测量结果。

8.6.5 千分尺及其使用

千分尺（micrometer）又称螺旋测微器、螺旋测微仪、分厘卡，是比游标卡尺更精密的测量长度的工具，用它测长度可以准确到0.01mm，测量范围为几厘米。它的一部分加工成螺距为0.5mm的螺纹，当它在固定套管B的螺套中转动时，将前进或后退，活动套管C和螺杆连成一体，其周边等分成50个分格。螺杆转动的整圈数由固定套管上间隔0.5mm的刻线去测量，不足一圈的部分由活动套管周边的刻线去测量，最终测量结果需要估读一位小数。螺旋测微器分为机械式千分尺和电子千分尺两类。

1. 机械式千分尺

如标准外径千分尺，简称千分尺，是利用精密螺纹副原理测长的手携式通用长度测量工具。1848 年，法国的 J. L. 帕尔默取得外径千分尺的专利。1869 年，美国的 J. R. 布朗和 L. 夏普等将外径千分尺制成商品，用于测量金属线外径和板材厚度。千分尺的品种很多。改变千分尺测量面形状和尺架等就可以制成不同用途的千分尺，如用于测量内径、螺纹中径、齿轮公法线或深度等的千分尺。

2. 电子千分尺

如数显外径千分尺，又叫数显千分尺，测量系统中应用了光栅测长技术和集成电路等。电子千分尺是 20 世纪 70 年代中期出现的，用于外径测量。

8.6.6 误差

物理量在客观上有着确定的数值，称为该物理量的真值。由于受实验理论的近似性、实验仪器灵敏度、分辨能力的局限性和环境的不稳定性等因素的影响，待测量的真值是不可能测得的，测量结果和真值之间总有一定的差异，我们称这种差异为测量误差，测量误差的大小反映了测量结果的准确程度，根据误差性质和产生原因可将误差分为以下几类。

1. 系统误差

在相同的测量条件下多次测量同一物理量，其误差的绝对值和符号保持不变，或在测量条件改变时，按确定的规律变化的误差称为系统误差。系统误差的来源有以下几个方面。

（1）由于测量仪器的不完善、仪器不够精密或安装调试不当，如刻度不准、零点不准、砝码未经校准、天平不等臂等。

（2）由于实验理论和实验方法的不完善，导致所引用的理论与实验条件不符，如在空气中称质量而没有考虑空气浮力的影响；测电压时未考虑电表内阻的影响；标准电池的电动势未作温度修正等。

（3）由于实验者缺乏经验、生理或心理特点等所引入的误差。如每个人的习惯和偏向不同，有的人读数偏高，而有的人读数偏低。多次测量并不能减少系统误差，系统误差的消除或减少是实验技能问题，应尽可能采取各种措施将其降低到最小程度。例如将仪器进行校正，改变实验方法或在计算公式中列入一些修正项以消除某些因素对实验结果的影响，纠正不良的实验习惯等。

2. 随机误差

随机误差也被称为偶然误差，它是指在极力消除或修正了一切明显的系统误差之后，在相同的测量条件下，多次测量同一量时，误差的绝对值和符号的变化时大时小、时正时负，以不可预定的方式变化着的误差。随机误差是由于人的感官灵敏程度和仪器精密程度有限、周围环境的干扰以及一些偶然因素的影响产生的。如用毫米刻度的米尺去测量某物体的长度时往往将米尺去对准物体的两端并估读到毫米以下一位读数值，这个数值就存在一定的随机性，也就带来了随机误差，由于随机误差的变化不能预先确定，所以对待随机误差不能像对待系统误差那样找出原因排除，只能做出估计。虽然随机误差的存在使每次测量值偏大或偏小，但是，当在相同的实验条件下，对被测量进行多次测量时，其大小的分布却服从一定的统计规律，可以利用这种规律对实验结果的随机误差做出估算。这就是在实验中往往对某些关键量要进行多次测量的原因。

3. 粗大误差

凡是测量时客观条件不能合理解释的那些突出的误差，均可称为粗大误差。粗大误差是由于观测者没有正确地使用仪器、观察错误或记录错数据等不正常情况下引起的误差。它会明显地歪曲客观现象，这一般不应称为测量误差，在数据处理中应将其作为坏值予以剔除，它是可以避免的，也是应该避免的，所以，在作误差分析时，要估计的误差通常只有系统误差和随机误差。

练习与思考

一、单选题

1. 游标卡尺属于（　　）类测量器具。

A. 游标类　　B. 螺旋测微　　C. 机械量仪　　D. 光学量仪

2. 外径千分尺在使用时必须（　　）。

A. 旋紧止动销　　B. 对零线进行校对　　C. 扭动活动套管　　D. 不旋转棘轮

3. 用量具测量读数时，目光应（　　）量具的刻度。

A. 倾斜于　　B. 平行于　　C. 垂直于　　D. 任意角度

4. 千分尺的活动套筒转动一格，测微螺杆移动（　　）mm。

A. 0.1　　B. 1　　C. 0.01　　D. 0.001

5. 绘图时，通常先绘制（　　）。

A. 局部视图　　B. 内部结构

C. 零件外形轮廓　　D. 各视图的对称中心线、作图基准线

6. 绘制零件草图时，必须画出的是（　　）。

A. 刀痕　　B. 砂眼　　C. 倒角　　D. 气孔

7. 一般情况下被测工件公差应大于量具分度值的（　　）。

A. 两倍　　B. 三倍　　C. 四倍　　D. 五倍

8. 测量配合之间的微小间隙时，应选用（　　）。

A. 塞尺　　B. 游标卡尺　　C. 百分表　　D. 千分尺

9. 零件主视图选择原则是（　　）。

A. 形状特征原则　　B. 加工位置原则　　C. 工作位置原则　　D. 以上答案皆正确

10. 游标读数值为0.1mm的游标卡尺的游标每格间距为（　　）mm。

A. 0.01　　B. 0.1　　C. 0.9　　D. 1

二、多选题

11. 游标卡尺可以测量零件的（　　）。

A. 外径　　B. 内径　　C. 宽度　　D. 深度

E. 质量

12. 游标卡尺的读数机构，是由（　　）组成的。

A. 主尺　　B. 尺身　　C. 游标　　D. 尺框

E. 刻度

13. 零件测绘的目的包括（　　）。

A. 设计产品　　B. 仿制机器

C. 修配设备　　D. 技术资料存档与技术交流

E. 测绘教学

14. 测量误差的来源有（　　）。

A. 标注误差　　B. 测量方法误差　　C. 测量器具误差　　D. 环境误差

E. 人员误差

15. 测量误差的种类有（　　）。

A. 结构误差　B. 系统误差　C. 随机误差　D. 粗大误差

E. 尺寸误差

16. 长度尺寸可以使用（　　）测量。

A. 钢直尺　B. 游标卡尺　C. 千分尺　D. 万能角度尺

E. 量块

17. 千分尺可以分为（　　）。

A. 自动千分尺　B. 金属千分尺　C. 人工千分尺　D. 机械式千分尺

E. 电子千分尺

18. 常用游标卡尺按精度可以分为（　　）mm。

A. 0.1　B. 0.01　C. 0.05　D. 0.02

E. 1

19. 属于标准结构的有（　　）。

A. 螺纹　B. 退刀槽　C. 轮齿　D. 斜角

20. 按机器测绘目的分类，包括（　　）。

A. 设计测绘　B. 机修测绘　C. 仿制测绘　D. 艺术测绘

三、判断题

21. 游标卡尺主尺的长度决定于游标卡尺的测量范围。（　　）

22. 游标卡尺的固定量爪在尺框上。（　　）

23. 游标卡尺是一种中等精度的量具，它只适用于中等精度尺寸的测量和检验。（　　）

24. 绘制零件草图时，零件的制造缺陷，如刀痕、砂眼、气孔，以及长期使用造成的磨损，必须画出。（　　）

25. 千分尺测量完毕，反转微分筒，再退出尺子。（　　）

26. 准确度越高，表示系统误差越大。（　　）

27. 为了获得正确的测量结果，可以多测量几次。（　　）

28. 在游标卡尺上读数时，应把卡尺水平地拿着，朝着亮光的方向，使人的视线尽可能和卡尺的刻线表面垂直，以免由于视线的歪斜造成读数误差。（　　）

29. 千分尺测量精度比游标卡尺高。（　　）

30. 误差是可以避免的。（　　）

1. A	2. B	3. C	4. C	5. D	6. C	7. B	8. A	9. D	10. C
11. ABCD	12. AC	13. AD	14. ABCDE	15. BCD	16. ABC	17. ABC	18. ACD	19. ABC	20. ABC
21. Y	22. N	23. Y	24. N	25. Y	26. N	27. Y	28. Y	29. Y	30. N

任务 9

ID方案可实现性及工艺评估

该训练任务建议用 6 个学时完成学习。

9.1 任务来源

在进行产品结构设计前，需要针对产品的外观设计进行识别和评估，以确定 ID 图纸及各部件所采用材料和工艺的可行性。

9.2 任务描述

在某一具体的产品设计项目中，ID 设计图纸已经完成，在进入下一个环节前拟对其进行评估。根据产品结构设计实际需求，在进行结构设计前请对其可实现性及工艺进行评估，产品开发指令单见表 9-1。

表 9-1　　产品开发指令单

<table>
<tr><td>项目名称</td><td colspan="6">手持 POS 机</td></tr>
<tr><td>客户名称</td><td colspan="6">××××有限公司</td></tr>
<tr><td>要求完成日期</td><td colspan="6">××××年×月×日</td></tr>
<tr><td>文件抄送部门</td><td colspan="6">采购部、总经理室、电子技术部（硬件、软件）</td></tr>
<tr><td colspan="7">研发内容说明：
1. 根据 ID 图、产品设计功能规格书、PCB 堆叠板评估产品可行性；
2. 设计整机结构</td></tr>
<tr><td>相关物件</td><td colspan="6">ID 图、产品设计功能规格书、PCB 堆叠板</td></tr>
<tr><td>项目负责人</td><td></td><td>日期</td><td></td><td>审核</td><td></td><td>日期</td></tr>
</table>

9.3 能力目标

9.3.1 技能目标

完成本训练任务后，你应当能（够）：

1. 关键技能

（1）会识别 ID 图纸信息。

（2）会分析评估基本尺寸及材料工艺的可行性。

（3）会分析评估制造能力的可行性。

（4）会分析评估产品的检测与试验的可行性。

（5）会分析评估产品的经济效益。

2. 基本技能

（1）会理解产品结构设计基本术语。

（2）会理解产品结构设计的基本原理。

（3）会理解常见材料的特性。

（4）会理解计算机三维基础建模。

9.3.2 知识目标

完成本训练任务后，你应当能（够）：

（1）掌握基本材料工艺性能。

（2）了解产品检测与试验的常见方法。

（3）了解产品设计中的经济性原则。

9.3.3 职业素质目标

完成本训练任务后，你应当能（够）：

（1）养成严谨科学的工作态度。

（2）尊重他人劳动，不窃取他人成果。

（3）养成总结训练过程和结果的习惯，为下次训练总结经验。

（4）养成团结协作精神。

9.4 任务实施

9.4.1 活动一　知识准备

（1）ID可实现性及工艺评估重要意义。

（2）工艺评估含义。

9.4.2 活动二　示范操作

1. 活动内容

现有手持POS机ID设计方案及工艺图一组，在结构设计前对其工艺可行性进行分析和评估。具体要求如下：

（1）识别产品ID图纸信息。

（2）进行基本尺寸分析及评估。

（3）进行CMF分析及评估。

（4）产品基本结构及零件设计可行性评估。

（5）填写ID设计评审表。

2. 操作步骤

（1）步骤一：产品ID图纸识别，如图9-1所示。

1）产品ID图基本信息识别。

2）材料及加工工艺识别。

3）表面处理工艺识别。

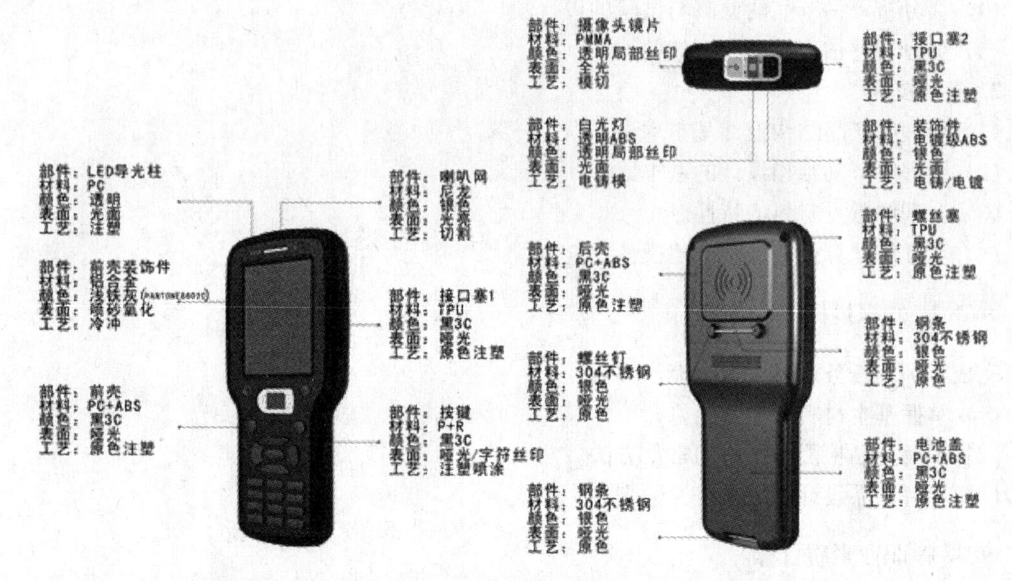

图 9-1 POS 机工艺图

（2）步骤二：基本尺寸分析及评估。

1）识别整机尺寸及各组件零件尺寸。

2）识别主要零件材料及基本加工工艺。

3）评估基本尺寸的可行性。

（3）步骤三：CMF 分析及评估。

1）各零件的 CMF 识别。

2）所有材料及工艺的可行性评估。

3）制造能力评估。

（4）步骤四：产品基本结构及零件设计可行性评估。

1）产品基本结构评估。

2）零件设计可行性评估。

3）特殊工艺及零件评估。

（5）步骤五：填写 ID 设计评审表，见表 9-2。

表 9-2　　ID 设计评审表

ID 设计评审表					
项目		版本		日期	
ID 设计师		MD 设计师			
目的：	检查 ID 数据的准确性，结构工艺实现性，成本及硬件指标有无风险。ID 和 MD 工程师应充分沟通并按照以下检查项目逐项检查，并填写检查结果				
功能	检查项目描述	检查结果		改善对策	复审确认
ID 检查项目	1. 外形尺寸是否正确	□OK	□NG		
	2. 2D 效果图输出是否有六面视图？是否有详细工艺说明	□OK	□NG		

续表

功能	检查项目描述	检查结果		改善对策	复审确认
ID检查项目	3. 3D文件是否有破面	□OK	□NG		
	4. 效果图光影表达是否真实准确	□OK	□NG		
	5. 效果图上所有文字\字符\图标是否以硬件定义为准	□OK	□NG		
	6. 所有工艺材质的可行性	□OK	□NG		
	7. 电池盖有没有手推的特征？电池/电池盖有没有防磨的高点	□OK	□NG		
	8. 键盘布置是否合理；键盘与dome是否对齐	□OK	□NG		
	9. 有没有正确位置的螺丝堵盖	□OK	□NG		
	10. 按键、侧键的高度是否满足要求？使用手感是否能保证	□OK	□NG		
	11. 壳体倒拔模处难度如何	□OK	□NG		
	12. 摄像头视角是否有被其他部件（如天线）挡住	□OK	□NG		
	13. 触摸屏是否便于触摸，深度和周边空间、斜度是否符合人机化	□OK	□NG		
	14. 按键表面造型、整体布局是否符合人机化，按键定义是否正确	□OK	□NG		
	15. 材质选用是否合理，是否有严重影响成本的部件和工艺	□OK	□NG		
	16. 按键的按压面积是否合理	□OK	□NG		
	17. 按键ID外型是否影响壳体的强度	□OK	□NG		
	18. 电池与壳体配合是否会出现尖角	□OK	□NG		
	19. lens及五金件是否有足够的粘胶面积	□OK	□NG		
	20. 音腔高度及出声孔面积是否合理	□OK	□NG		
结论评估		结论			
ID设计师	ID经理	MD设计师		MD经理	

9.4.3 活动三 能力提升

现有某典型产品ID设计方案及工艺图一组，在结构设计前对其工艺可行性进行分析和评估。具体要求如下：

（1）识别产品ID图纸信息。

（2）进行基本尺寸分析及评估。

（3）进行CMF分析及评估。

（4）产品基本结构及零件设计可行性评估。

（5）填写ID设计评审表。

9.5 效果评价

效果评价参见任务1，评价标准见附录。

9.6 相关知识与技能

9.6.1 可行性研究

可行性研究（Feasibility Study），是指在调查的基础上，通过市场分析、技术分析、财务分析和国民经济分析，对各种投资项目的技术可行性与经济合理性进行的综合评价。可行性研究的基本任务，是对新建或改建项目的主要问题，从技术经济角度进行全面的分析研究，并对其投产后的经济效果进行预测，在既定的范围内进行方案论证的选择，以便最合理地利用资源，达到预定的社会效益和经济效益。

可行性研究必须从系统总体出发，对技术、经济、财务、商业以及环境保护、法律等多个方面进行分析和论证，以确定建设项目是否可行，为正确进行投资决策提供科学依据。项目的可行性研究是对多因素、多目标系统进行的不断的分析研究、评价和决策的过程。它需要有各方面知识的专业人才通力合作才能完成。可行性研究不仅应用于建设项目，还可应用于科学技术和工业发展的各个阶段和各个方面。例如，工业发展规划、新技术的开发、产品更新换代、企业技术改造等工作的前期，都可应用可行性研究。

可行性研究大体可分为三个大的方面：工艺技术、市场需求、财务经济状况。主要内容如下。

（1）全面深入地进行市场分析、预测。调查和预测拟建项目产品国内、国际市场的供需情况和销售价格；研究产品的目标市场，分析市场占有率；研究确定市场，主要是产品竞争对手和自身竞争力的优势、劣势，以及产品的营销策略，并研究确定主要市场风险和风险程度。

（2）对资源开发项目要深入研究确定资源的可利用量、资源的自然品质、资源的赋存条件和开发利用价值。

（3）深入进行项目建设方案设计。方案设计包括项目的建设规模与产品方案、工程选址、工艺技术方案和主要设备方案、主要材料辅助材料、环境影响问题、节能节水、项目建成投产及生产经营的组织机构与人力资源配置、项目进度计划、所需投资进行详细估算、融资分析、财务分析、国民经济评价、社会评价、项目不确定性分析、风险分析、综合评价，等等。

（4）项目的可行性研究工作是由浅到深、由粗到细、前后连接、反复优化的一个研究过程。前阶段研究是为后阶段更精确的研究提出问题创造条件。可行性研究要对所有的商务风险、技术风险和利润风险进行准确落实，如果经研究发现某个方面的缺陷，就应通过敏感性参数的揭示，找出主要风险原因，从市场营销、产品及规模、工艺技术、原料路线、设备方案以及公用辅助设施方案等方面寻找更好的替代方案，以提高项目的可行性。如果所有方案都经过反复优选，项目仍是不可行的，则应在研究文件中说明理由。但应说明，研究结果即使是不可行的，这项研究仍然是有价值的，因为这避免了资金的滥用和浪费。

（5）实际中与投资密切相关的研究。除了以上所讲的项目可行性研究外，我们在实际中还有一种与投资密切相关的研究称为专题研究，主要是为可行性研究（或初步可行性研究）创造条件，研究和解决一些关键性或特定的一些问题，它是可行性研究的前提和辅助。专题研究分类如下：

1）产品市场研究：市场需求及价格的调查分析和预测，产品进入市场的能力以及预期的市场渗透、竞争情况的研究，产品的市场营销战略和竞争对策研究等。

2）原料及投入物料的研究：包括基本原材料和投入物的当前及以后的来源及供应情况，以及价格趋势。

3）试验室和中间试验专题研究：需要进行的试验和试验程度，以确定某些原料或产品的适用性及其技术经济指标。

4）建厂地区和厂址研究：结合工业布局、区域经济、内外建设条件、生产物资供应条件等。对建厂地区和厂址进行研究选择。

5）规模经济研究：一般是作为工艺选择研究的组成部分来进行的。当问题仅限于规模的经济性而不涉及复杂的多种工艺时，则此项研究的主要任务是评估工厂规模经济性，在考虑可供选择的工艺技术、投资、成本、价格、效益和市场需求的情况下，选择最佳的生产规模。

6）工艺选择研究：对各种可能的生产技术工艺的先进性、适用性、可靠性及经济性进行分析研究和评价，特别是采用新工艺、新技术时这种研究尤为必要。

7）设备选择研究：一些建设项目需要很多各类生产设备，并且供应来源、性能、价格相当悬殊时，需要进行设备研究。因为投资项目的构成和经济性很大程度上取决于设备的类型、价格和生产成本，甚至项目的生产效率也直接随着所选择的设备而变动。

8）节能研究：按照节约能源的政策法规和规范的要求，提出节约能源的技术措施，对节能情况做出客观评价。

9.6.2 产品对结构的基本要求

一般来说，产品中的技术性能指标主要是针对产品的系统和结构能否满足技术条件规定的功能和使用技术性能要求。经济指标则主要是针对产品的结构能否经济地进行生产、满足成本和经济效益的要求。

产品对结构的基本要求，可概括为以下几个方面。

1. 功能特性要求

功能特性要求是最基本的技术要求。主要体现为执行机构运动规律和运动范围的要求。

2. 精度要求

精度要求是最重要的技术性能要求。主要体现为对执行机构输出部分的位置误差、位移误差和空回误差的严格控制。

3. 灵敏度要求

执行机构的输出部分应能灵敏地反映输入部分的微量变化。为此，必须减小系统的惯量、减少摩擦、提高效率，以利于系统的动态响应。

4. 刚度要求

构件的弹性变形应限制在允许的范围之内，以免因弹性变形引起运行误差和影响系统的稳定性和动态响应。

5. 强度要求

构件应在一定的使用期限内不产生破坏，以保证运动和能量的正常传递。

6. 各种环境下工作稳定性要求

系统和结构应能在冲击、振动、高温、低温、腐蚀、潮湿、灰尘等恶劣环境下，保持工作的稳定性。

7. 结构工艺性要求

结构应便于加工、装配、维修，应充分贯彻标准化、系列化、通用化等原则，以减少非标准件，提高效益。

8. 使用要求

结构应尽量紧凑、轻便，操作简便、安全，造型美观，携带、运输方便。

9.6.3 产品结构设计的要求

我们所设计的产品及其结构应在满足使用技术性能要求的前提下，采用最合理的工艺方法和流程，最经济地进行生产，即具有结构工艺合理性。在产品结构设计中应严格遵循以下工艺原则，并贯穿产品结构设计的全部过程的各个阶段。

1. 产品结构应反映生产规模的特点

产品生产规模按产品生产的数量分为单件、小批、中批、大批和大量生产，它是由社会实际需求决定的。不同的生产规模具有不同的生产线和相应的生产装备，因此，所设计的产品结构应反映出生产规模的特点，并与相应的生产线及其生产能力相适应。例如大量和大批生产的产品结构从毛坯制造、机械加工和装配都应适应自动化或半自动化生产线，由各种高效率的专用加工设备和插装设备进行加工、装配，甚至包括生产各个阶段质量的在线检测和控制，直至标牌安装或封贴以及产品包装。为此，零件的加工和装配必须达到完全互换。而单件和小批生产的产品结构，则应适应由通用设备、通用工艺装置等组成的生产线进行加工、装配的特点。

2. 合理划分产品结构的组件

设计产品结构时应从产品总体着眼，使产品结构易于分成若干独立组件，以便采用积木式进行总装。各组件的装配最好是彼此独立、并行地进行装配，以利于提高总装效率和查找产生问题的部位。各组件之间的联系应方便拆装，易于调试并便于对任何零、部件检修和更换而不影响其他部分。

3. 尽量利用典型结构

设计新产品或对原有产品进行改进时，应充分分析吸收原有产品或相近产品结构的优点，尽量利用原有产品或借用相近产品中经过生产和使用证明已比较成熟的结构，或尽量采用典型结构。只对少部分结构进行另行设计，或局部改动。这不仅可大大简化设计和生产过程，还可以缩短产品研制和生产周期，而且易于保证产品质量。

4. 力求系统和结构简单化

在保证产品技术性能要求的前提下，设计时应尽量简化传动链，这样使系统中的零、部件的数量大大减少，从而使结构尽量简单。同时，零、部件自身的结构也应尽量简化。这不仅减少了加工劳动量，同时也减少了误差来源。

5. 合理选择基准、力求合一

总体结构设计时应使每个零、部件都具有合理的定位基准，尽量使定位基准（包括辅助基准）分布在同一平面内。并且尽量使零、部件的设计基准与工艺基准（包括定位基准、测量基准、装配基准）

6. 贯彻标准化、统一化原则

产品结构设计中贯彻标准化是获得工艺性结构的最重要条件，贯彻标准化、统一化原则主要体现为：

（1）结构中最大限度地采用标准件。

（2）确定产品结构的各种参数时，应最大限度地采用相应的标准值和优先数系的规定值。

（3）尽量统一结构中相近零件的材料牌号、标准件的品种、规格、型号尺寸系列。

产品的外部结构是产品外观形态和内部构造相关联的可知结构，是设计师可以控制的部分，从产品设计到投入使用的整个周期中，外部结构设计出现的相关要素是无法回避的。产品设计中，结构的相关要素会在设计的不同阶段显现出来，成为产品设计中的着眼点。例如，结构对形态的影响，对材料强度、连接方法的要求，以及加工工艺等问题的解决等，都是对一名设计师自身知识体系的极大考验。了解和掌握常用材料的结构形式，对于产品设计的顺利进行有着很重要的作用。

9.6.4 产品结构设计与材料

（1）当人们的生活还不富裕时，对产品的要求更多的是倾向于其功能型，以及完成功能所需机械结构的先进性。随着社会的发展，物质生活提高到一定程度时，人们的追求，设计的重点随之转向造型感觉、造型个性方面，而对材料特性的理解和合理运用往往是设计成败的关键。科学技术的发展，新材料层出不穷，更为现代设计提供了可供选择的广阔天地，是设计师们取之不尽，用之不竭的物质源泉。

（2）产品的造型形象是其自身功能的感性呈现。产品的造型形象所表达的美在于体现其自身的功能、结构、形态所特有的秩序感。而设计水平的高低，往往取决于设计师对材料与产品结构的理解与感受程度，优秀的设计师必须善于利用这两大因素。同样功能的产品，在不同的应用场合或采用不同的材料制作，由于使用条件和所用材料性质的不同（如力学性能、工艺性、经济性）其结构具有多样性。

9.6.5 产品结构与工艺性

在产品开发过程中，产品的设计和制造过程是密不可分的两个重要环节。片面追求造型及结构需要而不了解产品生产过程中的工艺要求，往往会使结构设计方案难以实现，或制造成本成倍增加，最终使好的创意难以实现。产品生产的工艺性包含装配和制造两个方面，分析结构和工艺性之间的关系主要讨论产品生产过程中与装配和制造方面有关的设计问题。制造和装配设计的重要性主要体现在：

（1）它可以简化部件（组装件）的数量，节省生产时间，降低生产成本。

（2）它可以简化生产流程，降低误差发生率，有效提高产品的可靠性和安全程度。

（3）这一点对于精密产品的制造尤其重要。

（4）简化零部件结构和生产工艺，提高产品质量。

（5）产品的装配工艺性主要是解决由零部件到产品实现过程的便利性。

1. 系统装配原则

（1）通过功能模块的方法减少制造零、部件的数量。通过对组成产品的多个部件进行考察，分析一个部件在功能上能否被相邻的部件包容或代替，或考虑通过新的制造工艺将多个部件合并成一个。例如，早期汽车的仪表板由钢板制造，结构复杂，零部件众多，且造型呆板。选用注塑工艺后，结构更复杂，很多组件可一次注塑完成，组装后造型更加丰富。

（2）保证部件组装方向向外或开放的空间。避免部件的旋紧结构或调整结构出现在狭小空间内，以方便操作。

（3）便于定向和定位的设计。部件间应当有相互衔接的结构特征以便组装时快速直观，可以通过颜色标注或插接结构实现。

（4）一致化设计。尽可能选用标准件并减少使用规格，以减少装配误差并节约零件成本。

2. 局部处理原则

（1）充分利用对称形式以消除定位上的不确定性，或将不对称性明显化，以利于进行区别。

（2）突出零件外观上的差异性和对比性以实现快速定位。

（3）避免易于引起零件纠缠和粘连现象发生的设计。

（4）外观相似的部件间做出明显的区分，如颜色或表面的光滑程度。

（5）避免出现嵌套现象。通过局部设计，以使相同的零件上下挥起放置时不会出现彼此咬合太紧不易分开的情况，如杯子类产品。

（6）对于需要多个零件轴向对齐的结构，应在零件上提供定位对齐特征。

3. 嵌入式装配原则

（1）加工添加倒角，以利装配。

（2）装配过程中，装配体应能提供充分的对齐、匹配特征，以便零件准确定位。

（3）尽量减少不同安装方向，固定螺母尽量出现在装配体统一侧，以减少组装过程中不必要的反复翻转。

4. 连接装配

（1）在保证连接效果的前提下，尽量减少螺钉等连接件的数量，或以针脚、插槽等简易连接方式代替螺钉连接。

（2）尽可能将固定件放置于便于操作的地方。

（3）螺栓受力面应与受力方向垂直，并与被连接件充分接触，以使连接件受力均匀，连接稳定可靠。

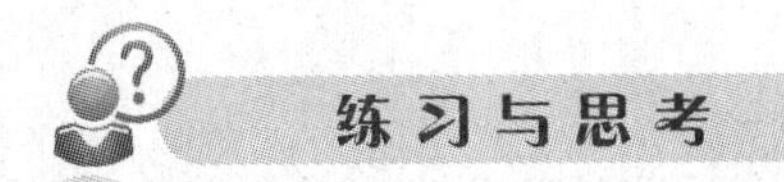

一、单选题

1. 铝片上凸出的 LOGO 中的斜纹是哪种加工方式做出来的（　　）。
   A. 喷涂　　B. 拉丝　　C. 批花　　D. 电镀
2. 不锈钢螺钉的特点是（　　）。
   A. 耐腐蚀　　B. 不易生锈　　C. 不吸磁　　D. 以上皆是
3. 以下不属于 UV 漆的作用的是（　　）。
   A. 保护漆面　　B. 导电　　C. 加硬表面　　D. 加亮表面
4. 以下不属于真空镀的特点的是（　　）。
   A. 产生废液　　B. 可电镀塑胶种类多
   C. 不改变塑料性能　　D. 工艺复杂、镀层较薄
5. ABS 材料在设计料厚时最厚建议不超过于（　　）mm。
   A. 0.20　　B. 1.00　　C. 2.00　　D. 6.00
6. 高光切边主要用于（　　）。
   A. 塑料的中心　　B. 铝片的中心　　C. 塑料的边缘　　D. 铝片的边缘
7. 机械拉丝的纹路与激光拉丝的纹路相比（　　）。
   A. 机械拉丝纹路不清晰　　B. 机械拉丝纹路更清晰
   C. 激光拉丝表面触摸无凹凸感　　D. 机械拉丝表面触摸有凹凸感
8. 以下不属于枕位比较容易出现的问题是（　　）。
   A. 后续改模麻烦　　B. 容易缩水　　C. 影响配合间隙　　D. 容易有披锋
9. 加强筋底部缩水的原因是（　　）。
   A. 筋位过薄　　B. 筋位过厚　　C. 筋位过长　　D. 以上答案都不正确

10. 塑料件加胶需要在模具上（　　）。
A. 减钢料，加工比较困难，容易损坏　　B. 加钢料，加工比较容易
C. 减钢料，加工比较容易　　D. 加钢料，加工比较困难，容易损坏

二、多选题

11. 常用的透明塑料有（　　）。
A. PC　　B. PMMA　　C. PET　　D. PS
E. 透明 ABS

12. 五金产品常用的连接方式有（　　）。
A. 螺丝　　B. 铆钉　　C. 焊接　　D. 销钉
E. 紧配

13. 可以使用美工线的情况有（　　）。
A. 产品外形尺寸较大　　B. 产品外形尺寸较小
C. 壳体单薄不够强　　D. 外观没有要求
E. 模具加工水平一般

14. 三防产品一般是指（　　）。
A. 防水　　B. 防尘　　C. 防摔　　D. 防火
E. 防磁

15. 真空镀分为（　　）。
A. 水镀　　B. 电镀　　C. 蒸镀　　D. 溅射镀
E. 离子镀

16. PCB 的定位及固定方法有（　　）。
A. 利用螺丝将 PCB 直接固定在壳体上
B. 利用扣位固定
C. 利用骨位限位
D. 通过上下壳的螺丝柱将主板夹在中间固定
E. 利用定位柱定位

17. 衡量金属材料机械性能的主要指标有（　　）。
A. 强度　　B. 塑性　　C. 硬度　　D. 韧性
E. 导电性

18. 水镀的缺点有（　　）。
A. 可水镀的塑料种类较少　　B. 产生废液不环保
C. 彩镀困难，颜色不多　　D. 电镀时改变塑料性能，使之变脆
E. 镀层导电

19. 家用电器产品常用的塑胶材料有（　　）。
A. PVC　　B. BPT　　C. ABS　　D. PE
E. TPU

20. 螺丝柱需要设计加强筋的情况有（　　）。
A. 螺丝柱过低　　B. 螺丝柱过高
C. 螺丝柱远离侧壁但又需要承重　　D. 螺丝柱的胶位强度较差
E. 螺丝柱需要后加工

三、判断题

21. 止口处的美工线作用是防止上下壳错位产生断差。(　　)
22. 上下壳固定螺丝柱之间的间隙最好设计为0。(　　)
23. PC可以水镀。(　　)
24. 螺丝柱加强筋的主要作用是加强螺丝柱，防止折断与变形。(　　)
25. 缩短保压时间，减小注塑压力及调慢注塑速度可改善缩水现象。(　　)
26. 顶针太长或顶针不平衡可能造成顶白。(　　)
27. IML的中文名称是模内镶件注塑。(　　)
28. 塑料产品上的拉丝效果最常见的方法是模具上做拉丝。(　　)
29. 分型面是前模与后模的分界面。(　　)
30. 镭雕是通过激光的光能在物件的表面烧出文字或者图案。(　　)

练习与思考参考答案

1. C	2. D	3. B	4. A	5. D	6. B	7. A	8. B	9. B	10. C
11. BD	12. ABCDE	13. ACDE	14. ABC	15. CDE	16. ABCDE	17. ABDE	18. ABCDE	19. ABC	20. BCDE
21. Y	22. N	23. N	24. Y	25. N	26. Y	27. Y	28. Y	29. Y	30. Y

任务 10

产品元器件堆叠制作

该训练任务建议用3个学时完成学习。

10.1 任务来源

产品结构设计任务中经常需要工程师将硬件部分如电子开关（轻触开关、自锁开关、船型开关、锅仔片等）、接口（USB、HDMI等）、led灯、显示屏（TFT、LCD等）电位器等形态模拟出来，叠放在一起。这样的模型既可作为设计初始限定条件，也可作为设计检测条件，具有重要工作意义。

10.2 任务描述

在某典型产品设计项目中，根据其内部PCB板及电子元件规格书，在三维软件中构建出其简易限位、限高模型，完成其内部元件堆叠构建，为后续的设计给予有力支持。

10.3 能力目标

10.3.1 技能目标

完成本训练任务后，你应当能（够）：

1. 关键技能

（1）会并能用软件完成常见的产品壳体与内部元器件配合。

（2）会读懂元器件规格书。

（3）会将规格书的平面图准确的模拟成3D模型。

（4）会与硬件工程师、外观设计师充分协调沟通。

2. 基本技能

（1）会读懂工程图纸。

（2）会通过软件实现工程图与3D模型的互相转换。

（3）会用PROE或其他工程软件进行结构模拟。

10.3.2 知识目标

完成本训练任务后，你应当能（够）：

（1）掌握PCB线路板符合硬件要求的堆叠技巧。

（2）掌握外观开始前硬件部分堆叠要求的表达方法。

（3）掌握结构完成后向硬件工程师传达线路板限高要求的方法。

10.3.3 职业素质目标

完成本训练任务后，你应当能（够）：

（1）具有严谨务实的工作态度。

（2）具有强烈的学习精神和求知欲。

10.4 任务实施

10.4.1 活动一　知识准备

（1）堆叠设计的含义。

（2）PCB布局基本原则。

（3）结构设计基本知识。

10.4.2 活动二　示范操作

1. 活动内容

以机顶盒产品设计为例，先读懂机顶盒产品内部元器件规格书，再使用PROE或其他工程软件进行产品内部元件的模拟建模，将规格书的平面图准确地模拟成3D模型，其间需掌握PCB线路板符合硬件要求的堆叠技巧。

具体要求如下：

（1）查阅PCB板相关元件规格书等有关图纸资料。

（2）按照图纸尺寸构建PCB板各部件三维模型。

（3）将各电子零部件三维模型装配在一起，完成PCB板模拟三维堆叠。

2. 操作步骤

（1）步骤一：建立空白PROE零件图，通过元件规格书了解显示屏整体长与宽尺度，草绘出其大体形状，如图10-1所示。

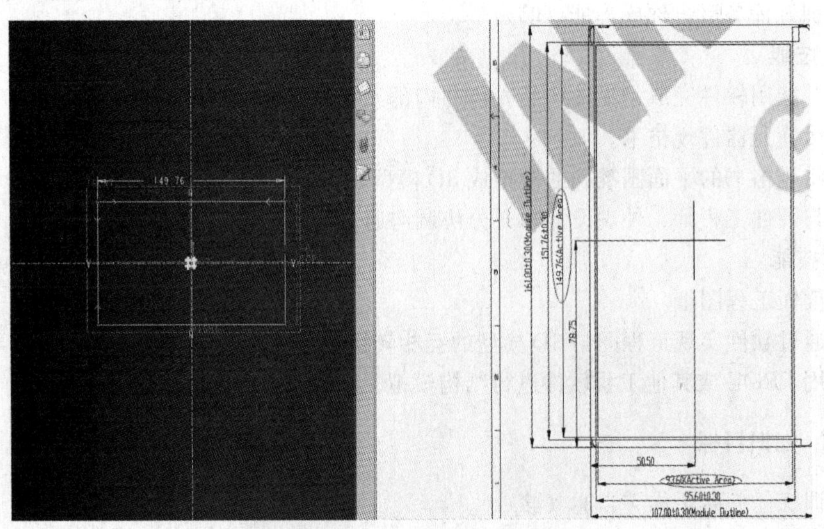

图10-1　显示屏整体长与宽尺度

(2) 步骤二：将草绘图拉伸并成为实体，如图 10-2 所示。

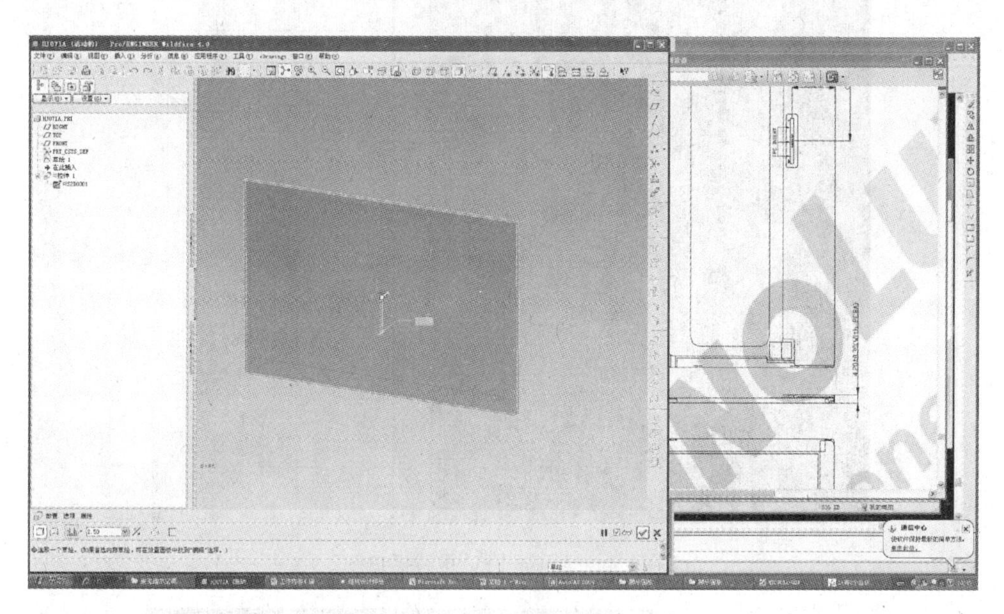

图 10-2 显示屏实体效果

(3) 步骤三：建立一个高出表面的小平面，模拟该显示屏的真实厚度，显示屏厚度实体效果，如图 10-3 所示。

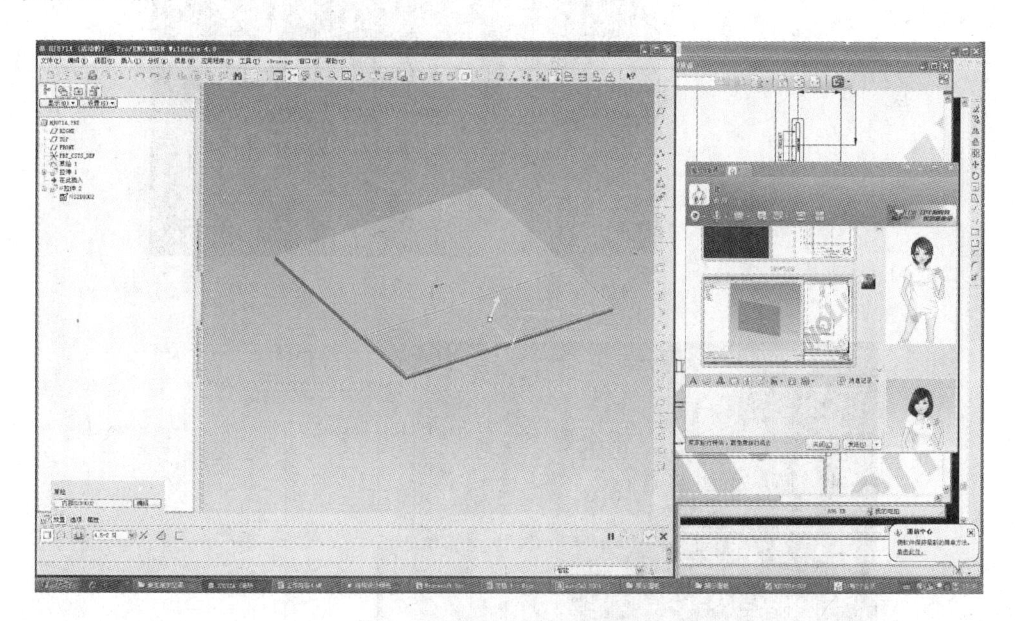

图 10-3 显示屏厚度实体效果

(4) 步骤四：按规格书给出的指定的尺寸继续对一些影响外观的细节进行模拟建模，如显示屏 FPC 排线插口，如图 10-4 所示。

(5) 步骤五：单击草绘命令，草绘出其尺寸，如图 10-5 所示。

(6) 步骤六：依照规格书所给的数据模拟建出 fpc 排线接口，如图 10-6 所示（建议：数据最好以实物为准）。

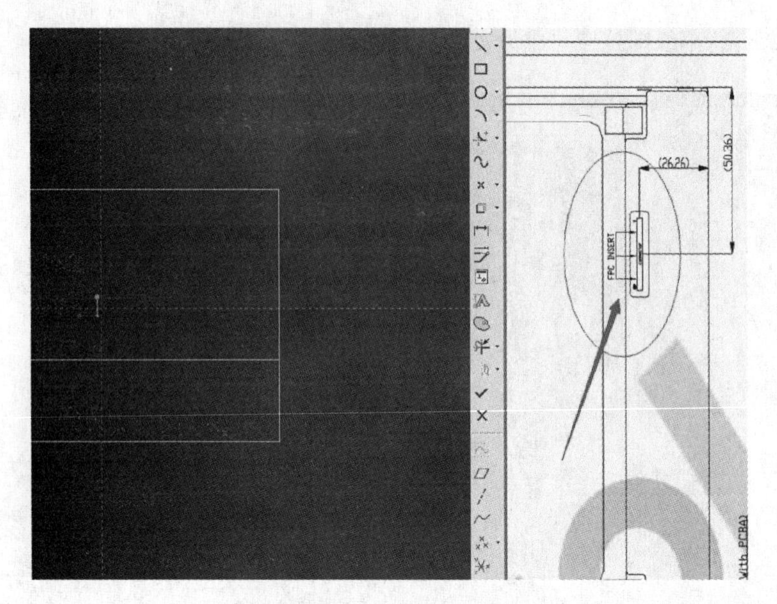

图 10-4 显示屏 FPC 排线插口图

图 10-5 草绘尺寸

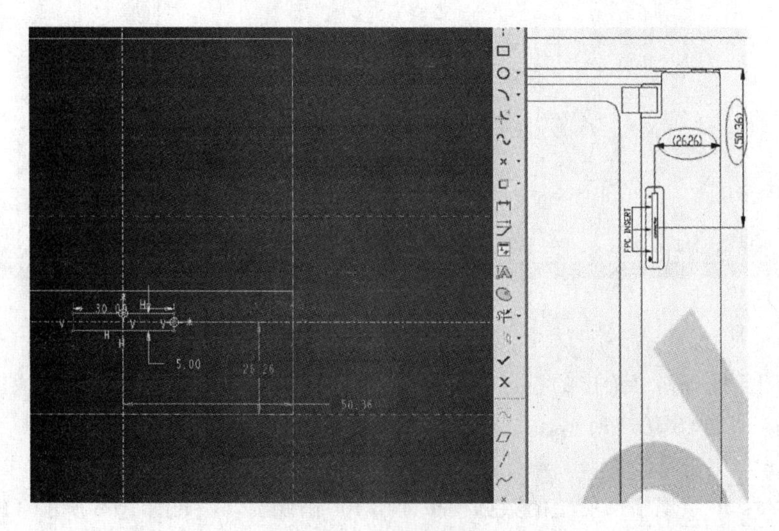

图 10-6 fpc 排线接口

（7）步骤七：按照规格书确定显示屏长宽尺寸，如图 10-7 所示。

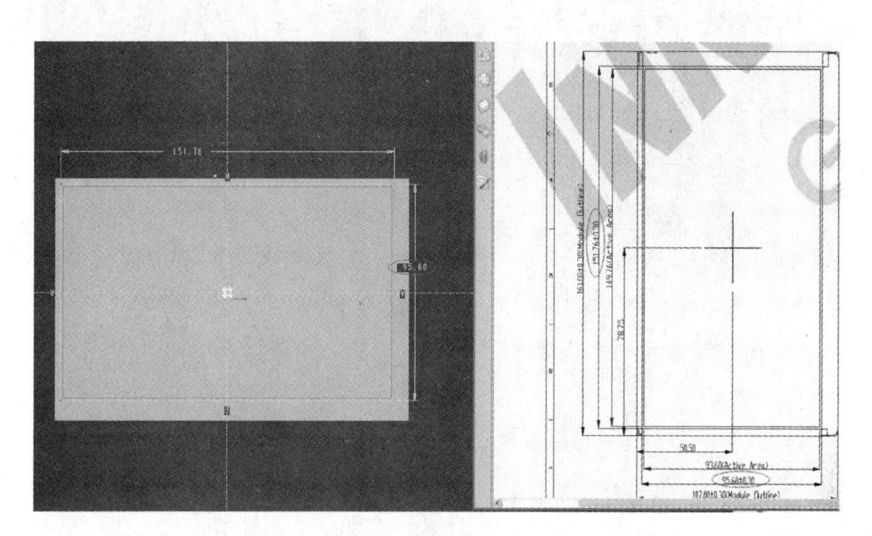

图 10-7　显示屏长宽尺寸

（8）步骤八：拉伸出显示屏厚度，如图 10-8、图 10-9 所示。

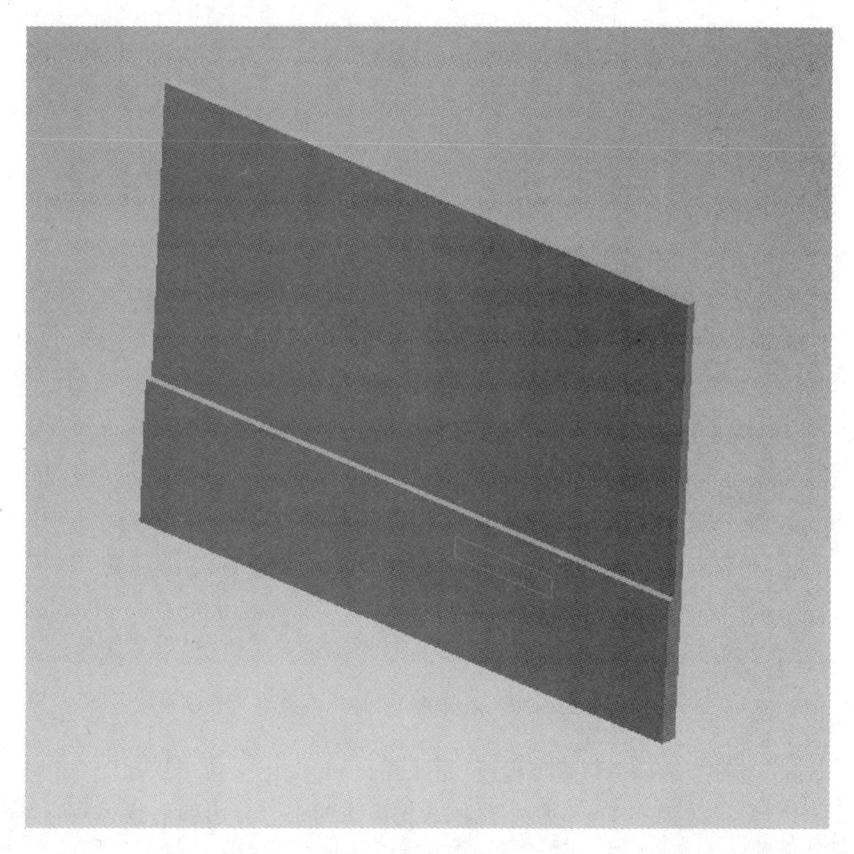

图 10-8　显示屏组件背面图

（9）步骤九：显示屏组件模拟建模，如图 10-10 所示。

图 10-9 显示屏组件正面图

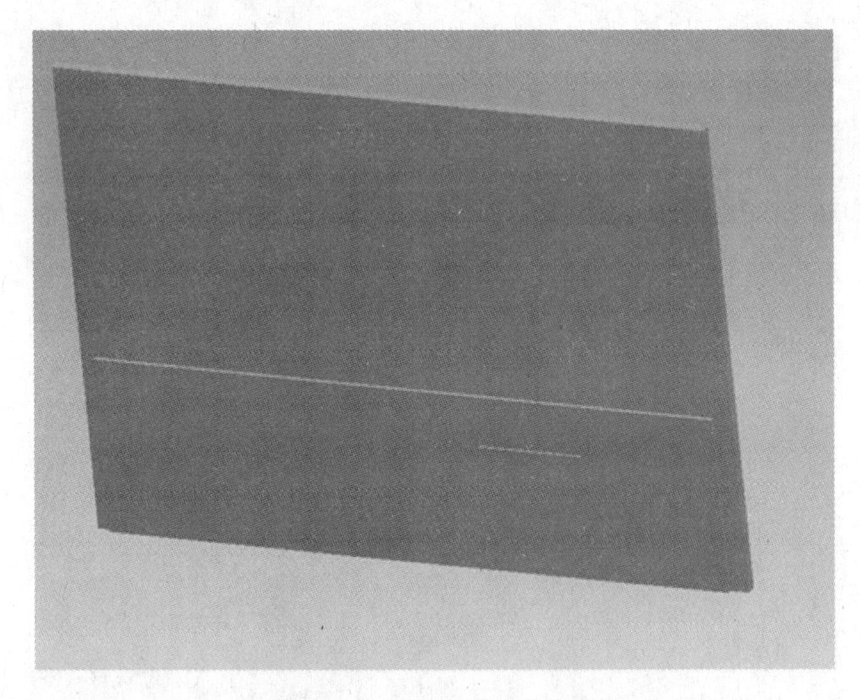

图 10-10 显示屏组件最终效果

（10）步骤十：参照上面的方法模拟构建 TF 卡座，如图 10-11 所示。

（11）步骤十一：阅读如图 10-12 所示摄像头规格说明书（分为前后摄像头），完成模拟构建，如图 10-13 所示。

（12）步骤十二：阅读如图 10-14 所示 USB 接口规格说明书，模拟构建其接口三维模型，如图 10-15所示。

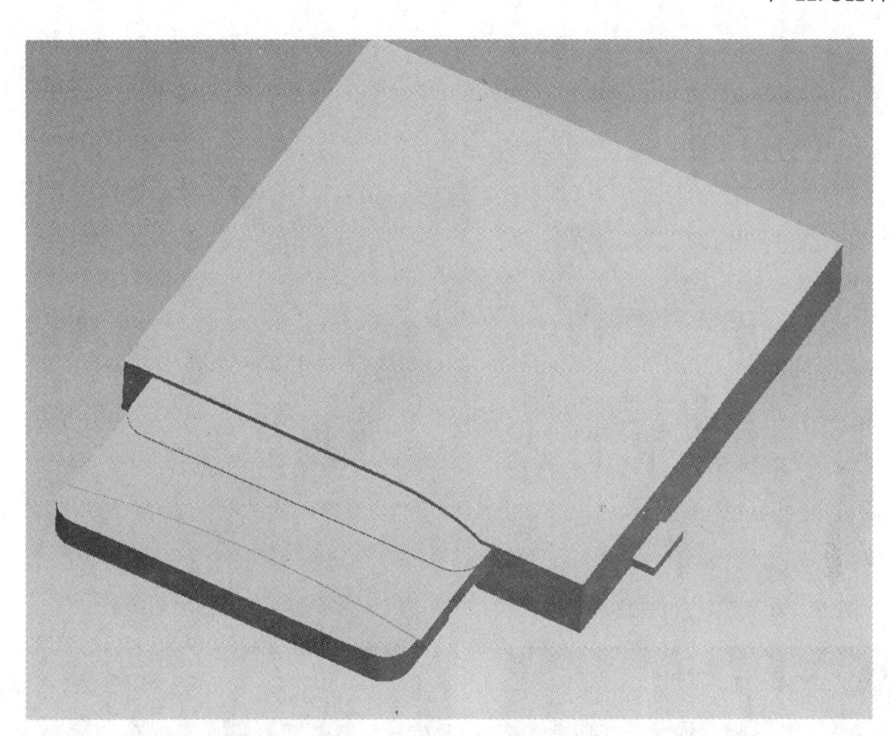

图 10-11　TF 卡座效果

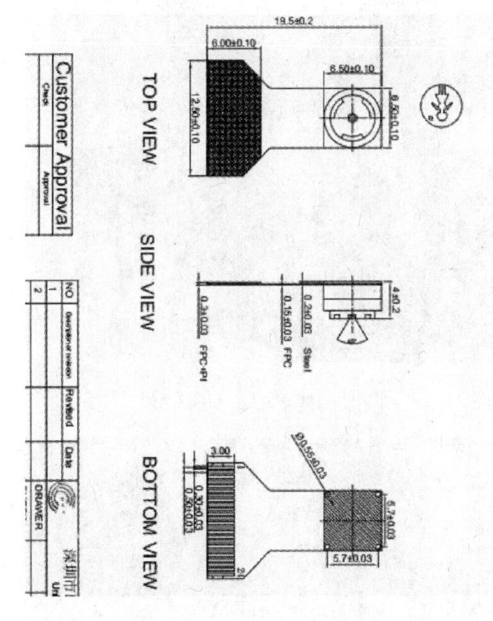

图 10-12　摄像头规格说明书

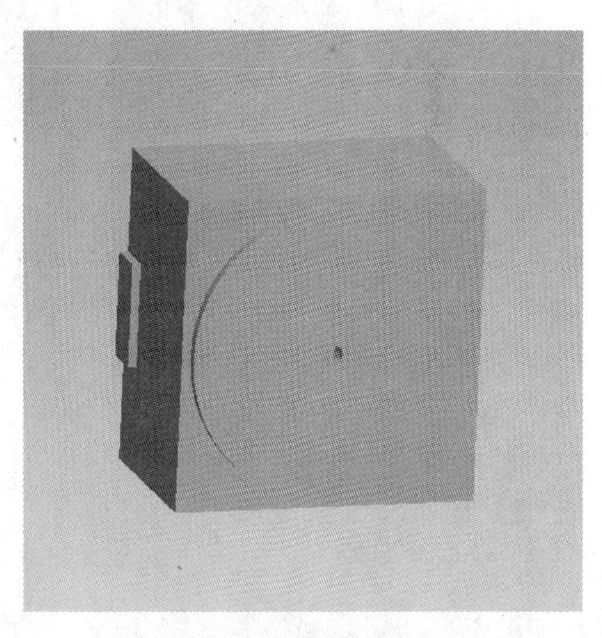

图 10-13　摄像头模拟构建效果

(13) 步骤十三：制作 PCB 板立体零件示意图，三个箭头分别指的是耳机插口、TF 卡座、硅麦（收音设备），PCB 板立体零件示意图，如图 10-16 所示。

(14) 步骤十四：模拟构建 SAM 卡座，模拟构建 SAM 卡座效果，如图 10-17 所示。

(15) 步骤十五：PCB 板堆叠完成后效果（顶面），如图 10-18 所示。

(16) 步骤十六：PCB 板堆叠完成后效果（底面），如图 10-19 所示。

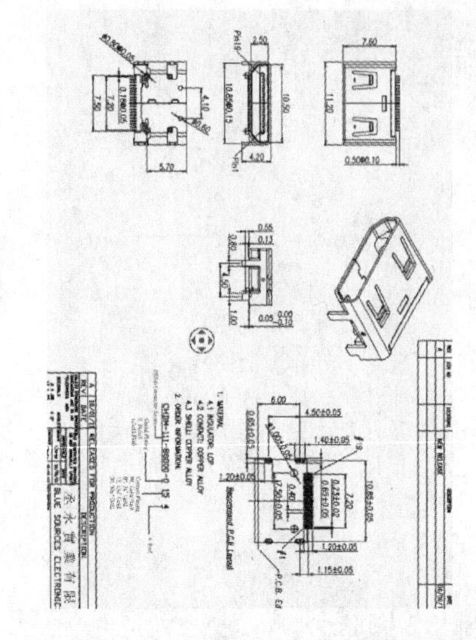

图 10-14　USB 接口规格说明书

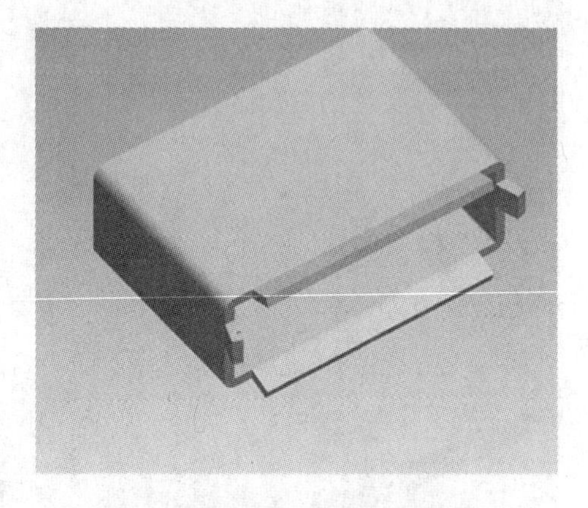

图 10-15　USB 接口模拟构建效果

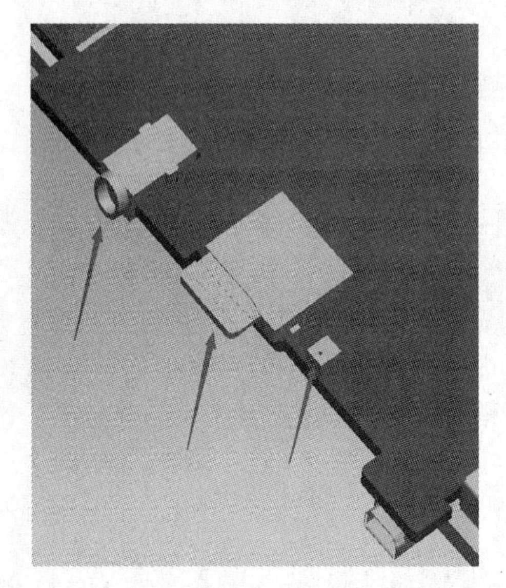

图 10-16　PCB 板立体零件示意图

图 10-17　模拟构建 SAM 卡座效果

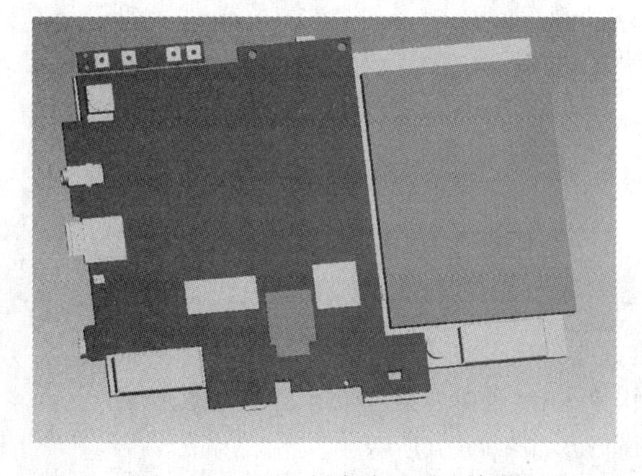

图 10-18　PCB 板完成后顶面效果

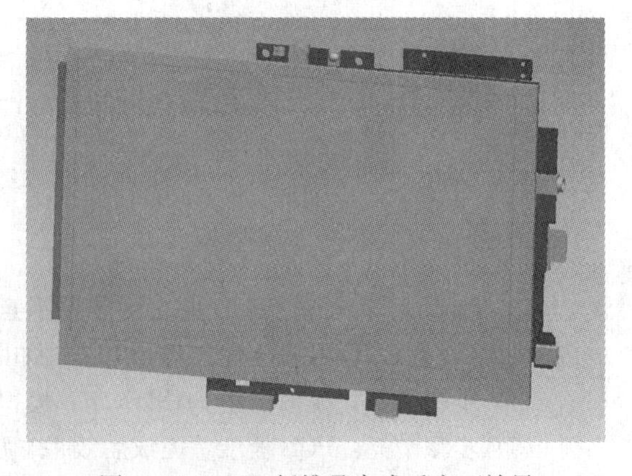

图 10-19　PCB 板堆叠完成后底面效果

10.4.3 活动三　能力提升

以平板电脑产品设计为例，先读懂平板电脑产品内部元器件规格书，再使用 PROE 或其他工程软件进行产品内部元件的模拟建模，将规格书的平面图准确地模拟成 3D 模型，其间需掌握 PCB 线路板符合硬件要求的堆叠技巧。

具体要求如下：

（1）查阅 PCB 板相关元件规格书等有关图纸资料。

（2）按照图纸尺寸构建 PCB 板各部件三维模型。

（3）将各电子零部件三维模型装配在一起，完成 PCB 板模拟三维堆叠。

10.5 效果评价

效果评价参见任务 1，评价标准见附录。

10.6 相关知识与技能

10.6.1 PCB 布局设计

PCB 布线板设计就是把设计好的原理图变成一块块实实在在的 PCB 电路板。

PCB 按照各元器件功能，可以分为以下几部分。

（1）基带：包括 disp（控制器、CPU）、flash（存储器、硬盘）、SRAM（静态存储器、内存）。

（2）射频：包括 transceiver（收发信机、调制和解调）、PA（功效）、FEM（前段模块、开关、绿波），RF conct，天线 ABB 芯片模组。

（3）电源：包括 PM（电源控制器）、充电管理器、电池连接器。

（4）Midi 芯片模组。

（5）Camera 芯片模组。

10.6.2 PCB 布局基本原则

1. PCB 的设计步骤

PCB 的设计步骤主要分为原理图、元器件建库、网表输入（导入）、元器件布局、布线、检查、复查、输出等几个步骤。

PCB 布局步骤主要是：结构提供 PCB 外形图（包括 dome 位置分布图，格式为 dxf、emn、igs）——EDA 进行初步摆放——调整外形——元器件摆放——EDA 提供元器件位置分布图——PCB 三维建模——检查调整——评审。

2. PCB 布局的硬件性能基本要求

（1）各模块内部尽量相对固定，特别是基带和射频模块。

（2）各模块周围的附属器件尽量靠近主芯片，其走线尽量短。

（3）数字、模拟元器件及相应走线尽量分开并放置于各自的布线区域内，相互尽量远离。

（4）放置器件时要考虑以后的焊接，不要太密集。一般各小器件焊盘的间距大于 0.3mm，大器件的焊盘间距大于 0.4mm。

（5）各模块，主要连接器的相互位置关系。

1）射频：和基带尽量靠近，但是要相互隔离；如果射频区域没有屏蔽罩，要尽量远离带有磁性和金属的器件。

2）FEM：尽量靠近 PA 和 Transceiver。

3）射频连接器：尽量靠近 FEM。

4）PM：无特别要求。

5）电池连接器：尽量靠近 PM 和充电管理器。

6）天线（焊盘）：尽量靠近 FEM。如果是内置天线，天线也要尽量远离带有磁性和金属的器件。

7）Midi 模组、camera disp、FPC 连接器、I/O 连接器、SIM 连接器、键盘、侧键、holl、备用电池等无特别位置要求。

10.6.3 PCB 布局结构注意点

（1）SIM 卡连接器。

（2）电池连接器。

（3）I/O 连接器。

（4）侧键。

（5）SPK 等元器件的焊盘。

（6）Dome 焊盘。

（7）Boss 孔。

（8）卡口位置。

10.6.4 滑盖 PCB 结构设计注意点

（1）内置天线设计。

（2）滑轨与 PCB 的防止干涉设计。

10.6.5 SMT 工艺介绍

1. SMT 的定义

SMT（Surface Mount Technology），那表面贴装技术。SMT 是新一代电子组装技术，也是目前电子组装行业里最流行的一种技术和工艺。它将传统的电子元器件压缩成为体积只有几十分之一的器件。

2. SMT 的特点

组装密度高，电子产品体积小，重量轻，贴片元件的体积和重量只有传统插装元件的 1/10 左右，一般采用 SMT 之后，电子产品体积缩小 40%～60%，重量减轻 60%～80%。

SMT 产品可靠性高，抗振能力高；焊点缺陷低，高频特性好；减少了电磁和射频干扰；且易于实现自动化，提高生产效率。降低成本达 30%～50%。节省材料、能源、设备、人力、时间等。

3. SMT 的优势

电子产品追求小型化，以前使用的穿孔插件元件已无法缩小。电子产品功能更完整，所采用的集成电路以无穿孔元件，特别是大规模、高集成 IC，不得不采用表面贴片元件。

10.6.6 FPC 设计

FPC 尺寸确定：包括 PIN 数，层数（决定厚度），层数有 FPC 的宽度与 PIN 数及 PIN 的 pitch 等决定，而 FPC 宽度一般由转轴孔的大小和 FPC 与转轴孔之间的间隙所决定。

FPC在壳体上的定位：组装定位和保证间隙定位固定。

FPC接地点设计：加接地点，ESD要求。

FPC硬化区域和不硬化区域确定。

FPC两端CONNECTOR焊接后反面加强板尺寸确定。

10.6.7 LCD基本知识及结构设计

(1) LCD结构。

(2) LCD的设计要求。

(3) LCD的装配要求。

(4) LCD的反静电要求。

10.6.8 LCD Panel基本知识

LENS的种类。

(1) 注塑LENS，基材为注塑成型产品，主要材料有PMMA、PC两种。

(2) 模切LENS，基材为平面塑料板材切割而成，主要材料有PMMA、PC两种。

(3) 玻璃LENS，基材为特种钢化玻璃经磨削切割加工而成。

练习与思考

一、单选题

1. 各模块周围的附属器件尽量靠近（　　），其走线尽量短。

A. 射频　　B. SIM卡连接器　　C. 键盘　　D. 主芯片

2. 数字、模拟元器件及相应走线尽量（　　）并放置于各自的布线区域内，相互尽量（　　）。

A. 分开，远离　　B. 一起，远离　　C. 分开，相近　　D. 一起，相近

3. 射频连接器尽量靠近（　　）。

A. RECI　　B. FEM　　C. PM　　D. SPK

4. 在SIM卡下如果需要布置器件，其高度不得（　　）放置SIM卡的塑胶表面。

A. 高于　　B. 平行于　　C. 低于　　D. 远离

5. PCB布局的硬件性能基本要求放置器件时要考虑以后的焊接，不要太密集。一般各小器件焊盘的间距应大于（　　）mm。

A. 0.5　　B. 0.3　　C. 0.4　　D. 0.6

6. FPC在壳体上的定位：组装定位和保证间隙定位（　　）。

A. 分开　　B. 一起　　C. 固定　　D. 距离

7. 电子产品功能更完整，所采用的集成电路以无穿孔元件，特别是大规模、高集成IC，不得不采用（　　）。

A. 表面贴装　　B. 模拟元器件　　C. 表面贴片元件　　D. 电子元器件

8. PCB布局的硬件性能要求（　　）及相应走线尽量分开并放置于各自的布线区域内，相互尽量远离。

A. 基带、元器件布局　　B. 射频、模拟元器件

C. 数字、模拟元器件　　D. 射频、基带

9.（　　）是组建网络的基础，可以灵活利用各种拓扑、冗余技术，在层次太多的时候，需要进行精心的设计。

A. 堆叠　　B. 模拟　　C. 级联　　D. 拓扑

10. 菊花链式堆叠模式与级连模式相比，不存在拓扑管理，一般不能进行（　　），适用于高密度端口需求的单节点机构，可以使用在网络的边缘。

A. 分点式布置　　B. 分布式布置　　C. 密集式布置　　D. 拓扑式布置

二、多选题

11. PCB布局结构注意点有（　　）。

A. SIM卡连接器　　B. 灯光　　C. 侧键　　D. I/O连接器
E. 石材

12. FEM尽量靠近（　　）。

A. PA　　B. PM　　C. RECI　　D. SPK
E. Transceiver

13. LENS的种类包括有（　　）。

A. 注塑LENS　　B. 模切LES　　C. 材质LENS　　D. 玻璃LENS
E. 模切LENS

14. 有源器件表面安装芯片载体有（　　）。

A. 橡皮　　B. 陶瓷　　C. 玻璃　　D. 塑料
E. 胶片

15. SMT的特点包括有（　　）。

A. 组装密度高　　B. 电子产品重量轻
C. 电子产品体积大　　D. 贴片元件的重量占1/10左右
E. 贴片元件的体积占1/20左右

16. FPC宽度一般由（　　）之间的间隙所决定。

A. 转轴孔的长宽　　B. 转轴孔的大小　　C. PIN　　D. 转轴孔
E. FPC

17. PCB按照各元器件功能分类，可以分为（　　）。

A. 硬盘　　B. 基带　　C. Midi芯片模组　　D. 射频
E. 储存器

18. PCB中的卡口位置一般要在（　　）位置，以避免缝隙和跌落。

A. 天线　　B. Boss孔　　C. 侧键　　D. T-flash卡座
E. I/O

19. LCD Panel与Front Housing之间配合的设计要点包括（　　）。

A. Lens边缘Gap单边为0.1mm　　B. 避免Lens贴合面为不规则曲面
C. Lens可视区可直接目视到手机内部　　D. LENS平均厚度为1.5～2mm
E. Lens有小孔，直径不小于0.8mm

20. 判别IMD与IML的主要方法包括（　　）。

A. 表面喷UV，硬度可达3～4H　　B. 金刚石镀膜表面加硬，硬度可达5H
C. IMD是通过送膜机器自动输送定位　　D. IML是通过人工操作手工挂膜定位
E. 大小

三、判断题

21. PCB布线板设计就是把设计好的原理图变成一块块实实在在的PCB电路板。(　　)

22. 传统的堆叠技术是一种集中管理的端口扩展技术，不能提供拓扑管理，没有国际标准，且兼容性较差。(　　)

23. PCB的设计步骤主要分为原理图、网表输入、元器件布局、布线、检查、复查、输出等几个步骤。(　　)

24. 手机堆叠相当于组装的一个过程，就是在接到手机方案后确定PCB板的大小，然后进行元器件的协商布局，之后确定布局后开始把元器件装配的电路板上，这就是堆叠。(　　)

25. 物体由于距离增加而造成明暗对比和清晰度减弱的现象称为线性透视。(　　)

26. 各个厂商之间不支持混合堆叠，堆叠模式为各厂商制定，不支持拓扑结构。(　　)

27. 现在流行的堆叠模式主要有两种：菊花链模式和星型模式。(　　)

28. PCB布局的基本原则，一是PCB的设计步骤，二是PCB布局的硬件性能基本要求。(　　)

29. PCB布局结构注意点有Sim卡连接器、电池连接器、I/O连接器、侧键、SPK等元器件的焊盘、Boss孔、卡扣位置。(　　)

30. FPC尺寸确定：包括PIN数、层数（决定厚度），层数由FPC的宽度与PIN数及PIN的pitch等决定，而FPC宽度一般由转轴孔的大小和FPC与转轴孔之间的间隙所决定。(　　)

练习与思考参考答案

1. D	2. A	3. B	4. A	5. B	6. C	7. C	8. C	9. C	10. B
11. ACD	12. AE	13. ADE	14. BD	15. ABD	16. BDE	17. BCD	18. ACDE	19. ABE	20. ACD
21. Y	22. N	23. Y	24. N	25. Y	26. N	27. Y	28. Y	29. Y	30. Y

任务 11

产品结构拆件设计与制作

该训练任务建议用 6 个学时完成学习。

11.1 任务来源

本阶段任务主要体现于结构设计的初期，通过对产品整体形态的合理分件，确定产品主要的模具方式，生产装配方式及成型工艺。相对简单的产品的拆件过程，主要考虑外观分色分件，分件以尽可能少为原则，兼顾模具生产难易程度。

11.2 任务描述

用 PRO/E 软件打开某典型产品三维模型，将其组件产品形体按设计、工艺等相关要求拆解成不同零件形态。

11.3 能力目标

11.3.1 技能目标

完成本训练任务后，你应当能（够）：

1. 关键技能

（1）会根据拆件原则对产品形态进行分析。

（2）会应用 Top-Down 设计思路对产品形态进行拆解。

（3）会检查拆件的结果查找问题并修正。

2. 基本技能

（1）会完成 PRO/E 软件基本建模操作。

（2）会应用 PRO/E 软件完成任务相关零件及组件操作。

11.3.2 知识目标

完成本训练任务后，你应当能（够）：

（1）掌握产品拆件的合理性原则。

（2）掌握基于 PRO/E 软件的 Top-Down 设计技巧。

（3）了解常见的模具开模与工艺成型方式。

11.3.3 职业素质目标

完成本训练任务后，你应当能（够）：

（1）具有严谨认真的工作态度。

（2）具有分析问题优化问题的工作能力。

11.4 任务实施

11.4.1 活动一　知识准备

（1）Top-Down 设计思路的含义。

（2）Pro/E 软件基本操作技巧。

（3）模具的含义。

11.4.2 活动二　示范操作

1. 活动内容

用 PRO/E 软件打开车载内窥镜产品三维模型，将其手持部分产品形体按设计、工艺等相关要求拆解成不同零件形态。

具体要求如下：

（1）学习拆件的原则，对车载内窥镜产品的手柄部分进行形态分析。

（2）开始运用 Top-Down 的思路方法来进行对产品简单的分析和拆解，从形态整体分解出不同的部分，再对各部分进行细化。拆件过程中经常会出现错误或问题，应尽力寻找错误和问题的来源，及时进行更改和纠正。

（3）用 Excel 的表格方式将其产品的各零件信息有序地表达出来，提供零件分件的明细表。

2. 操作步骤

（1）步骤一：读效果图，分析拆件结构方案，车载内窥镜产品的手柄效果图以及其材料清单，图 11-1、图 11-2见文前彩页。

（2）步骤二：开启 Pro/E 软件，进入“组件”编辑环境，调整相关参数，选定软件环境模板，如图 11-3 所示。

（3）步骤三：在组件环境中，创建元件。选择骨架模型格式，在骨架模型中进行拆分，如图 11-4～图 11-7 所示。

（4）步骤四：在骨架模型建立好的状态下，开始制作各部分的零件，如图 11-8、图 11-9 所示。

（5）步骤五：将骨架模型复制进行分割后，制作外壳的厚度，如图 11-10、图 11-11 所示。

（6）步骤六：重新创建元件，以图 11-12 所示左边手柄模型作为参考制作右边模型。

（7）步骤七：创建新元件，对拆件出的把手头部进行细节设计，如图 11-13、图 11-14 所示。

（8）步骤八：再次创建新元件，对整个手柄上部拆件零件进行细节加工，完成手柄部分拆件设计，如图 11-15、图 11-16 所示。

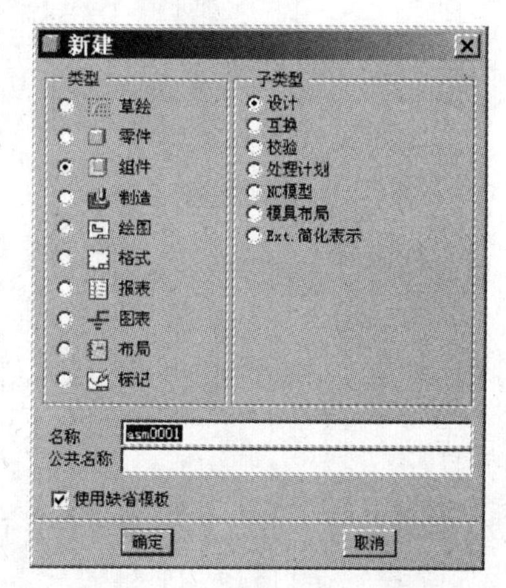

图 11-3　Pro/E 软件新建面板

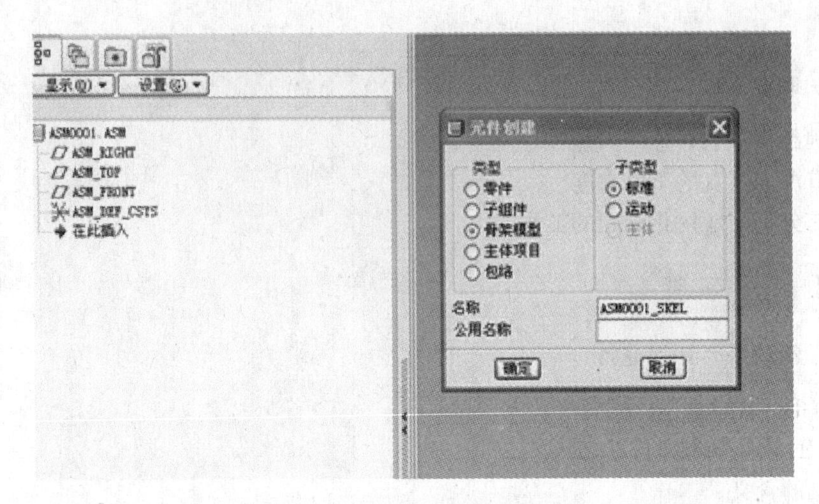

图 11-4 Pro/E 软件元件创建面板

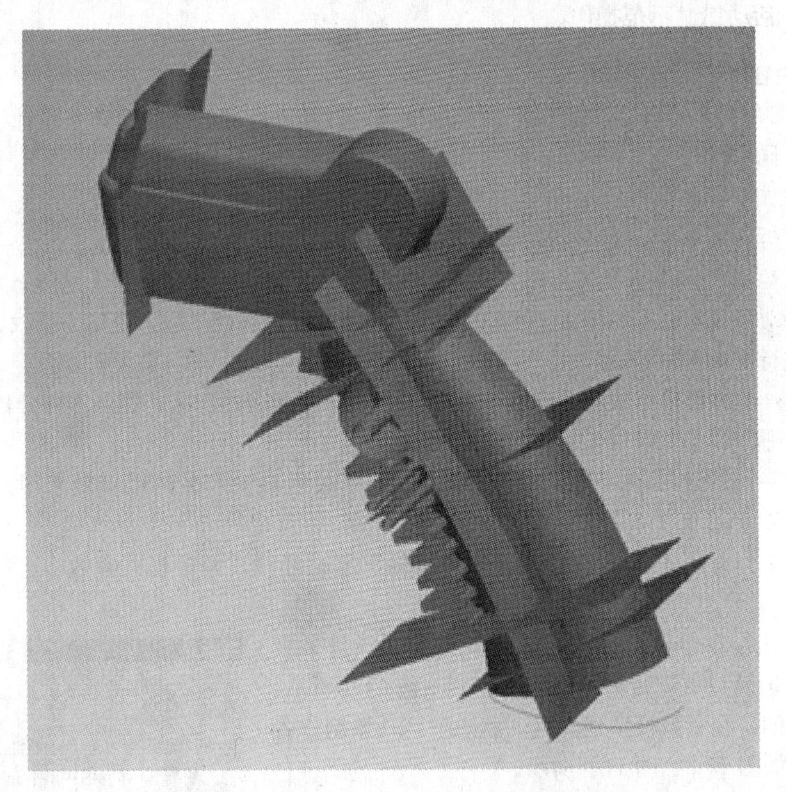

图 11-5 车载内窥镜产品的手柄骨架模型

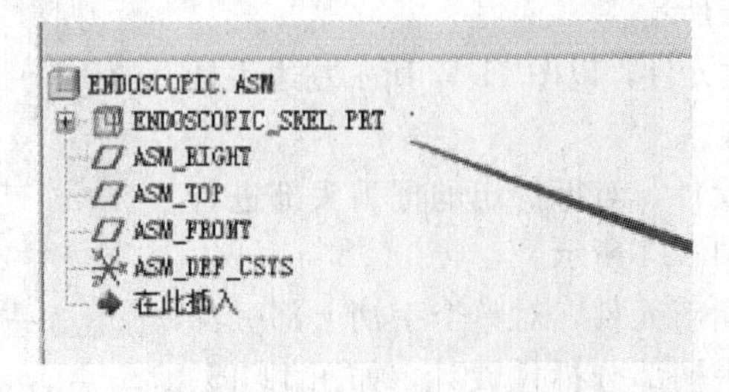

图 11-6 车载内窥镜产品的手柄骨架特征树

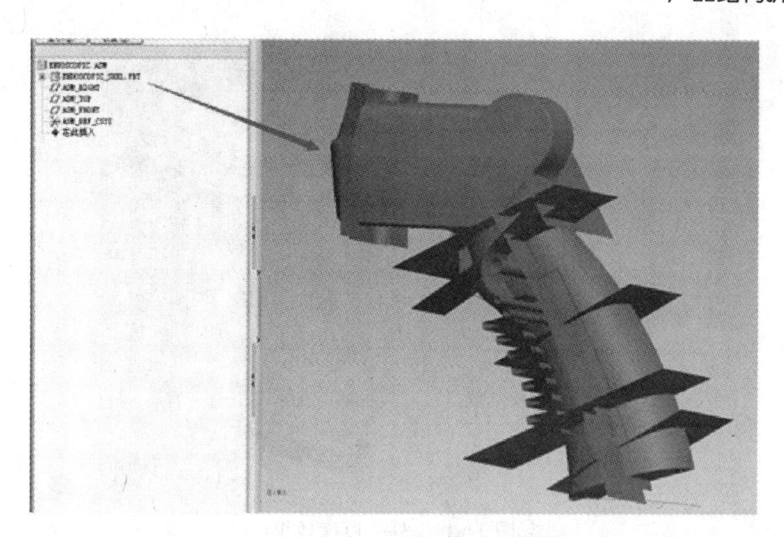

图 11-7　车载内窥镜产品的手柄骨架模型示意图

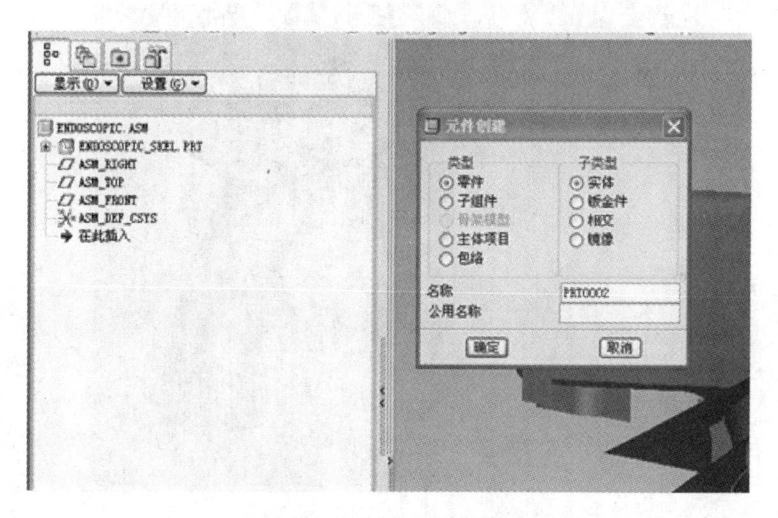

图 11-8　创建元件类型为零件

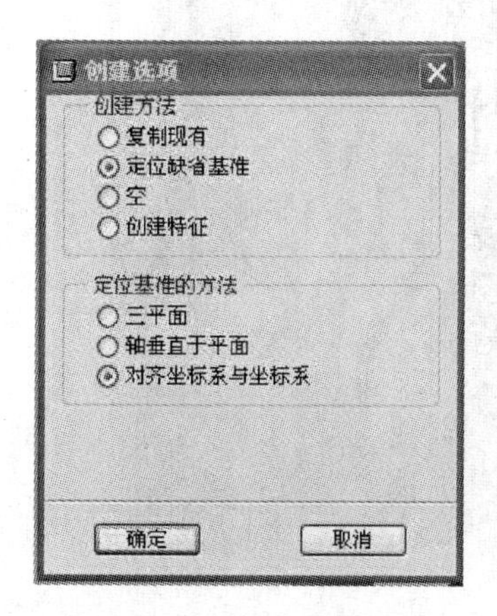

图 11-9　创建选项面板

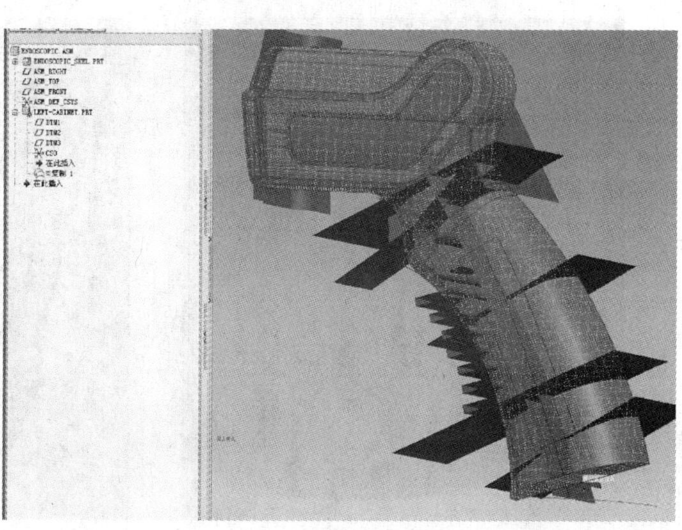

图 11-10　分割骨架模型

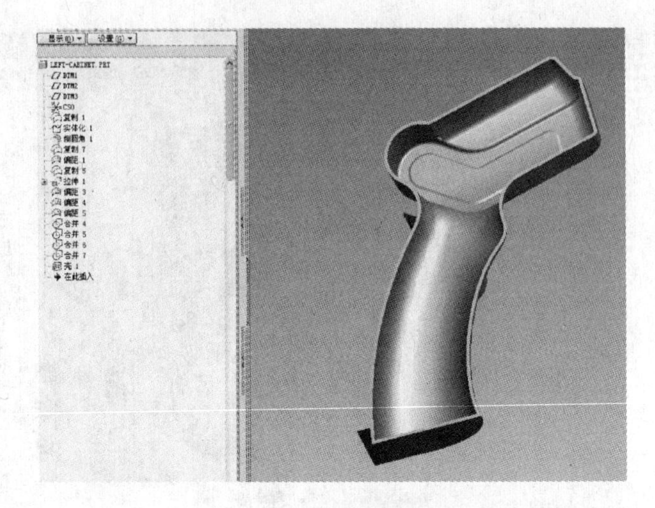

图 11-11　外壳厚度效果

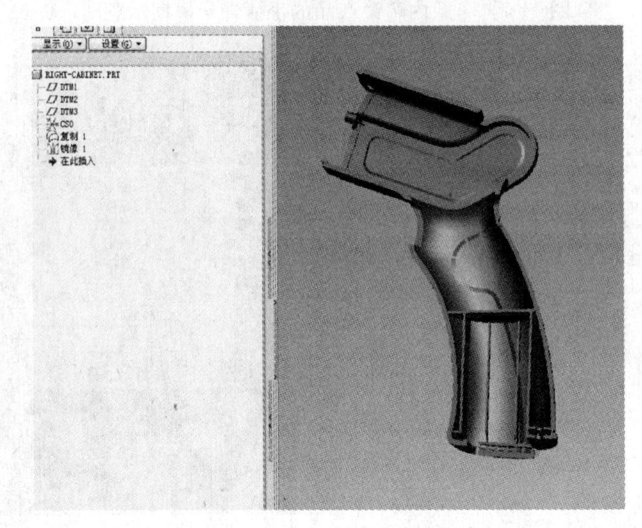

图 11-12　右边手柄模型

图 11-13　把手头部细节 1

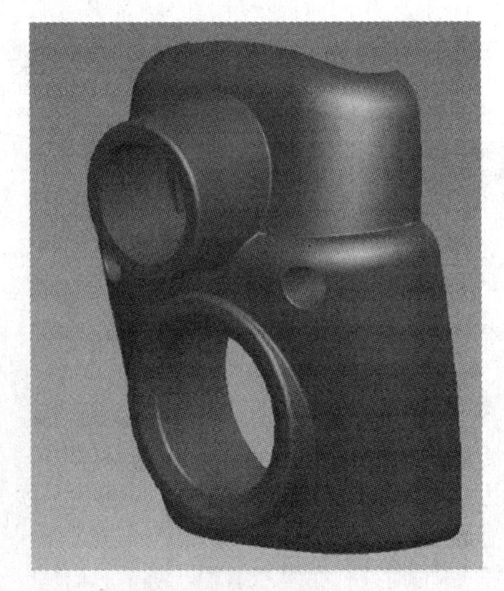

图 11-14　把手头部细节 2

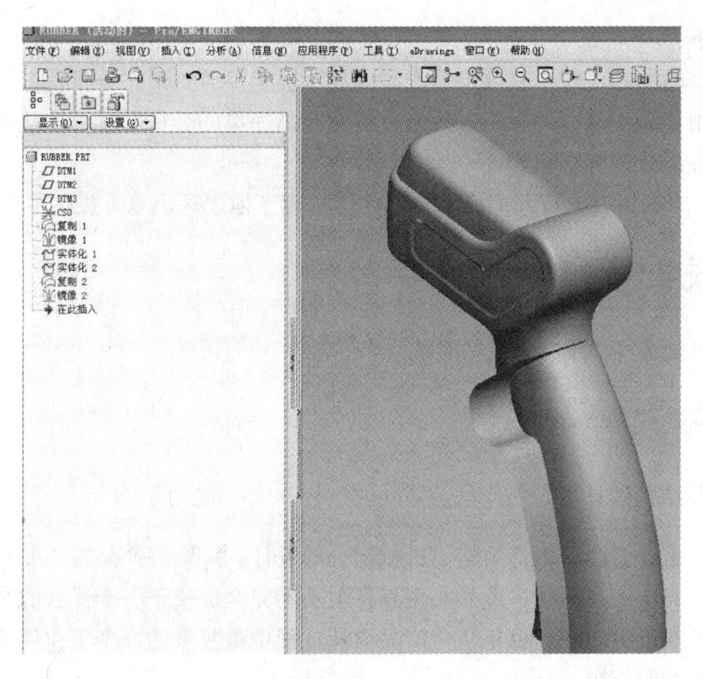

图 11-15　手柄细节拆件 1

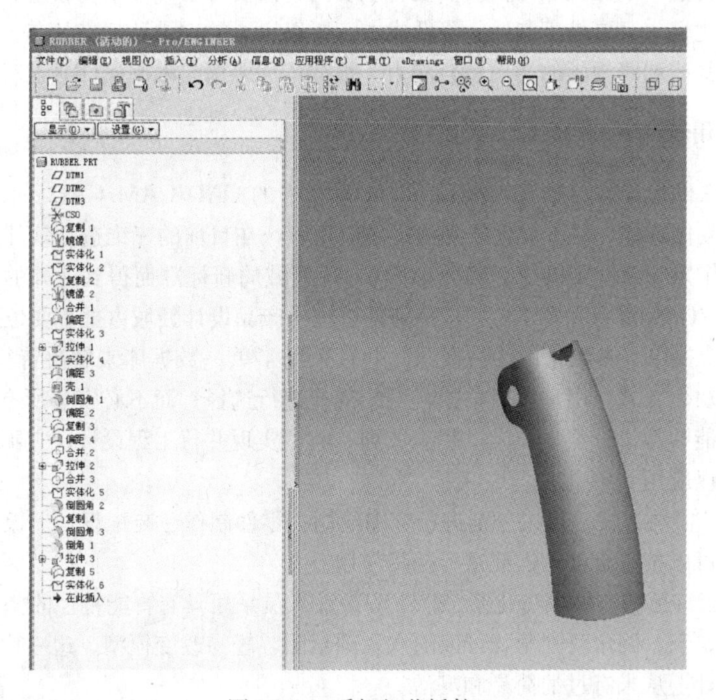

图 11-16　手柄细节拆件 2

（9）步骤九：制作拆件物料明细表（初案），图 11-17 见文前彩页。

11.4.3 活动三　能力提升

用 Pro/E 软件打开车载内窥镜产品三维模型，将其显示屏组件产品形体按设计、工艺等相关要求拆解成不同零件形态，车载内窥镜显示屏组件图 11-18 见文前彩页。

具体要求如下：

(1) 学习拆件的原则，对车载内窥镜产品的显示屏组件进行形态分析。

(2) 开始运用Top-Down的思路方法来进行对产品简单的分析和拆解，从形态整体分解出不同的部分，再对各部分进行细化。

(3) 用Excel的表格方式将其产品的各零件信息有序地表达出来，提供零件分件的明细表。

11.5 效果评价

效果评价参见任务1，评价标准见附录。

11.6 相关知识与技能

11.6.1 产品结构设计

产品结构设计是针对产品内部结构、机械部分的设计；一个好产品首先要实用，因此，产品设计首先是功能，其次才是形状。产品实现其各项功能完全取决于一个优秀的结构设计。结构设计是机械设计的基本内容之一，也是整个产品设计过程中最复杂的一个工作环节，在产品形成过程中，起着至关重要的作用。

设计者既要构想一系列关联零件来实现各项功能，又要考虑产品结构紧凑、外形美观；既要安全耐用、性能优良，又要易于制造、降低成本。所以说，结构设计师应具有全方位和多目标的空间想象力，并具有和跨领域的协调整合能力。根据各种要求与限制条件寻求对立中的统一。

11.6.2 使用软件——Pro/E

Pro/E操作软件是美国参数技术公司（PTC）旗下的CAD/CAM/CAE一体化的三维软件。Pro/E软件以参数化著称，是参数化技术的最早应用者，在目前的三维造型软件领域中占有着重要地位。Pro/E作为当今世界机械CAD/CAE/CAM领域的新标准而得到业界的认可和推广，是现今主流的CAD/CAM/CAE软件之一，特别是在国内产品设计领域占据重要位置。

Pro/E第一个提出了参数化设计的概念，并且采用了单一数据库来解决特征的相关性问题。另外，它采用模块化方式，用户可以根据自身的需要进行选择，而不必安装所有模块。Pro/E的基于特征方式，能够将设计至生产全过程集成到一起，实现并行工程设计。它不但可以应用于工作站，而且也可以应用到单机上。

Pro/E采用了模块方式，可以分别进行草图绘制、零件制作、装配设计、钣金设计、加工处理等，保证用户可以按照自己的需要进行选择使用。

Pro/E是基于特征的实体模型化系统，工程设计人员采用具有智能特性的基于特征的功能去生成模型，如腔、壳、倒角及圆角，可以随意勾画草图，轻易改变模型。这一功能特性给工程设计者提供了在设计上从未有过的简易和灵活。

零件设计和建模过程是一个不断修改的过程，特征生成之后，必然要对特征进行各种操作，如删除、重新定义、特征排序等。而在进行特征操作时，必须注意特征之间的相互依赖关系，即父子关系。通常，创建一个新特征时，不可避免地要参考已有的特征，如选取已有的特征表面作为绘图平面和参考平面，选取已有的特征边线作为尺寸标注参照等，此时特征之间便形成了父子关系，新生成的特征称为子特征，被参考的已有特征称为父特征。

在渐进创建实体零件的过程中建立块时，可使用各种类型的Pro/E特征。某些特征，出于必要性，优先于设计过程中的其他多种从属特征。这些从属特征从属于先前为尺寸和几何参照所定义的特征。这就是通常所说的父子关系。

总的来讲，父子关系是 Pro/E 和参数化建模的最强大的功能之一。在穿过模型传播改变来维护设计意图的过程中，此关系起着重要作用。修改了零件中的某父项特征后，其所有的子项会被自动修改以反映父项特征的变化。如果隐含或删除父特征，Pro/E 会提示对其相关子项进行操作。也可最小化不必要的或非计划中的父子关系实例。

因此，这对于参照特征尺寸非常有必要，这样 Pro/E 便能在整个模型中正确地传播设计更改。父项特征可没有子项特征而存在，使用父子关系时，记住这一点非常有用。但是，如果没有父项，则子项特征不能存在。

11.6.3 Top-Down

1. 什么是 Top-Down

Top-Down 是拆件方式的一种，也是拆件方式最常用的一种。从分件中来说，考虑质量、使用、费用等问题，主要以少拆为原则。

自顶向下（Top-Down）是一种先进的产品设计方法，是在产品开发的初期就按照产品的功能要求先定义产品架构并考虑组件与零件、零件与零件之间的约束和定位关系，在完成产品的方案设计和结构设计之后，再进行单个零件的详细设计。这种设计过程最大限度地减少设计阶段不必要的重复工作，有利于提高工作效率。Pro/E 软件提供了完整的 Top-Down 设计方案，通过定义顶层的设计意图（骨架）并从产品结构的顶层向下传递信息到有效的子装配或零件中。Top-Down 设计在组织方式上具有这样几个主要设计理念：确定设计意图；规划、创建产品结构；产品的三维空间规划；通过产品的结构层次共享设计信息；元件之间获取信息。在构建大型装配的概念设计时，Top-Down 设计是驾驭和控制 Pro/E 软件相关性设计工具最好的方法。而且在遇到需要进行设计变更的时候，只需改动骨架，子装配、零部件就会随之发生变化。

所谓 Top-Down，就是从整体出发从设计的结果出发即产品本身，而不是产品的某个零件不是一个个先依次考虑单个零件的设计，最后用 assembly 的方法组装，而是开始就从产品出发一开始就考虑所有零件的位置包括配合等。在 Pro/E 中实现的方法就是先完成一个总体产品 part，此 part 将包括外观、相关零件的大小、位置，以及各零件的配合关系，然后所有的零件画图都用此 part 做参考，而各个零件本身相互独立，不会有参考关系。以下用一个简单而经典的例子来说明，这里我们就跳过二维的和概念设计阶段，假设直接跳到用三维软件进行 ID 设计，设计结果、外形、各零件大小、位置都已定下了，并用一定的曲线，或面、实体（或点）表现出来。

2. Top-Down 建模

先建立一个骨架模型文件，估价模型是 Pro/E 特殊的模型文件，其实质是一个零件实体文件，后缀是“. prt”；建议在命名骨架模型文件的时候尽量加上 skel 字样以区别零件文件。在骨架模型里面要创建特征的原则是，只要是与配合有关的特征都创建完整，单个零件的特征不建议在骨架模型里面创建，直接把零件分割开后再创建比较便于管理。骨架模型的最终结果尽量用除试题以外的特征来表达，如曲面、基准点、基准轴等非实体特征。

11.6.4 装配约束

1. 装配

产品都是由若干个零件和部件组成的。按照规定的技术要求，将若干个零件接合成部件或将若干个零件和部件接合成产品的劳动过程，称为装配。前者称为部件装配，后者称为总装配。它一般包括装配、调整、检验和试验、涂装、包装等工作。

装配必须具备定位和夹紧两个基本条件。

(1) 定位就是确定零件正确位置的过程。

(2) 夹紧即将定位后的零件固定。

装配工艺规程是规定产品或部件装配工艺规程和操作方法等的工艺文件，是制订装配计划和技术准备，指导装配工作和处理装配工作问题的重要依据。它对保证装配质量，提高装配生产效率，降低成本和减轻工人劳动强度等都有积极的作用。

2. 内涵

(1) 制定装配线工艺的基本原则及原始资料。合理安排装配顺序，尽量减少钳工装配工作量，缩短装配线的装配周期，提高装配效率，保证装配线的产品质量这一系列要求是制定装配线工艺的基本原则。制定装配工艺的原始资料是产品的验收技术标准，产品的生产纲领，现有生产条件。

(2) 装配线工艺规程的内容。分析装配线产品总装图，划分装配单元，确定各零部件的装配顺序及装配方法；确定装配线上各工序的装配技术要求、检验方法和检验工具；选择和设计在装配过程中所需的工具、夹具和专用设备；确定装配线装配时零部件的运输方法及运输工具；确定装配线装配的时间定额。

(3) 制定装配线工艺规程的步骤。分析装配线上的产品原始资料；确定装配线的装配方法组织形式；划分装配单元；确定装配顺序；划分装配工序；编制装配工艺文件；制定产品检测与试验规范。

3. 需要注意

(1) 保证产品质量；延长产品的使用寿命。

(2) 合理安排装配顺序和工序，尽量减少手工劳动量，满足装配周期的要求；提高装配效率。

(3) 尽量减少装配占地面积，提高单位面积的生产率。

(4) 尽量降低装配成本。装起来，并经过调试、检验使之成为合格产品的过程。

零件的装配过程，实际上就是一个约束限位的过程，根据不同的零件模型及设计需要，选择合适的装配约束类型，从而完成零件模型的定位。一般要完成一个零件的完全定位，可能需要同时满足几种约束条件。Pro/Engineer Wildfire 提供了十几种约束类型，供用户选用。

4. 装配约束类型

要选择装配约束类型，只需在元件放置操控板的约束类型栏中，单击按钮，在弹出的下拉列表中选择相应的约束选项即可。

(1) 匹配。所谓“匹配”就是指两零件指定的平面或基准面重合或平行（当偏移值不为零时两面平行，当偏移值为零时两面重合）且两平面的法线方向相反。

(2) 对齐。使两零件指定的平面、基准面、基准轴、点或边重合或共线。

在进行“匹配”或“对齐”操作时，对于要配合的两个零件，必须选择相同的几何特征，如平面对平面，旋转曲面对旋转曲面等。

“匹配”或“对齐”的偏移值可为正值也可为负值。若输入负值，则表示偏移方向与模型中箭头指示的方向相反。

(3) 插入。“插入”约束使两零件指定的旋转面共旋转中心线，具有旋转面的模型有圆柱、圆台、球等。如在选定“插入”约束后，分别选择直角模型中孔特征的内表面和圆柱模型侧表面即可完成“插入”约束组装。

(4) 坐标系。使零件装配的坐标系与其装配零件的坐标系对齐，从而完成装配零件的放置。

（5）相切。在两个进行装配的零件中，各自指定一个曲面或一个为平面，另一个为曲面，使其相切。

（6）线上点。在一个零件上指定一点，然后在另一零件上指定一条边线，使该点在这条边线上。具体操作：选择左边模型的一个角点，然后选择右边模型箭头指示的边线；选择左边模型的另一个角点，然后选择右边模型箭头指示的边线，使两点在箭头指示的边线上。

（7）曲面上的点。在一个零件上指定一点，然后在另一个零件上指定一个面，则指定的面和点相接触。该选项常配合"对齐""匹配"等选项一起使用。

（8）曲面上的边。在一个零件上指定一条边，然后在另一个零件上指定一个面，则指定的边位于指定的面上。该选项常配合"对齐""匹配"等选项一起使用。

在零件装配之前将组件模型中的某些零件隐藏，可简化装配过程中的图面，便于捕捉要进行约束的对象。

零件装配时必须合理选择第一个装配零件，一般选择整个模型中最为关键的零件。

针对不同装配要求合理选择约束类型，借助"自动"选项，系统可自动选择合适的约束类型，有利于加快装配操作。

11.6.5 模具

1. 概念

在外力作用下使坯料成为有特定形状和尺寸的制件工具。广泛用于冲裁、模锻、冷镦、挤压、粉末冶金件压制、压力铸造，以及工程塑料、橡胶、陶瓷等制品的压塑或注塑的成形加工中。模具具有特定的轮廓或内腔形状，应用具有刃口的轮廓形状可以使坯料按轮廓线形状发生分离（冲裁）。应用内腔形状可使坯料获得相应的立体形状。模具一般包括动模和定模（或凸模和凹模）两个部分，二者可分可合。分开时取出制件，合拢时使坯料注入模具型腔成形。模具是精密工具，形状复杂，承受坯料的胀力，对结构强度、刚度、表面硬度、表面粗糙度和加工精度都有较高要求，模具生产的发展水平是机械制造水平的重要标志之一。

2. 构成

模具除其本身外，还需要模座、模架、导向装置和制件顶出装置等，这些部件一般都制成通用型。模具企业需要做大做精，要根据市场需求，以及技术、资金、设备等条件，确定产品定位和市场定位，这些做法尤其值得小型模具企业学习和借鉴，集中力量逐步形成自己的技术优势和产品优势。所以，我国模具企业必须积极努力借鉴国外这些先进企业的经验，以便其未来更好地发展。

3. 分类

按所成型的材料的不同，模具可分为五金模具、塑胶模具和特殊模具。

五金模具又分为冲压模（如冲裁模具、弯曲模具、拉深模具、翻孔模具、缩孔模具、起伏模具、胀形模具、整形模具等）、锻模（如模锻模、镦锻模等）、挤压模具、挤出模具、压铸模具、锻造模具等。

非金属模具又分为塑料模具和无机非金属模具。按照模具本身材料的不同，模具可分为砂型模具、金属模具、真空模具、石蜡模具，等等。其中，随着高分子塑料的快速发展，塑料模具与人们的生活密切相关。塑料模具一般可分为注射成型模具、挤塑成型模具、气辅成型模具，等等。

4. 模具材料

模具材料最重要的因素是热强度和热稳定性，不同金属材料的成型温度及其所用的模具材料见表 11-1。

表 11-1 金属材料成型温度及其模具材料选用表

成型温度	成型材料	模具材料
＜300℃	锌合金	Cr12、Cr12MoV、S-136、SLD、NAK80、GCr15、T8、T10
300～500℃	铝合金、铜合金	5CrMnMo、3Cr2W8、9CrSi、W18Cr4V、5CrNiMo、W6Mo5Cr4V2、M2
500～800℃	铝合金、铜合金、钢钛	GH130、GH33、GH37
800～1000℃	钛合金、钢、不锈钢、镍合金	K3、K5、K17、K19、GH99、IN100、ЖC−6NX88、MAR−M200、TRW−NASA、WA
＞1000℃	镍合金	铜基合金模具、硬质合金模具

5. 模具设计

冲压模具整体构造可分成两大部分。

(1) 共通部分。

(2) 依制品而变动的部分。共通部分可加以标准化或规格化，依制品而变动的部分是难以规格化的。

6. 模具之导引方式及配件有导柱及导套单元

模具之导引方式及配件有导柱及导套单元之种类有两种：①外导引型（模座型或称主导引）；②内导引型（或称辅助引）。另行配合精密模具之要求，使用外导引与内导引并用型之需求性高。

(1) 外导引型：一般应用于不要求高精密度之模具，大多与模座构成一单元贩卖之，主要作用是模具安装于冲床时之刃件对合，几乎没有冲压加工中之动态精度保持效果。

(2) 内导引型：由于模具加工机之进展，急速普及。主要作用除了模具安装于冲床时之刃件对合外，亦有冲压加工中之动态精度保持效果。

(3) 外导引与内导引并用型：一副模具同时使用外导引与内导引装置。

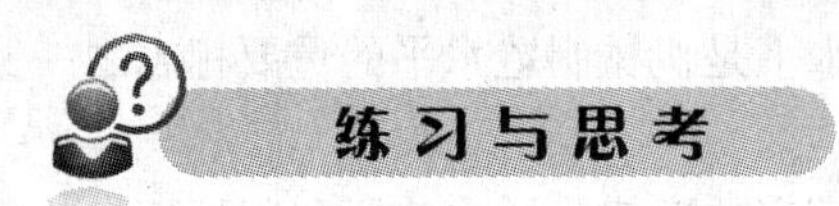

一、单选题

1. 模具具有特定的轮廓或内腔形状，应用内腔形状可使坯料获得相应的（　　）形状。

A. 平面　　B. 立体　　C. 二维　　D. 拱形

2. （　　）不属于装配约束类型。

A. 对齐　　B. 插入　　C. 相切　　D. 阵列

3. 模具材料的铝合金工作温度为（　　）℃。

A. 300～400　　B. 300～500　　C. 500～900　　D. 600～900

4. 零件的装配过程，实际上就是一个（　　）限位的过程。

A. 了解　　B. 控制　　C. 约束　　D. 生产

5. 模具是在（　　）下使坯料成为有特定形状和尺寸的制件的工具。

A. 外力作用　　B. 内力作用　　C. 压制作用　　D. 机械作用

6. 装配的约束类型有（　　）种。

A. 8　　B. 9　　C. 10　　D. 11

7. 在进行特征操作时，必须注意特征之间的相互（　　）关系，即父子关系。

A. 配合　　B. 修改　　C. 依赖　　D. 弥补

8. Pro/Engineer（　　）提出了参数化设计的概念，并且采用了单一数据库来解决特征的相关性问题。

A. 第一个　　B. 第二个　　C. 第三个　　D. 第四个

9. 模具生产的（　　）是机械制造水平的重要标志之一。

A. 产品质量　　B. 发展水平　　C. 模具数量　　D. 模型样板

10. 如果没有（　　），则子项特征不能存在。

A. 母项　　B. 父项　　C. 前项　　D. 后项

二、多选题

11. 产品都是由若干个（　　）组成的。

A. 草图　　B. 零件　　C. 部件　　D. 配件

E. 组件

12. 装配必须具备定位和夹紧的两个基本条件有（　　）。

A. 确定零件正确位置的过程　　B. 制订装配计划和技术准备

C. 将定位后的零件固定　　D. 保证装配质量

E. 降低成本

13. Pro/E 采用了模块方式，可以分别进行（　　）。

A. 草图绘制　　B. 零件制作　　C. 装配设计　　D. 钣金设计

E. 加工处理

14. 设计者既要构想一系列关联零件来实现各项功能，要考虑（　　）。

A. 外形美观　　B. 性能优良　　C. 不易变形　　D. 安全耐用

E. 以上都不是

15. 结构设计师应根据各种（　　）与（　　）条件寻求（　　）中的统一。

A. 需求　　B. 要求　　C. 限制　　D. 结构

E. 对立

16. 模具除其本身外，还需要（　　）。

A. 模座　　B. 模架　　C. 导向装置　　D. 制件顶出装置

E. 以上都不是

17. 模具材料最重要的因素有（　　）。

A. 损耗低　　B. 成本低　　C. 重量轻　　D. 易塑造

E. 热稳定性

18. 塑料模具一般可分为（　　）。

A. 挤压成型模具　　B. 石蜡成型模具　　C. 注射成型模具　　D. 挤塑成型模具

E. 气辅成型模具

19. 非金属模具分为（　　）。

A. 有机金属模具　　B. 塑料模具　　C. 金属模具　　D. 无机非金属模具

E. 以上都不是

20. 非金属模具按照模具本身材料的不同，可分为（　　）。

A. 砂型模具　　B. 金属模具　　C. 真空模具　　D. 石蜡模具

E. 以上都不是

三、判断题

21. Pro/E 操作软件是美国参数技术公司（PTC）旗下的 CAD/CAM/CAE 一体化的三维软

件。(　　)

22. 产品一般包括装配、调整、检验和试验，除了涂装、包装等工作。(　　)

23. 模具是精密工具，形状复杂，承受坯料的胀力，对结构强度、刚度、表面硬度、表面粗糙度和加工精度都有较高要求。(　　)

24. 装配工艺规程对保证装配质量、提高装配生产效率、降低成本和减轻工人劳动强度等都有积极的作用。(　　)

25. 外导引与内导引并用型是指一副模具同时使用外导引与内导引装置。(　　)

26. 装配约束类型中，曲面上的边是指在一个零件上指定一点，然后在另一个零件上指定一个面，则指定的面和点相接触。该选项常配合“对齐”“匹配”等选项一起使用。(　　)

27. 配合精密模具之要求，使用外导引与内导引并用型之需求性低。(　　)

28. 一般要完成一个零件的完全定位，不需要同时满足几种约束条件。(　　)

29. 模具是精密工具，形状复杂，承受坯料的胀力，对结构强度、刚度、表面硬度、表面粗糙度和加工精度都有较高要求。(　　)

30. 在零件装配之前将组件模型中的某些零件隐藏，可简化装配过程中的图面，便于捕捉要进行约束的对象。(　　)

练习与思考参考答案

1. B	2. D	3. B	4. C	5. A	6. A	7. C	8. B	9. B	10. B
11. BC	12. AC	13. ABCDE	14. ABD	15. BCE	16. ABCD	17. DE	18. CDE	19. BD	20. ABCD
21. Y	22. N	23. Y	24. Y	25. Y	26. N	27. N	28. N	29. Y	30. Y

任务 12

产品装配与固定结构设计

该训练任务建议用12个学时完成学习。

12.1 任务来源

结构装配固定方式问题是产品设计中一个重要的问题。构成产品的各个功能部件需要以各种方式连接固定在一起形成整体，以实现产品的设计功能。要想保证机器或部件能顺利装配，达到设计规定的性能要求，而且拆、装方便，则必须使零件间的装配结构设计满足装配工艺要求。

12.2 任务描述

为某现有产品的三维数据模型增加建模特征，将其零件以合适的结构设计进行固定，使其满足固定功能的同时，也符合产品装配、工艺、成本等多方面的优化条件。

12.3 能力目标

12.3.1 技能目标

完成本训练任务后，你应当能（够）：

1. 关键技能

（1）会分析现有零件的固定需求、构思装配固定方案。

（2）会合理设计装配细节形态并完成装配点布局。

（3）会运用PRO/E软件完成零件装配固定的细节建模。

（4）会对完成后的装配细节进行检测和修正。

2. 基本技能

（1）会查阅常用结构装配固定方式的数据资料。

（2）会完成PRO/E软件的基本建模操作。

12.3.2 知识目标

完成本训练任务后，你应当能（够）：

（1）熟悉卡榫固定方式及过盈配合装配。

（2）理解常用结构装配固定方式的表达方法。

（3）了解各种固定装配方式的优缺点。

12.3.3 职业素质目标

完成本训练任务后，你应当能（够）：

（1）具有严谨认真的工作态度。

（2）具有分析问题优化问题的工作能力。

12.4 任务实施

12.4.1 活动一　知识准备

（1）产品零件的常见结构装配固定方式。

（2）静连接与动连接。

（3）什么是卡扣连接。

12.4.2 活动二　示范操作

1. 活动内容

本案例操作对象为一个GPS系统的OBD控件。由于OBD控件体积非常小，其内部空间非常紧凑，因此客户不希望有螺丝。在此条件下，为了实现OBD控件上下盖的装配功能，主要采用卡扣（卡榫）机构作为装配固定方式。为了提高固定机构的强度，卡扣机构背面设置了加强筋结构，同时对加强筋的厚度和面积进行了巧妙设定，保证其不影响外壳表面的质量和平整度。在卡扣固定点的布局方面，充分考虑上下盖的连接强度需求，设定了多点卡接。卡扣卡接的凹凸结构设计充分考虑了塑料件的成型工艺问题，以断开形态方式进行设计，同时在下壳底部增加了筋条结构，使其发挥模具导轨作用，以方便凹凸结构卡扣的开模成型。

具体要求如下：

（1）分析产品工艺及结构特征，选择合适的固定装配方式。

（2）在三维软件中制作固定装配形态细节。

（3）检查、完善制作细节。

2. 操作步骤

（1）步骤一：用PRO/E软件打开OBD控件文件，如图12-1所示。

（2）步骤二：观察OBD控件的内部，确保卡扣与加强筋不会与内部部件产生冲突而影响装配，如图12-2所示。

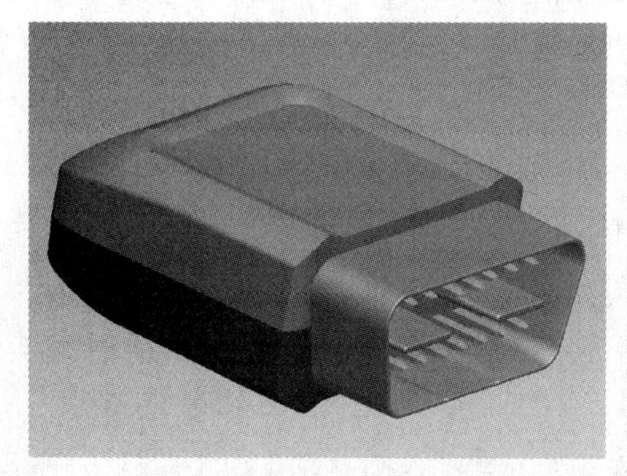

图12-1　OBD控件三维模型

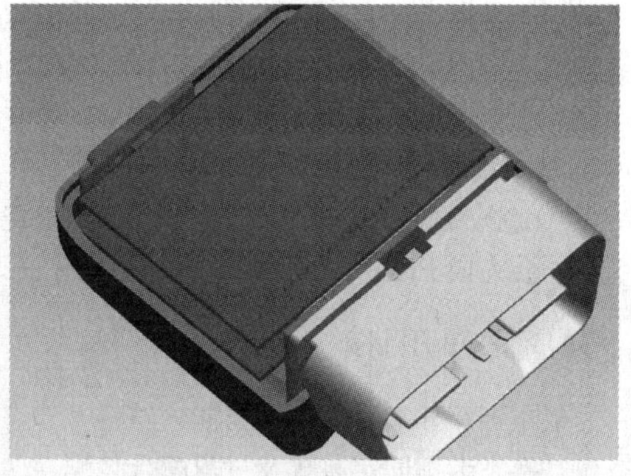

图12-2　OBD控件的内部形态

（3）步骤三：隐藏其他零件，在侧壁构建凸起薄壁结构，如图 12-3 所示。

（4）步骤四：在凸起薄壁上开口，做卡位口，如图 12-4 所示。

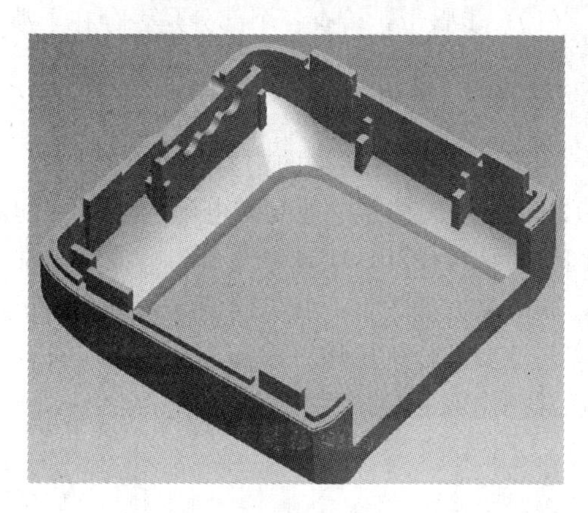

图 12-3　侧壁凸起薄壁结构

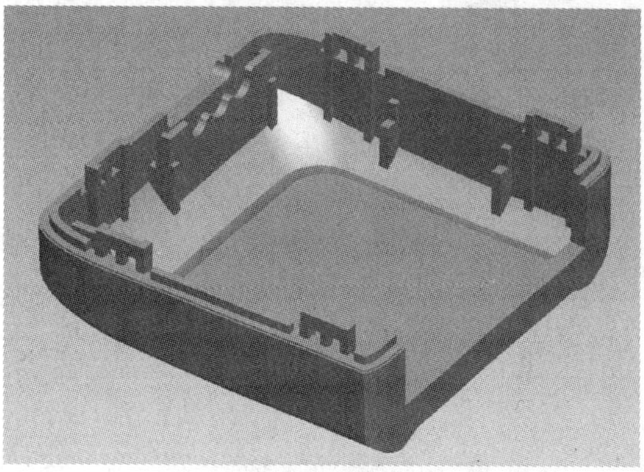

图 12-4　卡位口效果

（5）步骤五：在凸起薄壁的外侧做斜角，使外壳在装配时更方便，如图 12-5 所示。

（6）步骤六：隐藏外壳，显示另一边的外壳，为另一边的外壳加上合适的卡扣。此步骤应注意复制前一组特征作为参考，如图 12-6 所示。

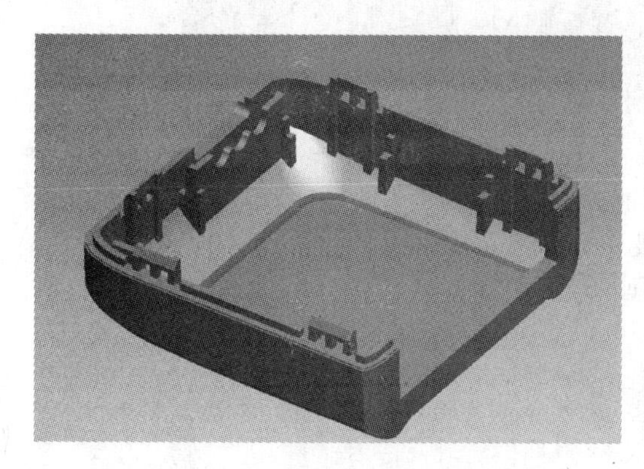

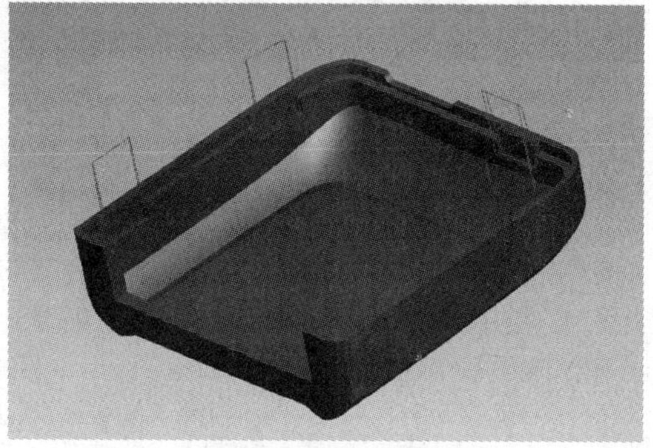

图 12-5　卡位口斜角效果

图 12-6　另一边外壳

（7）步骤七：在对应的侧壁构建凸起结构，该结构必须满足成型工艺性要求，如图 12-7 所示。

（8）步骤八：在底部做加强筋，作为模具滑块导轨，如图 12-8 所示。

图 12-7　建凸起结构后的外壳

图 12-8　底部做加强筋效果

图 12-9 周围制作加强筋效果

(9) 步骤九：在周围制作加强筋，用来固定PCB板，防止PCB板悬空固定，如图 12-9 所示。

(10) 步骤十：检查各个部分是否存在干涉。

12.4.3 活动三 能力提升

在不允许使用螺丝的前提下为如图 12-10、图 12-11 所示遥控器电池盒和电池盖进行装配固定细节的结构设计，实现电池盒与电池盖正常固定，同时又方便进行拆卸。固定结构必须满足加工工艺性要求，其操作方式和力学性能应符合人们日常操作习惯。

图 12-10 遥控器电池盒

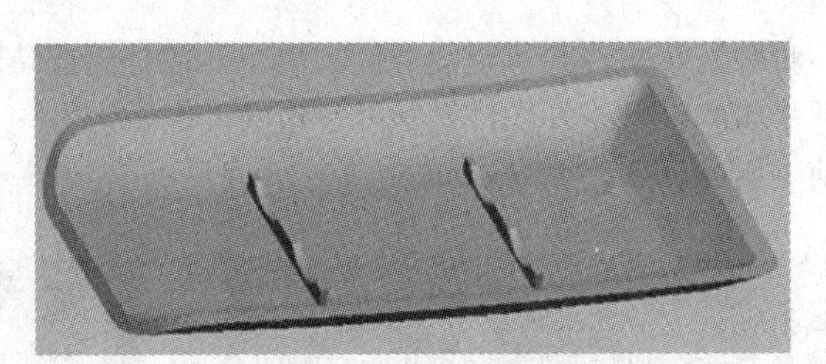

图 12-11 遥控器电池盖

具体要求如下：

(1) 分析产品工艺及结构特征，选择合适的固定装配方式。

(2) 在三维软件中制作固定装配形态细节。

(3) 检查、完善制作细节。

12.5 效果评价

效果评价参见任务 1，评价标准见附录。

12.6 相关知识与技能

12.6.1 结构装配固定的含义

装配，顾名思义就是按照规定的技术要求，将若干个零件接合成部件或将若干个零件和部件接合成产品的劳动过程。前者称为部件装配，后者称为总装配。它一般包括装配、调整、检验、试验、涂装和包装等工作。

结构装配固定方式问题是产品设计中一个重要的问题。构成产品的各个功能部件需要以各种方式连接固定在一起形成整体，以完成产品的设计功能。为保证机器或部件能顺利装配，并达到设计规定的性能要求，而且拆、装方便，必须使零件间的装配结构满足装配工艺要求。为了达到这个目的，选择正确的结构装配固定方式是关键。

12.6.2 常用结构装配固定方式

固定连接是装配中最基本的一种装配方法，常见的固定连接有螺纹连接、键连接、销连接、过盈连接等。按拆卸后零件是否被破坏分类，固定连接又分为可拆卸的固定连接和不可拆卸的固定连接两类。根据不同的分类标准，连接结构可以分为不同的形式。按照不同的连接原理分类，可以分为机械连接结构、粘接和焊接三种连接方式；按照结构的功能和部件的活动空间分类，可以分为动连接和静连接结构，具体见表 12-1、表 12-2。

表 12-1 连接原理分类

机械连接	铆接、螺栓连接、键销连接、弹性卡扣连接等
焊接	1. 利用电能的焊接（电弧焊、埋弧焊、气体保护焊、点焊、激光焊） 2. 利用化学能的焊接（气焊、原子氢能焊合铸焊等） 3. 利用机械能的焊接（煅焊、冷压焊、爆炸焊、摩擦焊等）
粘接	粘合剂粘接、溶剂粘接

表 12-2 连接结构和活动空间分类

静连接	不可拆固定连接：焊接、铆接、粘接等
	可拆固定连接：螺纹连接、销连接、弹性形变连接、锁扣连接、插接等
动连接	柔性连接：弹簧连接、软轴连接
	移动连接：滑动连接、滚动连接
	转动连接

12.6.3 螺纹连接

1. 螺纹连接的类型

螺纹连接可分为普通螺纹连接和特殊螺纹连接两大类。普通螺纹连接有螺栓连接、双头螺柱连接、螺钉连接、紧定螺钉连接等；除此以外的由带螺纹的零件构成的螺纹连接，称为特殊螺纹连接。

（1）螺栓连接。被连接件上的通孔和螺栓杆间留有间隙，通孔的加工精度要求低，结构简单，装拆方便，使用时不受被连接件材料的限制。主要用于连接件不太厚，并能从两边进行装配的场合。

（2）双头螺柱连接。拆卸时只需旋下螺母，螺柱仍留在机体的螺纹孔内，故螺纹孔不能损坏。用于连接件之一较厚，材料又比较软且需经常拆卸的场合。

（3）螺钉连接。主要用于连接件较厚或结构上受到限制，不能采用螺栓或双头螺柱连接，且不需经常装拆或受力较小的场合。

（4）紧定螺钉连接。螺钉末端拧入螺纹孔中顶住另一零件的表面或顶入相应的凹坑中，以固定两个零件的相对位置，并可传递不大的力或转矩。螺钉除作为联结和紧定用外，还可用于调整零件位置。

2. 螺纹连接装拆工具

由于螺纹连接中螺栓、螺钉、螺母等紧固件的种类较多，形状各异，因而装拆工具也有各种不同的形式。装配时应根据具体情况合理选用。

（1）螺钉旋具。螺钉旋具用于拧紧或松开头部带沟槽的螺钉。它的工作部分用碳素工具钢制成，并经淬火处理。常用的螺钉旋具有一字槽螺钉旋具和其他螺钉旋具。

1）一字槽螺钉旋具。这种螺钉旋具由木柄、刀体和刀口三部分组成。它的规格是以刀体部分的长度来表示的。常用的有 mm100、mm150、mm200、mm300、mm400 几种。使用时，应根据螺钉沟槽的宽度来选用。

2）其他螺钉旋具。弯头螺钉旋具，其两头各有一个刃口，互成垂直位置，用于螺钉头顶部空间受到限制的场合；十字槽螺钉旋具，用于拧紧头部带十字槽的螺钉，即使旋具在较大的拧紧力下，也不易从槽中滑出；快速螺钉旋具，工作时推压手柄，使螺旋杆通过来复孔而转动，可以快速拧紧或松开小螺钉，从而加快装拆速度。

（2）扳手。扳手是用来装拆六角形、正方形螺钉及各种螺母的。常用的扳手类型分为通用扳手、专用扳手和特种扳手。

1）通用扳手，又叫活动扳手。它是由扳手体、固定钳口、活动钳口和蜗杆组成。开口尺寸可在一定范围内调节。使用时应让其固定钳口承受主要作用力，否则容易损坏扳手。其规格用长度表示。

2）专用扳手。

a. 开口扳手：用于装拆六角形或方头的螺母或螺钉，有单头和双头之分。其开口尺寸是与螺母或螺钉对边间距的尺寸相适应，并根据标准尺寸做成一套。

b. 整体扳手：分为正方形、六角形、十二角形（梅花扳手）等。适用于工作空间狭小，不能容纳普通扳手的场合，应用较广泛。

c. 钳形扳手：专门用来锁紧各种结构的圆螺母。

d. 套筒扳手：由一套尺寸不等的梅花套筒组成。在受结构限制其他扳手无法装拆或节省装拆时间时采用，因弓形手柄能连续转动，使用方便，工作效率较高。

e. 内六角扳手：用于装拆内六角螺钉。成套的内六角扳手，可供装拆 M5～M36 的内六角螺钉。

3）特种扳手。棘轮扳手——此种扳手通过反复摆动手柄即可逐渐拧紧螺母或螺钉，使用方便，效率较高。

3. 螺纹连接的预紧与防松

（1）螺纹连接的预紧。一般的螺纹连接可用普通扳手、电动扳手或风动扳手拧紧，而有规定预紧力的螺纹连接，则常用控制扭矩法、控制扭角法和控制螺栓伸长法等方法来保证准确的预紧力。

（2）螺纹连接的防松。螺纹连接工作在有振动或冲击的场合时会发生松动，为防止螺钉或螺母松动必须有可靠的防松装置。防松的种类分为摩擦防松、机械防松和破坏螺纹副运动关系的防松。

1）摩擦防松。对顶螺母，利用主、副两个螺母，先将主螺母拧紧至预定位置，然后再拧紧副螺母。这种防松装置在连接时要使用两只螺母，增加了结构尺寸和质量，一般用于低速重载或较平稳的场合。

2）弹簧垫圈，这种防松装置容易刮伤螺母和被连接件表面，且弹力分布不均，螺母容易产生偏斜。因其构造简单，防松可靠，适用于工作较平稳，不经常装拆的场合。

12.6.4 焊接

常用的焊接工艺有电弧焊（氩弧焊、手弧焊、埋弧焊、钨极气体保护电弧焊、等离子弧焊、熔化极气体保护焊）、电阻焊、高能束焊（电子束焊、激光焊）、钎焊。以电阻热为能源：电渣焊、高频焊；以化学能为焊接能源：气焊、气压焊、爆炸焊；以机械能为焊接能源：摩擦焊、冷压焊、超声波焊、扩散焊。

1. 电弧焊

电弧焊是目前应用最广泛的焊接方法。它包括有手弧焊、埋弧焊、钨极气体保护电弧焊、等离子弧焊、熔化极气体保护焊、管状焊丝电弧焊。绝大部分电弧焊是以电极与工件之间燃烧的电弧作热源。在形成接头时，可以采用也可以不采用填充金属。所用的电极是在焊接过程中熔化的焊丝时，叫作熔化极电弧焊，诸如手弧焊、埋弧焊、气体保护电弧焊、管状焊丝电弧焊等；所用的电极是在焊接过程中不熔化的碳棒或钨棒时，叫作不熔化极电弧焊，诸如钨极氩弧焊、等离子弧焊等。

（1）手弧焊。手弧焊是各种电弧焊方法中发展最早、目前仍然应用最广的一种焊接方法。它是以外部涂有涂料的焊条作电极和填充金属，电弧是在焊条的端部和被焊工件表面之间燃烧。涂料在电弧热作用下一方面可以产生气体以保护电弧，另一方面可以产生熔渣覆盖在熔池表面，防止熔化金属与周围气体的相互作用。熔渣的更重要作用是与熔化金属产生物理化学反应或添加合金元素，改善焊缝金属性能。手弧焊设备简单、轻便，操作灵活。可以应用于维修及装配中的短缝的焊接，特别是可以用于难以达到的部位的焊接。

（2）埋弧焊。埋弧焊是以连续送时的焊丝作为电极和填充金属。埋弧焊可以采用较大的焊接电流。与手弧焊相比，其最大的优点是焊缝质量好，焊接速度高。因此，它特别适用于焊接大型工件的直缝的环缝。而且多数采用机械化焊接。埋弧焊已广泛用于碳钢、低合金结构钢和不锈钢的焊接。由于熔渣可降低接头冷却速度，故某些高强度结构钢、高碳钢等也可采用埋弧焊焊接。

（3）钨极气体保护电弧焊。这是一种不熔化极气体保护电弧焊，是利用钨极和工件之间的电弧使金属熔化而形成焊缝的。焊接过程中钨极不熔化，只起电极的作用。在国际上通称为 TIG 焊。钨极气体由于能保护电弧焊很好地控制热输入，所以它是连接薄板金属和打底焊的一种极好方法。这种方法几乎可以用于所有金属的连接，尤其适用于焊接铝、镁这些能形成难熔氧化物的金属以及像钛和锆这些活泼金属。这种焊接方法的焊缝质量高，但与其他电弧焊相比，其焊接速度较慢。

（4）等离子弧焊。等离子弧焊也是一种不熔化极电弧焊。它是利用电极和工件之间的压缩电弧（叫转发转移电弧）实现焊接的。所用的电极通常是钨极等离子弧焊焊接，由于其电弧挺直、能量密度大、因而电弧穿透能力强。等离子弧焊焊接时产生的小孔效应，对于一定厚度范围内的大多数金属可以进行不开坡口对接，并能保证熔透和焊缝均匀一致。因此，等离子弧焊的生产率高、焊缝质量好。但等离子弧焊设备（包括喷嘴）比较复杂，对焊接工艺参数的控制要求较高。钨极气体保护电弧焊可焊接的绝大多数金属，均可采用等离子弧焊接。与之相比，对于 1mm 以下的极薄的金属的焊接，用等离子弧焊可较易进行。

（5）熔化极气体保护电弧焊。这种焊接方法是利用连续送进的焊丝与工件之间燃烧的电弧作热源，由焊炬喷嘴喷出的气体保护电弧来进行焊接的。熔化极气体保护电弧焊的主要优点是可以方便地进行各种位置的焊接，同时也具有焊接速度较快、熔敷率高等优点。熔化极活性气体保护电弧焊可适用于大部分主要金属，包括碳钢、合金钢。熔化极惰性气体保护焊适用于不锈钢、铝、镁、铜、钛、锆及镍合金。利用这种焊接方法还可以进行电弧点焊。

（6）管状焊丝电弧焊。管状焊丝电弧焊也是利用连续送进的焊丝与工件之间燃烧的电弧为热源来进行焊接的，可以认为是熔化极气体保护焊的一种类型。所使用的焊丝是管状焊丝，管内装有各种组分的焊剂。焊接时，外加保护气体，主要是 CO。管状焊丝电弧焊可以应用于大多数黑色金属各种接头的焊接。管状焊丝电弧焊在一些工业先进国家已得到广泛应用。

2. 电阻焊

电阻焊是以电阻热为能源的一类焊接方法，包括以熔渣电阻热为能源的电渣焊和以固体电阻热为能源的电阻焊。由于电渣焊更具有独特的特点，故放在后面介绍。这里主要介绍几种固体电阻热为能源的电阻焊，主要有点焊、缝焊、凸焊及对焊等。电阻焊一般是使工件处在一定电极压力作用下并利用电流通过工件时所产生的电阻热将两工件之间的接触表面熔化而实现连接的焊接方法。通常使用较大的电流。为了防止在接触面上发生电弧并且为了锻压焊缝金属，焊接过程中始终要施加压力。进行这一类电阻焊时，被焊工件的表面善对于获得稳定的焊接质量是头等重要的。因此，焊前必须将电极与工件以及工件与工件间的接触表面进行清理。点焊、缝焊和凸焊的犃在于焊接电流（单相）大（几千至几万安培），通电时间短（几周波至几秒），设备昂贵、复杂，生产率高，因此适用于大批量生产。主要用于焊接厚度小于 3mm 的薄板组件。各类钢材、铝、镁等有色金属及其合金、不锈钢等均可焊接。

3. 高能束焊

高能束焊这一类焊接方法包括电子束焊和激光焊。

（1）电子束焊。电子束焊是以集中的高速电子束轰击工件表面时所产生的热能进行焊接的方法。电子束焊接时，由电子枪产生电子束并加速。常用的电子束焊有高真空电子束焊、低真空电子束焊和非真空电子束焊。前两种方法都是在真空室内进行。焊接准备时间（主要是抽真空时间）较长，工件尺寸受真空室大小限制。电子束焊与电弧焊相比，主要的特点是焊缝熔深大、熔宽小、焊缝金属纯度高。它既可以用在很薄材料的精密焊接，又可以用在很厚的（最厚300mm）构件焊接。所有用其他焊接方法能进行熔化焊的金属及合金都可以用电子束焊接。主要用于要求高质量的产品的焊接。还能解决异种金属、易氧化金属及难熔金属的焊接。但不适用于大批量产品。

（2）激光焊。激光焊是利用大功率相干单色光子流聚焦而成的激光束为热源进行的焊接。这种焊接方法通常有连续功率激光焊和脉冲功率激光焊。激光焊优点是不需要在真空中进行，缺点则是穿透力不如电子束焊强。激光焊时能进行精确的能量控制，因而可以实现精密微型器件的焊接。它能应用于很多金属，特别是能解决一些难焊金属及异种金属的焊接。

4. 钎焊

钎焊的能源可以是化学反应热，也可以是间接热能。它是利用熔点比被焊材料的熔点低的金属作钎料，经过加热使钎料熔化，靠毛细管作用将钎料及入到接头接触面的间隙内，润湿被焊金属表面，使液相与固相之间互扩散而形成钎焊接头。因此，钎焊是一种固相兼液相的焊接方法。钎焊加热温度较低，母材不熔化，而且也不需施加压力。但焊前必须采取一定的措施清除被焊工件表面的油污、灰尘、氧化膜等。这是使工件润湿性好、确保接头质量的重要保证。钎料的液相线湿度高于 450℃而低于母材金属的熔点时，称为硬钎焊；低于 450℃时，称为软钎焊。根据热源或加热方法不同钎焊可分为火焰钎焊、感应钎焊、炉中钎焊、浸沾钎焊、电阻钎焊等。钎焊时由于加热温度比较低，故对工件材料的性能影响较小，焊件的应力变形也较小。但钎焊接头的强度一般比较低，耐热能力较差。钎焊可以用于焊接碳钢、不锈钢、高温合金、铝、铜等金属材料，还可以连接异种金属、金属与非金属。适于焊接受载不大或常温下工作的接头，对于精密的、微型的以及复杂得多钎缝的焊件尤其适用。

5. 其他焊接方法

这些焊接方法属于不同程度的专门化的焊接方法，其适用范围较窄。主要包括以电阻热为能源的电渣焊、高频焊；以化学能为焊接能源的气焊、气压焊、爆炸焊；以机械能为焊接能源的摩擦焊、冷压焊、超声波焊、扩散焊。

（1）电渣焊。如前面所述，电渣焊是以熔渣的电阻热为能源的焊接方法。焊接过程是在立焊位置、在由两工件端面与两侧水冷铜滑块形成的装配间隙内进行。焊接时利用电流通过熔渣产生的电阻热将工件端部熔化。根据焊接时所用的电极形状，电渣焊分为丝极电渣焊、板极电渣焊和熔嘴电渣焊。电渣焊的优点是可焊的工件厚度大（从30mm到大于1000mm），生产率高。主要用于在断面对接接头及丁字接头的焊接。电渣焊可用于各种钢结构的焊接，也可用于铸件的组焊。电渣焊接头由于加热及冷却均较慢，热影响区宽、显微组织粗大、韧性、因此焊接以后一般须进行正火处理。

（2）高频焊。高频焊是以固体电阻热为能源。焊接时利用高频电流在工件内产生的电阻热使工件焊接区表层加热到熔化或接近的塑性状态，随即施加（或不施加）顶锻力而实现金属的结合。因此它是一种固相电阻焊方法。高频焊根据高频电流在工件中产生热的方式可分为接触高频焊和感应高频焊。接触高频焊时，高频电流通过与工件机械接触而传入工件。感应高频焊时，高频电流通过工件外部感应圈的耦合作用而在工件内产生感应电流。高频焊是专业化较强的焊接方法，要根据产品配备专用设备。生产率高，焊接速度可达30m/min。主要用于制造管子时纵缝或螺旋缝的焊接。

（3）气焊。气焊是以气体火焰为热源的一种焊接方法。应用最多的是以乙炔气作燃料的氧—乙炔火焰。设备简单，操作方便，但气焊加热速度及生产率较低，热影响区较大，且容易引起较大的变形。气焊可用于很多黑色金属、有色金属及合金的焊接。一般适用于维修及单件薄板焊接。

（4）气压焊。气压焊和气焊一样，也是以气体火焰为热源。焊接时将两对接的工件的端部加热到一定温度，后再施加足够的压力以获得牢固的接头。是一种固相焊接。气压焊时不加填充金属，常用于铁轨焊接和钢筋焊接。

（5）爆炸焊。爆炸焊也是以化学反应热为能源的另一种固相焊接方法。但它是利用炸药爆炸所产生的能量来实现金属连接的。在爆炸波作用下，两件金属在不到一秒的时间内即可被加速撞击形成金属的结合。在各种焊接方法中，爆炸焊可以焊接的异种金属的组合的范围最广。可以用爆炸焊将冶金上不相容的两种金属焊成为各种过渡接头。爆炸焊多用于表面积相当大的平板包覆，是制造复合板的高效方法。

（6）摩擦焊。摩擦焊是以机械能为能源的固相焊接。它是利用两表面间机械摩擦所产生的热来实现金属的连接的。摩擦焊的热量集中在接合面处，因此热影响区窄。两表面间须施加压力，多数情况是在加热终止时增大压力，使热态金属受顶锻而结合，一般结合面并不熔化。摩擦焊生产率较高，原理上几乎所有能进行热锻的金属都能摩擦焊接。摩擦焊还可以用于异种金属的焊接。适用于横断面为圆形的最大直径为100mm的工件。

（7）超声波焊。超声波焊也是一种以机械能为能源的固相焊接方法。进行超声波焊时，焊接工件在较低的静压力下，由声极发出的高频振动能使接合面产生强烈摩擦并加热到焊接温度而形成结合。超声波焊可以用于大多数金属材料之间的焊接，能实现金属、异种金属及金属与非金属间的焊接。可适用于金属丝、箔或2mm以下的薄板金属接头的重复生产。

（8）扩散焊。扩散焊一般是以间接热能为能源的固相焊接方法。通常是在真空或保护气氛下进行。焊接时使两被焊工件的表面在高温和较大压力下接触并保温一定时间，以达到原子间距离，经过原子朴素相互扩散而结合。焊前不仅需要清洗工件表面的氧化物等杂质，而且表面粗糙度要低于一定值才能保证焊接质量。扩散焊对被焊材料的性能几乎不产生有害作用。它可以焊接很多同种和异种金属以及一些非金属材料，如陶瓷等。扩散焊可以焊接复杂的结构及厚度相差很大的工件。

12.6.5 卡扣

卡扣结构是确定产品各零件间结合的最有效的一种连接方式。起到一种简单和快捷的装配作用。卡扣结构的优点：在考虑机械装配工作中，单独的紧固件劳动强度常常最大。为降低与单独紧固件相关的装配费用，对于塑胶成型零件来说，各种类型设计完美的卡扣都可以提供可靠的、高质量的紧固配置使得产品的装配效率极高。再者，扣位的装配过程简单，一般只需一个插入的动作，无须做旋转运动或装配前产品定位的动作，快捷简便。

卡扣结构的缺点：随着使用次数的增多，容易产生断裂现象，且断裂位置难以修补。在塑胶成型的零件上用于不拆卸的装配，若能拆卸只有更换零件。卡扣设计在公差配合上需要经验的积累。

卡扣可以是最终连接，也可以是其他连接出现之前的临时连接。

临时连接时，卡扣仅将连接保持到其他连接出现。仅要求它们是足够坚固而有效的，能够将装配件与基本件定位保持到最终连接的出现。

永久锁紧件是不打算拆开的。非永久锁紧件是打算拆开的。非永久锁紧用两种锁紧类型加以区别。可拆卸锁紧件被设计成当预定分离力施加到零件上时，允许零件分离。非拆卸锁紧件需要人工使锁紧件偏斜。

材料对于卡扣结构影响极大。聚合物通常能分为刚性和柔性两种。不同的使用场合两种特性都适合卡扣使用。

由于卡扣经常使用与连接有外观面的零件，因此材料必须同时满足功能和美观的要求。不同的使用场合，工程师应当考虑许多因素。

紫外线颜色稳定性。外观面可能要求抗紫外线，否则材料的颜色和机械性能会变坏导致最后失效。

(1) 可喷涂性。如果零件将喷漆，应当选择适合喷涂的材料，否则漆、涂料会侵蚀聚合物。

(2) 模内颜色。一些添加的颜色，特别是镉红，会降低材料性能。

(3) 热塑极限。零件在不同的温度改变下以不同的比率膨胀或收缩。在塑料对塑料装配时比率可能相差1～2倍，在塑料对金属装配时比率可能相差5～10倍。

(4) 抗裂纹扩张。设计卡扣时选用低的裂纹扩张特性材料非常重要。

(5) 化学抵抗力。暴露在化学环境下的零件必须考虑此点。比如汽车零部件接头必须要能经受泄漏的油、防冻及其他化学物的侵蚀。

有时，在动态应用中，如动力工具和洗衣机，连接卡扣会产生噪声如咔嗒声、吱吱声。这可以通过采用弹性较好的材料来防止。设计预负荷。在零件配合时利用材料的弹性设计一点干涉量，使零件间具有持续的压力，防止异常的噪声出现。

12.6.6 卡榫

卡榫为塑料件中很常用的一种固定结构，利用塑料自身的弹性，防止物块滑动，兼具保持唯一维度方向运动的作用。

12.6.7 过盈连接

过盈连接是依靠包容件（孔）和被包容件（轴）配合后的过盈来实现紧固连接的。这种连接的结构简单、同心度好、承载能力强，能承受变载和冲击力，还可避免零件因加工出键槽等而削弱强度，但配合加工精度要求较高，采用圆柱面接合时装拆不便。过盈连接的配合面主要是圆柱面和圆锥面，其他形式较少。

1. 圆柱面过盈连接

圆柱面过盈连接的配合过盈量大小，是由连接本身要求的紧固程度所决定的。在确定配合种类时，一般应选择其最小过盈等于或稍大于连接所需的最小过盈。因过盈量过大将导致装配困难，而过盈量过小将满足不了传递一定扭矩的要求，在确定精度等级时，若选较高精度的配合，而其实际过盈变动范围较小，装配后连接件的松紧程度不会发生大的差异，但加工要求较高；配合精度较低时，虽可降低加工精度要求，但实际配合过盈变动范围较大。在批量生产时，各连接件的承载能力和装配性能相差较大，往往需分组选择装配。

2. 圆锥面过盈连接

圆锥面过盈连接是利用包容件与被包容件相对轴向位移后相互压紧来实现过盈结合的。其压紧方式有液压装拆，圆锥面过盈连接的特点：压合距离短，装拆方便，装拆时配合面不易擦伤，可用于多次装拆的场合，但其配合面加工不便。

3. 过盈连接的装配方法

(1) 压入配合法。可用手锤加垫块敲击压入，也可采用各类压力机压入。

(2) 热胀配合法。又称红套，是利用金属材料热胀冷缩的物理特性，在套与轴有一定过盈时，将套加热，使孔胀大，然后将轴装入胀大的孔中，待冷却后，轴与套孔就获得了传递轴向力、扭矩或轴向力与扭矩同时作用的结合体。

(3) 冷缩配合法。此法是将被包容件进行低温冷却使之冷缩，对小过盈量的小型连接件和薄壁衬套等多采用干冰冷缩（可冷至－78℃）；过盈量较大的连接件，如发动机的主、副杆衬套等，多采用液氮冷缩（可冷至－196℃）

(4) 液压套合法是使高压油注入锥套中，使油压增大，锥套膨胀顶出或装入。

12.6.8 其他连接方式

1. 键连接的类型及其结构形式

键连接可分为平键连接、半圆键连接、楔键连接和切向键连接。

平键按用途分有三种：普通平键、导向平键和滑键。平键的两侧面为工作面，平键连接是靠键和键槽侧面挤压传递转矩，键的上表面和轮毂槽底之间留有间隙。平键连接具有结构简单、装拆方便、对中性好等优点，因而应用广泛。

2. 金属粘接

金属粘接剂有天然和合成粘结剂两大类，天然粘接剂组分简单，使用范围窄。合成粘接剂是应用最广泛的一种，其主要组成物有粘料固化剂填料增韧剂溶剂及其他助剂。

金属粘接剂的作用是借助于它和材料（零件）之间的强烈的表面粘着力，使零件能够连接成永久性的结构。

3. 铰接

转动连接结构，一般来说，用铰链把两个物体连接起来叫铰接。这是一种常用的机械工业结合方式。常用于连接转动的装置。以使门、盖或其他摆动部件可以借以转动。传统的铰链由两个或多个移动的金属片构成。现代的铰链由可以重复弯曲的单一塑料片制成。转动轴的相关结构设计。应用范围：汽车门的铰链、大铁门、脚蹬子车轮，等等。

12.6.9 结构装配固定方式在设计中的应用分析

连接结构问题是产品设计中一个重要的问题。构成产品的各个功能部件需要以各种方式连接固定在一起形成整体，以完成产品的设计功能。满足外观造型设计的产品外壳，通常也是由底盖、主体框架等部件组成，需要连接固定形成一个整体。因此有必要对产品设计中连接结构问题进行探讨。

连接结构作为一种技术支撑，对产品设计的创新有重要的指导意义。不仅要在造型上有所创新，更要从结构上着手，对产品造型进行更好的、更合理的改变。在前人研究的基础上，从产品造型的角度去对连接结构进行研究。为设计人员提供具体可行的设计方向，从结构的角度推动工业设计的发展。

练习与思考

一、单选题

1. 以下属于电弧焊的是（　　）。

A. 手弧焊　　B. 电子束焊　　C. 激光焊　　D. 钎焊

2. 以下不属于电弧焊的是（　　）。

A. 埋弧焊　　B. 气焊　　C. 手弧焊　　D. 等离子弧焊

3. 不以化学能为焊接能源的是（　　）。

A. 气压焊　　B. 爆炸焊　　C. 冷压焊　　D. 气焊

4. 以下不属于键连接的是（　　）。

A. 圆键连接　　B. 平键连接　　C. 半圆键连接　　D. 楔键连接

5. 超声波焊是一种以（　　）为能源的焊接方法。

A. 机械能　　B. 化学能　　C. 电阻热　　D. 热能

6. 不属于静连接的是（　　）。

A. 铆接　　B. 弹簧连接　　C. 焊接　　D. 粘接

7. 同频焊是一种以（　　）为能源的焊接方法。

A. 机械能　　B. 化学能　　C. 电阻热　　D. 热能

8. 电渣焊是一种以（　　）为能源的焊接方法。

A. 机械能　　B. 化学能　　C. 电阻热　　D. 热能

9. 气压焊是一种以（　　）为能源的焊接方法。

A. 机械能　　B. 化学能　　C. 电阻热　　D. 热能

10. 在卡扣中，非拆卸锁紧件需要（　　）使锁紧件偏斜。

A. 固定　　B. 人工　　C. 机械　　D. 加工

二、多选题

11. 高能束焊包括（　　）。

A. 手弧焊　　B. 电子束焊　　C. 等离子弧焊　　D. 激光焊

E. 埋弧焊

12. 以机械能为焊接能源的有（　　）。

A. 超声波焊　　B. 摩擦焊　　C. 气焊　　D. 冷压焊

E. 扩散焊

13. 卡扣结构的缺点有（　　）。

A. 使用次数增多之后，容易产生断裂现象　　B. 断裂位置难以修补

C. 难拆除　　D. 种类少

E. 使用要求过多

14. 卡扣材料考虑因素有（　　）。

A. 同时满足功能和美观的要求　　B. 紫外线颜色稳定性

C. 可喷涂性　　D. 模内颜色

E. 热塑极限

15. 熔化极惰性气体保护焊适用于（　　）。

A. 不锈钢　　B. 铝　　C. 镁　　D. 铜
E. 钛

16. 电渣焊分为（　　）。
A. 板极电渣焊　　B. 高频电渣焊　　C. 丝极电渣焊　　D. 同频电渣焊
E. 熔嘴电渣焊

17. 以下哪些产品构造包含转动轴的相关结构设计？（　　）
A. 汽车门的铰链　　B. 大铁门　　C. 脚蹬子车轮　　D. 轮胎
E. 门锁

18. 电渣焊接以后须进行正火处理的原因有（　　）。
A. 电渣焊接头加热及冷却均较慢　　B. 热影响区宽
C. 显微组织粗大　　D. 韧性
E. 冷却过快

19. 过盈连接的装配方法有（　　）。
A. 压入配合法　　B. 热胀配合法　　C. 冷缩配合法　　D. 液压套合法
E. 气化套合法

20. 不属于电阻焊的包括（　　）。
A. 手弧焊　　B. 埋弧焊
C. 钨极气体保护电弧焊　　D. 等离子弧焊
E. 熔化极气体保护焊

三、判断题

21. 按照不同的连接原理分类，可以分为机械连接结构、粘接和焊接三种连接方式。（　　）

22. 按照结构的功能和部件的活动空间分类，可以分为动连接和静连接结构。（　　）

23. 手弧焊是目前应用最广泛的焊接方法。（　　）

24. 常用焊接工艺主要包括以电阻热为能源的电渣焊、高频焊、超声波焊。（　　）

25. 过盈连接是依靠包容件（孔）和被包容件（轴）配合后的过盈来实现紧固连接的。（　　）

26. 等离子弧焊的生产率高、焊缝质量好。但等离子弧焊设备（包括喷嘴）比较复杂，对焊接工艺参数的控制要求较高。（　　）

27. 为保证机器或部件能顺利装配，并达到设计规定的性能要求，而且拆、装方便，必须使零件间的装配结构满足装配工艺要求。（　　）

28. 激光焊时能进行精确的能量控制，因而可以实现精密微型器件的焊接。它能应用于很多金属，特别是能解决一些难焊金属及异种金属的焊接。（　　）

29. 模具是精密工具，形状复杂，承受坯料的胀力，对结构强度、刚度、表面硬度、表面粗糙度和加工精度都有较高要求。（　　）

30. 连接结构作为一种技术支撑，对产品设计的创新有重要的指导意义。（　　）

练习与思考参考答案

1. A	2. B	3. C	4. A	5. A	6. B	7. C	8. C	9. B	10. D
11. BD	12. ABDE	13. AB	14. ABCDE	15. ABCDE	16. ACE	17. ABC	18. ABCD	19. ABCD	20. ABCDE
21. Y	22. Y	23. N	24. N	25. Y	26. Y	27. Y	28. Y	29. Y	30. Y

任务 13 产品运动结构设计

该训练任务建议用 3 个学时完成学习。

13.1 任务来源

在工业产品中，有运动机构的产品不在少数，运动机构常常成为产品的主要功能或者增值的功能，不可或缺。设计模拟产品的运动机构，能验证在使用过程中的运动操作是否正确，是否易于操作，合理的运动结构设计是优良产品设计的重要基础。

13.2 任务描述

在三维工程软件中完成产品零件运动机构设计制作，使其符合产品功能和工艺要求。

13.3 能力目标

13.3.1 技能目标

完成本训练任务后，你应当能（够）：

1. 关键技能

（1）会根据产品运动件的设计需求，分析运动结构实现方式。

（2）会提出合理的运动结构方案，进行简单的力学分析和装配分析。

（3）会运用 PRO/E 软件完成产品运动结构的细节建模。

（4）会在软件环境模拟运动仿真检测并修正运动结构。

2. 基本技能

（1）会查阅运动结构相关技术资料。

（2）会完成 PRO/E 软件的基本建模操作。

13.3.2 知识目标

完成本训练任务后，你应当能（够）：

（1）熟悉常用的运动机构的基本原理。

（2）熟悉常用运动机构在不同场合的使用原则。

（3）了解运动仿真的相关知识。

13.3.3 职业素质目标

完成本训练任务后，你应当能（够）：
（1）具有严谨认真的工作态度。
（2）具有较强的学习能力。

13.4 任务实施

13.4.1 活动一 知识准备

（1）实现执行构件各种运动形式的常用机构。
（2）常见的活动连接结构设计。

13.4.2 活动二 示范操作

1. 活动内容

在三维工程软件中完成车载内窥镜转轴机构设计制作，使其符合产品功能和工艺要求。

具体要求如下：

（1）打开车载内窥镜三维文件，分析其转轴部分现有壳体的工艺及力学性能，根据功能需求提出手柄转轴处的运动机构实施方案。

（2）在外壳上做出固定转轴的机构，其中一面做出 4 个放置弹簧和钢珠的圆筒。对转轴进行处理，挖凹槽。组合各部件，注意在转轴和外壳之间留些间隙，完成该运动机构设计制作。

2. 操作步骤

（1）步骤一：打开车载内窥镜现有三维模型，预览其旋转机构相关整体外观及结构，重点关注分析需要做旋转机构的手柄上方的圆弧形壳体结构，车载内窥镜形态和转轴处结构，如图 13-1、图 13-2 所示（图 13-1 见文前彩页）。

（2）步骤二：在手柄上方圆心处制作一个立柱结构用来固定转轴，立柱周围布置加强筋；在立柱周围构建用于安装弹簧和钢珠的 4 个圆筒，如图 13-3 所示。

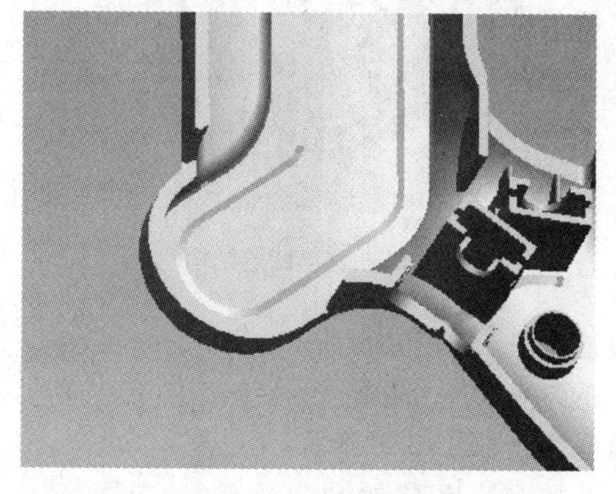

图 13-2 车载内窥镜转轴处结构

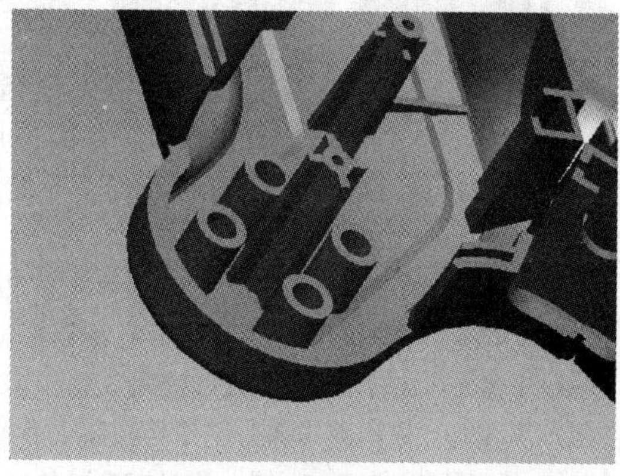

图 13-3 立柱与圆筒结构

圆筒内孔深度应保证两个限定条件。

1）弹簧和钢珠能一起放进去，弹簧在下，钢珠在上。

2）弹簧与钢珠放进去后钢珠高出圆筒一些，但在水平状态不会掉出来。

（3）步骤三：打开手柄外壳的另一半的三维文件，如图 13-4 所示。

（4）步骤四：配合步骤二中制作的中间立柱结构做出圆柱用来安装螺丝，注意顶端布置 4 个小的加强筋作为加强结构，如图 13-5 所示。

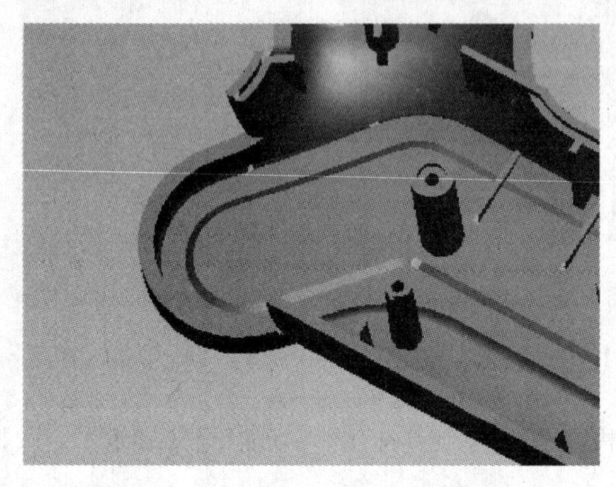

图 13-4　手柄外壳的另一半的结构

图 13-5　圆柱结构

（5）步骤五：打开圆形的转轴零件，该零件主要用于连接显示屏，如图 13-6 所示。

（6）步骤六：在转轴零件侧面制作圆形凹槽，如图 13-7 所示。

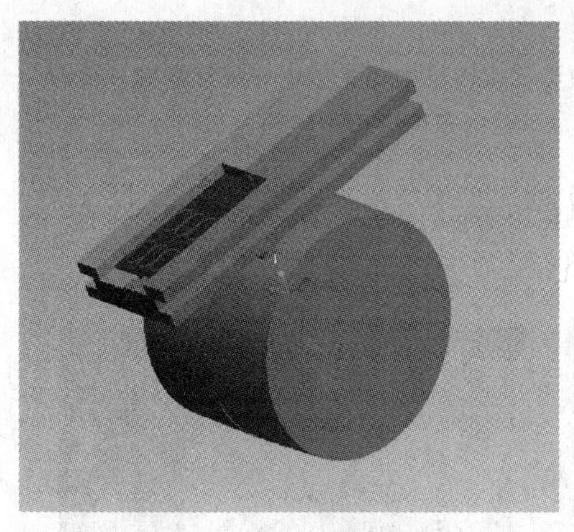

图 13-6　圆形转轴零件

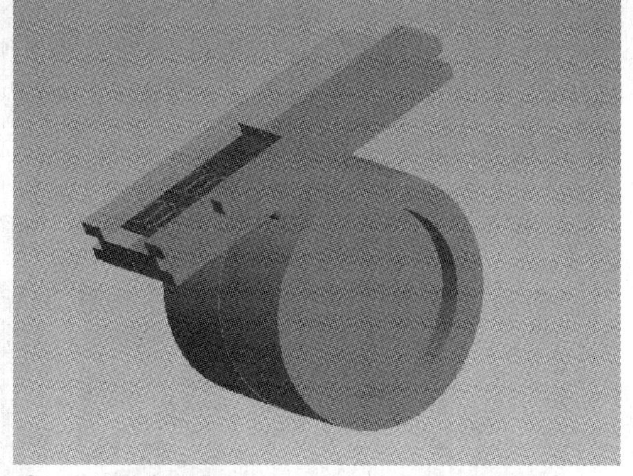

图 13-7　圆形凹槽结构

（7）步骤七：在转轴零件另一侧开孔用以穿过连接柱，如图 13-8 所示。

（8）步骤八：在转轴侧面圆形凹槽处参照小钢珠的曲率开多个凹槽，如图 13-9、图 13-10 所示。

（9）步骤九：模拟在步骤二制作的圆筒中放置弹簧，如图 13-11 所示。

（10）步骤十：模拟在弹簧上放置钢珠，如图 13-12、图 13-13 所示。

（11）步骤十一：将各部件装配在一起，注意在转轴和外壳之间应有一点间隙，如图 13-14、图 13-15 所示。

图 13-8　开孔结构

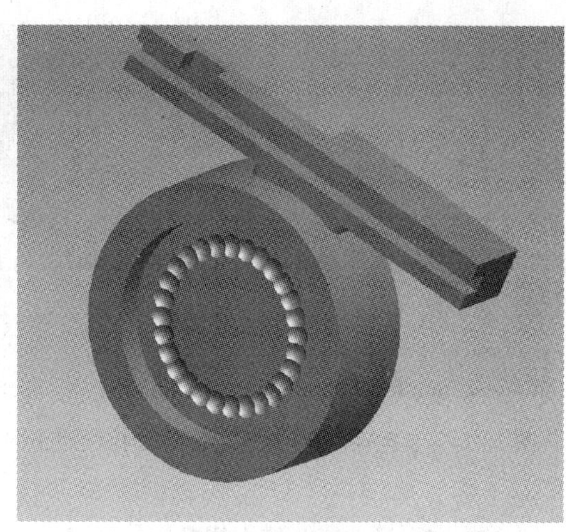

图 13-9　小凹槽结构 1

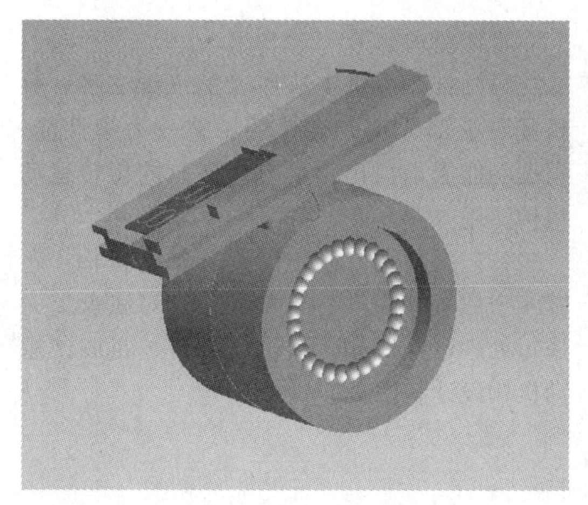

图 13-10　小凹槽结构 2

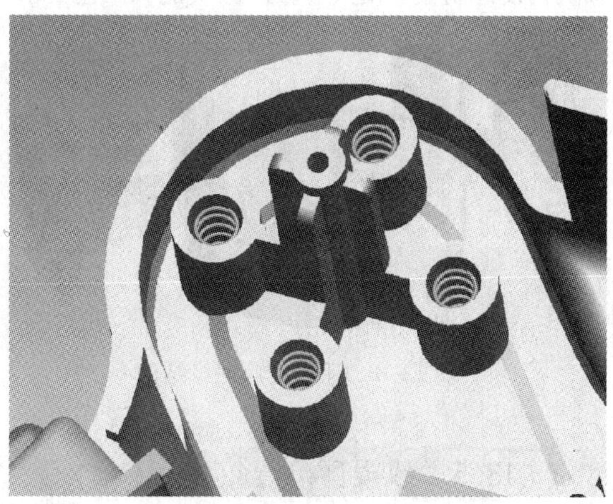

图 13-11　模拟圆筒中放置弹簧效果

图 13-12　弹簧上放置钢珠效果 1

图 13-13　弹簧上放置钢珠效果 2

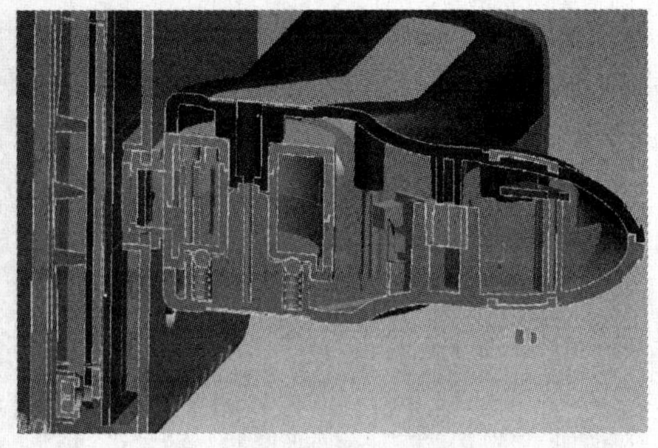

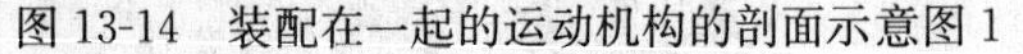

图 13-14　装配在一起的运动机构的剖面示意图 1　　图 13-15　装配在一起的运动机构的剖面示意图 2

13.4.3 活动三　能力提升

根据活动内容和示范操作要求，在三维工程软件中完成如图 13-16 所示汽车手机支座底盘转轴机构设计制作，使其符合产品功能和工艺要求。

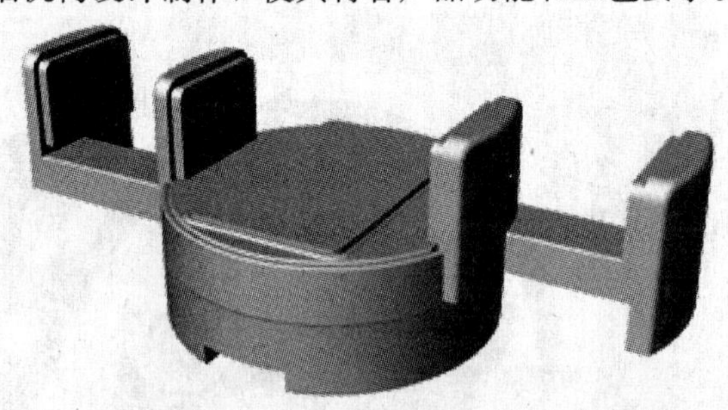

图 13-16　手机支座底盘结构

具体要求如下：

（1）打开手机支座底盘的三维文件，分析其底盘部分现有壳体的工艺及力学性能，根据功能需求提出手机支座底盘的旋转运动机构实施方案。

（2）在底壳上制作固定转轴的机构，布置 4 个放置弹簧和钢珠的圆筒。对底盘上壳进行处理，挖凹槽。组合各部件，完成该运动机构设计制作。

13.5 效果评价

效果评价参见任务 1，评价标准见附录。

13.6 相关知识与技能

13.6.1 执行构件的运动形式

1. 旋转运动

（1）连续旋转运动：如缝纫机主轴的转动。

（2）间歇旋转运动：如自动机床工作台的转位。

（3）往复摆动：如颚式破碎机的动颚板的打击运动、电风扇的摇头运动等。

2. 直线运动

（1）往复移动：如压缩机活塞的往复运动等。

（2）间歇往复移动：如轻工自动机中供料机构的间歇供料运动。

（3）单向间歇直线移动：如刨床工作台的进给运动。

3. 曲线运动

13.6.2 实现执行构件各种运动形式的常用机构

（1）实现连续旋转运动的机构。双曲柄机构、转动导杆机构、定轴齿轮传动机构、蜗杆传动机构、周转轮系机构、各种摩擦轮传动机构等。

（2）实现间歇旋转运动的机构。棘轮机构、槽轮机构、不完全齿轮机构、凸轮式间歇运动机构等。

（3）实现往复摆动的机构。曲柄摇杆机构、摇块机构、摆动导杆机构、摆动从动件凸轮机构等。

（4）实现间歇往复摆动的机构。带有修止段轮廓的摆动从动件凸轮机构、输出运动为间歇往复摆动的组合机构等。

（5）实现往复移动的机构。曲柄滑快机构、正弦机构、正切机构等。

（6）实现间歇往复移动的机构。凸轮轮廓有休止段的移动从动件凸轮机构、中间有停歇的斜面拨销机构等。

（7）实现刚体导引运动的机构。铰链四杆机构、凸轮一连杆机构、齿轮一连杆机构等。

（8）实现给定轨迹（曲线）运动的机构。利用连杆曲线来实现给定运动轨迹的各种连杆机构，实现给定轨迹的各种组合机构，如凸轮一连杆机构、齿轮一连杆机构等。

13.6.3 活动连接结构设计

1. 活动连接的种类

在三维空间内的结构零部件，可以产生六种基本运动，即沿三维空间三个方向（轴）的移动和绕三个方向（轴）的转动。按机构学的定义，称为具有六个运动自由度。将一个零部件与其他零部件以某种方式连接，则限制了该零部件的某些自由度和运动范围，只允许以一定方式、在一定范围内相对运动。

单自由度转动，构件围绕一根轴旋转或摆动，连接结构必须使用一个固定的轴。转动连接应用非常广泛，如自行车的车轮、车把、轮盘及脚蹬等功能上需要转动，结构上需要相应地设计转动连接。

单自由度移动，构件沿一定固定轨迹运动，轨迹可以是空间或平面曲线，最常用轨迹是直线。移动连接结构设计的主要任务是设计形成移动轨迹的“轨道”结构。如订书器中，书钉推送部件采用了简单的直线导轨结构，机体的旋转部分使用了简单的“护翼式”旋转运动导轨，保证工作的可靠性。

螺旋运动属于一类较特殊的单自由度运动。如货物输送机采用螺旋导轨实现货物的垂直输送，应用于车间或仓库中货物的输送。

螺旋运动更常见的应用形式是实现旋转与直线移动的转换，如机械千斤顶，螺旋轴的转动转换为机构的转动和转移，进而实现对重物的推举。

工业产品中应用最广泛的双自由度运动连接结构是所谓的万向联轴节，其本质为相互串接的两个单自由度转动连接关节，有多种结构变化形式。

以球心位置固定的球面作为转动的连接构件，可实现三个自由度的转动，球面附加限定销，可限定一个转动自由度。此类活动连接结构在一些需随时调整构件角度的产品结构中应用甚广。例如，机动车的手动变速杆转动结构；可调节方向的射灯；飞机、汽车内可调方向空调排风口等。

柔性连接在此指允许被连接零部件位置、角度在一定范围内变化或连接构件可发生一定范围内的形状、位置变化而不影响运动传递或连接固定关系。常见的形式有弹簧连接、软管连接等。

2. 转动连接结构设计

转动连接结构设计的核心和关键是转动轴的相关结构设计。

滚动轴承。滚动轴承连接具有摩擦小、承载能力强、工作稳定可靠等优点，且滚动轴承属于系列化生产的标准件，选用方便。滚动轴承有向心球轴承、向心推力轴承、滚子轴承、端面推力轴承、滚针轴承、滚珠轴承等多种形式，可根据运动速度及载荷要求相应选择。

滚动轴承连接在结构设计上需考虑轴承的固定、内外圈与轴和孔的配合及轴承和相关零部件的拆装等问题，对于有轴向载荷的结构，还要考虑轴承的预紧结构。轴内圈与轴的配合一般采用过盈配合，外圈与结构孔的配合多采用过渡配合。

滚动轴承的各运动件间存在一定的间隙，在自由状态下，轴承内、外圈之间可形成一定的活动间隙，这一间隙称为轴承的游隙。轴承游隙降低运动精度和刚度，产生振动噪声等，运动速度越高，影响越大。对轴承预先施加非工作载荷，消除、减小游隙，即所谓的轴承预紧，可有效改善工作状况。轴承预紧的基本原理是，固定轴承内圈或外圈，对另一个施加一定的预紧力，“挤紧”内圈和外圈。

3. 移动连接结构设计

移动连接结构设计的核心和关键是滑动导轨、滑动部件在导轨上的安装固定及相关结构。根据具体产品运到要求不同，设计上可能侧重考虑连接的可靠性、滑动阻力、运到精度等因素，移动连接结构也相应有很多变化。

最简单的直线移动连接结构的导轨为一截面为矩形或半圆线（凸出的楞筋或凹下的槽），移动部件对应设置与之配合的简单结构，广泛用于移动速度较低、运到精度要求不高的场合，如办公室的抽屉、计算机和 VCD 的光盘机等。为减少摩擦、方便移动，可在移动部件滑动部位安装滚轮或轴承，用滚动代替滑动，如抽屉推拉滚动结构。

有些移动结构要求有一定的摩擦阻力，以保证移动部件定位后不在扰动外力作用下自行移动。结构通过在导轨两侧设计、安装调整滑动间隙垫片，从而调整滑动摩擦力达到预定的大小。

移动部件移动位置的精确定位仅靠导轨系统通常无法保证，需借助丝杠、同步带等定位，导轨只作为保证移动稳定性的结构。考虑移动部件运动的安全、可靠性，与移动导轨配合的部分可采用夹持导轨的结构，如吊索缆车、悬挂输送机等。

双导轨结构既增加了移动的可靠性，也加大了抗倾覆能力，各种轨道车辆等一般广泛采用。

车床运动精度要求高、切削时载荷重，其溜板箱导轨采用三角形和矩形组合，并设有镶条调节运动间隙，小刀架移动采用燕尾槽导轨。

车床等平面导轨的润滑很重要，一般可采用预设乳化油沟槽等方式。

在导轨上运行的起重机等设备，移动行走时需灵活、阻力尽可能小，采用轨道滚轮结构；起重工作时要求车体位置固定可靠，一般可采用类似刹车结构的“夹轨器”实现。

13.6.4 机构选型的基本原则

（1）满足工艺动作和运动要求。

（2）结构最简单，传动链最短。

（3）原动机的选择有利于简化结构和改善运动质量。

（4）机构有尽可能好的动力性能。

（5）机器操纵方便、调整容易、安全耐用。

（6）加工制造方便，经济成本低。

（7）具有较高的生产效率与机械效率。

一、单选题

1.（　　）不是执行构件的运动形式。

A. 旋转运动　　B. 直线运动　　C. 折线运动　　D. 曲线运动

2.（　　）不是构件直线运动的形式。

A. 往复移动　　B. 间歇往复移动　　C. 单向间歇直线移动　　D. 单向直线运动

3. 定轴齿轮传动机构能够实现（　　）。

A. 连续旋转运动　　B. 间歇旋转运动　　C. 往复摆动　　D. 曲线运动

4. 曲柄滑块机构能实现（　　）。

A. 往复移动　　B. 间歇往复移动　　C. 单向间歇直线移动　　D. 往复摆动

5. 以球心位置固定的球面作为转动的连接构件，可实现（　　）个自由度的转动。

A. 三　　B. 四　　C. 六　　D. 八

6.（　　）属于柔性连接。

A. 弹簧连接　　B. 转动连接　　C. 移动连接　　D. 卡扣连接

7. 旋转与直线移动的转换常见于（　　）。

A. 单自由度移动　　B. 螺旋运动　　C. 单自由度转动　　D. 万向运动

8. 移动部件对应设置与导轨配合的简单结构，广泛用于（　　）的场合。

A. 高速移动　　B. 高精度　　C. 低速移动　　D. 高速高精度

9. 结构通过在导轨两侧设计、安装调整滑动间隙垫片为的是（　　）。

A. 增加摩擦　　B. 方便移动　　C. 降低精度　　D. 加快速度

10. 车床运动精度要求高、切削时载荷重，其溜板箱导轨采用（　　）和矩形组合。

A. 三角形　　B. 半圆形　　C. C 字形　　D. 工字形

二、多选题

11. 构件旋转运动的形式包括（　　）。

A. 连续旋转运动　　B. 往复移动　　C. 间歇旋转运动　　D. 往复摆动

E. 间歇往复移动

12. 螺旋运动常见于（　　）。

A. 螺旋起瓶器　　B. 机械千斤顶　　C. 工程车履带　　D. 货物输送机

E. 飞机螺旋桨

13. 滚动轴承连接具有（　　）等优点。

A. 结构简单　　B. 承载能力强　　C. 适用于任何环境　　D. 方便使用

E. 工作稳定可靠

14. 滑动部件在导轨上的安装固定及相关结构，根据具体产品运到要求不同，设计上可能侧重考虑（　　）等因素。

A. 连接的可靠性　　B. 结构的美观性　　C. 滑动阻力　　D. 结构耐用度

E. 运到精度

15. 最简单的直线移动连接结构的导轨广泛用于如（　　）等场合。

A. PCB 板生产流水线　　B. 办公室的抽屉

C. 精密仪器　　D. 计算机

E. VCD的光盘机

16. 考虑移动部件运动的安全、可靠性，与移动导轨配合的部分可采用夹持导轨的结构，如（　　）。

A. 电梯　B. 悬挂输送机　C. 吊索缆车　D. 抽屉

E. VCD碟机

17. 对轴承预先施加非工作载荷，（　　）游隙，即所谓的轴承预紧，可有效改善工作状况。

A. 忽略　B. 填补　C. 增加　D. 减小

E. 消除

18. 滚动轴承有向心球轴承、（　　）等多种形式。

A. 向心推力轴承　B. 滚子轴承　C. 端面推力轴承　D. 滚针轴承

E. 滚珠轴承

19. 以球心位置固定的球面作为转动的连接构件广泛用于（　　）。

A. 飞机的方向舵　B. 汽车内可调方向空调排风口

C. 机动车的手动变速杆转动结构　D. 可调节方向的射灯

E. 门的合页

20. 转动连接广泛应用于（　　）。

A. 自行车的车轮　B. 风扇叶　C. 自行车的车把　D. 气缸活塞

E. 门的合页

三、判断题

21. 转动连接结构设计的核心和关键是转动轴的相关结构设计。（　　）

22. 滚动轴承不是系列化生产的标准件。（　　）

23. 滚动轴承连接在结构设计上需考虑轴承的固定、内外圈与轴和孔的配合及轴承和相关零部件的拆装等问题，对于有轴向载荷的结构，还要考虑轴承的预紧结构。（　　）

24. 轴承游隙运动精度和刚度的影响会随着速度的加快而降低。（　　）

25. 移动部件移动位置的精确定位仅靠导轨系统通常无法保证，需借助丝杠、同步带等定位，导轨只作为保证移动稳定性的结构。（　　）

26. 起重机工作时要求车体位置固定可靠，一般可采用类似刹车结构的“夹轨器”实现。（　　）

27. 为减少摩擦、方便移动，可在移动部件滑动部位安装滚轮或轴承，用滚动代替滑动，如抽屉推拉滚动结构。（　　）

28. 车床运动精度要求高、切削时载荷重，其溜板箱导轨采用三角形和矩形组合，并设有镶条调节运动间隙，小刀架移动采用燕尾槽导轨。（　　）

29. 移动部件移动位置的精确定位仅靠导轨系统即可。（　　）

30. 轴承预紧的基本原理是，固定轴承内圈或外圈，对另一个施加一定的预紧力，“挤紧”内圈和外圈。（　　）

练习与思考参考答案

1. C	2. D	3. A	4. A	5. A	6. A	7. B	8. C	9. A	10. A
11. ACD	12. ABD	13. BE	14. ACE	15. BDE	16. ABC	17. DE	18. ABCDE	19. BCD	20. ABCE
21. Y	22. N	23. Y	24. N	25. Y	26. Y	27. Y	28. Y	29. N	30. Y

任务 14

产品结构强度与可靠性审核

该训练任务建议用6个学时完成学习。

14.1 任务来源

在进行产品结构设计中，需要针对产品的结构设计进行评估及可靠性测试，以预防在设计、制造、生产等各个环节中潜在发生的问题。

14.2 任务描述

现有产品结构设计方案及样机一台，请对其结构的强度和可靠性进行审核。

14.3 能力目标

14.3.1 技能目标

完成本训练任务后，你应当能（够）：

1. 关键技能

（1）会完成FMEA零件可靠性审核。
（2）会确定可靠性测试项目。
（3）会进行可靠性测试实验。
（4）会分析测试结果。
（5）会针对测试结果提出改进措施。

2. 基本技能

（1）会理解产品结构设计基本术语。
（2）会理解产品结构设计的基本原理。
（3）会产品结构设计的流程。
（4）会计算机三维基础建模。

14.3.2 知识目标

完成本训练任务后，你应当能（够）：
（1）掌握FMEA的分析方法及内容。

(2) 了解产品结构设计的可靠性测试的类别。
(3) 掌握机械试验项目测试的方法。
(4) 了解环境适应测试、寿命测试、结构件表面处理测试、特殊条件测试等方法。

14.3.3 职业素质目标

完成本训练任务后，你应当能（够）：
(1) 养成严谨科学的工作态度。
(2) 具备耐心的工作素质。
(3) 养成总结工作的习惯。
(4) 养成团结协作精神。

14.4 任务实施

14.4.1 活动一 知识准备

(1) FMEA 的含义。
(2) 可靠性测试方法。

14.4.2 活动二 示范操作

1. 活动内容

现有手持 POS 机结构设计方案及样机一台，请对其结构的强度和可靠性进行审核。具体要求如下：
(1) 分析结构设计方案及结构设计数据。
(2) 完成 FMEA 零件可靠性审核，并完成检查表。
(3) 确定可靠性测试项目。
(4) 进行可靠性测试实验。
(5) 分析测试结果，填写测试记录表。
(6) 针对测试结果提出改进措施，并填写可靠性改善方案表。

2. 操作步骤

(1) 步骤一：完成 FMEA 零件可靠性审核，填写 FMEA 零件检查表，格式见表 14-1。
1) 分析结构设计方案及结构设计数据。
2) 完成 FMEA 零件可靠性审核。
3) 填写 FMEA 零件可靠性检查表。

表 14-1　FMEA 零件检查表

类别	检查内容	NG/OK
料厚与材料	料厚是否合理	
	材料是否满足结构要求	
	后续生产不更换模具时有没有可替代的材料	
拔模斜度	外观是否有拔模斜度	
	重要配合面是否有拔模斜度	
	配合面不允许有拔模斜度时有无说明	
	更换材料拔模斜度有无影响	
	材料通过添加剂加强拔模斜度有无影响	

续表

类别	检查内容	NG/OK
涉及模具结构部分	检查是否有模具倒扣	
	检查是否有尖钢及薄钢	
	检查是否有厚胶及薄胶	
	卡扣处是否有足够的行程	
	能否简化模具结构	
	充分考虑模具夹线对外观的影响	
加强筋	检查所有加强筋的厚度，加强筋厚度做到料厚的 50%左右	
	检查所有加强筋的高度，加强筋高度补大于料厚的 3 倍	
	检查所有相交的加强筋交叉处的壁厚	
柱位	柱位强度是否足够	
	柱位壁厚是否合理，柱位壁厚不大于料厚的 0.6 倍	
	柱位高度是否合理，柱位高度不大于料厚的 5 倍	
	单独柱位有无加强	
	柱位根部厚度是否合理，柱位根部厚度不大于料厚的 0.6 倍	
钣金零件	检查厚度是否均匀	
	检查是否复合加工工艺	
	检查是否可以展平	
	检查能否简化加工工艺	
	是否需要后续加工	
	是否需要做表面处理	
PCB 堆叠板	PCB 堆叠板是否最新版本	
	PCB 堆叠板中的电子元器件尺寸及规格是否正确无误	
	PCB 堆叠板是否遗漏元器件	
	PCB 堆叠板是否经过电子工程师确认	

（2）步骤二：确定可靠性测试项目。

1）确定测试仪器及相关测试条件。

2）分析样机外观、基本结构及使用环境。

3）确定可靠性测试项目。

可靠性测试是保证产品合格的依据，结构设计师需要对常用的可靠性测试项目有比较清楚的了解，以便预防在设计、制造、生产等各环节中潜在发生的问题，是设计出合格产品的重要保证。

常用的可靠性测试项目分为机械试验项目测试、环境适应测试、寿命测试、结构件表面处理测试、特殊条件测试。

本项目可根据样机特点和测试条件选择 1～3 项可靠性测试实验完成测试。

（3）步骤三：进行可靠性测试实验。

1）确定测试流程。

2）严格按照要求完成可靠性测试。

3）记录测试结果。

具体测试内容如下：

a. 自由跌落测试。

• 测试样品数量：一般为 2～10 台，常用数量为 5 台。

• 样品状态：单机，不包括彩盒，开机状态。

• 跌落高度：3.0英寸及以上屏跌落高度为0.80m，3.0英寸以下屏跌落高度为1.0m。

• 跌落表面：混凝土或钢制成的平滑，坚硬的刚性表面，如水泥地面等。

• 跌落要求：对产品的六个面及四个角依次进行自由跌落（左下角→右下角→右上角→左上角→底部→右侧→顶部→左侧→反面→正面），除LCD正面跌一次外，其余每面各轮流跌两次。

• 判定标准：跌落完后检查不允许出现LCD屏裂现象，所有功能检测正常，外观不允许出现壳裂，拆机检查内部无元器件松动、脱落、破裂。

b. 重复跌落测试。

• 测试样品数量：一般为2～5台，常用数量为2台。

• 样品状态：单机，不包括彩盒，开机状态。

• 跌落高度：跌落高度为1.0m。

• 跌落表面：硬木板，频率约为10次/min。

• 跌落要求：共跌落1000次，任意面跌落，但LCD屏面少于150次，每跌200次检查外观及功能。

• 判定标准：跌落完后检查不允许出现LCD屏裂现象，所有功能检测正常，外观不允许出现壳裂，拆机检查内部无元器件松动、脱落、破裂。

c. 振动测试。

• 测试样品数量：一般为2～5台，常用数量为2台。

• 样品状态：单机，不包括彩盒，开机状态。

• 测试条件：振幅为0.38mm，振频为10～30Hz；振幅为0.19mm，振频为30～55Hz。

• 测试目的：测试样机抗振性能。

• 测试方法：将样品放入振动箱内固定夹紧。启动振动台按X、Y、Z三个轴向分别振动1h，每个轴振动完之后取出，进行外观、结构和功能检查。三个轴向振动试验结束后，对样机进行参数测试。

• 判定标准：振动后样品外观，结构和功能复合要求，参数测试正常，晃动无异响。拆机检查内部无元器件松动、脱落、破裂。

d. 扭转测试。

• 测试样品数量：一般为2～5台，常用数量为2台。

• 样品状态：单机，不包括彩盒，开机状态。

• 测试目的：测试样机抗扭转性能。

• 测试方法：将样品固定在扭曲试验机上，两端各夹持15mm，对其施加数值为样品厚度的0.08倍（取mm为数值单位），单位为N·m的扭矩，最大不超过2N·m，最小不小于0.5N·m，顺时针和逆时针各一次交错进行扭曲，频率为每分钟15～30次，共按1000次扭转循环，单循环：扭力变化0→N·m→0→-N·m→0。频率为2s/次。每500次对样品的外观、功能进行检测。

• 判定标准：要求各试验功能良好。外观无变形、开裂。

（4）步骤四：分析测试结果，填写测试结果记录表，格式见表14-2。

1）分析、计算可靠性测试结果。

2）根据判断标准对比测试结果。

表 14-2　测 试 结 果 记 录 表

序号	测试项目	样机 1			样机 2		
		测试标准	测试结果	NG/OK	测试标准	测试结果	NG/OK
1							
2							
3							
4							
5							
…							

（5）步骤五：针对测试结果提出改进措施，填写可靠性改善方案表，格式见表 14-3。

1）根据测试结构分析不合格项目。

2）针对不合格项目提出改进意见。

表 14-3　可 靠 性 改 善 方 案 表

序号	测试项目	存在问题	改进措施
1			
2			
3			
4			
5			
…			

14.4.3 活动三　能力提升

现有典型产品结构设计方案及样机一台，请对其结构的强度和可靠性进行审核。

具体要求如下：

（1）分析结构设计方案及结构设计数据。

（2）完成 FMEA 零件可靠性审核，并完成检查表。

（3）确定可靠性测试项目。

（4）进行可靠性测试实验。

（5）分析测试结果，填写测试记录表。

（6）针对测试结果提出改进措施，并填写可靠性改善方案表。

14.5 效果评价

效果评价参见任务 1，评价标准见附录。

14.6 相关知识与技能

14.6.1 FMEA

在企业实际的质量管理体系运作中，虽然都会去编制一份有关“预防措施”的形成文件的程序，但真正可以达到预见性地发现较全面的潜在问题通常存在较大难度。为能有效地实施“预防措施”，使可能存在的潜在问题无法出现，需要一个从识别问题到控制潜在影响的管理系统，这里主要介绍一种行之有效且便于操作的制定和实施“预防措施”的方法，即“潜在失效模式及后果分析”，或简称为FMEA。

故障模式影响分析（Failure Mode and Effects Analysis，FMEA），是分析系统中每一产品所有可能产生的故障模式及其对系统造成的所有可能影响，并按每一个故障模式的严重程度，检测难易程度以及发生频度予以分类的一种归纳分析方法。

14.6.2 可靠性测试

可靠性测试是保证产品合格的依据，结构设计师需要对常用的可靠性测试项目有比较清楚的了解，以便预防在设计、制造、生产等各环节中潜在发生的问题，是设计出合格产品的重要保证。

常用的可靠性测试项目分为机械试验项目测试、环境适应测试、寿命测试、结构件表面处理测试、特殊条件测试。

1. 机械试验项目测试

（1）自由跌落测试。

1）测试样品数量：一般为2～10台，常用数量为5台。

2）样品状态：单机，不包括彩盒，开机状态。

3）跌落高度：3.0英寸及以上屏跌落高度为0.80m，3.0英寸以下屏跌落高度为1.0m。

4）跌落表面：混凝土或钢制成的平滑，坚硬的刚性表面，如水泥地面等。

5）跌落要求：对产品的六个面及四个角依次进行自由跌落（左下角→右下角→右上角→左上角→底部→右侧→顶部→左侧→反面→正面），除LCD正面跌一次外，其余每面各轮流跌两次。

6）判定标准：跌落完后检查不允许出现LCD屏裂现象，所有功能检测正常，外观不允许出现壳裂，拆机检查内部无元器件松动、脱落、破裂。

（2）重复跌落测试。

1）测试样品数量：一般为2～5台，常用数量为2台。

2）样品状态：单机，不包括彩盒，开机状态。

3）跌落高度：跌落高度为1.0m。

4）跌落表面：硬木板，频率约为10次/min。

5）跌落要求：共跌落1000次，任意面跌落，但LCD屏面少于150次，每跌200次检查外观及功能。

6）判定标准：跌落完后检查不允许出现LCD屏裂现象，所有功能检测正常，外观不允许出现壳裂，拆机检查内部无元器件松动、脱落、破裂。

（3）振动测试。

1）测试样品数量：一般为2～5台，常用数量为2台。

2）样品状态：单机，不包括彩盒，开机状态。

3）测试条件：振幅为0.38mm，振频为10～30Hz；振幅为0.19mm，振频为30～55Hz。

4）测试目的：测试样机抗振性能。

5）测试方法：将样品放入振动箱内固定夹紧。启动振动台按X、Y、Z三个轴向分别振动1h，每个轴振动完之后取出，进行外观、结构和功能检查。三个轴向振动试验结束后，对样机进行参数测试。

6）判定标准：振动后样品外观，结构和功能复合要求，参数测试正常，晃动无异响。拆机检查内部无元器件松动、脱落、破裂。

（4）扭转测试

1）测试样品数量：一般为2～5台，常用数量为2台。

2）样品状态：单机，不包括彩盒，开机状态。

3）测试目的：测试样机抗扭转性能。

4）测试方法：将样品固定在扭曲试验机上，两端各夹持15mm，对其施加数值为样品厚度的0.08倍（取mm为数值单位），单位为N·m的扭矩，最大不超过2N·m，最小不小于0.5N·m，顺时针和逆时针各一次交错进行扭曲，频率为每分钟15～30次，共按1000次扭转循环，单循环：扭力变化0→N·m→0→-N·m→0。频率为2s/次。每500次对样品的外观、功能进行检测。

5）判定标准：要求各试验功能良好。外观无变形、开裂。

2. 环境适应测试

（1）恒温恒湿测试。

1）测试样品数量：一般为2～10台，常用数量为4台。

2）样品状态：单机，不包括彩盒，开机状态。

3）试验条件：温度为（40±2）℃；湿度为95%±3%；放置时间为48h；试验后立即进行检测功能，回温2h后检查外观、机械性能。

4）判定标准：检查所有功能均需正常，外观无影响、无变形。

（2）高温储存测试。

1）测试样品数量：一般为2～10台，常用数量为4台。

2）样品状态：单机，不包括彩盒，开机状态。

3）试验条件：温度为（70±2）℃；试验时间为48h，回温2h后检测功能、外观、机械性能。

4）判定标准：检查所有功能均需正常，外观无影响、无变形。

（3）高温运行测试。

1）测试样品数量：一般为2～10台，常用数量为4台。

2）样品状态：单机，不包括彩盒，开机状态。

3）试验条件：温度为（55±2）℃；试验时间为4h，测试过程中需进行中间检测；试验2h后立即检测功能。

4）判定标准：中间检测及最后检测均需正常。

（4）低温储存测试。

1）测试样品数量：一般为2～10台，常用数量为4台。

2）样品状态：单机，不包括彩盒，关机状态。

3）试验条件：温度为（－40±3）℃；试验时间为12h，回温2h后检测功能、外观、机械性能。

4）判定标准：检查所有功能均需正常，外观无影响、无变形。

（5）低温运行测试。

1）测试样品数量：一般为2～10台，常用数量为4台。

2）样品状态：单机，不包括彩盒，开机状态。

3）试验条件：温度为（－20±3）℃；试验时间为4h，测试过程中需进行中间检测；试验2h后立即检测功能。

4）判定标准：中间检测及最后检测均需正常。

（6）温度冲击测试。

1）测试样品数量：一般为2～10台，常用数量为4台。

2）样品状态：单机，不包括彩盒，关机状态。

3）试验条件：低温度储存温度－40℃和高温储存温度70℃各放置30min，中间转换时间不超过5min，循环10次，循环期满后回温2h后检测功能、外观、结构性能。

4）判定标准：检查所有功能均需正常，外观无影响、无变形。

（7）盐雾测试。

1）测试样品数量：一般为2～5台，常用数量为2台。

2）样品状态：单机，不包括彩盒，关机状态。

3）试验条件：浓度为5%±1%氯化钠溶液，6.5＜pH＜7.2，试验箱内温度为（35±2）℃，连续喷雾24h，试验完成后取出试件，尽快以低于38℃的清水洗去黏附的盐粒，用毛刷或海绵除去其他腐蚀生成物，并擦干试件。在常温下24h后检查外观及功能。

4）判定标准：常温干燥后，产品各项功能正常，外壳表面及装饰件无明显腐蚀等异常现象，拆机检查内部元器件无腐蚀。

（8）粉尘测试。

1）测试样品数量：一般为2～5台，常用数量为2台。

2）样品状态：单机，不包括彩盒，关机状态。

3）试验条件：将样品置于一个装有锯木灰或面粉的塑料袋中，以每秒一次的速度摇动塑料袋1min，然后取出样品，用毛巾擦掉样品外面的粉尘。

4）判定标准：检查所有功能需正常，外观无影响、无变形。特别注意有镜片的地方是否进入灰尘和按键功能有无异常，粉尘不能进入到LCD和LCD玻璃之间。

3. 寿命测试

（1）内存卡拔插测试。

1）测试样品数量：一般为2～5台，常用数量为4台。

2）样品状态：单机，不包括彩盒。

3）试验条件：插入内存卡再取出，20次/min，累计1000次。支持热插拔的必须在开机状态下测试，每插拔100次检查一次，不支持热插拔的每插拔100次开机检查一次。要求测试后存储卡结构正常（不能破裂），样品无不识卡问题，内存卡中的内容不可丢失。

4）判定标准：内存卡连接器功能正常，如果破损而导致不识卡，则不合格。

（2）电池与电池盖拆装测试。

1）测试样品数量：一般为2～5台，常用数量为2台。

2）样品状态：单机，不包括彩盒。

3）试验条件：将电池完全装入样品电池仓后再取出，插入再拔出算一次，20次/min，反复操作。试验次数2000次，每200次检查开机是否正常。

4）判定标准：检查电池连接器有无下陷，机壳有无掉漆，电池外观有无损伤。

（3）耳机拔插测试。

1）测试样品数量：一般为2～5台，常用数量为2台。

2）样品状态：单机，不包括彩盒，开机状态。

3）试验条件：将耳机垂直插入耳机孔后再垂直拔出，如此反复，累计3000次。功能应正常。插拔频率不超过30次/min，插入拔出算一次。

4）判定标准：试验后检查耳机插座无焊接故障，耳机插头无损伤，使用耳机通话接收与送发无杂声，耳机插入样品耳机插座孔内不会松动。

（4）USB接口拔插测试。

1）测试样品数量：一般为2～5台，常用数量为2台。

2）样品状态：单机，不包括彩盒，开机状态。

3）试验条件：将数据线垂直插入USB接口后再垂直拔出，如此反复，累计3000次。功能应正常。插拔频率不超过30次/min，插入拔出算一次。

4）判定标准：数据线插入USB接口时不会松动。如果出现充电、USB功能丧失、接口的机械性损伤等不良现象，判定为不合格。

（5）按键寿命测试。

1）测试样品数量：一般为2～5台，常用数量为2台。

2）样品状态：单机，不包括彩盒，开机状态。

3）试验条件：以40～60次/min的速度，以180gf的力度均匀按键，应能达到10万次以上，每1万次检查功能。

4）侧键应能达到5万次以上。

5）判定标准：按键功能正常，按键失灵或无弹性、下陷为不合格。

（6）喇叭寿命测试。

1）测试样品数量：一般为2～5台，常用数量为2台。

2）样品状态：单机，不包括彩盒，开机播放MP3状态。

3）试验条件：采用电池加充电的供电方式或者直接用直流电源供电方式，将试验样品设置成长时间播放状态（采用播放MP3，循环连续播放），连续播放时间不少于96h。测试中突然掉电不超过1min可以累计测试时间，超过1min必须重新计算。

4）判定标准：播放铃声正常，无铃声、铃声小、铃声沙哑等现象。

（7）触摸屏点击测试。

1）测试样品数量：一般为2～5台，常用数量为2台。

2）样品状态：单机，不包括彩盒，开机状态。

3）试验条件：将样品固定在触摸屏点击测试仪器，用固定在尖端的随机手写笔，加载250gf的力，1次/s，对触摸屏点击15万次，每5万次对屏幕进行检查并清洁；样品处于待机状态。测试完毕后，触摸屏表面无损伤，功能正常。

4）判定标准：触摸功能正常，LCD屏显示正常，无偏位。

（8）触摸屏划线测试。

1）测试样品数量：一般为2～5台，常用数量为2台。

2）样品状态：单机，不包括彩盒，开机状态。

3）试验条件：将样品固定在划线测试仪器上，用手写笔沿触摸屏的对角线进行划线测试，划线压力为150gf，测试次数10万次（反复来回为1次），每1万次对触摸屏功能、结构和外观进行检测，并对触摸屏进行清洁。测试结束后，触摸屏功能正常，外观无损伤。（划线速度：约30mm/s）。划线测试距离不小于屏幕对角线距离的2/3。

4）判定标准：触摸功能正常，LCD屏显示正常，无偏位、手写无漂移现象。

4. 结构件表面处理测试

（1）附着力测试。

1）测试样品数量：一般为2～5件，常用数量为2件。

2）试验条件：在被测物表面用锋利刀片划100个面积为1mm×1mm的格子，每一条划线应深及油漆底面，用毛刷将测试区域的碎片刷干净，用3M600＃胶纸牢牢粘住被测试小网格，并用橡皮擦用力擦拭胶带，以加大胶带与被测区域的接触面积及力度；然后迅速呈 90°角度拉起，同一位置使用新胶带重复三次。

3）判定标准：不允许出现大面积油漆脱落、起皱现象。在划线的交叉点处有小片的油漆脱落，且脱落总面积小于 5%为合格。

（2）RCA 耐磨测试。

1）测试样品数量：一般为 2～5 件，常用数量为 2 件。

2）试验条件：专用的耐磨仪及耐磨纸带，175gf 力。表面为油漆＋UV300 转；电镀件 250 转；真空电镀（包括镀金）及表面为丝印 200 转；金属表面喷漆后过 UV；300 转；橡胶漆 50 转。

3）判定标准：

a. 油漆：正面、斜面和弧面为 300 转，棱角为 40 转；每 50 转检查机壳表面的油漆，至 250 转时，每 10 转检查机壳表面的油漆，被测面无见底材为合格。

b. 电镀件：250 转，每 50 转检查一次，至 200 转时每 10 转一次，被测面无见底材为合格。

c. 金属表面喷漆后过 UV：300 转，每 50 转检查一次，至 250 转时每 10 转一次，被测面无见底材为合格。

d. 真空电镀（包括镀金）及丝印：200 转，每 50 转检查一次，至 150 转时每 10 转一次，被测面无见底材；丝印和字体不能出现缺损，不清晰。

e. 金属表面真空镀后过 UV：200 转，每 50 转检查一次，至 150 转时每 10 转一次，被测面无见底材。

f. 橡胶漆：50 转，每 10 转检查机壳表面油漆一次，被测面无见底材为合格。

注意：如果是丝印印在 UV 表面，只需做酒精和橡皮测试。

（3）铅笔硬度测试。

1）测试样品数量：一般为 2～5 件，常用数量为 2 件。

2）试验条件：用中华牌或者三菱牌 2H（橡胶漆 1H）的铅笔（顶端磨平）施加 750gf 的压力与壳体喷油表面呈 45°，在表面不同位置划 5 条约 3mm 长的划线，移动速度为 0.5mm/s，橡皮擦拭表面后检查（对于没有镀漆的玻璃镜片，需要用硬度为 6H 的铅笔，水镀采用 2H 的铅笔进行试验，其他电镀和金属材料及材料 PC 的键盘均采用 3H 的铅笔）。

3）判定标准：检查产品表面有无划痕（划破面漆），当有一条以下时为合格。

（4）耐酒精测试。

1）测试样品数量：一般为 2～5 件，常用数量为 2 件。

2）试验条件：用浓度为 99.5%的工业酒精将棉布蘸湿，以垂直重力 500gf 的力，往返 150 次擦拭主体表面。

3）判定标准：不能有变色、鼓起、变质、露出素材或表面涂层脱落现象。

（5）耐化妆品测试。

1）测试样品数量：一般为 2～5 件，常用数量为 2 件。

2）试验条件：表面擦拭干净，将凡士林护手霜（或 SPF8 的防晒霜）均匀涂在产品表面上后，将产品放在温度 60℃，湿度 90%测试环境中，保持 24h 后将产品取出，然后用棉布将化妆品擦拭干净，检查样品表面喷漆并测试油漆的附着力、耐磨性。

3）判定标准：表面喷涂无腐蚀、变色等不良现象。耐磨和附着力品质不能下降。

（6）橡皮擦拭测试。

1）测试样品数量：一般为 2～5 件，常用数量为 2 件。

2）试验条件：以长城牌绘图橡皮，垂直重力 500gf，擦拭 200 次，来回为 1 次。

3）判定标准：不能有变色、变质、露出素材或表面涂层脱落现象。

练习与思考

一、单选题

1. 自由跌落测试的跌落表面应选择（　　）。
   A. 软木板　　B. 硬木板
   C. 橡胶　　D. 按客户要求选择木板或混凝土
2. 盐雾测试通常采用（　　）。
   A. 氯化钠溶液　　B. 氯化钾溶液　　C. 氰化钾溶液　　D. 氯化钙溶液
3. 高温储存的试验温度一般为（　　）℃。
   A. 40±2　　B. 50±2　　C. 70±2　　D. 100±2
4. 防盐雾的方法不包括（　　）。
   A. 电镀　　B. 表面涂敷
   C. 抛光　　D. 降低不同金属接触点的电位差
5. 不属于缺陷型故障的是（　　）。
   A. 随机失效　　B. 原材料缺陷　　C. 元器件缺陷　　D. 装配工艺缺陷
6. 附着力测试的判断标准一般为脱落面积小于（　　）。
   A. 10%　　B. 20%　　C. 1%　　D. 5%
7. 触摸屏划线测试的划线压力为（　　）gf。
   A. 5　　B. 150　　C. 50　　D. 1000
8. 以下不需要采用贮备设计的产品是（　　）。
   A. 有剧毒的化工设备　　B. 一旦出现事故损失较大的设备
   C. 故障率较高的设备　　D. 流水生产线上的设备
9. 以下不属于结构件表面处理测试的是（　　）。
   A. 附着力测试　　B. 触摸屏点击测试　　C. RCA 耐磨测试　　D. 铅笔硬度测试
10. 为了提高构件的刚度，应该尽可能按（　　）来设计零件的形状，减少承载区域。
   A. 力流最长路线　　B. 力流最短路线　　C. 任意路线　　D. 以上均不正确

二、多选题

11. 可靠性的定义包含（　　）等内容。
   A. 对象　　B. 使用条件　　C. 使用期限　　D. 规定的功能
   E. 概率
12. 常用的可靠性特征量有（　　）。
   A. 可靠度　　B. 失效率　　C. 平均寿命　　D. 可靠寿命
   E. 最低寿命
13. 产品失效率曲线一般可分为（　　）。
   A. 递减型失效率曲线　　B. 恒定型失效率曲线
   C. 递增型失效率曲线　　D. 不定型失效率曲线
   E. 以上答案都不正确
14. 简单求解网络可靠度的常用方法有（　　）。
   A. 状态枚举法　　B. 全概率分解法　　C. 最小割集法　　D. 最小径集法

E. 不交布尔代数运算规则

15. 常用的漂移设计方法有（　　）。

A. 均方根偏差设计法　　B. 最坏情况设计法

C. 蒙特卡洛法　　D. 最佳情况设计法

E. 立方根偏差设计法

16. 按试验目的来划分，可靠性试验可分为（　　）。

A. 筛选试验　　B. 破坏性试验　　C. 鉴定试验　　D. 验收试验

E. 非破坏性试验

17. 可靠性筛选试验的特点是（　　）。

A. 该试验不是抽样的，而是100%试验

B. 该试验可以提高合格品的总的可靠性水平

C. 该试验不能提高产品的固有可靠性

D. 不能简单地以筛选淘汰率的高低来评价筛选效果

E. 该试验是抽样的

18. 设计可一定的零件时，应令其只能安装在正确的位置上，可用特定的（　　）。

A. 颜色　　B. 编号　　C. 尺寸　　D. 形状

E. 大小

19. 要提高散热效果可以（　　）。

A. 充分利用传导散热　　B. 加强对流

C. 减小辐射热阻　　D. 对热敏元件隔热

E. 减少元器件

20. 可靠性设计中选用元器件的原则有（　　）。

A. 尽量选用经过质量认证或认定，并经现场使用证明质量良好，可靠性高的通用元器件

B. 对于新研制的新型元器件则必须经过严格的质量和可靠性试验后方能使用

C. 必须根据不同电路的工作参数和整机的使用环境条件，选用能满足这些要求的相应元器件

D. 主要根据成本考虑选用元器件

E. 以上答案都正确

三、判断题

21. 系统可靠性设计是指在遵循系统工程规范的基础上，在系统设计过程中，采用一些专门技术，将可靠性“设计”到系统中去，以满足系统可靠性的要求。（　　）

22. 按试验性质来划分，可靠性试验可分为破坏性试验和非破坏性试验两大类。（　　）

23. 寿命试验是考核产品在各种环境（振动、冲击、离心、温度、热冲击、潮热、盐雾、低气压等）条件下的适应能力，是评价产品可靠性的重要试验方法之一。（　　）

24. 产品简单化和标准化是提高可靠性的关键，即产品在满足功能要求的前提下，其结构越简单越好，因为这时零件数少了，发生故障的机会就少了。（　　）

25. 只有通过可靠性设计，充分考虑产品在使用过程中可能遇到的各种环境条件，采取耐环境设计和电磁兼容性设计等各项措施，才能保证产品在规定环境条件下的可靠性。（　　）

26. 功能的复杂化，使设备应用的元器件、零部件越来越多，对可靠性要求也越来越高。（　　）

27. 贮备设计是指将若干功能相同的零组部件作为备用机构，当其中某个零组部件出现故障

时，备用机构马上启动工作，使机器仍能保持正常工作。（　　）

28. 防火方法包括：憎水处理；浸渍处理；灌封处理；塑料封装；金属封装。（　　）

29. 可靠性贯穿于电子产品的整个寿命周期。（　　）

30. 寿命试验是可靠性试验中最重要最基本的项目之一。（　　）

练习与思考参考答案

1. B	2. C	3. C	4. C	5. A	6. D	7. B	8. D	9. B	10. B
11. ABCDE	12. ABCD	13. ABC	14. ABCDE	15. ABC	16. ACD	17. ABCD	18. ABCDE	19. ABCD	20. ABC
21. Y	22. Y	23. N	24. Y	25. Y	26. Y	27. Y	28. N	29. Y	30. Y

任务 15 产品辅料选型训练

该训练任务建议用3个学时完成学习。

15.1 任务来源

产品设计项目中，结构设计师往往需要提供方案相关细小配件及标准件信息，如螺丝、螺母、垫片、螺栓、脚垫等，这些均称为辅料。辅料的确定与选型是结构设计师岗位工作的重要一环。

15.2 任务描述

分析电器产品外壳与内部PCB板的装配关系，采用标准件（螺丝）的紧固连接方法。在三维软件中，完成相关结构的设计制作。

15.3 能力目标

15.3.1 技能目标

完成本训练任务后，你应当能（够）：

1. 关键技能

（1）会根据产品的设计需求，分析辅料需求和解决方案。

（2）会查阅相关资料，完成辅料选型。

（3）会运用PRO/E软件完成辅料相关产品结构建模。

2. 基本技能

（1）会分析常用的产品装配固定结构方式。

（2）会完成PRO/E软件的基本建模操作。

15.3.2 知识目标

完成本训练任务后，你应当能（够）：

（1）了解各种辅料相关的材料和工艺知识。

（2）掌握辅料资料的检索与查询方法。

（3）了解常用辅料相关产品结构的表现形式。

15.3.3 职业素质目标

完成本训练任务后，你应当能（够）：

（1）具有严谨认真的工作态度。

（2）具备较强的查找问题、思考问题和解决问题的能力。

15.4 任务实施

15.4.1 活动一 知识准备

（1）辅料的基本概念。

（2）螺丝的种类及国家标准。

（3）常见的螺纹种类。

（4）常见的螺纹连接结构。

15.4.2 活动二 示范操作

1. 活动内容

分析机顶盒产品外壳与内部 PCB 板的装配关系，采用标准件（螺丝）的紧固连接方法。在三维软件中，完成相关结构的设计制作。

具体要求如下：

（1）打开机顶盒产品三维文件，分析产品外壳与 PCB 板的装配特征，查找核对螺钉国际尺寸表，确定做孔的直径和深度，选择合适的辅料，为装配结构的制作打下基础。

（2）在软件环境中完成螺钉所需产品结构细节设计制作，完成后虚拟放入螺钉检测其合理性和干涉性。

2. 操作步骤

（1）步骤一：完成机顶盒产品外壳与内部 PCB 板连接的辅料选型及相关结构设计。

1）模型特征树。打开“xjdh-b. asm”。其他都隐藏，除了“top. PRT”，如图 15-1 所示，隐藏后呈现的效果，如图 15-2 所示。

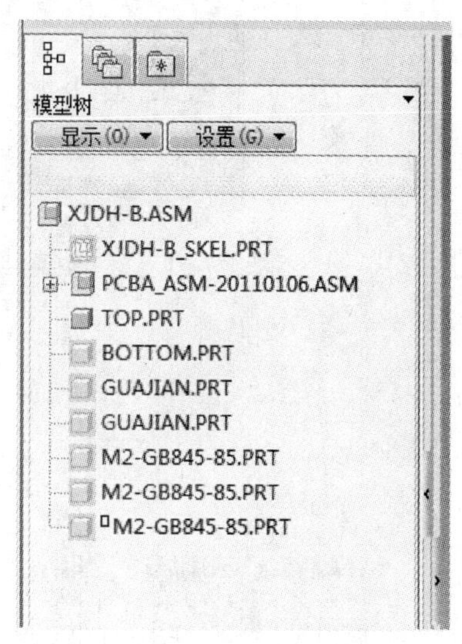

图 15-1 模型特征树

2）量取 PCB 板大孔的直径，如图 15-3 所示。

3）查看螺丝的形状种类：沉头，盘头，半沉头，如图 15-4 所示。对前一步骤进行分析，大孔应选择相应的辅料。

4）确定好辅料选型，打开“top. PRT”进行编辑，运用“拉伸”等软件工具做出孔，要结合 pcb 板上大孔的数值，如图 15-5 所示。

5）在图 15-5 中可看到 pcb 板上有两个孔，大孔放置辅料，小孔则是固定 pcb 板位置。建立固定 pcb 板的支架，如图 15-6 所示。

6）牢固孔和支架，建立两者之间的加强筋，如图 15-7 所示，放上 pcb 板，如图 15-8 所示。

7）量取大孔的深度，如图 15-9 所示。

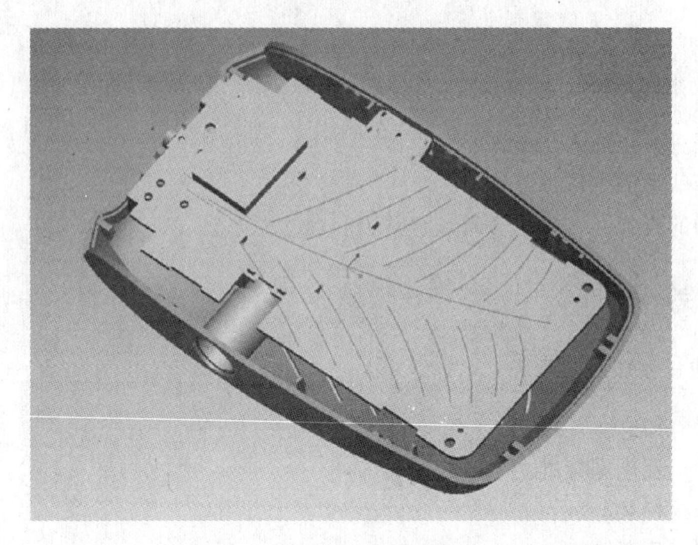

图 15-2　top. PRT 的呈现效果

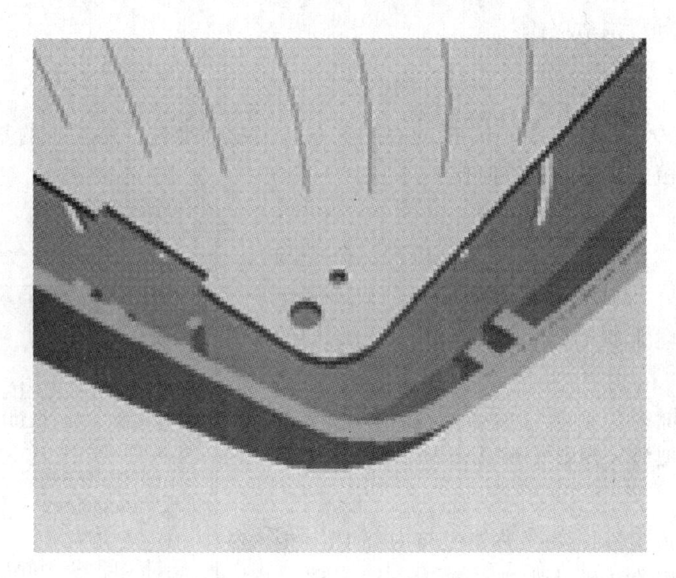

图 15-3　量取内直径

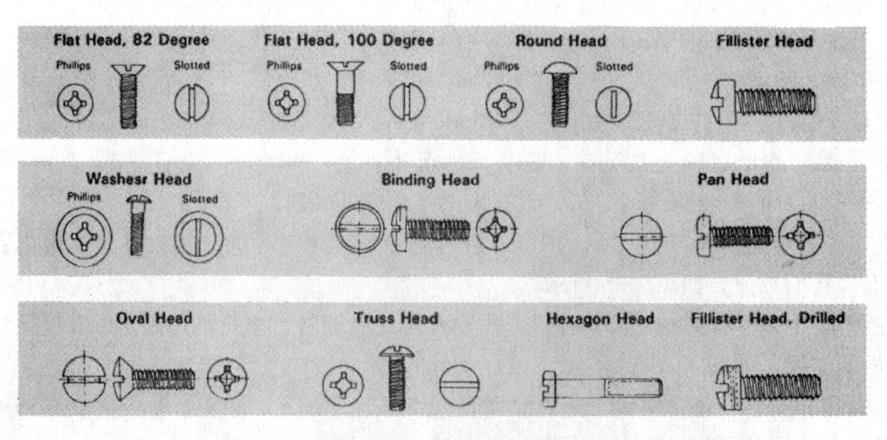

图 15-4　螺丝的形状种类

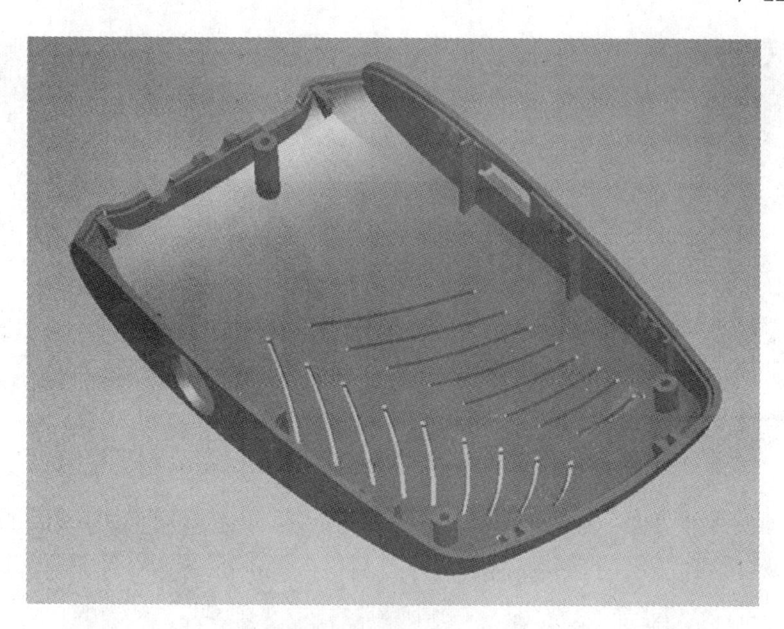

图 15-5　孔的制作结果

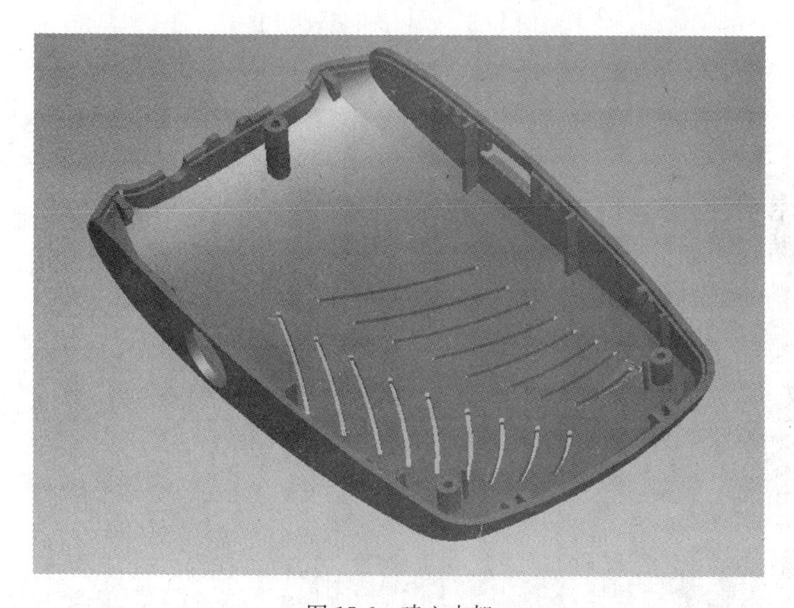

图 15-6　建立支架

图 15-7　孔与支架间的加强筋

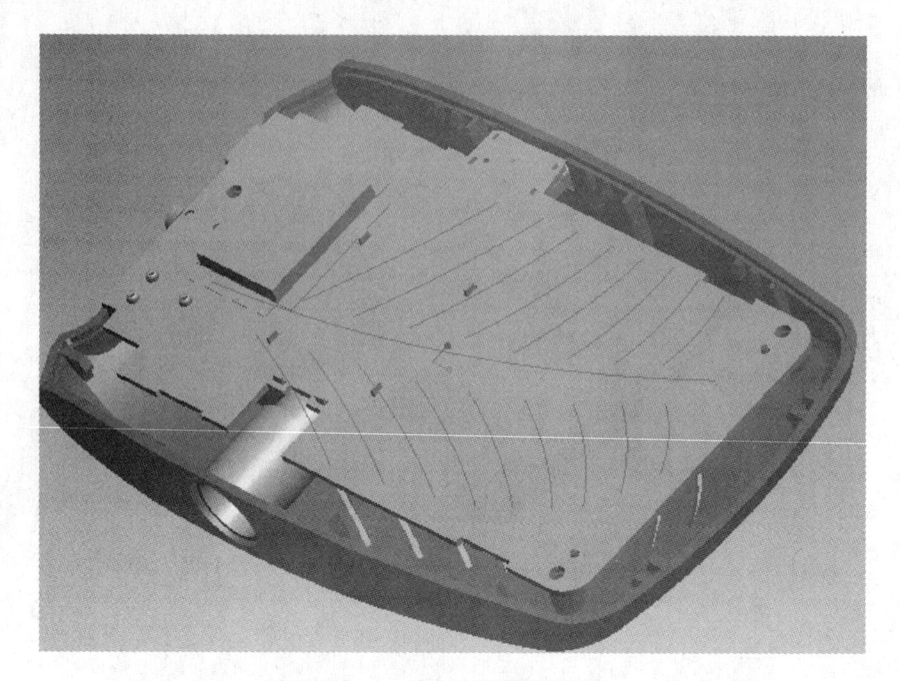

图 15-8 放上 pcb 板效果图

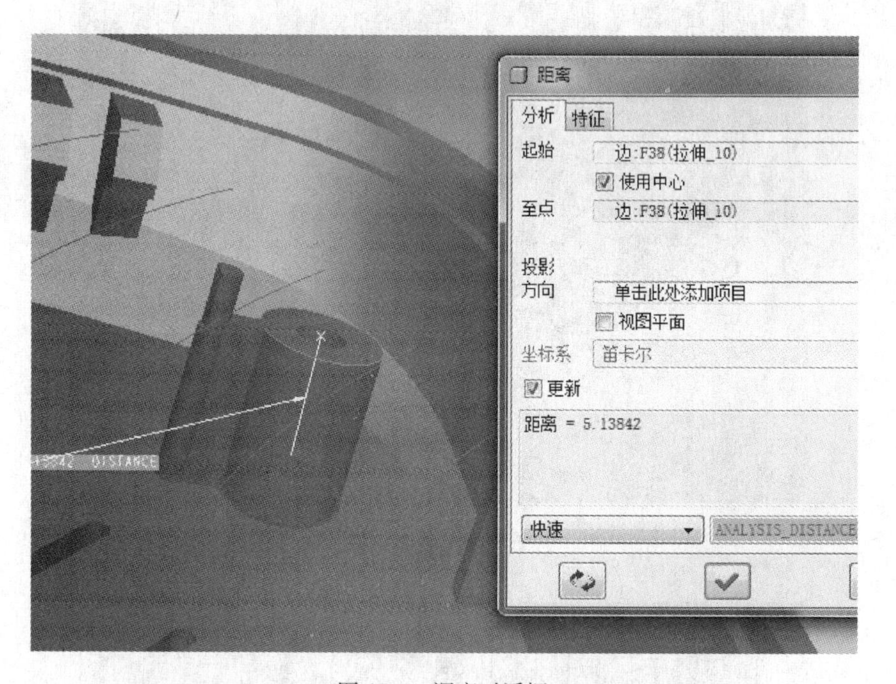

图 15-9 深度对话框

8）查看国际标准的尺寸表，如图 15-10 所示。

9）新建一个盘头零件，运用“扫描”“混合”等操作，建立盘头，如图 15-11 所示。

10）将孔和盘头装配起来，如图 15-12 所示。

（2）步骤二：根据孔的直径和深度（M2×5），从相关资料中选择合适的辅料，可供查阅的资料数据见表 15-1、表 15-2。

螺母M2&M2.6详细规格尺寸表

单位：mm

Ⅰ86型

thread

E

C

B

D

A

适合树脂：
热可塑性树脂
材质：黄铜
埋入方式：
加热，超音波

品名 PRODUCT CODENO	螺牙 THREAD	外径 A	长度 B	塑胶孔径		塑胶最小内厚供参考因塑料而异
				直径C些为成型后下现值	深度D视空间可略为缩短	
Ⅰ860020×2.0	M2×0.45	3.6	2.0	3.1	2.5	1.2
Ⅰ860020×2.5			2.5		3.0	
Ⅰ860020×3.0			3.0		4.0	
Ⅰ860020×4.0			4.0		5.0	
Ⅰ860020×5.0			5.0		6.0	
Ⅰ860020×2.5	M2.6×0.45	4.6	2.5	4.0	3.0	1.6
Ⅰ860020×3.0			3.0		4.0	
Ⅰ860020×3.5			3.5		4.5	
Ⅰ860020×4.0			4.0		5.0	
Ⅰ860020×5.0			5.0		6.0	

图 15-10　国际标准尺寸表

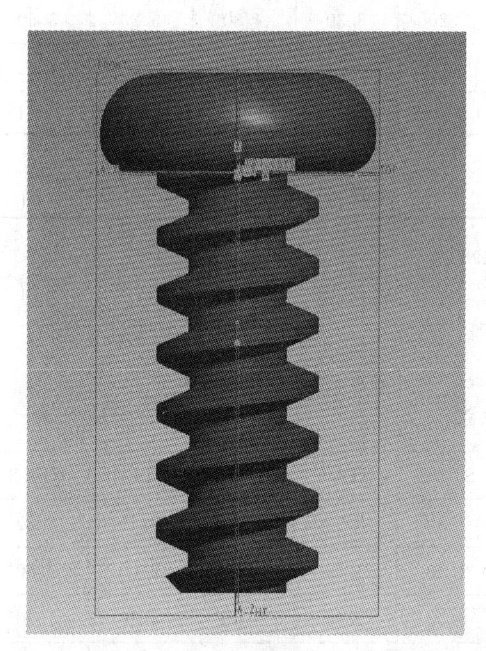

图 15-11　盘头零件效果

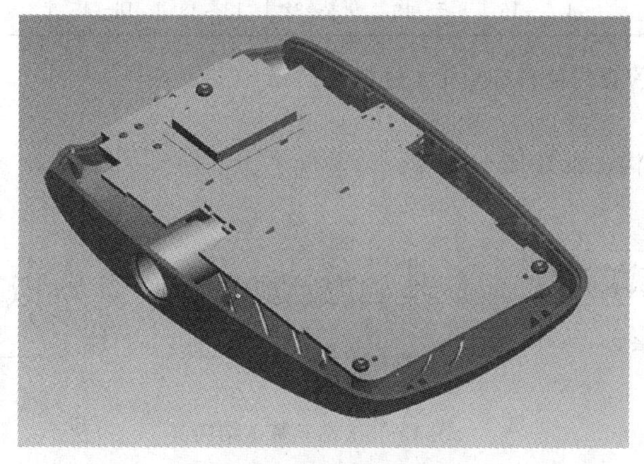

图 15-12　装配完毕效果图

表 15-1　　十字槽半沉头自攻螺钉标准尺寸表

GB 847—85（ISO7051—1983）
十字槽半沉头自攻螺钉

材料：渗碳钢 不锈钢
L<50mm 全螺纹
L>50mm 螺纹长度按协议

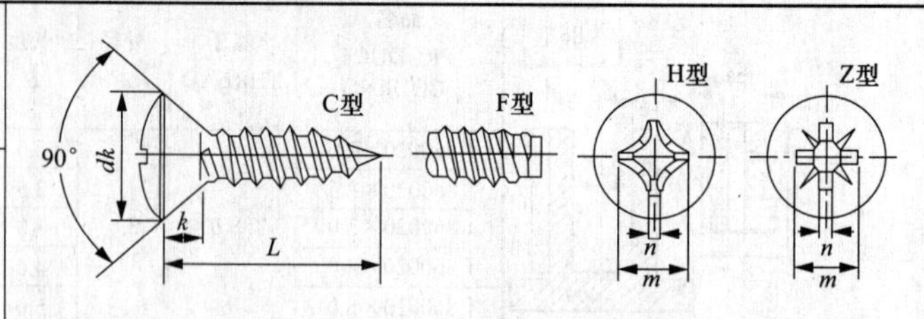

螺纹规格		ST2.2	ST2.9	ST3.5	ST4.2	ST4.8	ST5.5	ST6.3
dk	max	3.80	5.50	7.30	8.40	9.30	10.30	11.30
k	max	1.10	1.70	2.35	2.60	2.80	3.00	3.15
m	H型	2.20	3.40	4.80	5.20	5.40	6.70	7.30
	Z型	2.20	3.30	4.80	5.20	5.60	6.60	7.20
槽号		0	1	2	2	2	3	3
L		4.5～16	6.5～19	9.5～32	13～38	16～45	19～50	22～75

表 15-2　　开槽沉头自攻螺钉标准尺寸表

GB 5283—85（ISO1482—1983）
开槽沉头自攻螺钉

材料：渗碳钢 不锈钢
L<50mm 全螺纹
L>50mm 螺纹长度按协议

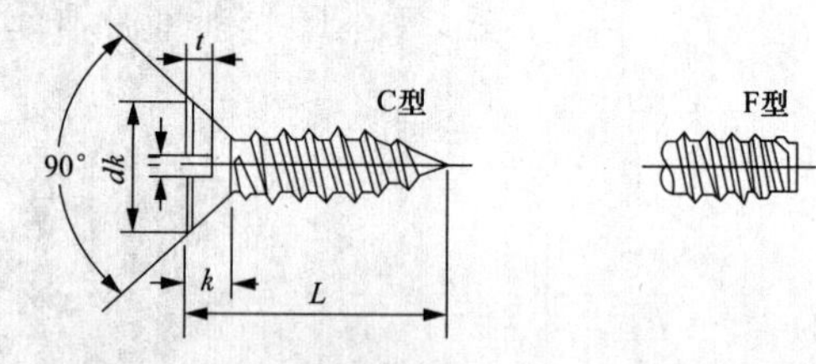

螺纹规格		ST2.2	ST2.9	ST3.5	ST4.2	ST4.8	ST5.5	ST6.3
dk	max	3.80	5.50	7.30	8.40	9.30	10.30	11.30
k	max	1.10	1.70	2.35	2.60	2.80	3.00	3.15
n	公称	0.50	0.80	1.00	1.20	1.20	1.60	1.60
t	min	0.40	0.60	0.90	1.00	1.10	1.10	1.20
L		4.5～16	6.5～19	9.5～32	13～38	16～45	19～50	22～75

（3）步骤三：学习查阅辅料选型相关资料。

1）螺丝。

a. 螺丝的基本结构，如图 15-13 所示。

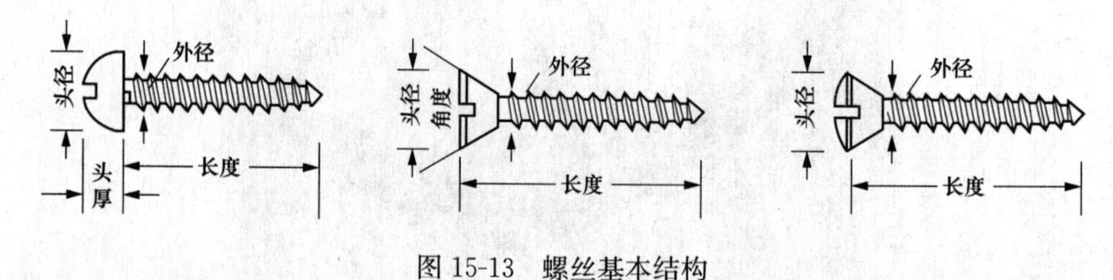

图 15-13　螺丝基本结构

b. 螺丝系列，如图 15-14～图 15-16 所示。

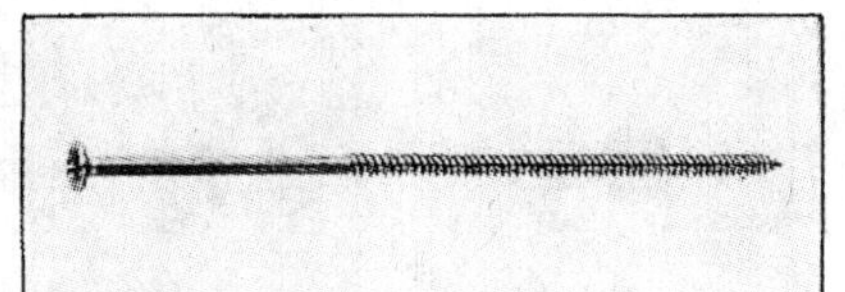
十字穴扁圆头木螺丝
Phillips oval head wood screw

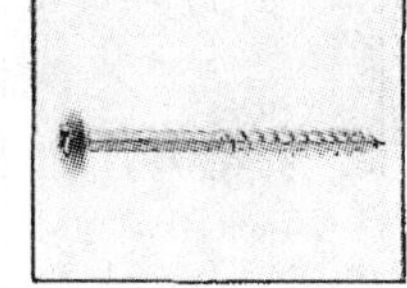
十字穴华头木螺丝
Phillips truss head wood screw

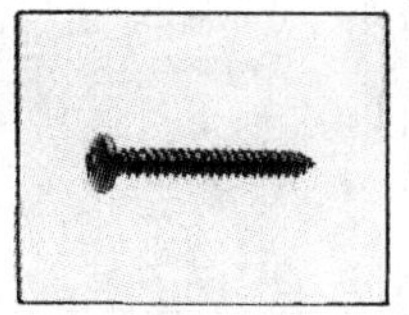
十字穴盘头自攻螺丝
Phillips pan head tapping screw

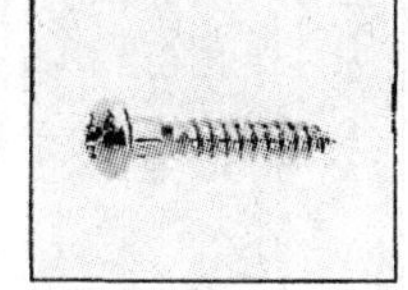
十字圆头木螺丝
Phillips round head wood screw

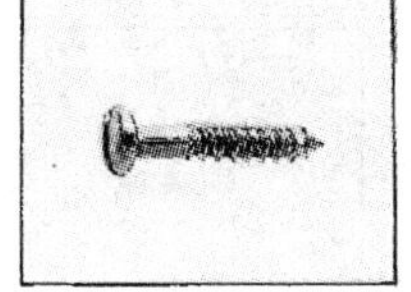
有槽盘头木螺丝
Slotted pan head wood screw

三角穴盘头自削螺丝
⊗ Pon head threod cutling Screw

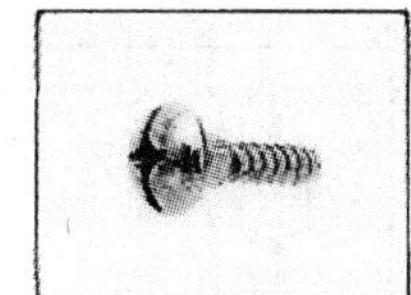
十字及一字两用圆形半牙螺丝
Phillips&slotted round head M.S.HD

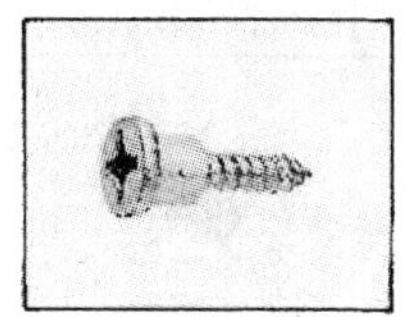
家具螺丝
Funiture screw

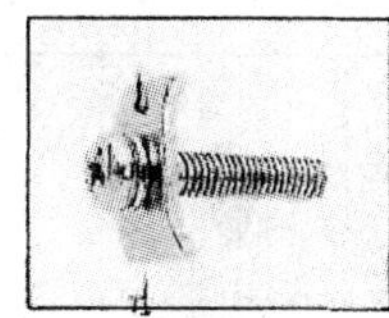
十字扁圆头螺丝附华司
Phillips round head with washer

十字六角自攻螺丝附华司
Hex head with washer

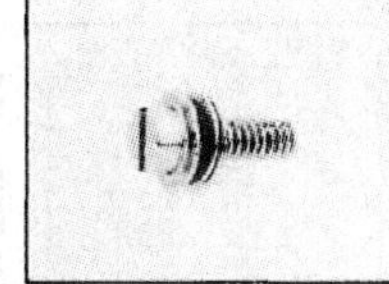
象棋头附华司机械螺丝
Cheese washer head screw

象棋头附华司自攻螺丝
Cheese washer head tapping screw w/washer

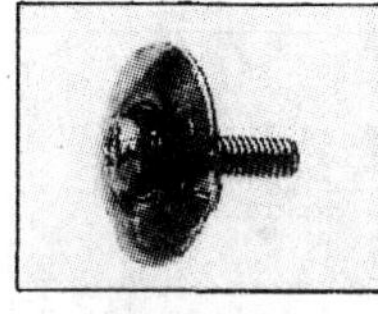
十字穴圆头附华司机械螺丝
Philips round head with wacher machine screw

十字穴盘头附齿华司螺丝
Philips Pan head with exteral washer screw

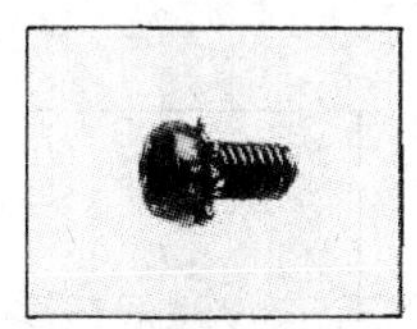
十字穴圆头附齿华司螺丝
Philips round head with exteral washer screw

十字穴附华司锅头螺丝
Flange pan head screw

十字穴圆头附华螺丝
Philips round head with washer screw

十字穴圆头附齿华司螺丝
Philips round head with internal washer screw

十字穴附华司螺丝
Sems screw

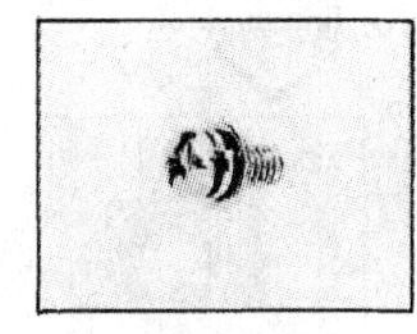
十字及一字两用盘头附弹簧华司螺丝
Sems screw

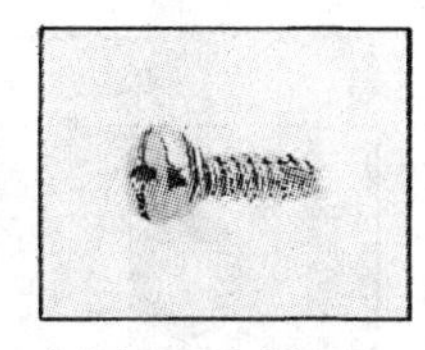
十字穴盘头自削螺丝附华司
Phillips & slotted pan head thread cutting screw with washer

十字穴圆头机械螺丝
Phillips round head machine screw

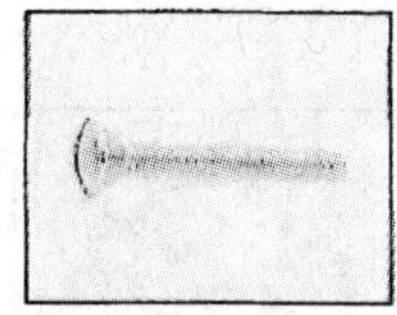
有槽扁圆埋头机械螺丝
Slotted oval head machine screw

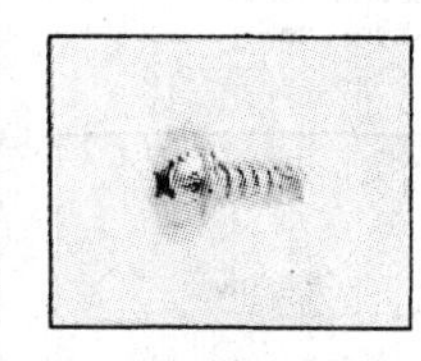
十字穴薄饼头自攻螺丝
Phllips wafer head tapping screw

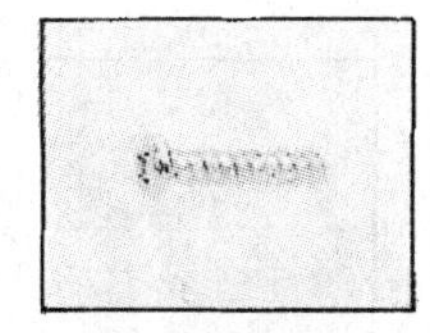
十字穴圆头机械螺丝
Phillips round head machine screw

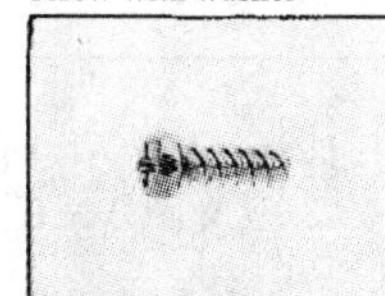
十字穴圆头螺丝
Phillips round head screw

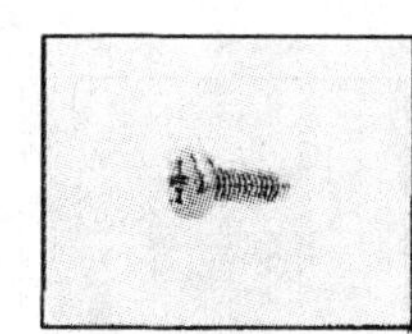
十字穴盘头螺丝
Phillips pan head screw

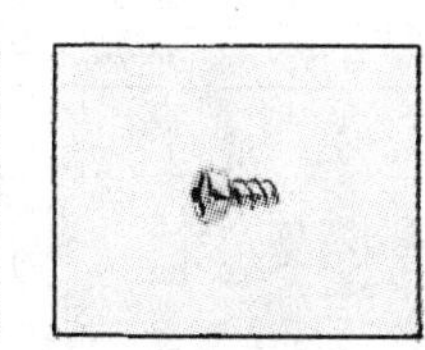
三角穴盘头机械螺丝
⊗Pan head machine screw

六角承窝平埋头螺丝
Hex socket flat countersunk head cap screw

图 15-14　螺丝系列 1

c. 螺丝头类型，如图 15-17～图 15-20 所示。

d. 螺纹类型，如图 15-21 所示。

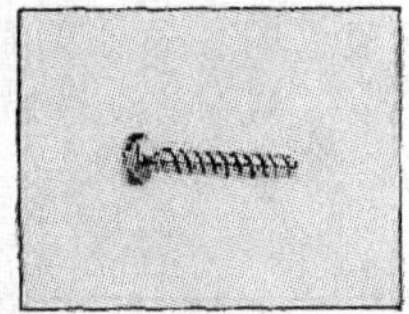

三角穴盘头机械螺丝
◬Pan head machine screw

有槽皿头机械螺丝
Siotted flat head machine screw

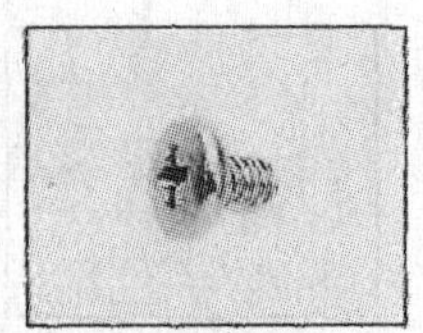

十字穴定位头机械螺丝
Phillips binding head machine screw

六字承窝头螺丝
Hex socket head cap screw

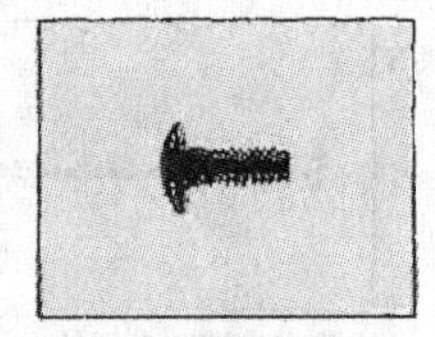

凹形半牙机械螺丝
Truss head machine screw

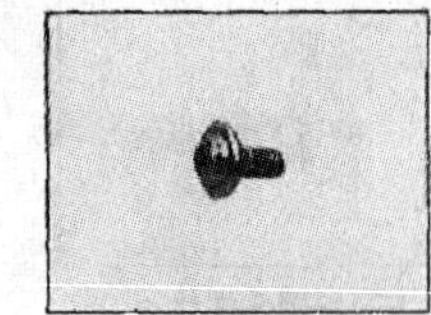

十字穴华司圆头机械螺丝
Phillips round washer head machine screw

十字穴皿头机械螺丝
Phillips flat head machine screw

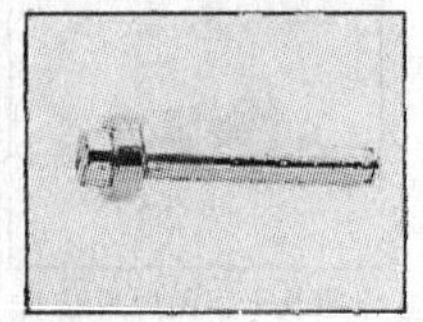

铆钉
Rivet

铆钉
Rivet

中空铆钉
Semi-tubular rivet

平头中空铆钉
Semi-tubular rivet

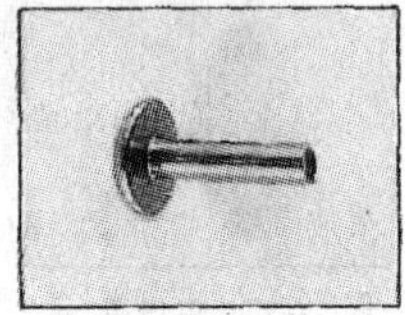

菱型中空钉
Semi-tublar rivet

菱型头铆钉
Truss head rivet

微小精密螺丝
Micro screw

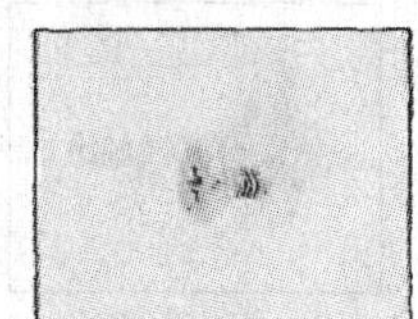

微小精密螺丝
Micro screw

图 15-15　螺丝系列 2

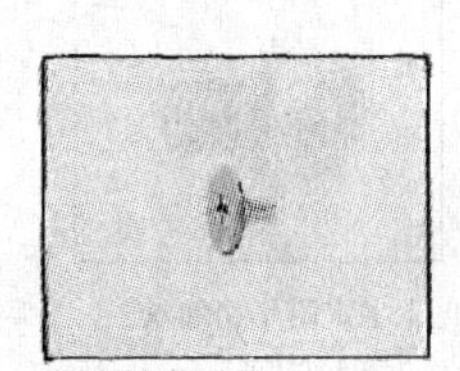

微小精密螺丝
Micro screw

微小精密螺丝
Micro screw

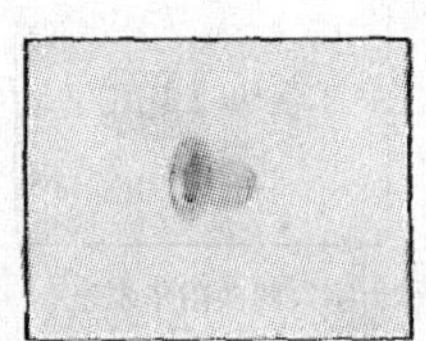

企眼
Eyelet

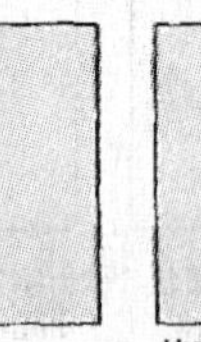

特殊螺丝
Special screw

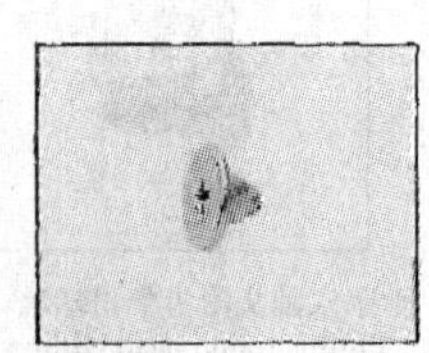

特殊螺丝
Special screw

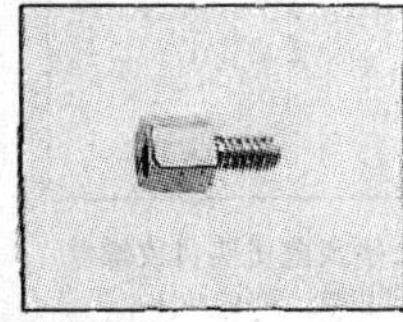

特殊螺丝
Special screw

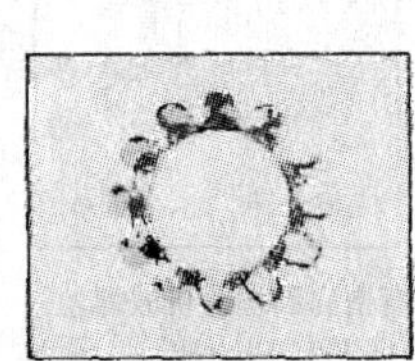

外齿形华司
External teeth lock washer

平华司
Plain washer

华司（红纸板）
washer（paper）

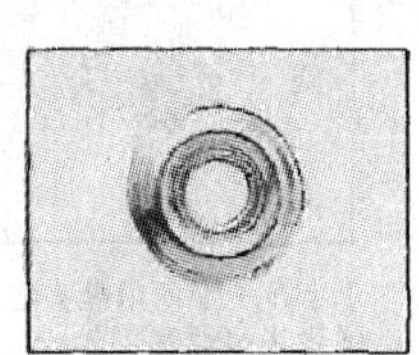

圆座凹华司
Rosette washer

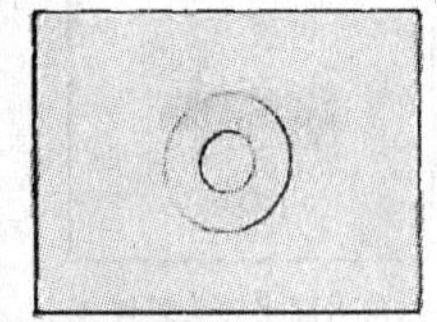

平华司
Plain washer

E形环
E-Ring

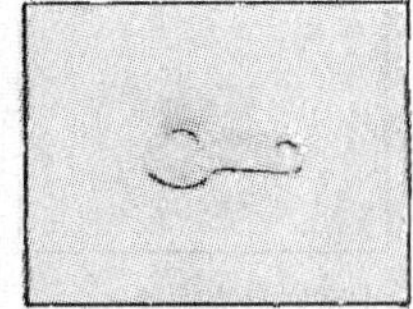

舌状华司
Tongued washer

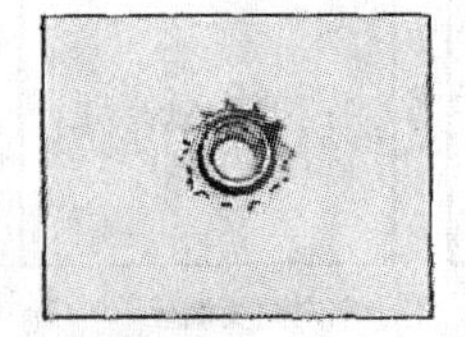

齿螺帽
Keps nut

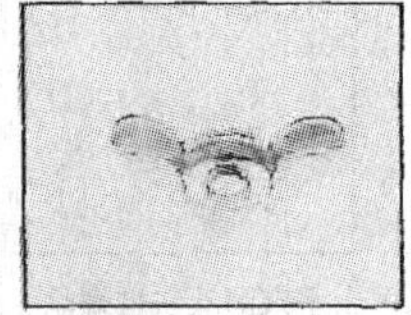

翼形螺帽
Wing nut

图 15-16　螺丝图片

e. 螺纹常见尺寸，见表 15-3、表 15-4。

f. 十字槽沉头螺钉的尺寸，见表 15-5。

2）螺母。

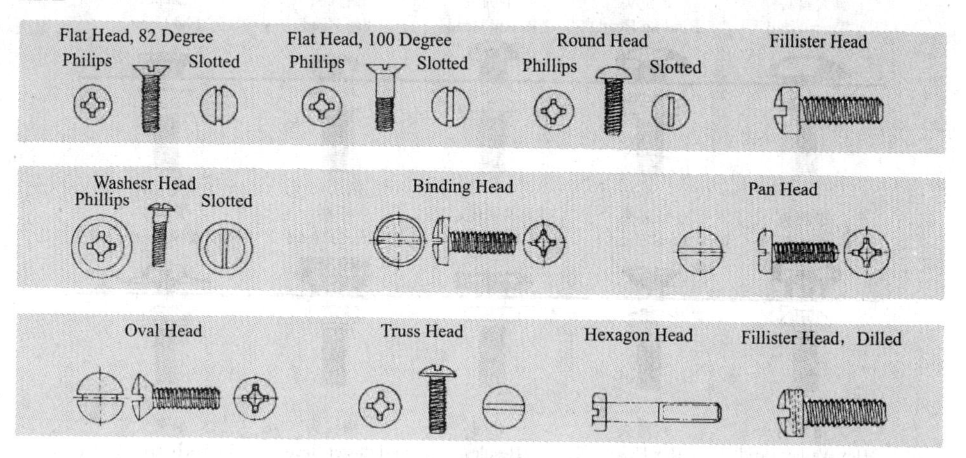

图 15-17　螺丝头系列 1

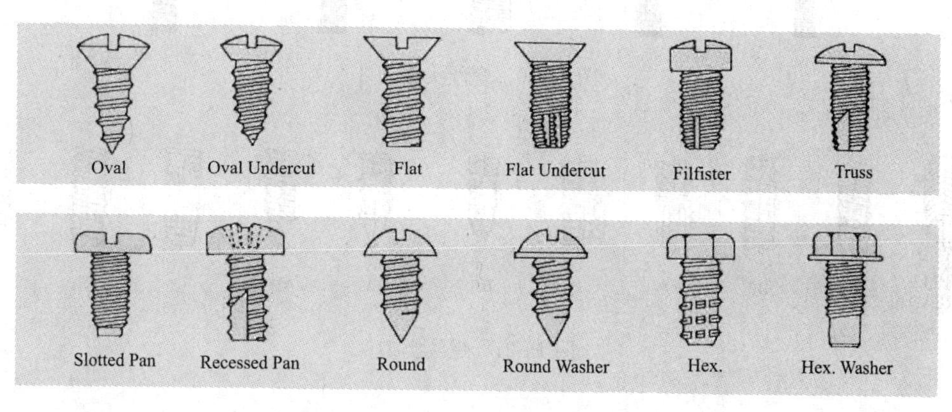

图 15-18　螺丝头系列 2

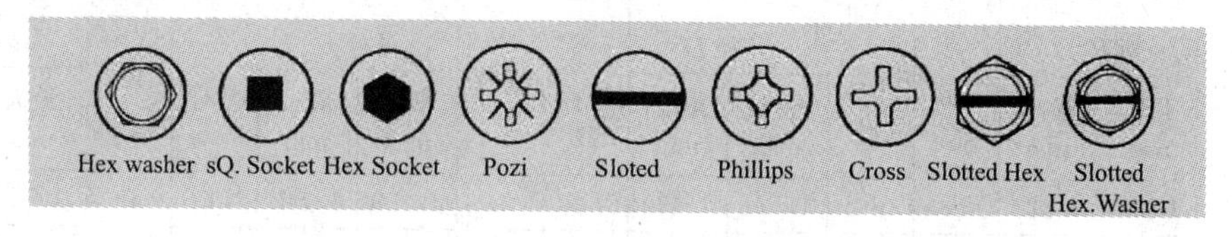

图 15-19　不同螺丝头牙口

a. 螺母特征，如图 15-22 所示。

b. 滚花，滚花有钻石花和斜纹花两类，具体如图 15-23 所示。

• 钻石花。较大的滚花面积；滚花较浅；难以控制埋植工艺；不太适宜热熔工艺，在超声波工艺上表现良好。

• 斜纹花。较小的滚花面积；滚花深度容易控制；埋植时有自我导向功能；扭拉力综合性能良好。

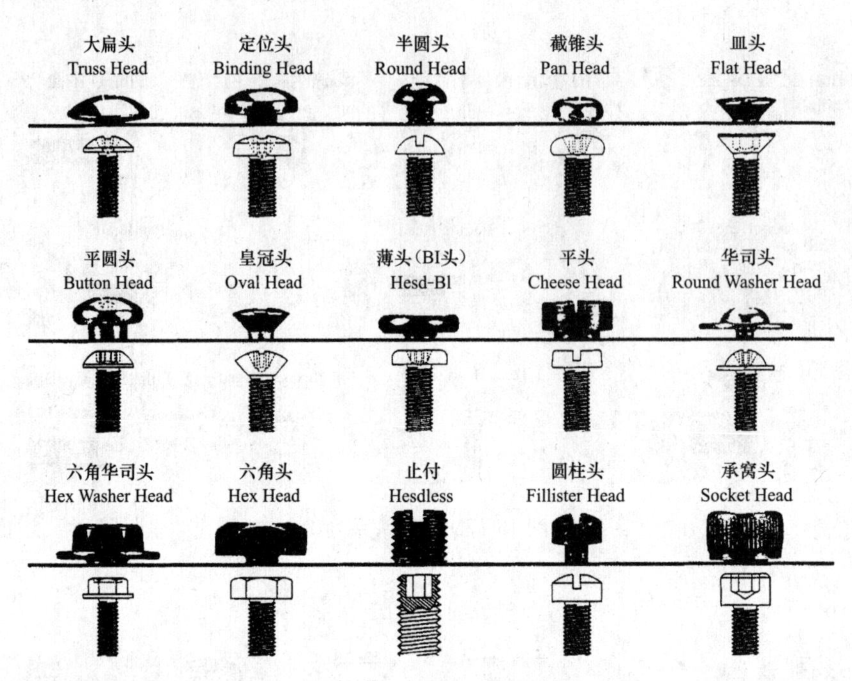

图 15-20　螺丝头系列 3

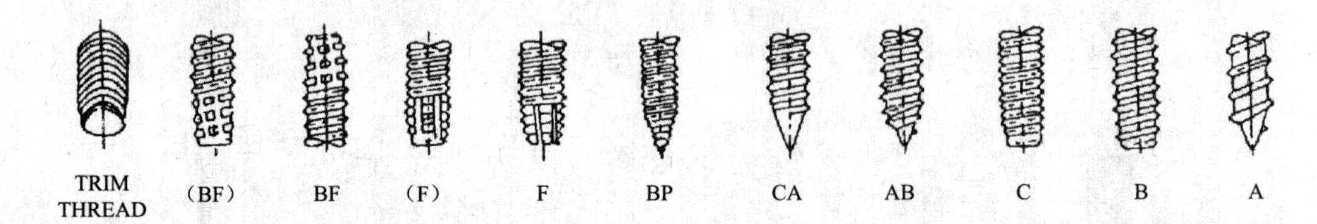

图 15-21　螺纹类型

表 15-3　　　　　　　　　　　　螺 纹 尺 寸 表 (一)

米丽牙规格 M/M 2A Q (60″)				美国细牙规格 UNF 2A Q (60″)				美国粗牙规格 UNC 2A Q (60″)				美国规格铁板螺丝 ASA 2A Q (60″)			
号称 Size	牙距 P	外径 D		号称 Size	牙数 T	外径 D		号称 Size	牙数 T	外径 D		号称 Size	牙数 T	外径 D	
		最大 max	最小 min			最大 max	最小 min			最大 max	最小 min			最大 max	最小 min
M1.4	0.3	1.380	1.320	No.0	80	1.511	1.430	No.1	64	1.839	1.742	No.0	40	1.524	1.447
M1.6	0.35	1.581	1.496	No.1	72	1.839	1.750	No.2	56	2.169	2.065	No.1	32	1.905	1.828
M1.7	0.35	1.680	1.610	No.2	64	2.169	2.073	No.3	48	2.497	2.383	No.2	32	2.235	2.133
M2.0	0.4	1.980	1.890	No.3	56	2.497	2.393	No.4	40	2.827	2.695	No.3	28	2.565	2.463
M2.3	0.4	2.280	2.190	No.4	48	2.827	2.713	No.5	40	3.155	3.025	No.4	24	2.895	2.794
M2.5	0.45	2.480	2.380	No.5	44	3.157	3.035	No.6	32	3.485	3.332	No.5	20	2.302	3.200
M2.6	0.45	2.580	2.480	No.6	40	3.485	3.355	No.8	32	4.143	3.990	No.6	18	3.581	3.454
M3.0	0.5	2.980	2.874	No.8	36	4.145	4.006	No.10	24	4.801	4.618	No.7	16	4.013	3.860
M3.0	0.6	2.980	2.870	No.10	32	4.803	4.651	No.12	24	5.461	5.278	No.8	15	4.217	4.114
M3.5	0.6	3.470	3.360	No.12	28	5.461	5.296	1/4″	20	6.322	6.116	No.9	14	4.480	4.340

续表

米丽牙规格 M/M 2A Q（60″）				美国细牙规格 UNF 2A Q（60″）				美国粗牙规格 UNC 2A Q（60″）				美国规格铁板螺丝 ASA 2A Q（60″）			
号称 Size	牙距 P	外径 D		号称 Size	牙数 T	外径 D		号称 Size	牙数 T	外径 D		号称 Size	牙数 T	外径 D	
		最大 max	最小 min			最大 max	最小 min			最大 max	最小 min			最大 max	最小 min
M4. 0	0. 7	3. 978	3. 838	1/4″	28	6. 325	6. 160	5/16″	18	7. 907	7. 686	No. 10	12	4. 927	4. 775
M4. 0	0. 75	3. 978	3. 838	5/16″	24	7. 910	7. 727	3/8″	16	9. 492	9. 253	No. 12	11	5. 613	5. 461
M4. 5	0. 75	4. 470	4. 340	3/8″	24	9. 497	9. 314	7/16″	14	11. 077	10. 815	No. 14	10	6. 451	6. 299
M5. 0	0. 8	4. 976	4. 826	7/16″	20	11. 079	10. 874	1/2″	13	12. 662	12. 385				
M5. 0	0. 9	4. 970	4. 820	1/2″	20	12. 667	12. 461	9/16″	12	14. 247	13. 957				
M6. 0	1. 0	5. 970	5. 820	9/16″	18	14. 252	14. 031	5/8″	11	15. 834	15. 527				
M7. 0	1. 0	6. 970	6. 820	5/8″	18	15. 839	15. 618	3/4″	10	19. 004	18. 677				
M8. 0	1. 25	7. 960	7. 790	3/4″	16	19. 012	18. 773	7/8″	9	22. 177	21. 824				
M10. 0	1. 25	9. 960	9. 790	7/8″	14	22. 184	21. 923	1″	8	25. 349	24. 968				
M10. 0	1. 5	9. 960	9. 770	1″	12	25. 354	25. 065								
M12. 0	1. 5	11. 960	11. 770												
M12. 0	1. 75	11. 950	11. 760												
M14. 0	2. 0	13. 950	13. 740												

表 15-4　　螺纹尺寸表（二）

章氏牙规格 M/M 2A Q（55″）				章氏牙规格铁板螺丝 W. T. TYPE A				美国规格铁板螺丝 ASA TYPE B				美国规格铁板螺丝 ASA TYPE AB			
号称 Size	牙距 P	外径 D		号称 Size	牙距 P	外径 D		号称 Size	牙距 P	外径 D		号称 Size	牙距 P	外径 D	
		最大 max	最小 min			最大 max	最小 min			最大 max	最小 min			最大 max	最小 min
1/16″	60	1. 560	1. 470	3/32″	32	2. 48	2. 38	No. 0	48	1. 524	1. 447	No. 0	48	1. 524	1. 447
3/32″	48	2. 361	2. 155	1/8″	24	3. 27	3. 17	No. 1	42	1. 905	1. 828	No. 1	42	1. 905	1. 828
1/8″	40	3. 155	3. 145	5/32″	16	4. 07	3. 97	No. 2	32	2. 235	2. 133	No. 2	32	2. 235	2. 133
5/32″	32	3. 945	3. 795	3/16″	12	4. 86	4. 76	No. 3	28	2. 565	2. 463	No. 3	28	2. 565	2. 463
3/16″	24	4. 742	4. 592	1/4″	10	6. 45	6. 35	No. 4	24	2. 895	2. 794	No. 4	24	2. 895	2. 794
1/4″	20	6. 330	6. 160	5/16″	9	8. 00	7. 90	No. 5	20	3. 302	3. 200	No. 5	20	3. 302	3. 200
5/16″	18	7. 910	7. 720	3/8″	7	9. 63	9. 53	No. 6	20	3. 581	3. 454	No. 6	20	3. 581	3. 454
3/8″	16	9. 500	9. 310	1/2″	6	12. 8	12. 7	No. 7	19	3. 911	3. 784	No. 7	19	3. 911	3. 784
7/16″	14	11. 082	10. 892					No. 8	18	4. 267	4. 114	No. 8	18	4. 210	4. 114
1/2″	12	12. 670	14. 460					No. 10	16	4. 927	4. 775	No. 10	16	4. 927	4. 775
9/16″	12	14. 258	14. 047					No. 12	14	5. 613	5. 461	No. 12	14	5. 613	5. 461
5/8″	11	15. 845	15. 605					1/4″	14	6. 248	6. 096	1/4″	14	6. 248	6. 096
3/4″	10	19. 020	18. 780					5/16″	12	8. 001	7. 823	5/18″	12	8. 001	7. 823
7/8″	9	22. 195	21. 935					3/8″	12	9. 652	9. 423				
1″	8	25. 370	25. 110					7/16″	10	11. 176	10. 947				
								1/2″	10	12. 801	12. 573				

续表

米丽规格铁板螺丝 TYPE B				米丽规格铁板螺丝 TYPE A				Standard Hex Nut			
号称 Size	牙距 P	外径 D 最大 max	外径 D 最小 min	号称 Size	牙距 P	外径 D 最大 max	外径 D 最小 min	号称 Size	牙距 P	外径 D 最大 max	外径 D 最小 min
M2	40	2.0	1.9	M2	32	2.1	2.0	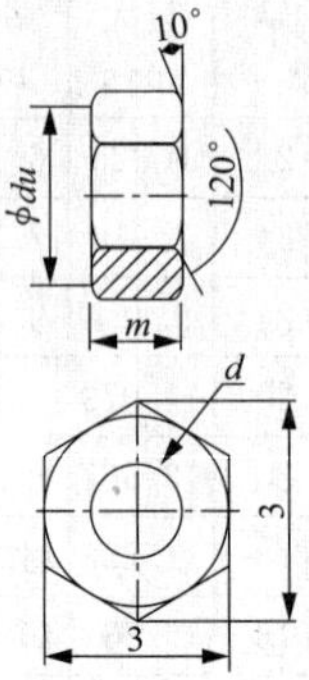 2	0～0.25	1.6	4.0
M2.3	32	2.3	2.2	M2.3	32	2.4	2.3	2.3		1.8	4.5
M2.6	28	2.6	2.5	M2.6	28	2.7	2.6	2.5		2.0	5.0
M3	24	3.0	2.9	M3	24	3.1	3.0	2.6		2.0	5.0
M3.5	20	3.5	3.4	M3.5	18	3.6	3.5	3.0		2.4	5.5
M4	18	4.0	3.9	M4	16	4.1	4.0	3.0		2.4	6.0
M4.5	16	4.5	4.4	M4.5	14	4.6	4.5	3.5		2.8	6.0
M5	16	5.0	4.9	M5	12	5.1	5.0	4.0	0～0.3	3.2	7.0
M6	14	6.0	5.9	M6	10	6.1	6.0	4.0		3.2	8.0
M8	12	8.0	7.9	M8	7	8.1	8.0	5.0		4.0	8.0
				M10	6	10.1	10.0	6.0		5.0	10.0

c. 螺旋角与螺距，如图 15-24 所示。

d. 螺母种类，见表 15-6。

表 15-5　　十字槽沉头螺钉尺寸表

螺纹规格 d			M1.6	M2	M2.5	M3	M3.5*	M4	M5	M6	M8	M10
P①			0.35	0.4	0.45	0.5	0.6	0.7	0.8	1	1.25	1.5
a max			0.7	0.8	0.9	1	1.2	1.4	1.6	2	2.5	3
b min			25	25	25	25	38	38	38	38	38	38
d_k	理论值 max		3.6	4.4	5.5	6.3	8.2	9.4	10.4	12.6	17.3	20
	实际值	公称=max	3.0	3.8	4.7	5.5	7.30	8.40	9.30	11.30	15.80	18.30
		min	2.7	3.5	4.4	5.2	6.94	8.04	8.94	10.87	15.37	17.78
k 公称=max			1	1.2	1.5	1.65	2.35	2.7	2.7	3.3	4.65	5
r min			0.4	0.5	0.6	0.8	0.9	1	1.3	1.5	2	2.5
x max			0.9	1	1.1	1.25	1.5	1.75	2	2.5	3.2	3.8
十字槽	槽号 No.		0	0	1	1	2	2	2	3	4	4
	H 型	m 参考	1.6	1.9	2.9	3.2	4.4	4.6	5.2	6.8	8.9	10
		插入深度 min	0.6	0.9	1.4	1.7	1.9	2.1	2.7	3.0	4.0	5.1
		插入深度 max	0.9	1.2	1.8	2.1	2.4	2.6	3.2	3.5	4.6	5.7
	Z 型	m 参考	1.6	1.9	2.8	3	4.1	4.4	4.9	6.6	8.8	9.8
		插入深度 min	0.70	0.95	1.48	1.76	1.75	2.06	2.60	3.00	4.15	5.19
		插入深度 max	0.95	1.20	1.73	2.01	2.20	2.51	3.05	3.45	4.60	5.64
1			3～16	3～20	3～25	4～30	5～35	5～40	6～50	8～60	10～60	12～60

* 尽可能不采用的规格。

① P—螺距。

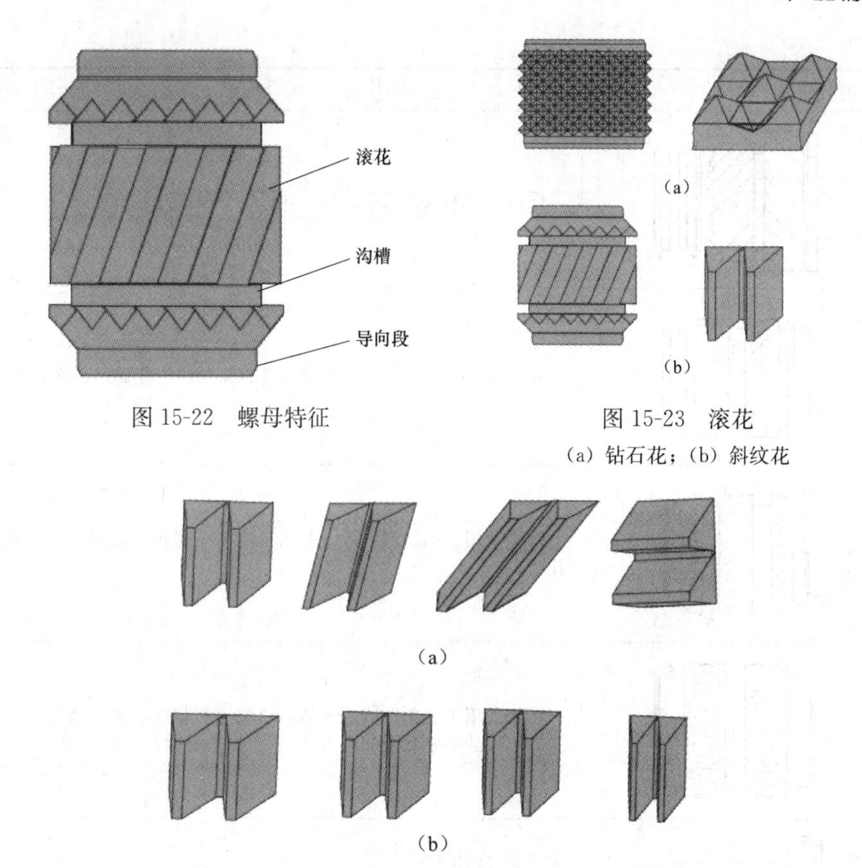

图 15-22　螺母特征

图 15-23　滚花
(a) 钻石花；(b) 斜纹花

图 15-24　螺旋角与螺距
(a) 螺旋角；(b) 螺距

表 15-6　　各类螺母图例及特征

序号	图例	特征
1	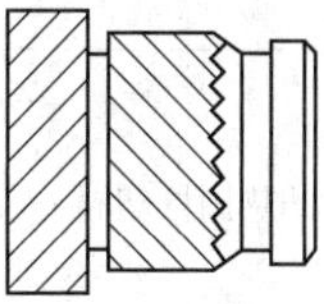	适用于热熔和超声波埋入热塑性塑料，人字形滚花可提高其扭拉力
2	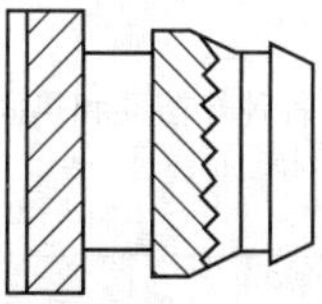	适用于有较大脱模斜度（8°）的塑胶孔
3	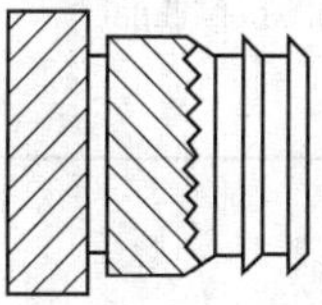	适用于有较大脱模斜度的塑胶孔。斜角花和反向叶片可以将扭拉力提高 25%

续表

序号	图例	特征
4	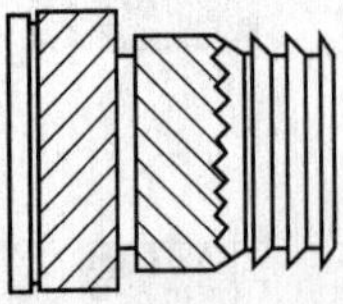	适用于公差较大的塑胶孔，并提供高扭拉力
5	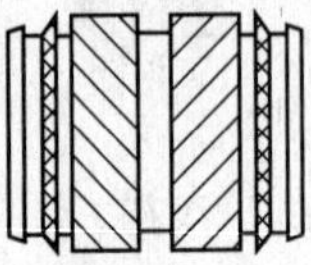	对称形状适用于自动化埋植设备。正反向压花提供更强的性能
6	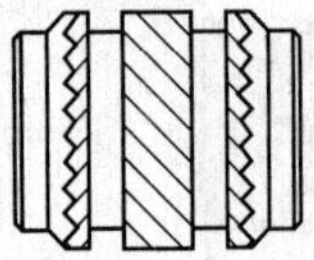	特别适用于小型塑胶件，有利于使用小螺丝，适用于较小壁厚的塑胶孔
7	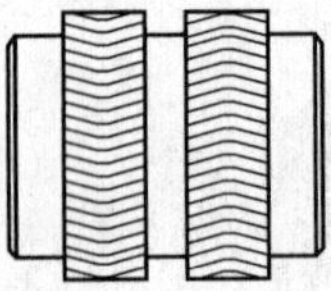	特别适用于尖角敏感的非结晶热塑性塑胶件，圆弧滚花可避免一般压花所形成的尖峰和根部应力
8	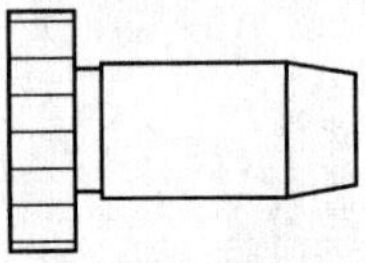	特别适用于薄片结构塑胶
9	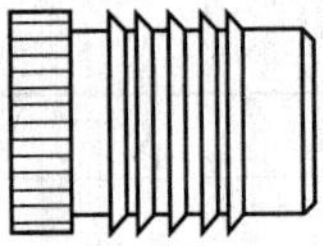	可直接压入装配大部分热塑性塑胶，不需要专用埋植设备
10	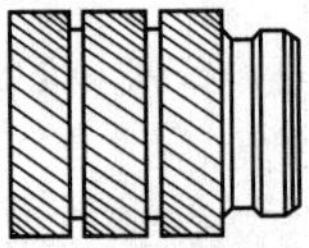	精密而尖锐的滚花，适用于硬而脆的热固性塑料
11	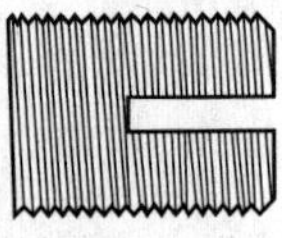	此为一种自攻型埋植螺母，适用于各种热塑性和热固性塑料
12	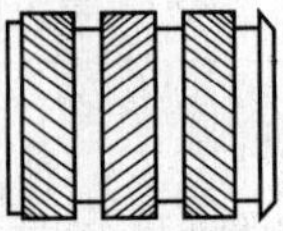	适用于模内成型埋植，能得到极高的扭拉性能

e. 螺母常用的规格及参数，如图 15-25～图 15-27 所示。

3）塑胶孔设计。孔的基础结构，如图 15-28～图 15-34 所示。

螺母M2&M2.6详细规格尺寸表

单位：mm

I 86型

thread E C B D A

品名 PRODUCT CODENO	螺牙 THREAD	外径 A	长度 B	塑胶孔径 直径C为成型后下现值	塑胶孔径 深度D视空间可略为缩短	塑胶最小内厚供参考因塑料而异
I 860020×2.0	M2×0.45	3.6	2.0	3.1	2.5	1.2
I 860020×2.5			2.5		3.0	
I 860020×3.0			3.0		4.0	
I 860020×4.0			4.0		5.0	
I 860020×5.0			5.0		6.0	
I 860020×2.5	M2.6×0.45	4.6	2.5	4.0	3.0	1.6
I 860020×3.0			3.0		4.0	
I 860020×3.5			3.5		4.5	
I 860020×4.0			4.0		5.0	
I 860020×5.0			5.0		6.0	

适合树脂：
热可塑性树脂

材质：黄铜
埋入方式：
加热，超音波

图 15-25　螺母常用的规格及参数表 1

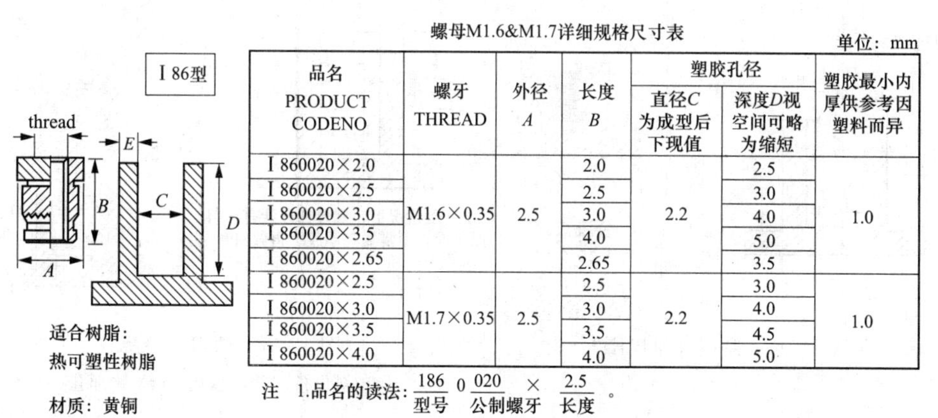
螺母M1.6&M1.7详细规格尺寸表

单位：mm

I 86型

thread E C B D A

品名 PRODUCT CODENO	螺牙 THREAD	外径 A	长度 B	塑胶孔径 直径C为成型后下现值	塑胶孔径 深度D视空间可略为缩短	塑胶最小内厚供参考因塑料而异
I 860020×2.0	M1.6×0.35	2.5	2.0	2.2	2.5	1.0
I 860020×2.5			2.5		3.0	
I 860020×3.0			3.0		4.0	
I 860020×3.5			4.0		5.0	
I 860020×2.65			2.65		3.5	
I 860020×2.5	M1.7×0.35	2.5	2.5	2.2	3.0	1.0
I 860020×3.0			3.0		4.0	
I 860020×3.5			3.5		4.5	
I 860020×4.0			4.0		5.0	

适合树脂：
热可塑性树脂

材质：黄铜
埋入方式：
加热，超音波

注　1.品名的读法：$\frac{186}{\text{型号}}$ 0 $\frac{020}{\text{公制螺牙}}$ × $\frac{2.5}{\text{长度}}$。

2.塑胶孔径之直径C值为成型后下限值，在模具上开PIN时，请将塑胶料缩水值计算PIN的直径C值小于下限，造成螺母埋入后温胶。

3.以上各尺寸INSERT（皆适用于超音波，热溶和模具上直接射出成型等埋入方式.（另有模具上直接射出成型PIN值备询）。

图 15-26　螺母常用的规格及参数表 2

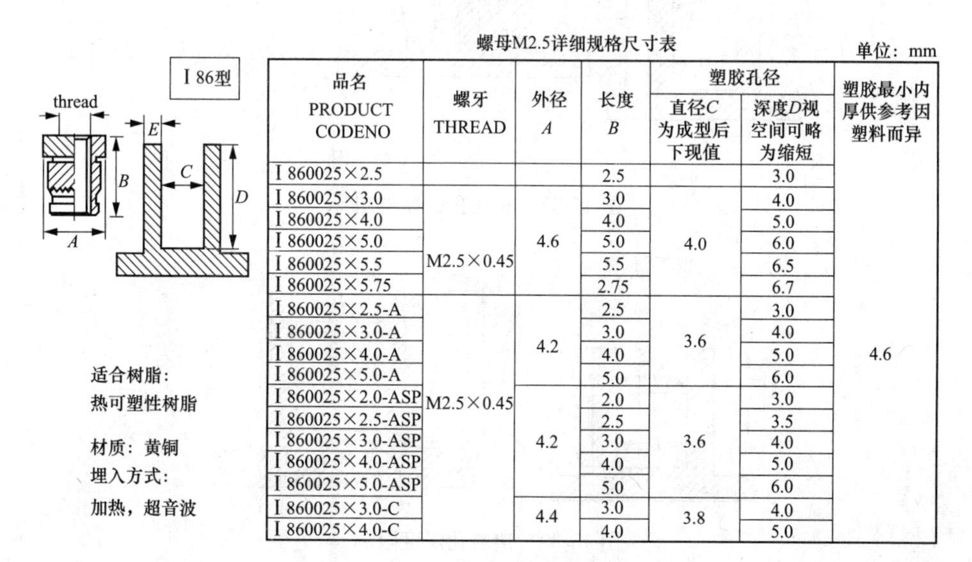
螺母M2.5详细规格尺寸表

单位：mm

I 86型

thread E C B D A

品名 PRODUCT CODENO	螺牙 THREAD	外径 A	长度 B	塑胶孔径 直径C为成型后下现值	塑胶孔径 深度D视空间可略为缩短	塑胶最小内厚供参考因塑料而异
I 860025×2.5			2.5		3.0	4.6
I 860025×3.0	M2.5×0.45	4.6	3.0	4.0	4.0	
I 860025×4.0			4.0		5.0	
I 860025×5.0			5.0		6.0	
I 860025×5.5			5.5		6.5	
I 860025×5.75			2.75		6.7	
I 860025×2.5-A	M2.5×0.45	4.2	2.5	3.6	3.0	
I 860025×3.0-A			3.0		4.0	
I 860025×4.0-A			4.0		5.0	
I 860025×5.0-A			5.0		6.0	
I 860025×2.0-ASP		4.2	2.0	3.6	3.0	
I 860025×2.5-ASP			2.5		3.5	
I 860025×3.0-ASP			3.0		4.0	
I 860025×4.0-ASP			4.0		5.0	
I 860025×5.0-ASP			5.0		6.0	
I 860025×3.0-C		4.4	3.0	3.8	4.0	
I 860025×4.0-C			4.0		5.0	

适合树脂：
热可塑性树脂

材质：黄铜
埋入方式：
加热，超音波

图 15-27　螺母常用的规格及参数表 3

任务15

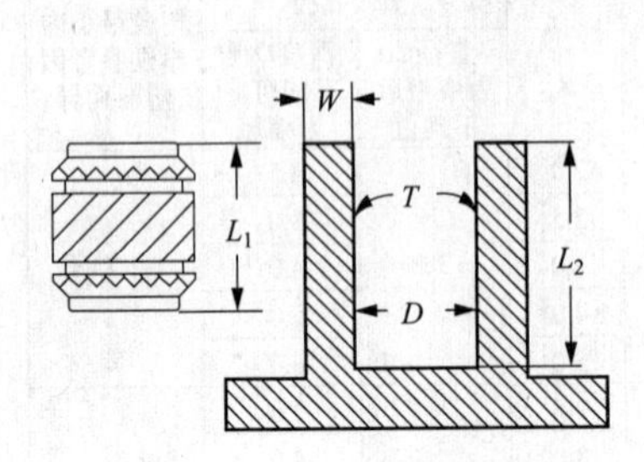

图 15-28　孔的尺寸与壁厚

L_1—螺母长度；L_2—最小孔深；W—壁厚；T—脱模斜度

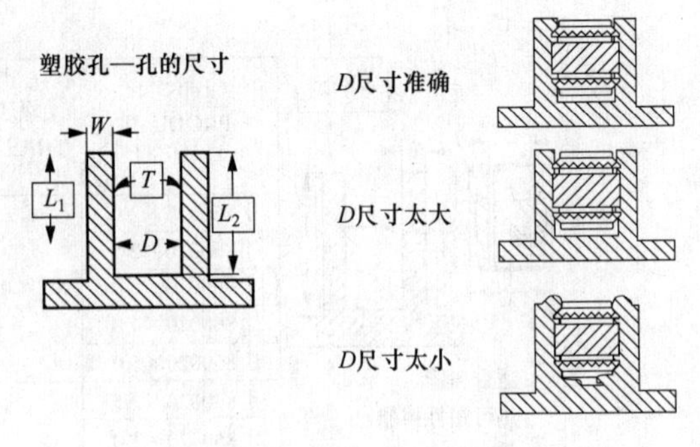

图 15-29　塑料孔尺寸限制

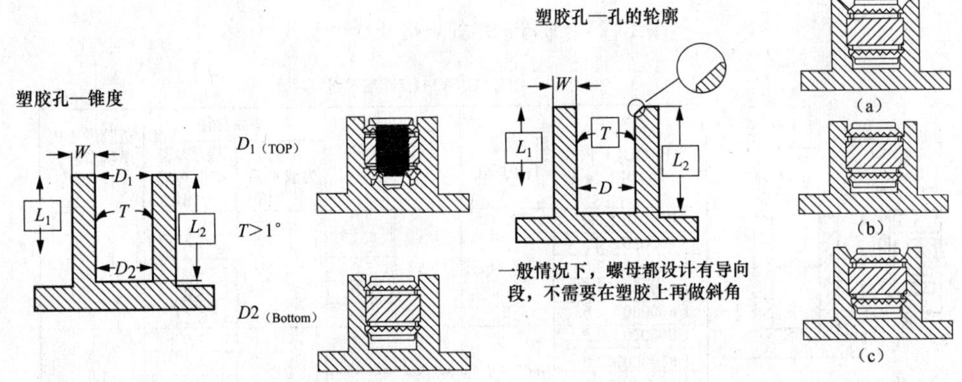

图 15-30　塑料孔锥度限制

图 15-31　塑料孔轮廓

(a) 斜角孔；(b) 直孔；(c) 锥形孔

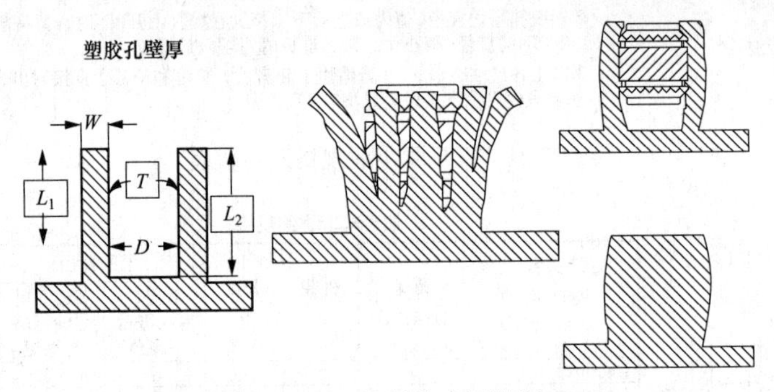

图 15-32　塑料孔壁厚限制

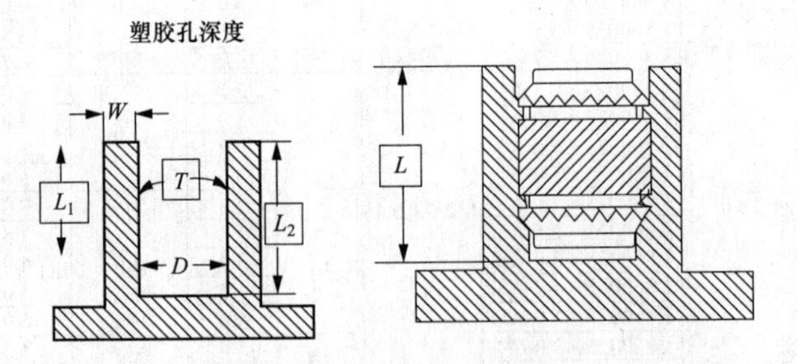

图 15-33　塑料孔深度限制

注：塑胶孔深度的设计，必须考虑溢胶空间，一般情况下为 0.5～1.5mm。

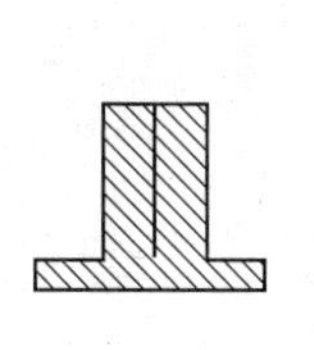

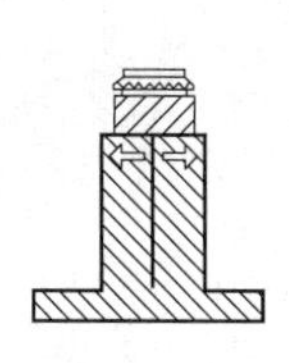

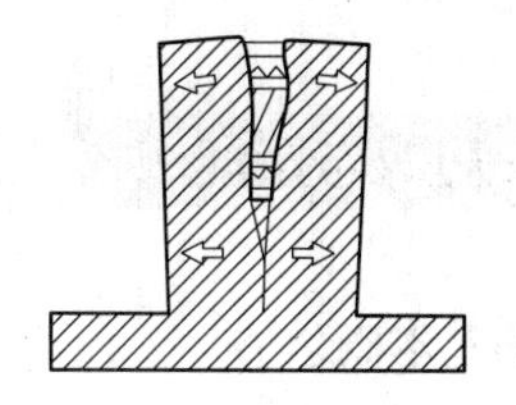

塑孔位置，应尽量不要设置在结合线处，避免因应力的存在而导致塑孔破裂

图 15-34　塑料孔的结合线

4）塑料与螺母的关系。

a. 结晶性塑料对应力相对不敏感，各种螺母都能适用。

b. 非结晶塑料对应力非常敏感，在选择螺母型号时，应避免锋利的滚花。对那些需要作屏蔽电镀的塑件，应该特别小心，埋有螺母的塑件酸洗会造成严重的龟裂现象，最好是先电镀，再埋植螺母。

c. 热固性塑料不适用热熔和超声波埋植螺母，在必要时，可以选择精密而尖锐的滚花螺母直接压入。

15.4.3 活动三　能力提升

根据活动内容和示范操作要求，分析如图 15-35 所示机顶盒产品外壳与内部 PCB 板的装配关系，采用标准件（铜螺母）的紧固连接方法。在三维软件中，完成相关结构的设计制作。

具体要求如下：

(1) 打开机顶盒文件产品三维文件，分析产品外壳与 PCB 板的装配特征，查找核对螺钉国际尺寸表，确定做孔的直径和深度，选择合适的辅料，为装配结构的制作打下基础。

(2) 在软件环境中完成螺钉所需产品结构细节设计制作，完成后虚拟放入螺钉检测其合理性和干涉性。

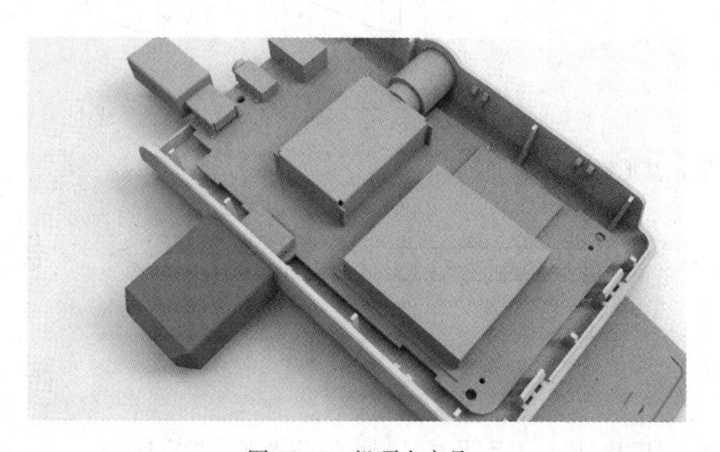

图 15-35　机顶盒产品

15.5 效果评价

效果评价参见任务 1，评价标准见附录。

15.6 相关知识与技能

15.6.1 辅料的基本概念

对产品生产起辅助作用的材料。辅料除主原料以外的辅助材料，起到连接、装饰、功能等作用。辅料门类极广，主要分类有五金配件、螺丝、螺母、垫片、螺栓、脚垫等。

辅料的选型就在于在设计过程中，可尽量选用已有的标准辅料，避免小零件需要单独加工；选用合适的辅料，能使未来的采购和生产更加易于进行。

15.6.2 螺丝

螺丝是利用物体的斜面圆形旋转和摩擦力的物理学和数学原理，循序渐进地紧固器物机件的工具。螺丝种类如下。

1. 自攻钉

(1) 参照标准：英制自攻钉（Tapping screws）参照标准为 ANSI/ASME B18.6.4，公制的参照标准有 GB845（R＋）、GB846（F＋）、GB847（O＋）、JIS B1115（－）、JISB1122（＋）、JISB 1126（HW）、JISB1127（HF）、JIS B1125、DIN7971、DIN7972、DIN7973、DIN7981、DIN7982、DIN7983、ISO1479（H）、ISO1481（B－）、ISO1482（F－）、ISO1483（O－）、ISO7049（P＋）、ISO7050（F＋）、ISO7051（O＋）。

(2) 头型：新、老国标中均有三种头型：老国标为圆头（R)、沉头（F）和半沉头（O)，新国标为盘头（P)、沉头（F）和半沉头（O)，英制自攻钉有各种头型，目前常见的自攻钉头型如图 15-36 所示。

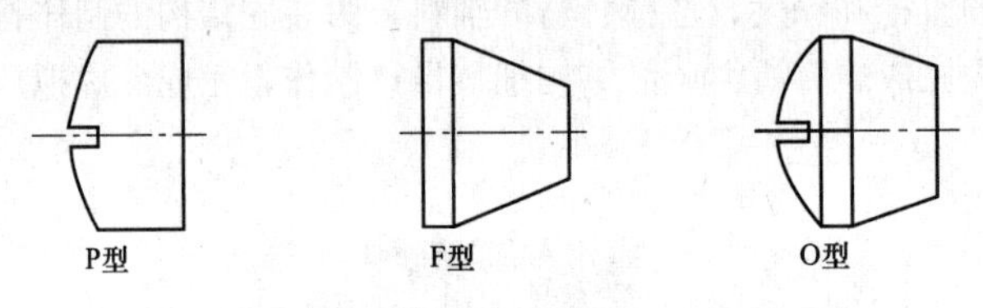

图 15-36 常见的自攻钉头型

(3) 各种牙型，其形制如图 15-37 所示。

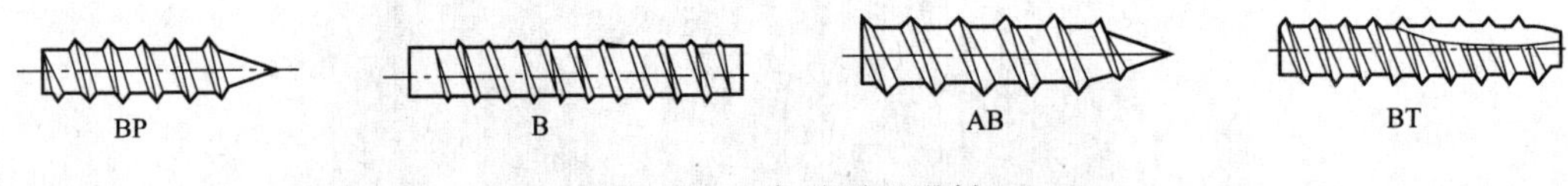

图 15-37 各种牙型形制

2. 墙板钉

(1) 参照标准：JIS B 1125、GB/T 14210—93C 以及客户指定标准。

(2) 头型：目前墙板钉头型有喇叭头（DW)，但也有大扁头华司（TW）及华威头（AF)。

(3) 牙型：墙板钉主要有两种牙型：细牙和粗牙，其牙距和牙数见表 15-7。细牙又分双牙双出和双牙单出以及高低牙，粗牙为单牙单出。通常状况下牙山角度是 600，尾尖角度是 250±30，但有些客户要求牙山角度为 450±50，细牙和粗牙规格见表 15-7。

表 15-7　　细牙和粗牙规格

规格	粗牙		细牙	
	牙数	牙距	牙数	牙距
6	9	2.82	18	1.41
7	9	2.82	16	1.59
8	9	2.82	15	1.69
10	8	3.18	12	2.11

3. 钻尾螺丝

(1) 参照标准：ANSI/ASME B18.6.4 、DIN7504。

(2) 目前常见的钻尾螺丝头型有六角华司头（HW)、盘头（P)、平头（F)。

(3) 牙型主要有 BD 牙及 CD 牙，它们的区别在于 BD 牙的牙型为自攻钉中 AB 牙的牙型，而 CD 牙为机械牙。

4. 夹板钉

(1) 参照标准：客户要求。

(2) 头型：目前常见的主要是平头、盘头、大扁头。槽型多为米字槽，还有梅花槽。

(3) 牙型：夹板钉、牙山角度为 400，一边是 250，一边是 150，使产品有一定的自锁功能，尾尖角度为（250±30）或（340±30)，一般短规格尺寸尾尖角度为（340±30)，三夹板钉一般要牙底比较光滑，不能有铁屑存在。因为不光滑会导致产品很难旋入硬质木头，同时也会有断头现象存在，也就是旋入测试可能达不到要求。另如有铁屑存在，电镀时无法镀到基体，当螺钉旋入木头时，铁屑脱落，使基体容易腐蚀，造成产品生锈。

5. 机螺钉

(1) 参照标准：

1) 公制：GB65-85（B—)、GB67-85（P—)、GB68-85（F—)、GB69-85（O—)、GB818-85（P+)、GB819-85（F+)、GB820-85（O+)、DIN963-85（F—)、DIN964-85（O+)、DIN965-85（F+)、DIN966-85（O+)、JISB1111-96。

2) 英制：ANSI/ASME B18.6.3。

(2) 头型：和自攻钉一样，新、老国标中均有三种头型。老国标为圆头（R)、沉头（F）和半沉头（O)，新国标为盘头（P)、沉头和半沉头，英制机螺钉头型和英制自攻钉一样。

(3) 牙型：机螺钉牙型就是机械牙。

15.6.3 螺纹

1. 螺纹种类

螺纹是一种在固体外表面或内表面的截面上，有均匀螺旋线凸起的形状。根据其结构特点和用途可分为三大类。

(1) 普通螺纹：牙形为三角形，用于连接或紧固零件。普通螺纹按螺距分为粗牙和细牙螺纹两种，细牙螺纹的连接强度较高。

(2) 传动螺纹：牙形有梯形、矩形、锯形及三角形等。

(3) 密封螺纹：用于密封连接，主要是管用螺纹、锥螺纹与锥管螺纹。

2. 机械螺纹的主要几何参数

(1) 大径/牙外径（D、d)：为外螺纹牙顶或内螺纹牙底重合的假想圆柱直径。螺纹大径基本代表螺纹尺寸的公称直径。

（2）中径（D_2、d_2）：$D_2=d_2=D(d)-2\times3H/8$，式中 H 为原始三角形高。

（3）小径/牙底径（D_1、d_1）：为外螺纹牙顶或内螺纹牙顶相重合的假想圆柱的直径。

（4）螺距（P）：为相邻牙在中径线上对应两点的轴向距离或相邻牙山或两相邻牙谷间的距离。在英制中以每一英寸（25.4mm）内的牙数来表明牙距，牙距与牙数规格见表15-8。

表15-8　　牙距与牙数规格

规格	牙距			规格	称呼	牙数		
	粗牙	细牙	极细牙			粗牙	细牙	韦氏牙
M3	0.5	0.35		4#	2.9	40	48	
M4	0.7	0.5		6#	3.5	32	40	
M5	0.8	0.5		8#	4.2	32	36	
M6	1.0	0.75		10#	4.8	24	32	
M7	1.0	0.75		12#	5.5	24	28	
M8	1.25	1.0	0.75	1/4	6.35	20	28	20
M10	1.5	1.25	1.0	5/16	7.94	18	24	18
M12	1.75	1.5	1.25	3/8	9.53	16	24	16
M14	2.0	1.5	1.0	7/16	11.11	14	20	14
M16	2.0	1.5	1.0	1/2	12.7	13	20	12
M18	2.5	2.0	1.5	9/16	14.29	12	18	12
M20	2.5	2.0	1.5	5/8	15.86	11	18	11
M22	2.5	2.0	1.5	3/4	19.05	10	16	10
M24	3.0	2.0	1.5	7/8	22.23	9	14	9
M27	3.0	2.0	1.5	1	25.40	8	12	8
M30	3.5	3.0	2.0					

（5）牙型半角（$\alpha/2$）：牙侧与螺纹轴线的垂线间的夹角，普通螺纹牙型半角为600/2，韦氏牙（BSW）螺纹牙型半角为550/2。一般木螺丝牙山角度为600，尾尖角度600。

（6）螺纹旋合长度：为两相配合螺纹，沿螺纹轴方向相互旋合部分的长度。

3. 自攻、自钻螺纹的主要几何参数

（1）大径/牙外径（d_1），为螺纹牙顶重合的假想圆柱直径。螺纹大径基本代表螺纹尺寸的公称直径。

（2）小径/牙底径（d_2）：为螺纹牙底重合的假想圆柱直径。

（3）牙距（p）：为相邻牙在中经线上对应两点的轴向距离。在英制中以每一英寸（25.4mm）内的牙数来表明牙距。

表15-9列举了常用规格的牙距（公制）牙数（英制），以供参考。

表15-9　　常用规格的牙距（公制）、牙数（英制）

1. 公制自攻牙

规格	ST 1.5	ST 1.9	ST 2.2	ST 2.6	ST 2.9	ST 3.3	ST 3.5	ST 3.9	ST 4.2	ST 4.8	ST 5.5	ST 6.3	ST 8.0	ST 9.5
牙距	0.5	0.6	0.8	0.9	1.1	1.3	1.3	1.3	1.4	1.6	1.8	1.8	2.1	2.1

续表

2. 英制自攻牙

规格		4#	5#	6#	7#	8#	10#	12#	14#
牙数	AB牙	24	20	20	19	18	16	14	14
	A牙	24	20	18	16	15	12	11	10

3. 日标墙板钉

规格		6#	7#	8#	10#
粗牙	牙数	9	9	9	8
	牙距	2.82	2.82	2.82	3.18
细牙	牙数	18	16	15	12
	牙距	1.41	1.59	1.69	2.11

4. 机械螺丝（机械牙）

规格	公制（牙距）							英制（牙数）						
	M2.5	M3	M3.5	M4	M5	M6	M8	4#	5#	6#	8#	10#	12#	1/4
粗牙	0.45	0.5	0.6	0.7	0.8	1.0	1.2	40	40	32	32	24	24	20
细牙	0.35	0.35	0.35	0.5	0.5	0.75	1.0	48	44	40	36	32	28	28

练习与思考

一、单选题

1. 机械螺纹的几何参数中，（　　）为相邻牙在中径线上对应两点的轴向距离或相邻牙山或两相邻牙谷间的距离。

A. 螺栓　　B. 垫片　　C. 螺母　　D. 螺距

2. 机械螺纹的几何参数中，（　　）为两相配合螺纹，沿螺纹轴方向相互旋合部分的长度。

A. 螺距　　B. 螺母直径　　C. 螺纹旋合长度　　D. 螺丝直径

3. 在自攻、自钻螺纹的几何参数中，（　　）为螺纹牙底重合的假想圆柱直径。

A. 小径/牙底径　　B. 螺距　　C. 螺帽　　D. 螺纹旋合长度

4. 下列元素对钢的性质产生“能提高可淬性，并且有助于使低碳钢对热处理产生预期的反应”的是（　　）。

A. 碳（C）　　B. 硅（Si）　　C. 矾（V）　　D. 硼（B）

5. 墙板钉主要有（　　）两种牙型。

A. 高低牙　　B. 细牙和粗牙

C. 双牙双出和双牙单出　　D. 单牙单出和单牙双出

6. 在螺母滚花中，不太适宜热熔工艺，在超声波工艺上表现良好的是（　　）。

A. 钻石花　　B. 斜纹花　　C. 螺旋角　　D. 螺距

7. 埋有螺母的塑件酸洗会造成严重的龟裂现象，最好是（　　）。

A. 先热熔，再埋植螺母　　B. 先电镀，再埋植螺母

C. 直接超声波埋植螺母　　D. 车削加工

8. 塑胶孔壁设置很薄，可以得到很高的扭拉力的埋植方法是（　　）。

A. 热熔　　B. 超声波　　C. 二次埋植　　D. 模内成型

9. 选择螺母的金属嵌件用模内成型的是（　　）连接。

A. 可拆卸　　B. 永久性　　C. 焊接　　D. 超声波

10. 机械螺纹的几何参数中，（　　）牙侧与螺纹轴线的垂线间的夹角，普通螺纹牙型半角为600/2。

A. 大径/牙外径　　B. 牙型半角　　C. 牙底径　　D. 牙距

二、多选题

11. 以碳钢料中碳的含量可以区分（　　）。

A. 低碳钢　　B. 中碳钢　　C. 高碳钢　　D. 合金钢

E. 不锈钢

12. 螺丝的种类有（　　）。

A. 自攻钉　　B. 墙板钉　　C. 钻尾螺丝　　D. 夹板钉

E. 机螺钉

13. 螺丝里的老国标头型有（　　）。

A. 圆头　　B. 沉头　　C. 盘头　　D. 半沉头

E. 平头

14. 不锈钢中的奥氏体的特性有（　　）。

A. 耐热性好　　B. 耐腐蚀性好　　C. 强度高　　D. 耐磨性好

E. 可焊性好

15. 不锈钢分为（　　）。

A. 奥氏体　　B. 马氏体　　C. 铁素体　　D. 铬鉬合金钢

16. 铁素体不锈钢的优势包括（　　）。

A. 耐磨性好　　B. 镦锻性较好　　C. 耐腐蚀性强　　D. 耐热性好

17. 铬（Cr）能提高钢的（　　）并有利于高温下保持强度。

A. 镦锻性　　B. 耐磨性　　C. 可淬性　　D. 耐腐蚀能力

E. 耐热性

18. 墙板钉头型的种类有（　　）

A. 喇叭头　　B. 大扁头华司　　C. 沉头　　D. 华威头

E. 盘头

19. 螺纹基本分类包含（　　）。

A. 细牙　　B. 普通螺纹　　C. 传动螺纹　　D. 密封螺纹

E. 粗牙

20. 常见的钻尾螺丝头型包括（　　）。

A. 六角华司头　　B. 半沉头　　C. 盘头　　D. 平头

E. 华威头

三、判断题

21. 辅料的基础就是对产品生产起辅助作用的材料。（　　）

22. 辅料的选型就在于在设计过程中，可尽量选用已有的标准辅料，避免小零件需要单独加工；选用合适的辅料，能使未来的采购和生产更加易于进行。（　　）

23. 螺丝是一种在固体外表面或内表面的截面上，有均匀螺旋线凸起的形状。（　　）

24. 螺距（*P*）为相邻牙在中经线上对应两点的轴向距离。（　　）

25. 螺纹旋合长度为两相配合螺纹，沿螺纹轴方向相互旋合部分的长度。（　　）

26. 镍（Ni）对钢的性质产生影响，它能提高钢件强度，改善低温下的韧性，提高耐大气腐

蚀能力，并可保证稳定的热处理效果，减小氢脆的作用。(　　)

27. 碳（C）对钢的性质产生影响，它能提高钢件强度，尤其是其热处理性能，但随着含碳量的增加，塑性和韧性下降，并会影响到钢件的冷镦性能及焊接性能。(　　)

28. 塑料与螺母的关系中，热固性塑料不适用热熔和超声波埋植螺母。在必要时，可以选择精密而尖锐的滚花螺母直接压入。(　　)

29. 不锈钢的奥氏体（18%Cr、8%Ni）耐热性好，耐腐蚀性好，可焊性好。(　　)

30. 超声波埋植的优势是塑料孔壁可以设置很薄，能够得到很高的扭拉力；缺点是废品率较高，易损坏模具，有螺纹堵塞的问题。(　　)

练习与思考参考答案

1. D	2. C	3. A	4. D	5. B	6. A	7. B	8. D	9. A	10. B
11. ABCD	12. ABCDE	13. ABD	14. ABE	15. ABC	16. BC	17. CD	18. ABD	19. BCD	20. ACD
21. Y	22. Y	23. N	24. Y	25. Y	26. Y	27. Y	28. Y	29. Y	30. N

任务 16

产品建模及修改

该训练任务建议用 6 个学时完成学习。

16.1 任务来源

建模是结构设计中必不可少的一项，是将产品从平面效果转建成可加工三维文件的第一步，也是产品外观造型的基础数据。产品后续的拆件、产品内部结构细化的前提都是要通过复制几何调取部件所需要的基础曲面进行运用。

16.2 任务描述

在 Pro/E 软件中运用“草绘”“扫描”“造型”“边界混合”建立基本立方体的模型；在模型上提取曲面进行拆件；对模型总装配建造与零件的“缺省”装配。

16.3 能力目标

16.3.1 技能目标

完成本训练任务后，你应当能（够）：

1. 关键技能

（1）会用“草绘”进行产品基本造型描线。
（2）会用“扫描”进行产品恒定曲面铺面。
（3）会用“造型”进行建模所需辅助曲线的勾勒。
（4）会用“边界混合”进行四边曲面补接并约束。
（5）会对产品电子模型进行拆件和装配。

2. 基本技能

（1）会操作三维软件零件模块的工作界面。
（2）会操作三维软件组件模块的工作界面。

16.3.2 知识目标

完成本训练任务后，你应当能（够）：

（1）掌握 Pro/E 软件产品形体外形线（直线、圆弧、锥形弧、尺寸标注）及线之间的特征约束等的勾勒技巧。

（2）掌握 Pro/E 软件产品基本曲面的铺排（拉伸、填充、扫描、边界混合、曲面合并和裁剪等）方法。

（3）掌握 Pro/E 软件产品拆件（复制几何、拉伸实体、曲面实体化裁剪等）的方法。

（4）掌握 Pro/E 软件产品建模和拆件的方法和步骤。

16.3.3 职业素质目标

完成本训练任务后，你应当能（够）：

（1）具有严谨认真的工作态度。

（2）具有良好的工作耐心。

（3）具备极强的工作效率。

16.4 任务实施

16.4.1 活动一　知识准备

（1）Pro/E 软件基本操作。

（2）产品零件三维模型的拆件方法。

（3）产品零件三维模型的装配方法。

16.4.2 活动二　示范操作

1. 活动内容

运用 Pro/E 软件制作产品外壳三维模型，并在软件中进行拆件和装配。

具体要求如下：

（1）学习 Pro/E 软件相关的零件建模的基本操作与运用。首先新建名字并调整相关参数；运用“草绘”“扫描”“造型”“边界混合”等操作建立模型；隐藏多余线条并完成建模。

（2）学习从建模中提取曲面进行拆件的基本操作与运用。首先新建名字并调整相关参数；运用“复制几何”“实体化”等操作对相应的位置提取所需部分；对各个部分着色形成区分。

（3）学习整机总装配建造与零件的“缺省”装配的操作与运用。首先选择“组件“新建名字并调整相关参数；用“缺省”的操作进行装配零件；隐藏不需要的零件并完成装配。

（4）修改骨架曲面数值，并重生整机组件。当“建模”“拆件”“总装配”已经全部完成，后面关于修改调整整机尺寸，都是在骨架的曲面零件中调整，然后在总装配档运用“模型再生”工具进行整机再生，再生成功后整机尺寸将和骨架档保持一致。

2. 操作步骤

（1）步骤一：进行 Pro/E 软件相关的零件建模的基本操作与运用。

1）新建一个名字为“body”的骨架“零件”并调整相关参数，如图 16-1、图 16-2 所示。

2）选择 FRONT 界面进行草绘勾勒产品正外形线。点击“草绘”工具按钮，进入草绘界面后运用“直线”、“圆锥弧”、“尺寸标注”，进行产品外形描绘，如图 16-3 所示。

3）选择 RIGHT 界面进行草绘勾勒产品侧外形线。点击“草绘”工具按钮，进入草绘界面后选择正视图草绘线两端终点作为参照，运用“直线”“圆锥弧”“尺寸标注”，进行产品外形描绘（由于尺寸标注过于密集影响视角，具体可参考案例 3D PRT 电子档），如图 16-4～图 16-6 所示。

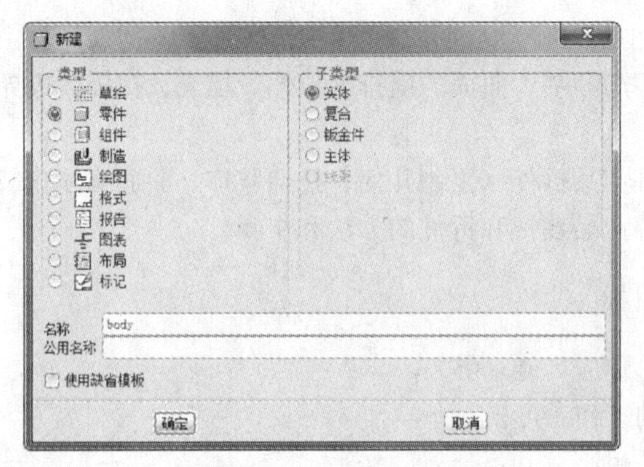

图 16-1 新建零件面板

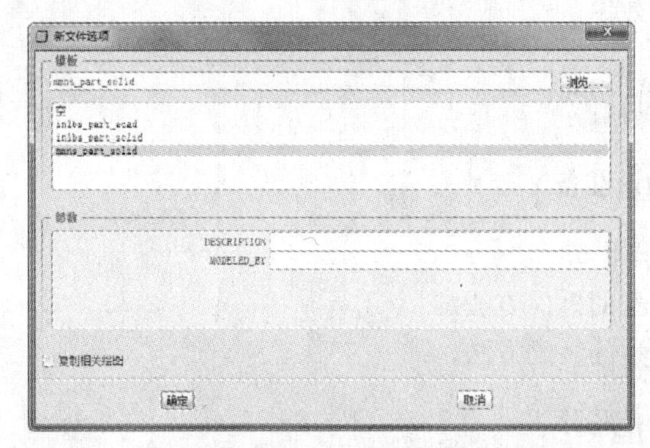

图 16-2 选定软件环境模板

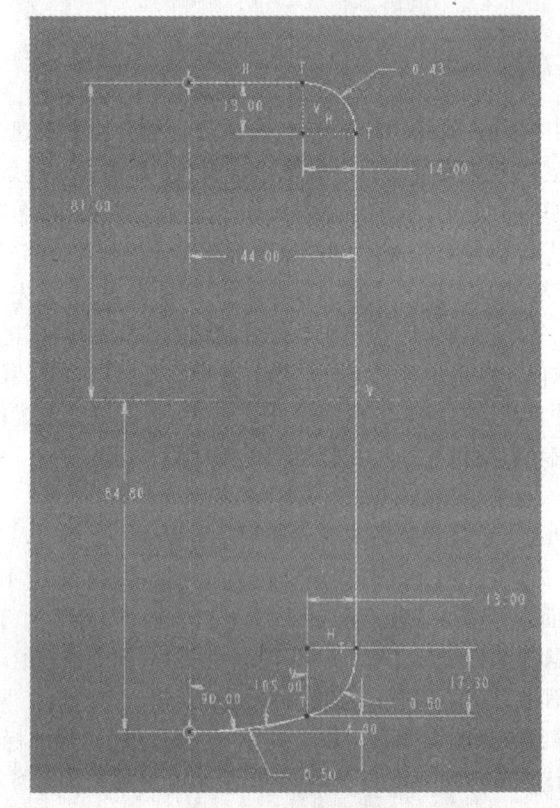

图 16-3 正外形线草绘

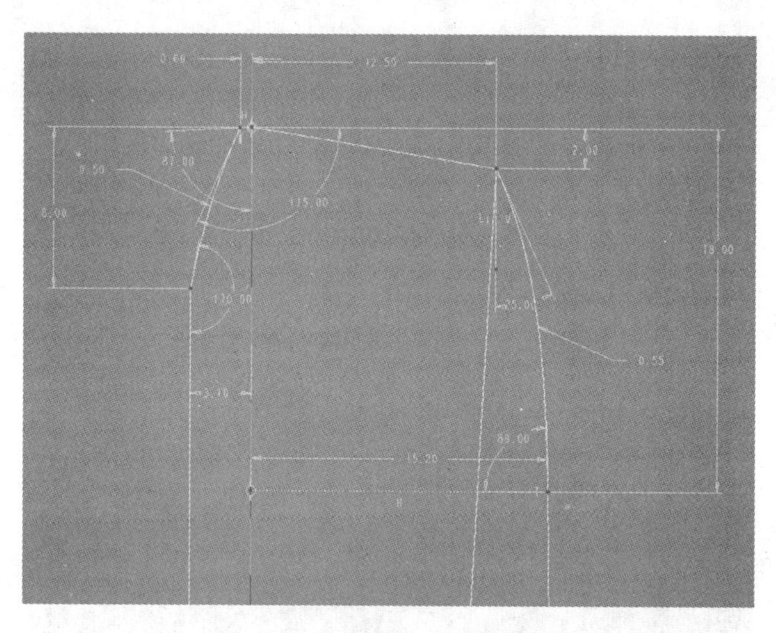

图 16-4　产品侧视图头部外形描绘

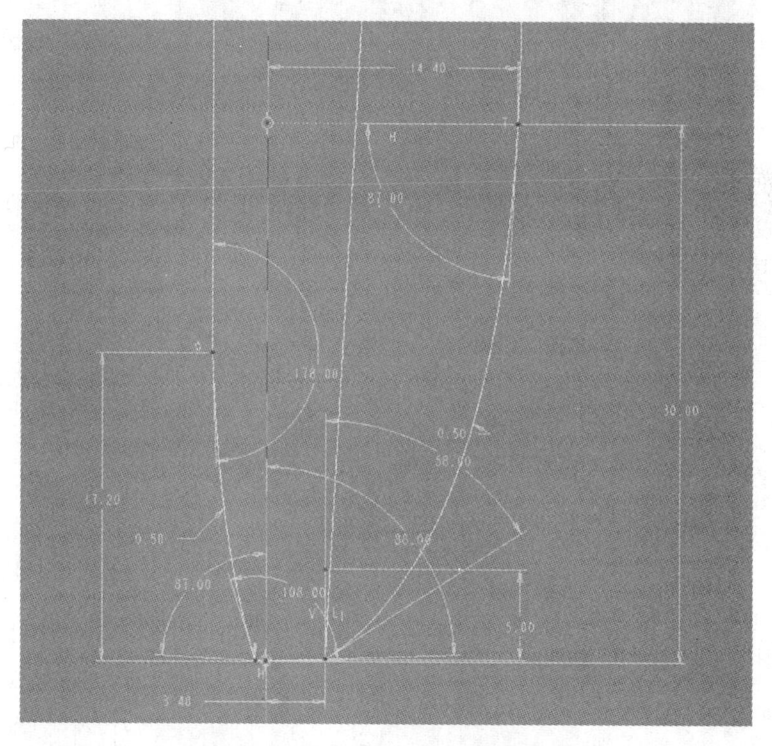

图 16-5　产品侧视图尾部外形描绘

4）在产品上表面线上建立一个与 FRONT 界面平行的基准面。点击“基准面”工具按钮，先选择侧视图草绘线最表面的线并按住 Ctrl 选取 FRONT 基准面，选择平行约束，如图 16-7、图 16-8 所示。

5）运用上一步骤建造的基准曲面进行产品上表面填充辅建。点击“编辑”按钮，选择“填充”工具，进入草绘界面后选择侧视图上表面线两端点作为参照，运用“直线”“圆锥弧”“尺

图 16-6 产品侧视图外形描绘完成后效果

图 16-7 选择基准面参照

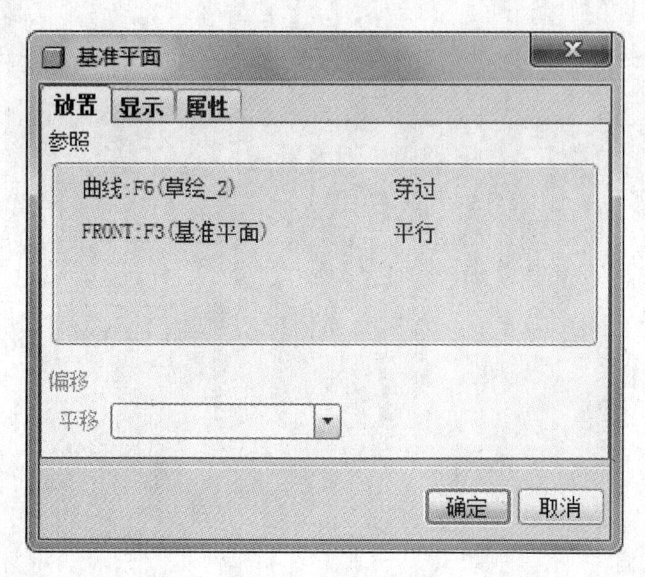

图 16-8 建立基准面

寸标注”，如图 16-9 所示。

6）用“扫描”指令铺建产品侧面小直升面。

a. 点击“插入”按钮，选择“扫描”—“曲面”工具，如图 16-10 所示。

b. 进入操作界面后选择“选取轨迹”，如图 16-11 所示。

c. 选取“曲线链”并选择前面所描绘的正视图外围线的其中一段，最后选择“全选”并“完成”直至进入草绘界面，如图 16-12 所示。

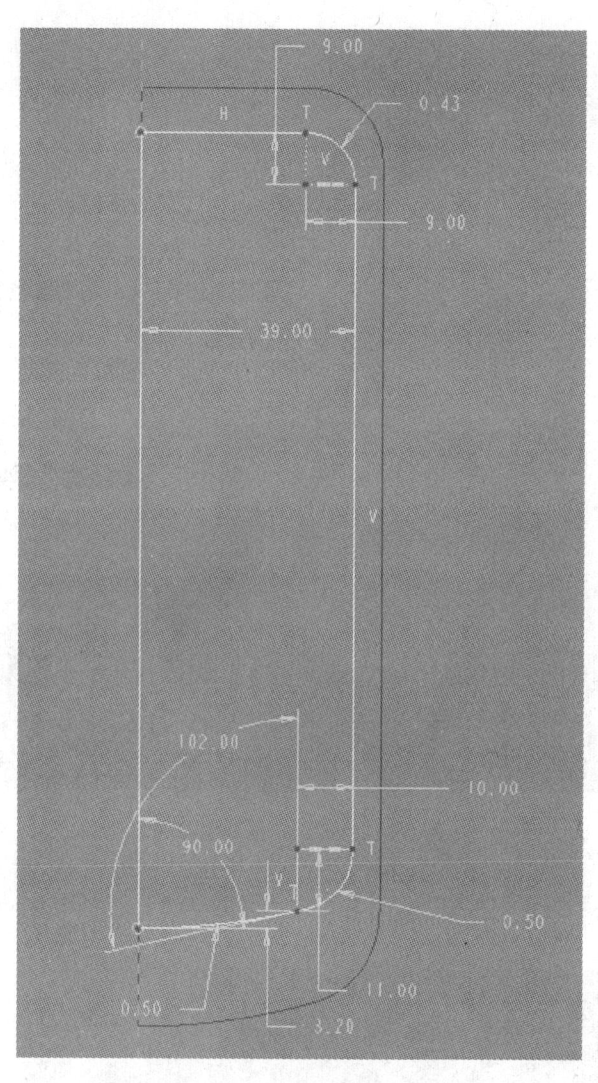

图 16-9　正面表面填充辅建

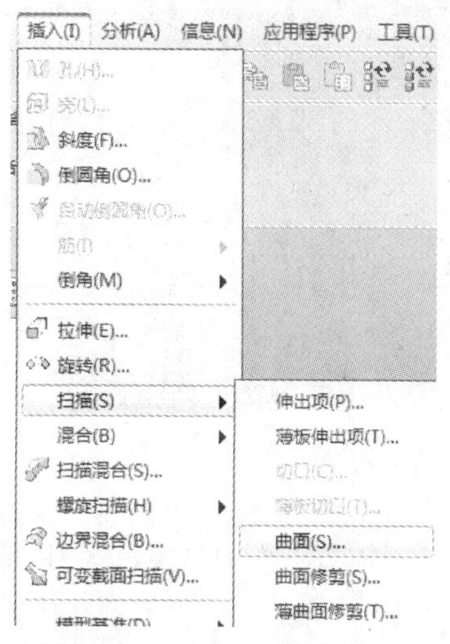

图 16-10　执行“扫描”命令

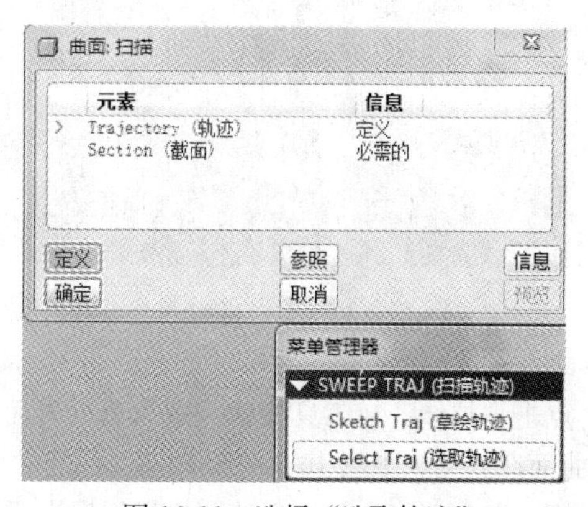

图 16-11　选择“选取轨迹”

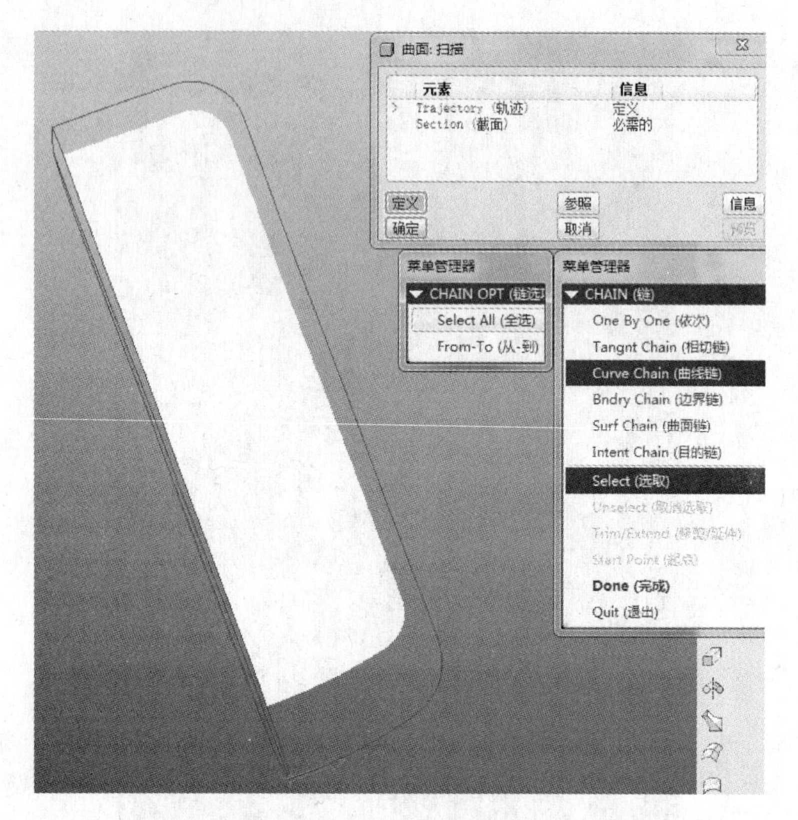

图 16-12　选定扫描草绘参照

d. 进入草绘界面后选择“使用”工具，并选择侧草绘上小直升边，如图 16-13 所示。

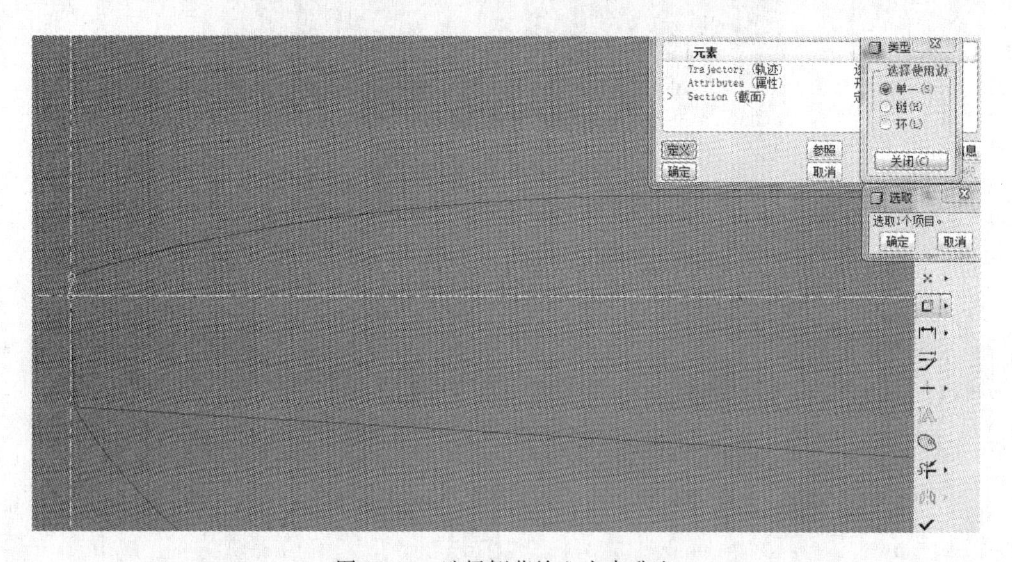

图 16-13　选择侧草绘上小直升边

7）点击“拉伸”工具按钮，进入草绘界面后选择各对应节点作为参照，运用“直线”进行辅助曲面线连接，如图 16-14 所示。

8）用“造型”指令勾勒后续“边界混合”需要用到的边界曲线拉伸建立辅助曲面。

a. 点击“造型”工具按钮，进入造型操作界面，选取“活动平面”工具，并选取拉伸辅助曲面中的其中一面，如图 16-15 所示。

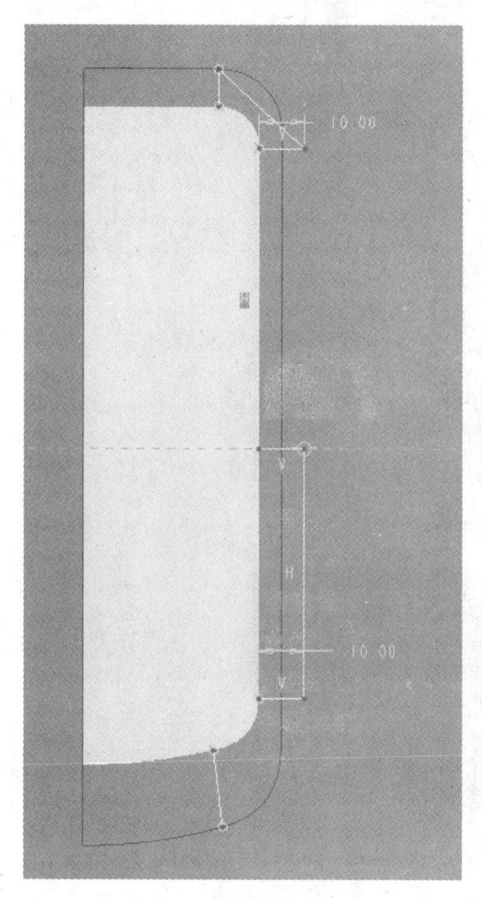

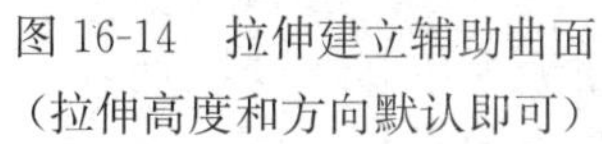
图 16-14　拉伸建立辅助曲面
（拉伸高度和方向默认即可）

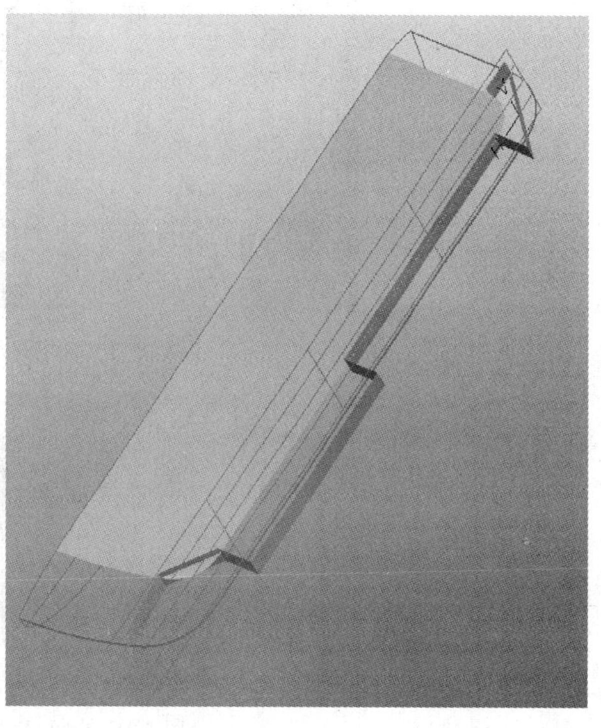

图 16-15　进入“造型”工具界面

b. 选取“曲线”工具，并选择“创建平面曲线”按住“Shift＋鼠标左键”将鼠标移至图 16-15 其中一条曲线上，系统会自动选取此曲线上与“活动平面”相交的点，同样的方法选取图 16-15 第二条曲线，完成后在“活动平面”上会出现一条造型曲线，具体过程如图 16-16、图 16-17 所示。

c. 将直的造型曲线编辑成效果所需的弧线，选取“曲线编辑”工具，然后选择该造型曲线并选择曲线其中一端点，然后拖动调整拉杆至所需弧度，也可以在“相切”选项下拉菜单中输入数值调整，同样的方法调整曲线另一端点，至弧线接近造型效果所需。具体过程如图 16-18、图 16-19 所示。

d. 在造型操作界面中重复以上步骤：选取“活动平面”工具，并选取拉伸辅助曲面中的其中一面，选取“曲线”工具，并选择“创建平面曲线”按住“Shift＋鼠标左键”将鼠标移至图 16-19 其中一条曲线上，系统会自动选取此曲线上与“活动平面”相交的点，同样的方法选取图 16-19 第二条曲线，完成后在“活动平面”上会出现一条造型曲线。选取“曲线编辑”工具，然后选择该造型曲线并选择曲线其中一端点，然后拖动调整拉杆至所需弧度，也可以在“相切”选项下拉菜单中输入数值调整，同样的方法调整曲线另一端点，至弧线接近造型效果所需，曲线编辑完，如图 16-20 所示。

图 16-16　选定两条曲线

图 16-17　生成造型曲线

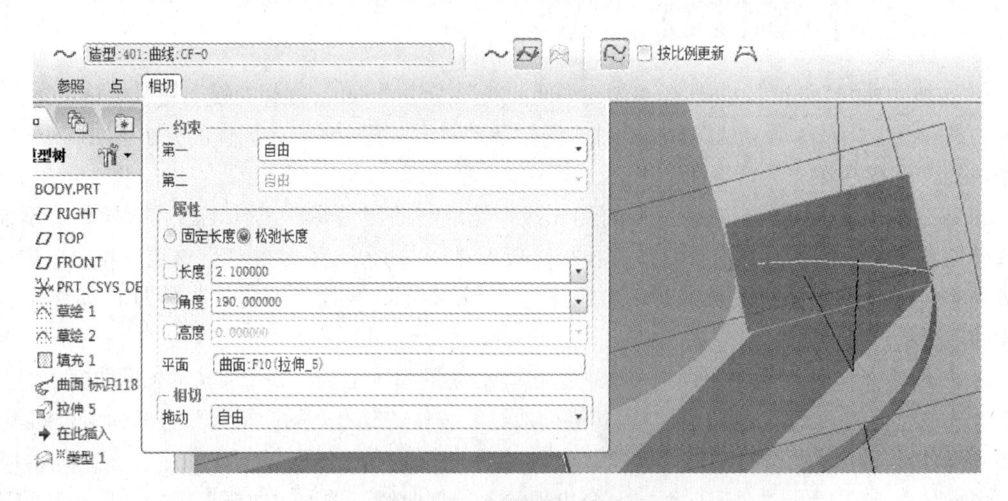

图 16-18　曲线编辑方法 1

9）用“边界混合”进行机体尾部的四边曲面补接并约束。点击“边界混合”工具按钮，按住 Ctrl 键选取两条纵向曲线，点亮横向曲线框，按住 Ctrl 键选取两条横向曲线，然后打开

图 16-19　曲线编辑方法 2

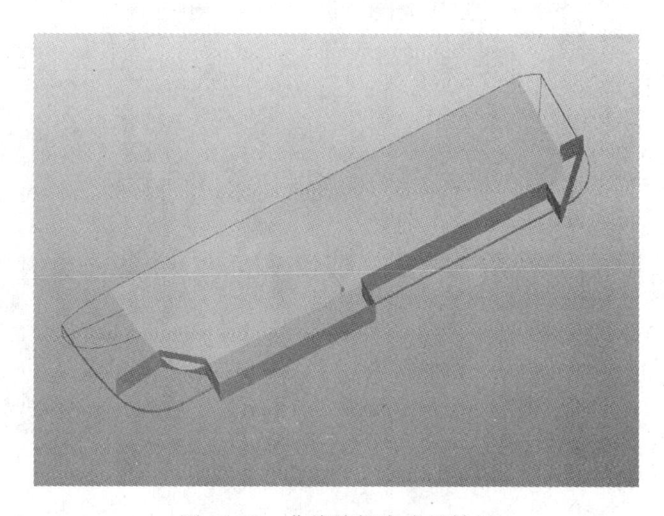

图 16-20　曲线编辑完成后结果

“约束”对话框，选取在 RIGHT 界面上的曲线，条件选为“垂直”于 RIGHT，确定完成，一边界曲面建造完成，具体过程如图 16-21～图 16-23 所示。

10）用“边界混合”进行机体头部的四边曲面补接并约束。点击“边界混合”工具按钮，按住 Ctrl 键选取两条纵向曲线，点亮横向曲线框，按住 Ctrl 键选取两条横向曲线，然后打开“约束”对话框，选取在 RIGHT 面上的曲线，条件选为“垂直”于 RIGHT，确认完成，一边界曲面建造完成，具体过程如图 16-24～图 16-26 所示。

11）用“边界混合”进行机体腰部的四边曲面补接并约束。点击“边界混合”工具按钮，按住 Ctrl 键选取两条纵向曲线，点亮横向曲线框，按住 Ctrl 键选取两条横向曲线，“约束”状态均为“自由”即可，确认完成，一边界曲面建造完成，具体过程如图 16-27～图 16-29 所示。

12）用“边界混合”进行机体尾部角落的四边曲面补接并约束。点击“边界混合”工具按钮，按住 Ctrl 键选取两条纵向曲线，点亮横向曲线框，按住 Ctrl 键选取两条横向曲线，然后打开“约束”对话框，依次选取与两边界面相接的曲线，条件均选为“相切”于相接合的边界面，确认完成，一边界曲面建造完成，具体过程如图 16-30～图 16-32 所示。

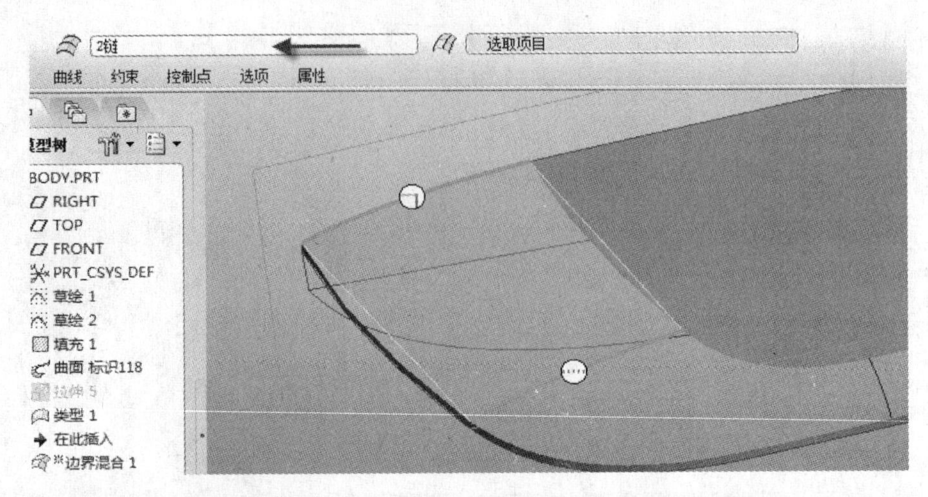

图 16-21 执行“边界混合”命令

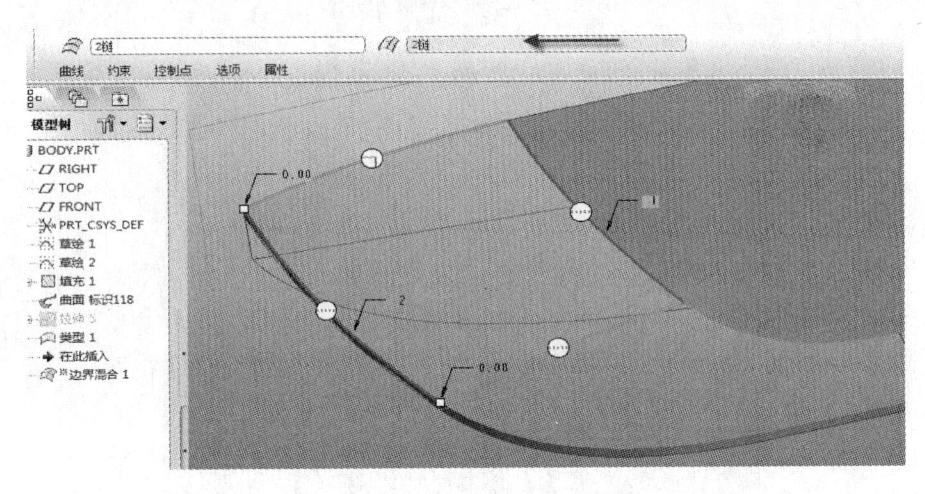

图 16-22 约束边界曲线

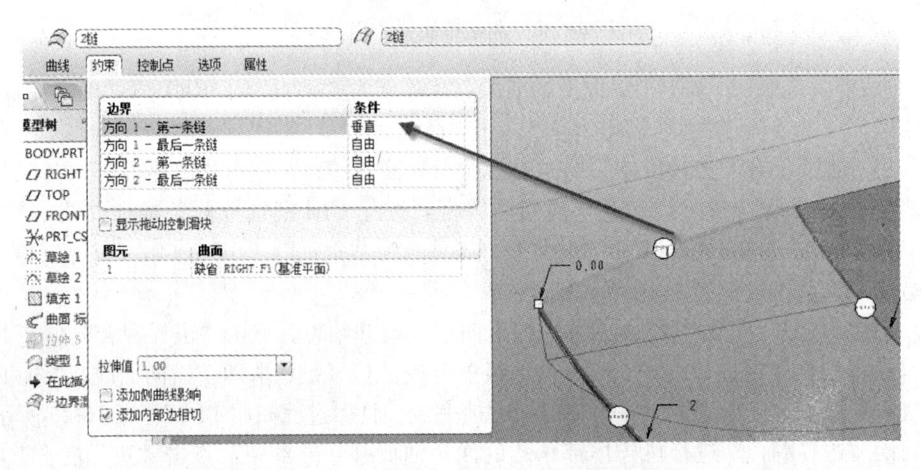

图 16-23 设定约束，完成机尾一曲面建造

13）用“边界混合”进行机体头部角落的四边曲面补接并约束。点击“边界混合”工具按钮，按住 Ctrl 键选取两条纵向曲线，点亮横向曲线框，按住 Ctrl 键选取两条横向曲线，然后

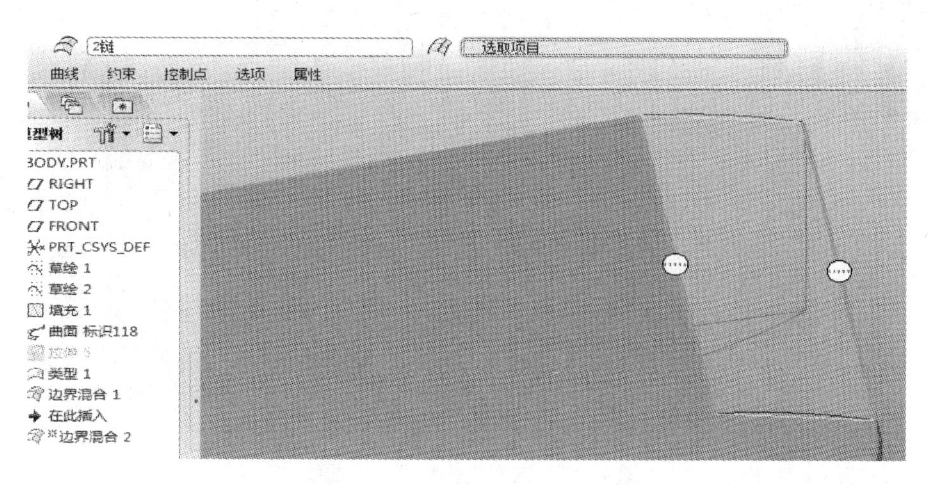

图 16-24　选定机体头部四边曲线

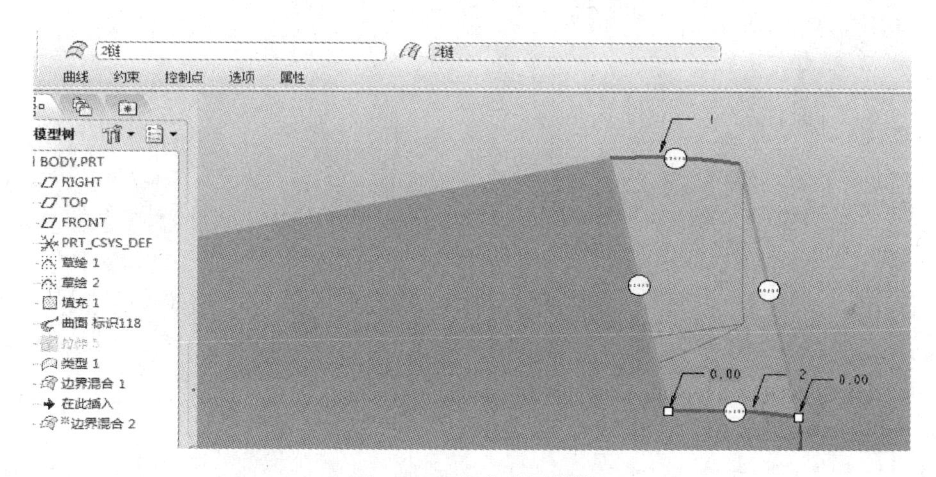

图 16-25　约束边界曲线

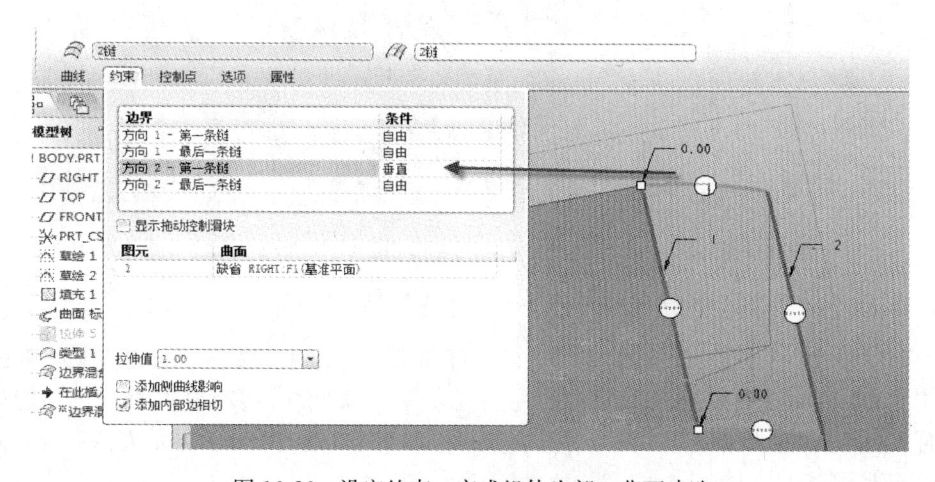

图 16-26　设定约束，完成机体头部一曲面建造

打开“约束”对话框，依次选取与两边界面相接的曲线，条件均选为“相切”于相接合的边界面，确认完成，一边界曲面建造完成，具体过程如图 16-33～图 16-35 所示。

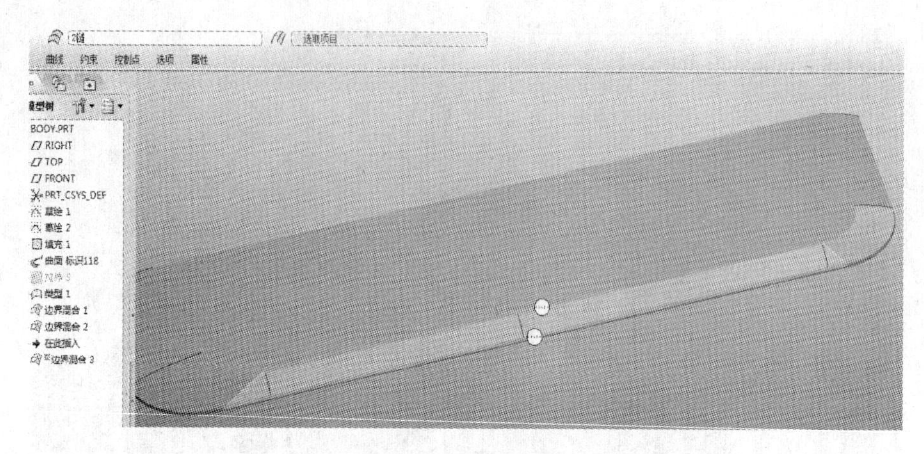

图 16-27　选定机体腰部四边曲线

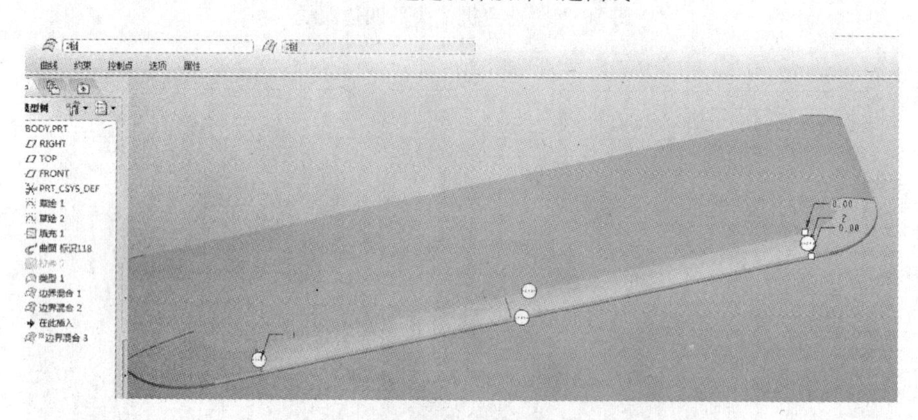

图 16-28　约束边界曲线

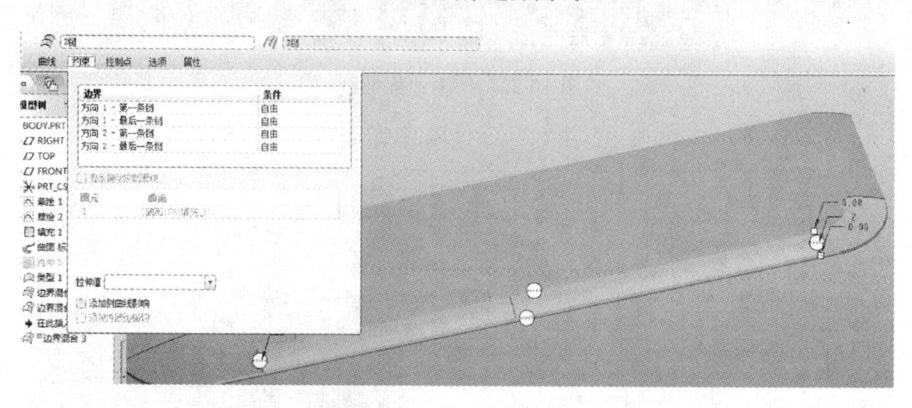

图 16-29　设定约束，完成机体腰部一曲面建造

14）用“合并”工具进行机体前壳部分的全部曲面进行合并。按住 Ctrl 键点亮全部前壳曲面，点击“合并”工具按钮，确认完成（提示：这种一次性合并多个连接曲面的功能只有在 PROE 野火版 4.0 以上版本才有，以下版本需要两个两个逐个合并直至全部前壳曲面合并完成），如图 16-36 所示。

15）在 RIGHT 界面上拉伸建立辅助曲面。点击“拉伸”工具按钮，进入草绘界面后选择各对应节点作为参照，运用“直线”、进行辅助曲面线连接，拉伸值尽量大以保证后续“投影”曲线能落在此拉伸面上，如图 16-37 所示。

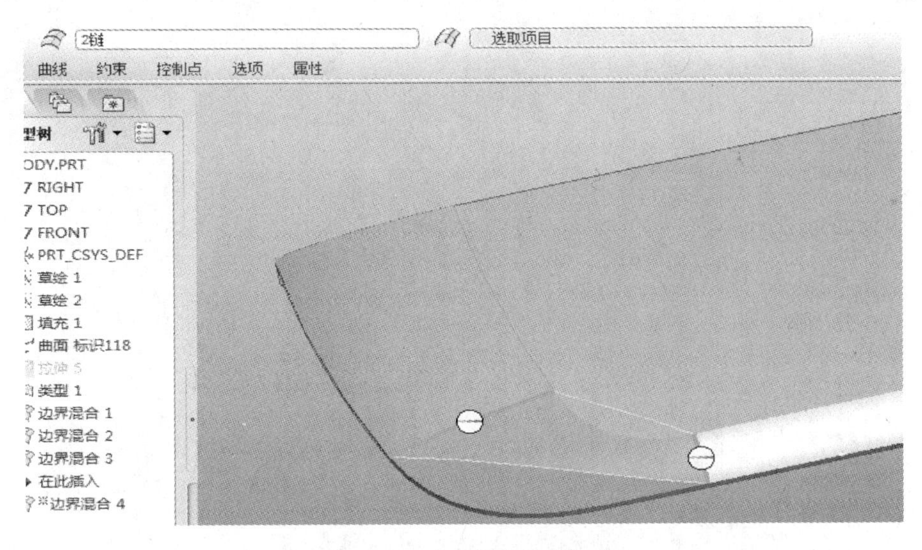

图 16-30　选定尾部两条曲线

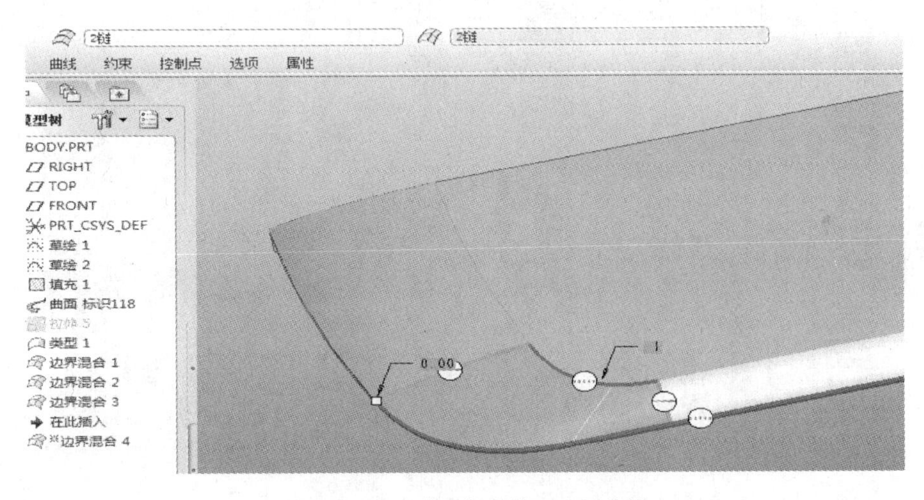

图 16-31　约束尾部连接面边界曲线

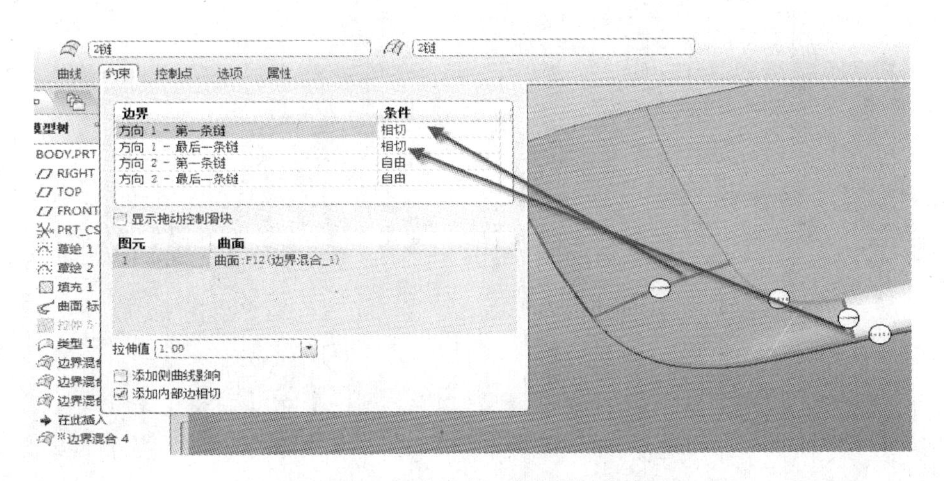

图 16-32　设定约束，完成尾部连接面

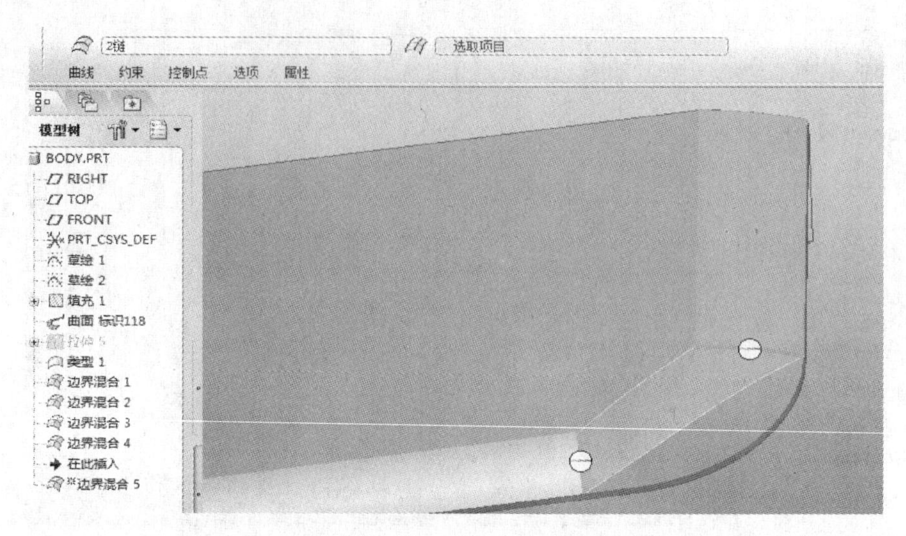

图 16-33 选定机头部两条曲线

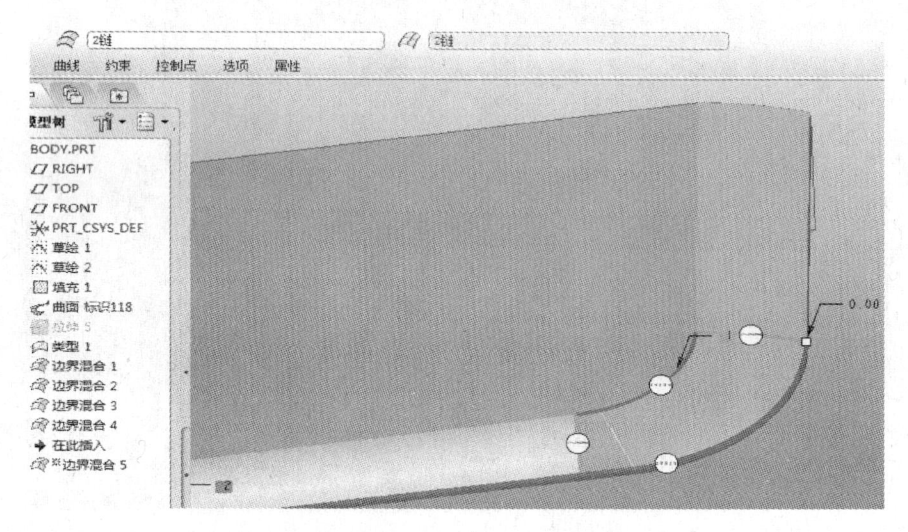

图 16-34 约束机头部连接面边界曲线

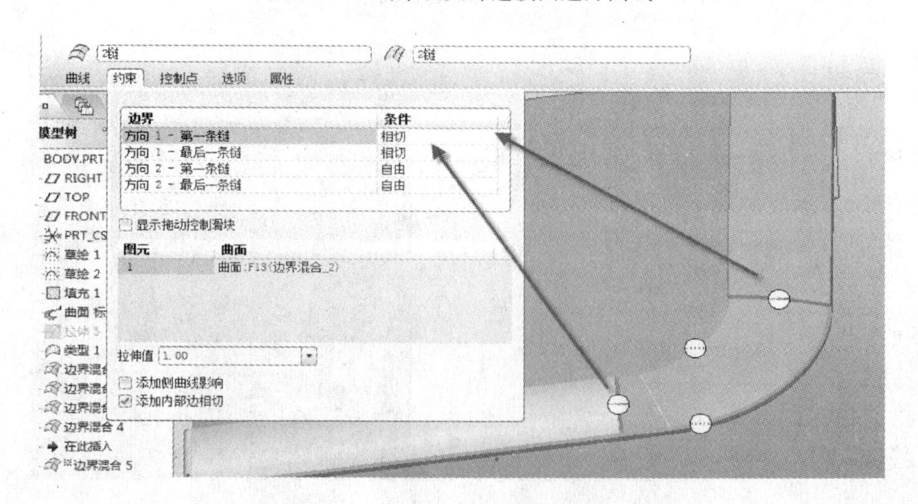

图 16-35 设定约束，完成机头部连接面

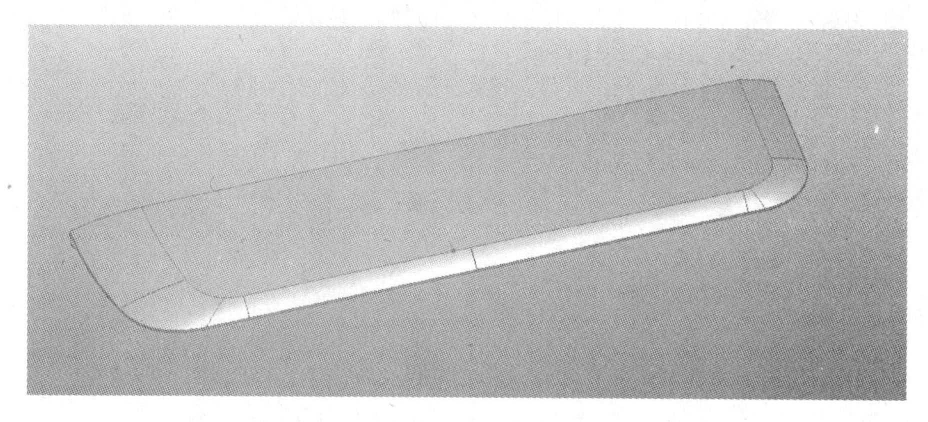

图 16-36　合并机体前壳部分的全部曲面

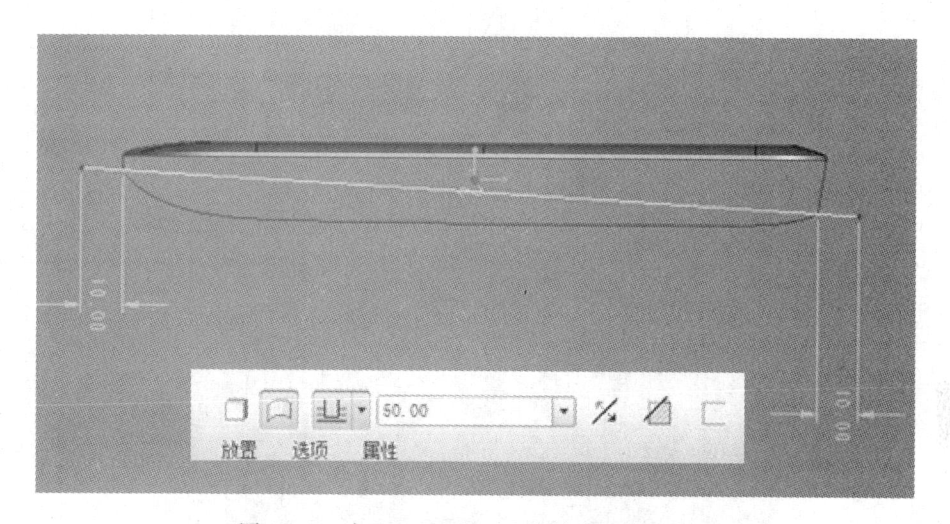

图 16-37　在 RIGHT 界面上拉伸建立辅助曲面

16）用“投影”指令勾勒后续“边界混合”需要用到的边界曲线。点击“编辑”，按钮，选择“投影”工具；随后选取“投影草绘”工具，点击“定义”按钮；然后选取 FRONT 为基准面，进入草绘界面后运用“直线”、“圆锥弧”、“尺寸标注”，进行投影曲线描绘；最后完成后选择上一步骤拉伸的曲面为投影曲面，方向为 FRONT 基准面即可。确认完成投影曲线建造，具体过程如图 16-38～图 16-41 所示。

17）用“边界混合”进行机体中框的四边曲面补接并约束。点击“边界混合”工具按钮，按住 Ctrl 键选取两条纵向曲线，点亮横向曲线框，按住 Ctrl 键选取两条横向曲线，然后打开“约束”对话框，选取在 RIGHT 面上的曲线，条件选为“垂直”于 RIGHT，确定完成，中框边界曲面建造完成，具体过程如图 16-42～图 16-44 所示。

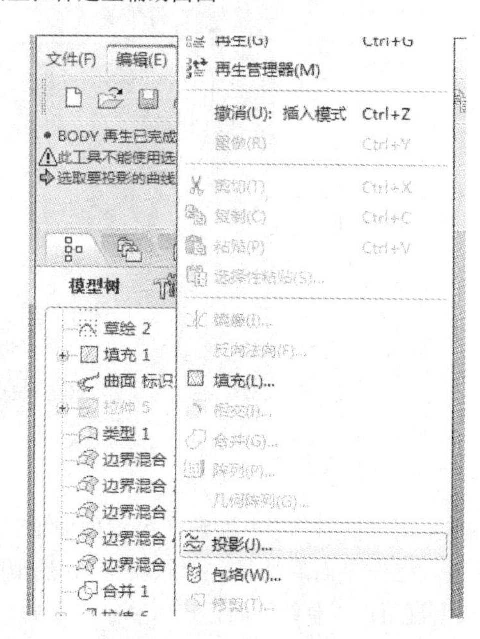

图 16-38　运行“投影”命令

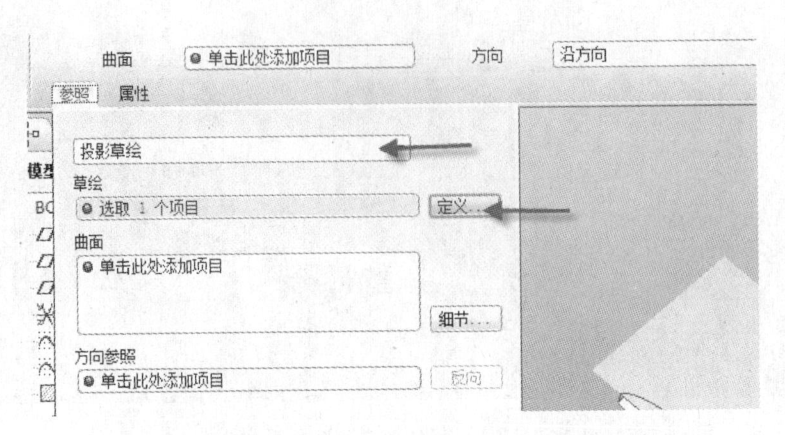

图 16-39　选取“投影草绘”工具，点击“定义”按钮

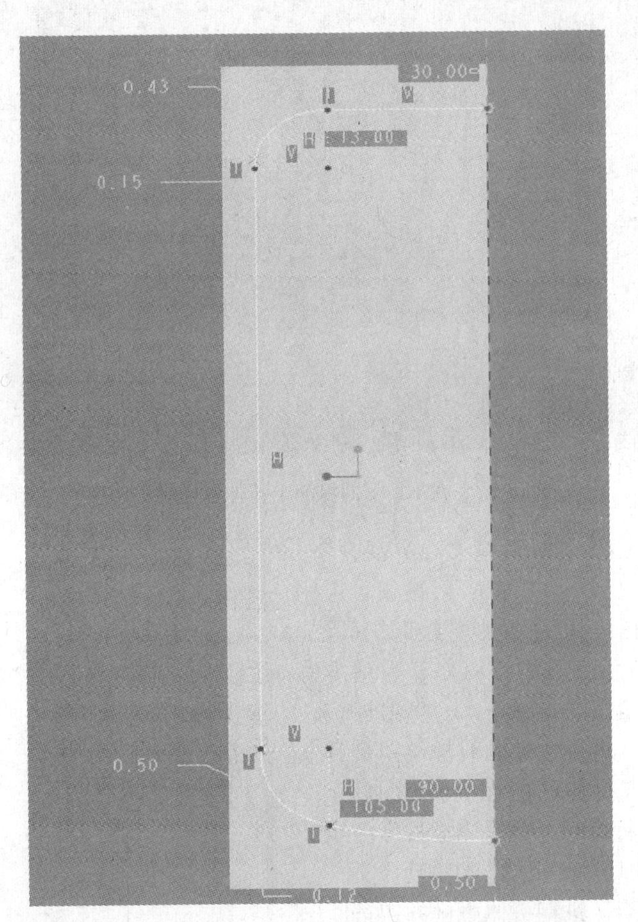

图 16-40　选取 FRONT 为基准面，进行投影曲线描绘

18）用“扫描”指令铺建产品背面曲面。点击“插入”按钮，选择“扫描”—“曲面”工具；进入操作界面后选择“选取轨迹”；选取“依次”并选择如图所示加亮部分段曲线，选择“完成”直至进入草绘界面；进入草绘界面后选择“圆弧” 工具，描绘造型效果所需的扫描圆弧曲线，具体过程如图 16-45～图 16-48 所示。

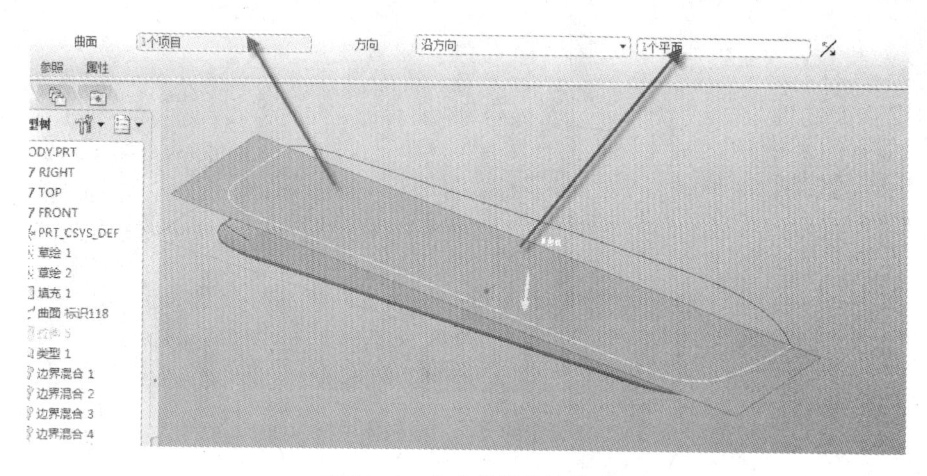

图 16-41　完成投影曲线建造

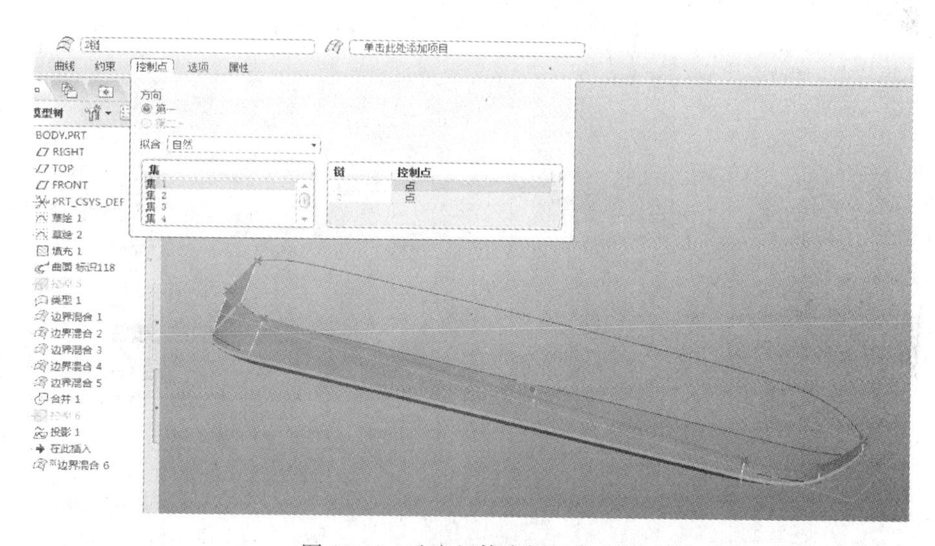

图 16-42　选定机体中框四条曲线

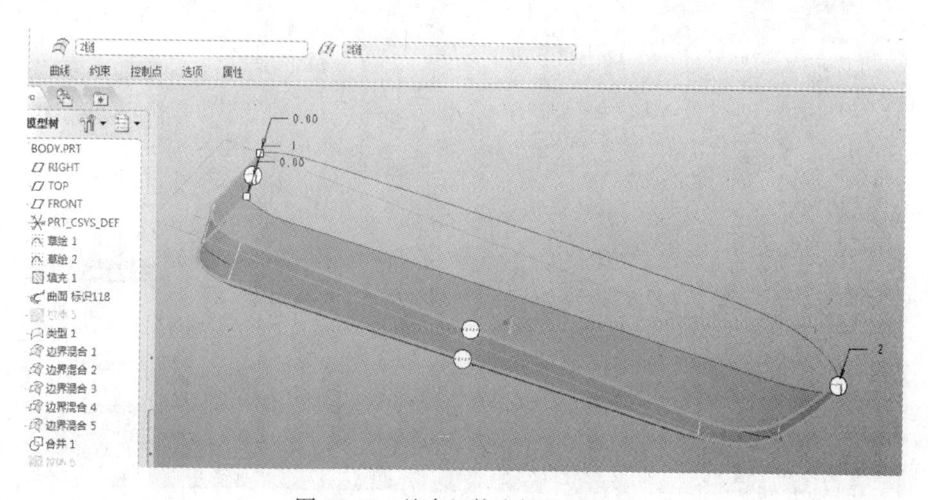

图 16-43　约束机体中框边界曲线

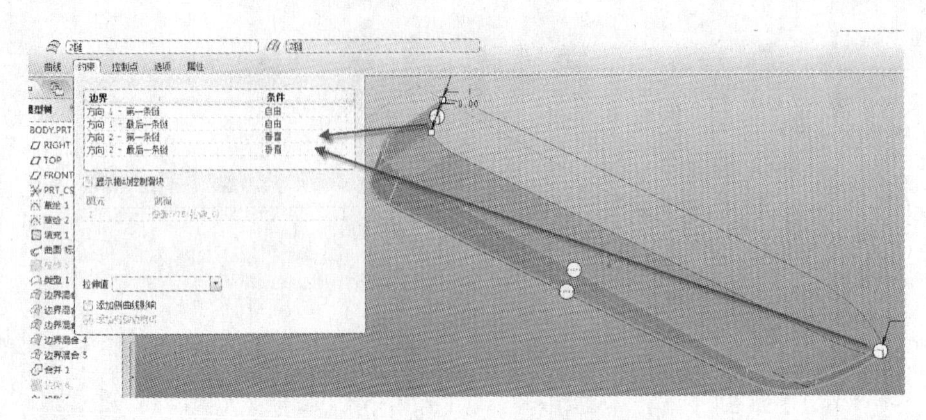

图 16-44　设定约束，完成机体中框曲面

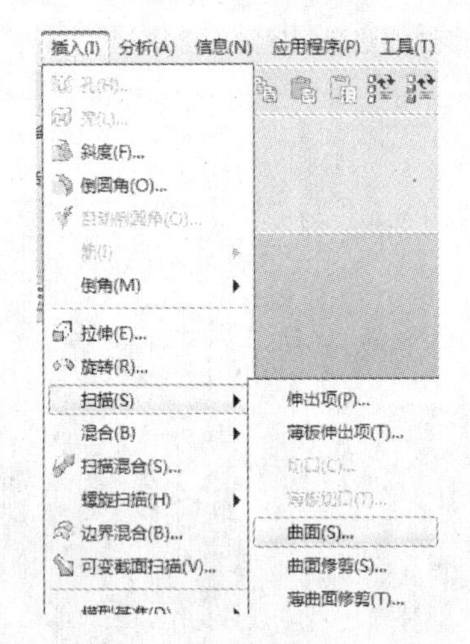

图 16-45　运行“扫描”工具

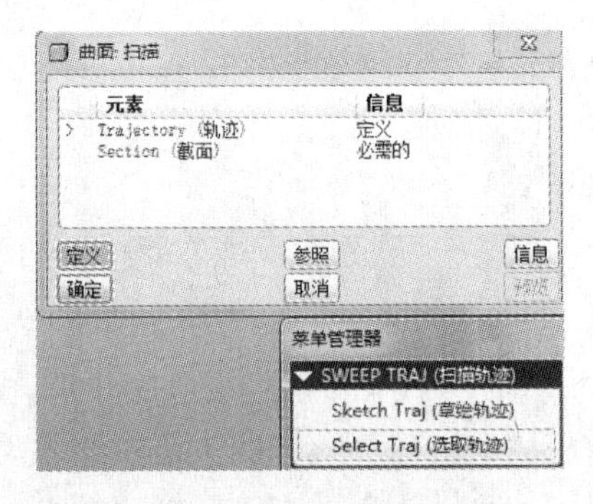

图 16-46　设定扫描参照

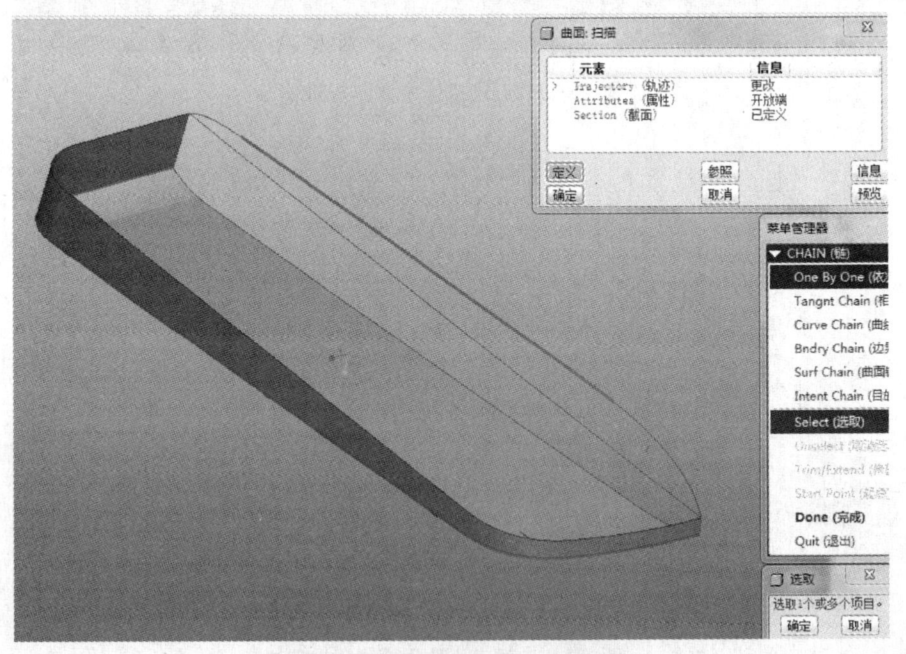

图 16-47　选择曲线进入草绘界面

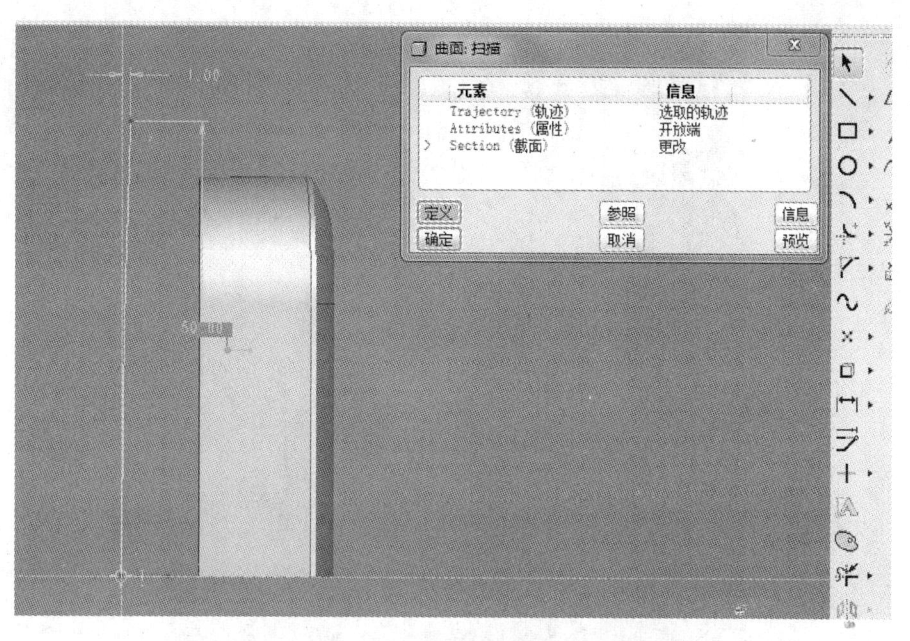

图 16-48　进入草绘描绘造型效果所需的扫描圆弧曲线

19）用“延伸”指令延伸上一步扫描的背面曲面。选择如图 16-49 所示扫描曲面的三边，然后点击“编辑”按钮，选择“延伸”工具，延伸值输入 2.0 即可。

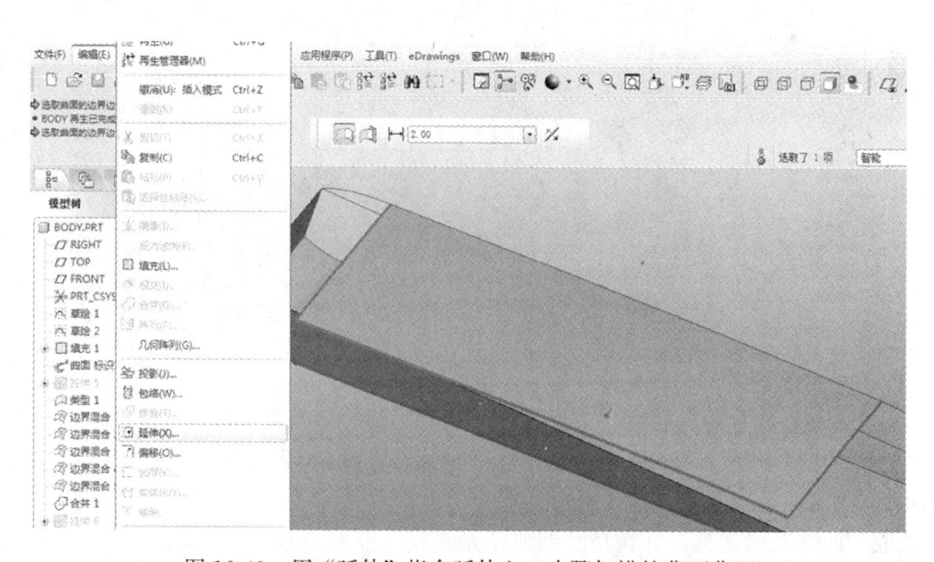

图 16-49　用“延伸”指令延伸上一步骤扫描的背面曲面

20）用“拉伸”裁剪背面曲面。点击“拉伸”工具按钮，进入草绘界面后选择各对应节点作为参照，运用“直线”、“圆锥弧”、“尺寸标注”，进行裁剪剪线外形描绘。确认完成后选取“移除材料”工具，选取要被裁剪的面组，调整方向，确认完成。具体过程如图 16-50、图 16-51 所示。

21）在 FRONT 面上拉伸建立辅助曲面。点击“拉伸”工具按钮，进入草绘界面后选择各对应节点作为参照，运用“直线”进行辅助曲面线连接，如图 16-52 所示。

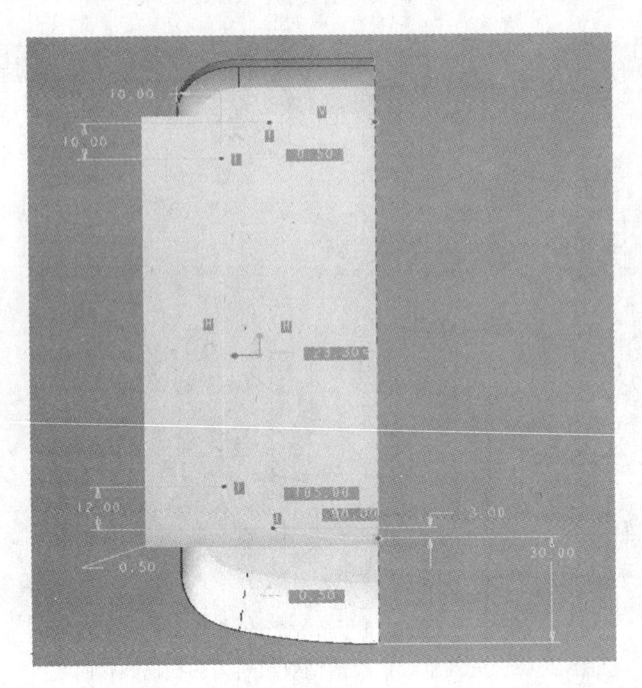

图 16-50　草绘图形

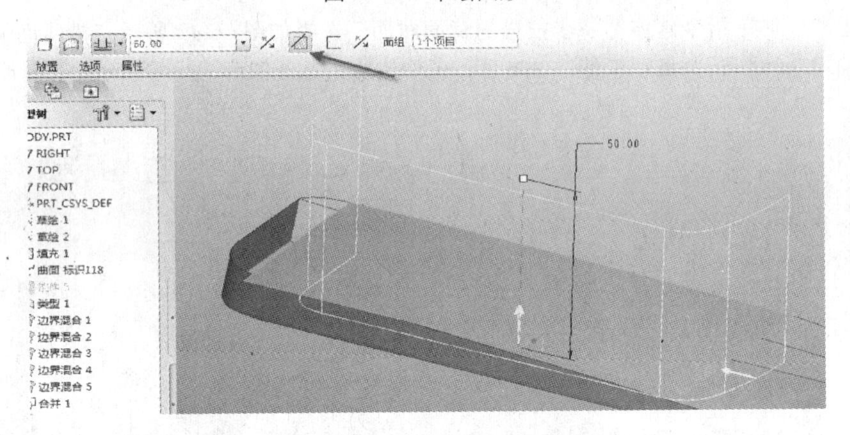

图 16-51　拉伸设定

22）用“造型”指令勾勒后续“边界混合”需要用到的边界曲线。

a. 点击“造型”工具按钮，进入造型操作界面，选取“活动平面”工具，并选取拉伸辅助曲面中的其中一面，如图 16-53 所示。

b. 选取“曲线”～工具，并选择“创建平面曲线”～按住“Shift＋鼠标左键”将鼠标移至图 16-53 其中一条曲线上，系统会自动选取此曲线上与“活动平面”相交的点，同样的方法选取图 16-53 第二条曲线，完成后在“活动平面”上会出现一条造型曲线，具体过程如图 16-54、图 16-55 所示。

c. 将直的造型曲线编辑成效果所需的弧线，选取“曲线编辑”工具，然后选择该造型曲线并选择曲线其中一端点，然后拖动调整拉杆至所需弧度，也可以在“相切”选项下拉菜单中输入数值调整，另一端点因为效果要求与背面曲面相切，所以在相切约束第一选项里面需要选择“曲面相切”，并选择与其相切的背面曲面，然后输入数值调整所需效果，具体过程如图 16-56～图 16-58 所示。

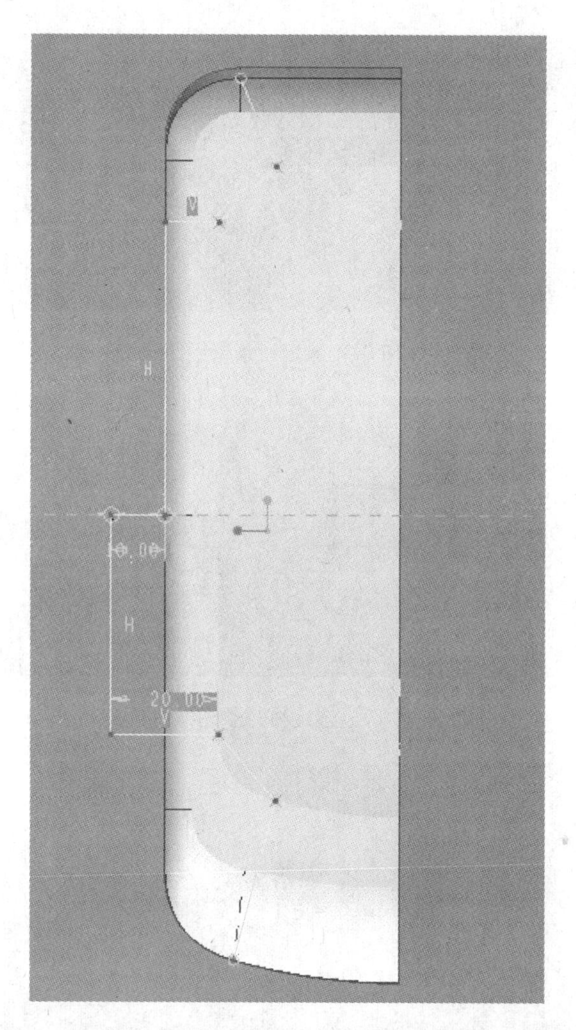

图 16-52　拉伸建立辅助曲面（拉伸高度和方向默认即可）

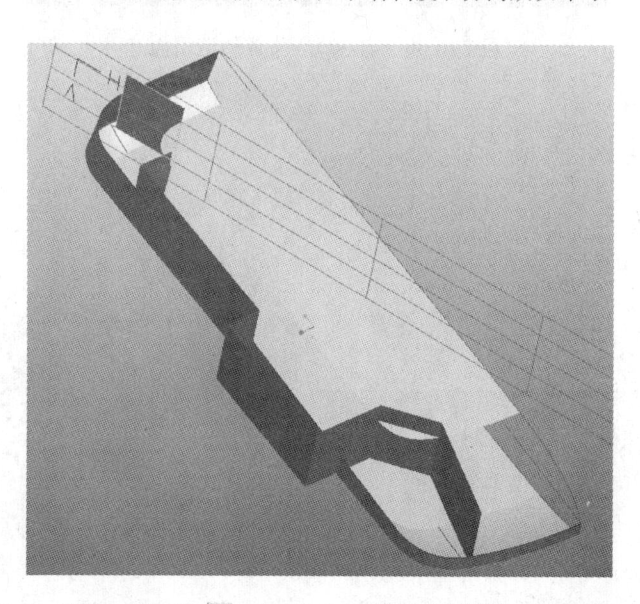

图 16-53　进入“造型”工具界面，选取拉伸辅助曲面中的其中一面

图 16-54 选定一条造型曲线

图 16-55 选定另一条造型曲线

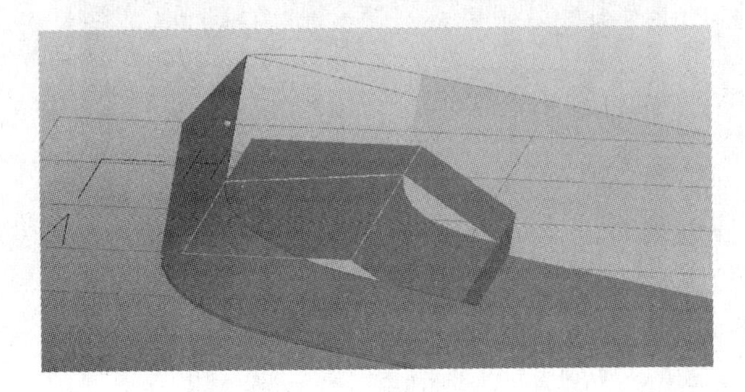

图 16-56 前一步骤生成的造型面

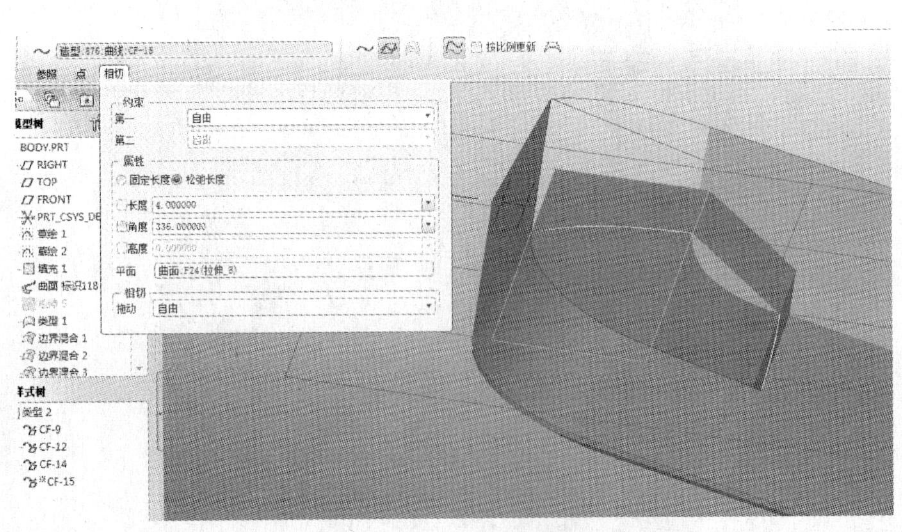

图 16-57 设定曲线面板

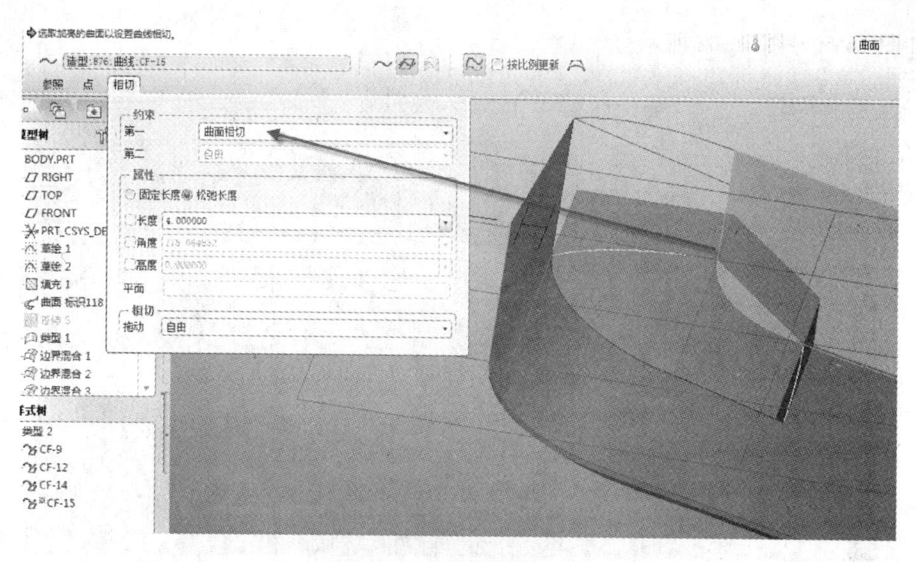

图 16-58　设定曲线相切

d. 造型操作界面中重复以上步骤：选取“活动平面”工具，并选取拉伸辅助曲面中的其中一面，选取“曲线”～工具，并选择“创建平面曲线”～按住“Shift＋鼠标左键”将鼠标移至图 16-58 其中一条曲线上，系统会自动选取此曲线上与“活动平面”相交的点，同样的方法选取图 16-58 第二条曲线，完成后在“活动平面”上会出现一条造型曲线。选取“曲线编辑”工具，然后选择该造型曲线并选择曲线其中一端点，然后拖动调整拉杆至所需弧度，也可以“相切”选项下拉菜单中输入数值调整，另一端点因为效果要求与背面曲面相切，所以在相切约束第一选项里面需要选择“曲面相切”，并选择与其相切的背面曲面，然后输入数值调整所需效果，如图 16-59 所示。

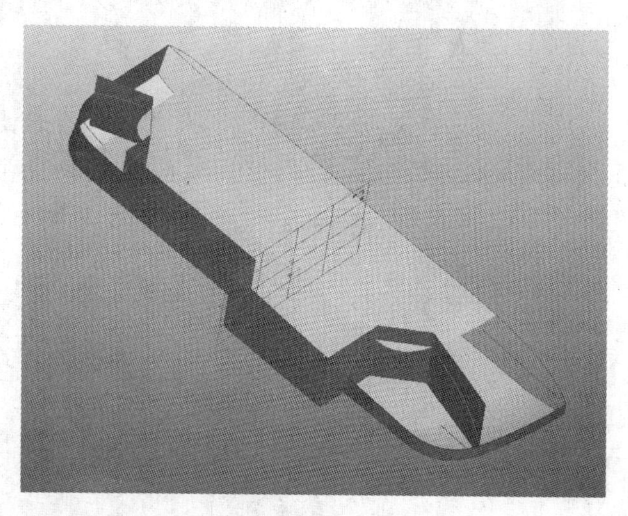

图 16-59　造型曲线完成效果

23）用“边界混合”进行机体尾部的四边曲面补接并约束。点击“边界混合”工具按钮，按住 Ctrl 键选取两条纵向曲线，点亮横向曲线框，按住 Ctrl 键选取两条横向曲线，然后打开“约束”对话框，选取在 RIGHT 界面上的曲线，条件选为“垂直”于 RIGHT，选取在背面曲面上的曲线，条件选为“相切”并选取与其相切的背面曲面，确认完成，一边界曲面建造完成，具体过程如图 16-60～图 16-62 所示。

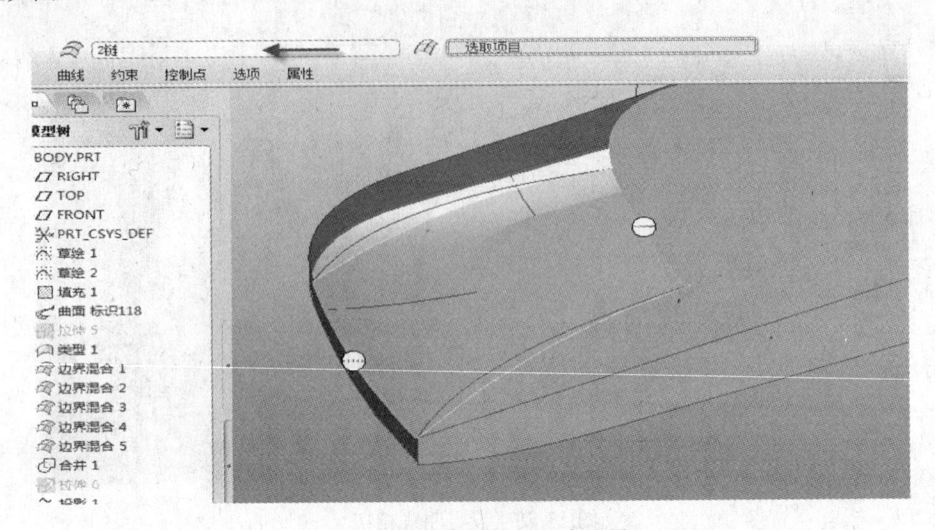

图 16-60 选定补接面两个边界

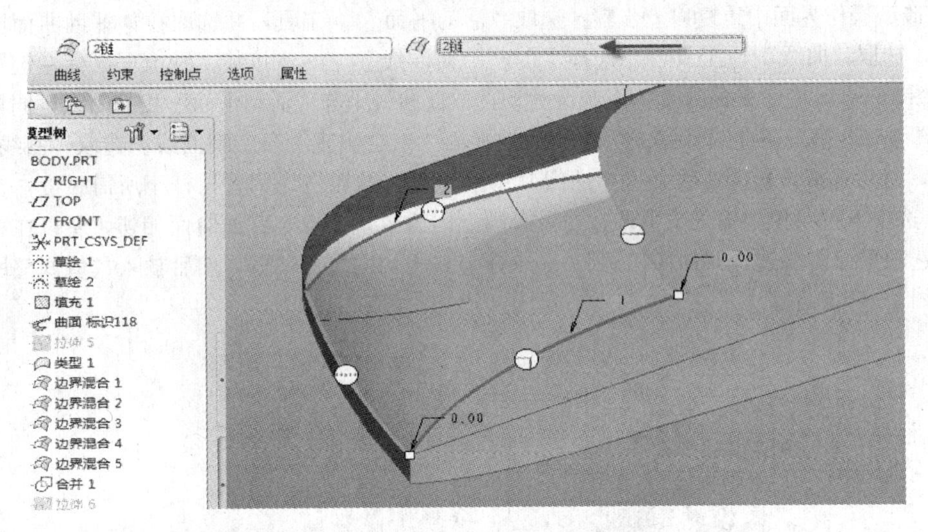

图 16-61 选定补接面四个边界

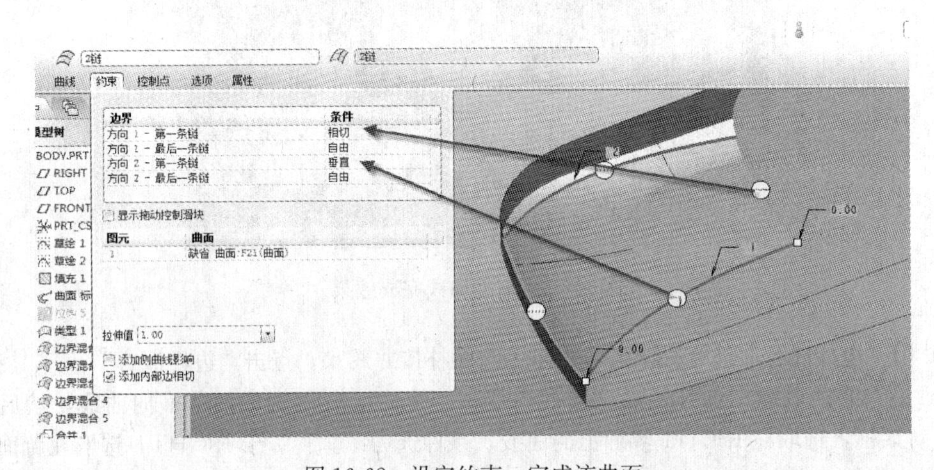

图 16-62 设定约束，完成该曲面

24）用“边界混合”进行机体头部的四边曲面补接并约束。点击“边界混合”工具按钮，按住 Ctrl 键选取两条纵向曲线，点亮横向曲线框，按住 Ctrl 键选取两条横向曲线，然后打开“约束”对话框，选取在 RIGHT 面上的曲线，条件选为“垂直”于 RIGHT，选取在背面曲面上的曲线，条件选为“相切”并选取与其相切的背面曲面，确认完成，一边界曲面建造完成，如图 16-63 所示。

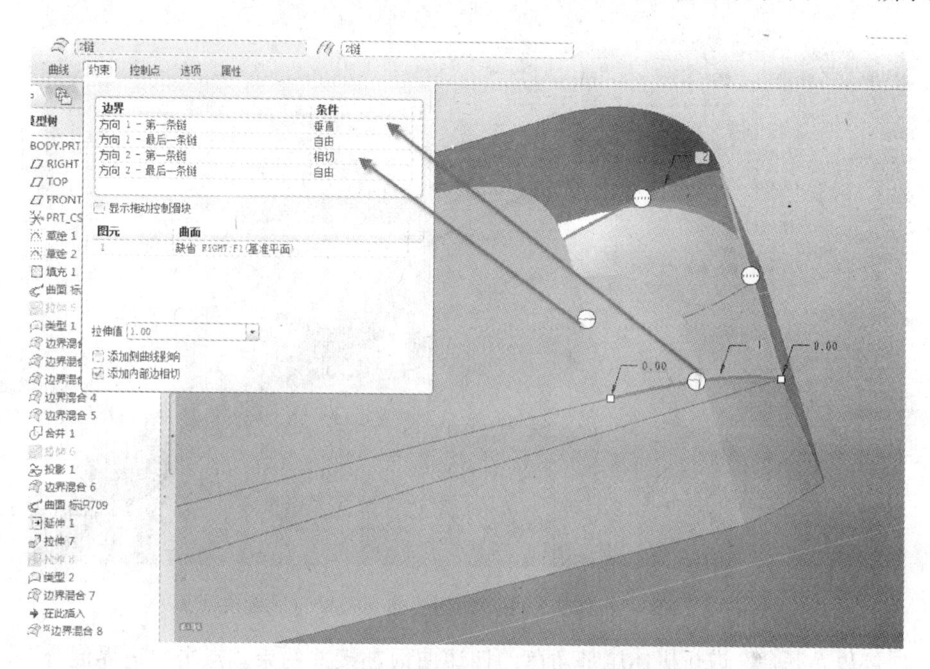

图 16-63　机体头部的四边曲面补接完成效果

25）用“边界混合”进行机体腰部的四边曲面补接并约束。点击“边界混合”工具按钮，按住 Ctrl 键选取两条纵向曲线，点亮横向曲线框，按住 Ctrl 键选取两条横向曲线，然后打开“约束”对话框，选取在背面曲面上的曲线，条件选为“相切”并选取与其相切的背面曲面，确认完成，一边界曲面建造完成，如图 16-64 所示。

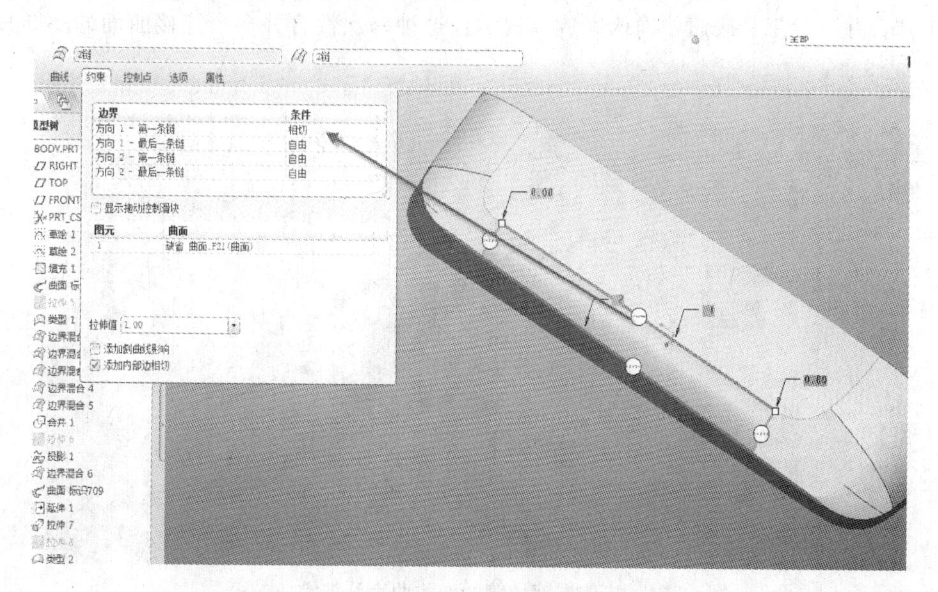

图 16-64　机体腰部的四边曲面补接完成效果

26）用“边界混合”进行机体头部角落的四边曲面补接并约束。点击“边界混合”工具按钮，按住Ctrl键选取两条纵向曲线，点亮横向曲线框，按住Ctrl键选取两条横向曲线，然后打开“约束”对话框，选取在背面曲面上的曲线，条件选为“相切”并选取与其相切的背面曲面，确认完成，一边界曲面建造完成，如图16-65所示。

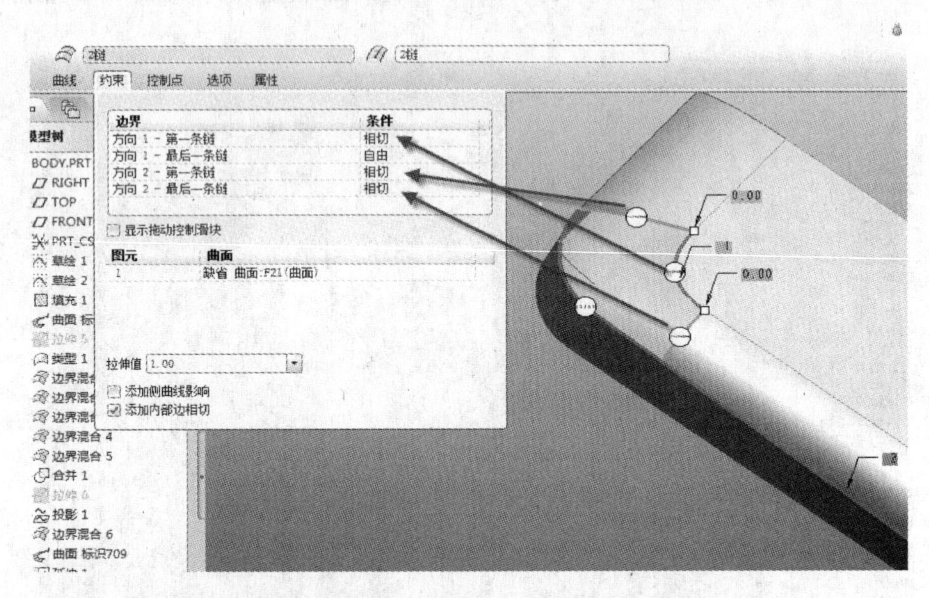

图16-65 机体头部角落的四边曲面补接完成效果

27）用“边界混合”进行机体尾部角落的四边曲面补接并约束。点击“边界混合”工具按钮，按住Ctrl键选取两条纵向曲线，点亮横向曲线框，按住Ctrl键选取两条横向曲线，然后打开“约束”对话框，依次选取与两边界面相接的曲线，条件均选为“相切”于相接合的边界面，选取在背面曲面上的曲线，条件选为“相切”并选取与其相切的背面曲面，确认完成，一边界曲面建造完成，如图16-66所示。

28）用“合并”工具进行机体后壳部分的全部曲面进行合并。按住Ctrl键点亮全部前壳曲面，点击“合并”工具按钮，确认完成（提示：这种一次性合并多个连接曲面的功能只有在

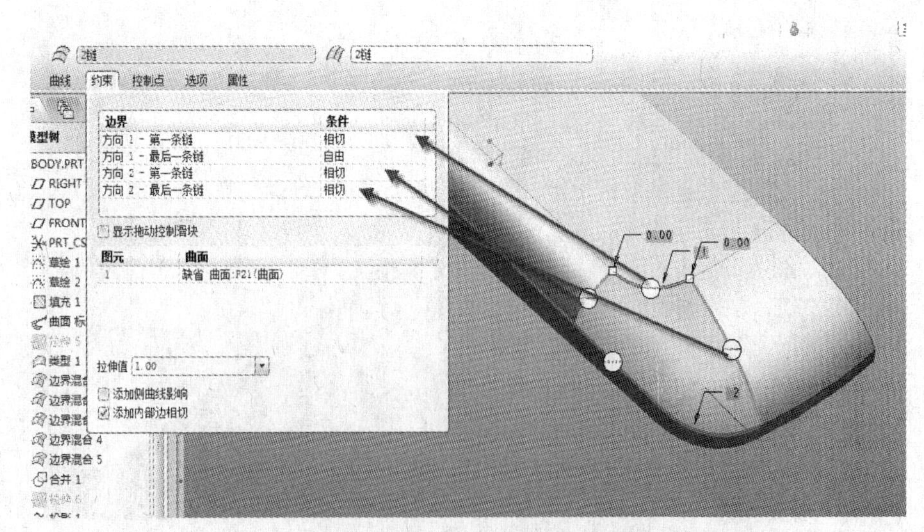

图16-66 机体尾部角落的四边曲面补接完成效果

PROE野火版4.0以上版本才有，以下版本需要两个两个逐个合并直至全部前壳曲面合并完成），如图16-67所示。

29）用“镜像”工具进行整机半边全部曲面进行镜像。按住Ctrl键点亮已经合并好的前壳和后壳曲面，点击“镜像”工具按钮，镜像平面选取RIGHT基准面，整机镜像完成，如图16-68所示。

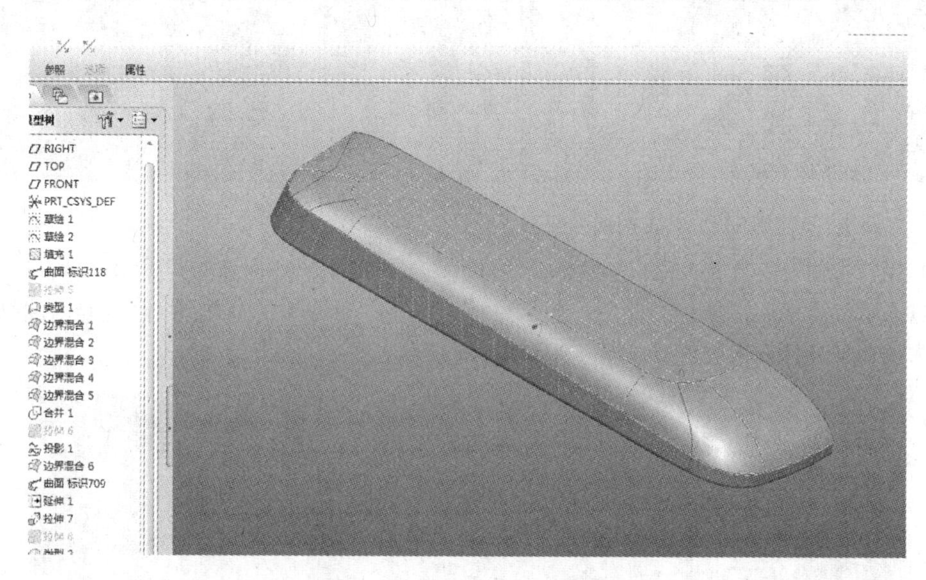

图16-67　合并机体后壳部分全部曲面

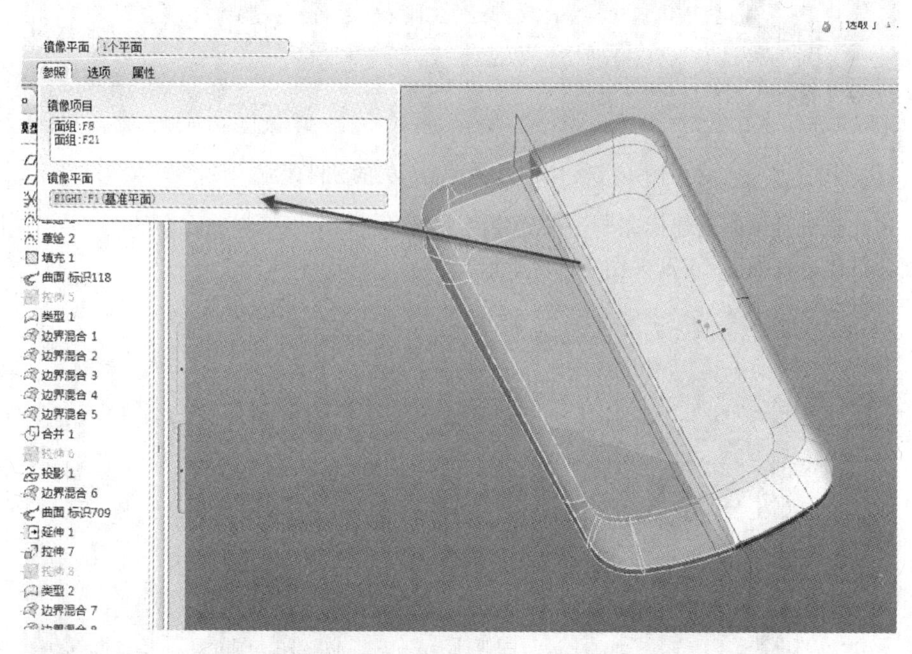

图16-68　镜像整机半边全部曲面

30）用“合并”工具进行整机前壳全部曲面进行合并。按住Ctrl键点亮全部镜像好前壳曲面，点击“合并”工具按钮，确认完成，如图16-69所示。

31）用“合并”工具进行整机后壳全部曲面进行合并。按住Ctrl键点亮全部镜像好前壳曲面，点击“合并”工具按钮，确认完成，如图16-70所示。

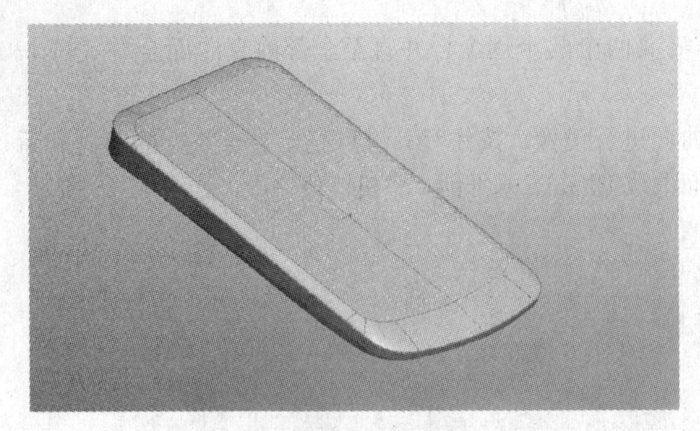

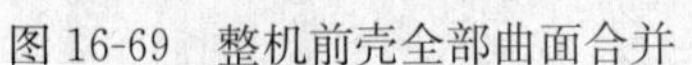

图 16-69 整机前壳全部曲面合并

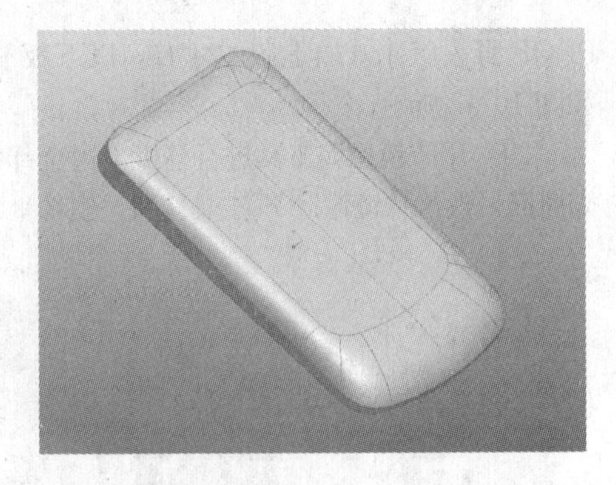

图 16-70 合并整机后壳全部曲面

32）用“拉伸”工具在 RIGHT 界面上拉伸电池盖与后壳的分件曲面。点击“拉伸”工具按钮，进入草绘界面后选择各对应节点作为参照，运用“直线”进行分件曲面线连接，拉伸值尽量大以保证分件面大过整机外形，如图 16-71 所示。

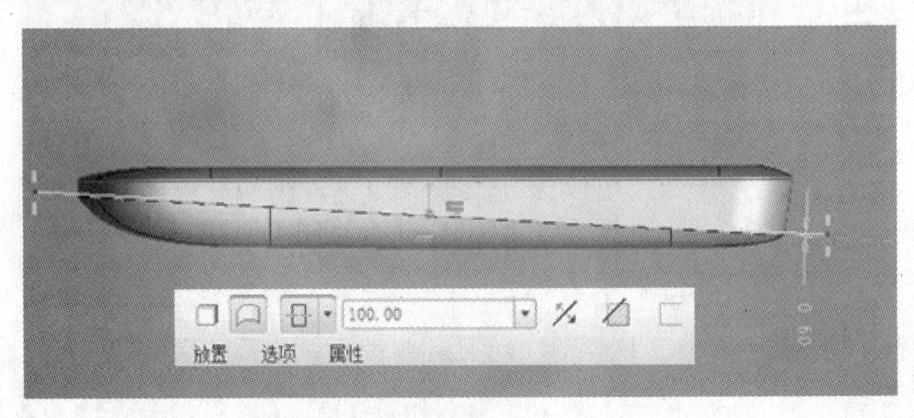

图 16-71 拉伸电池盖与后壳的分件曲面

33）到此整机骨架曲面建模完毕，最后建两个图层，一个用于隐藏多余的线，一个用于隐藏多余的面，具体过程如图 16-72～图 16-74 所示。

图 16-72 新建两图层

（2）步骤二：进行从建模中提取曲面进行拆件的基本操作与运用。目前整机骨架曲面建模已经完成，离案例最终完成效果界面还有一步之差，那就是拆件了。

1）新建一个名字为“top”的前壳“零件”并调整相关参数，具体过程如图 16-75、图 16-76 所示。

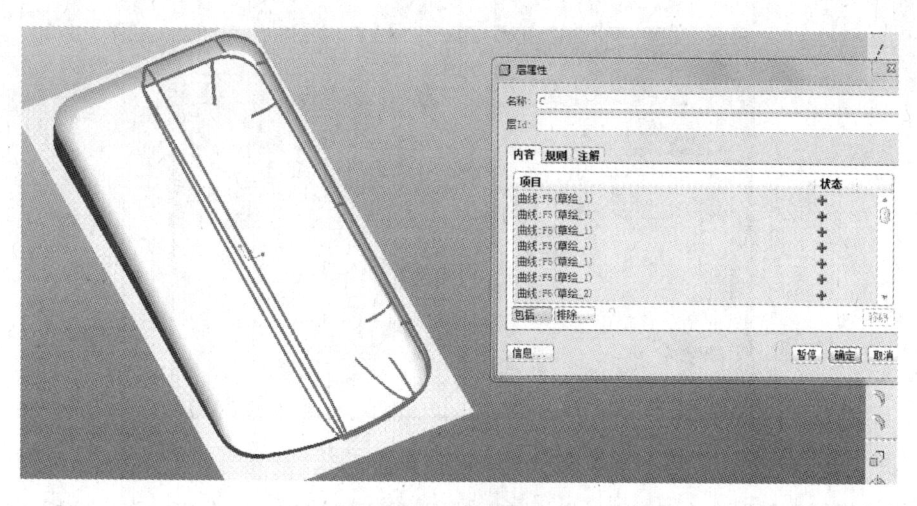

图 16-73　隐藏多余线

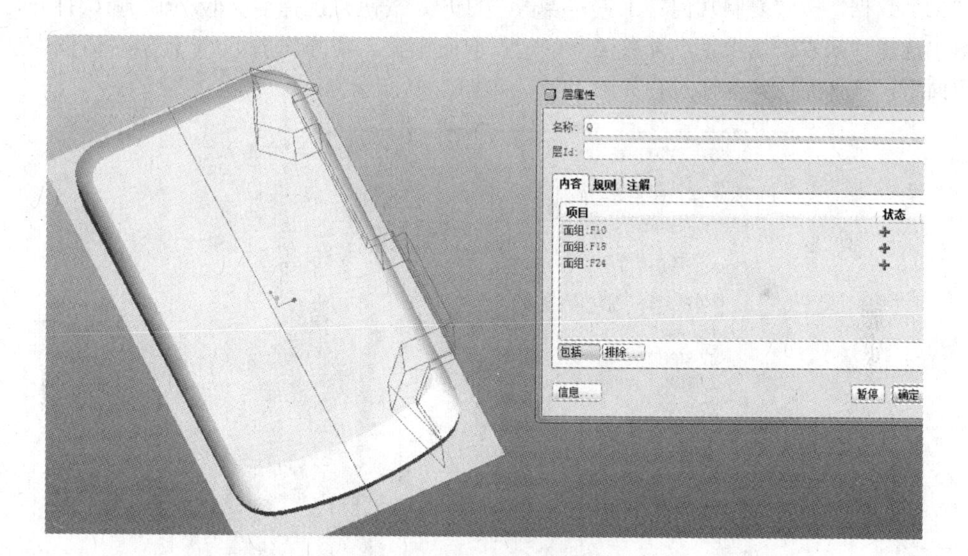

图 16-74　隐藏多余面

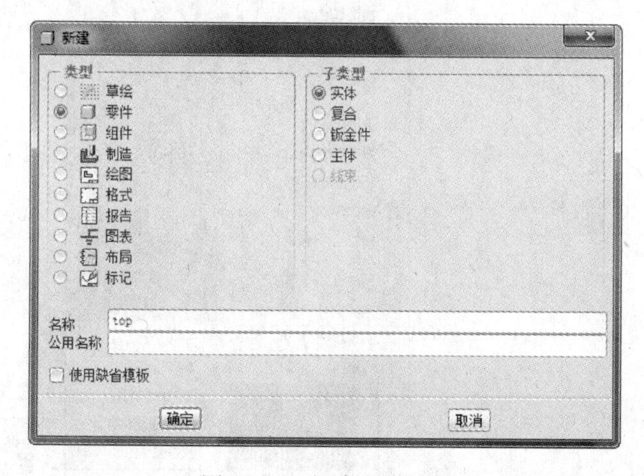

图 16-75　新建零件面板

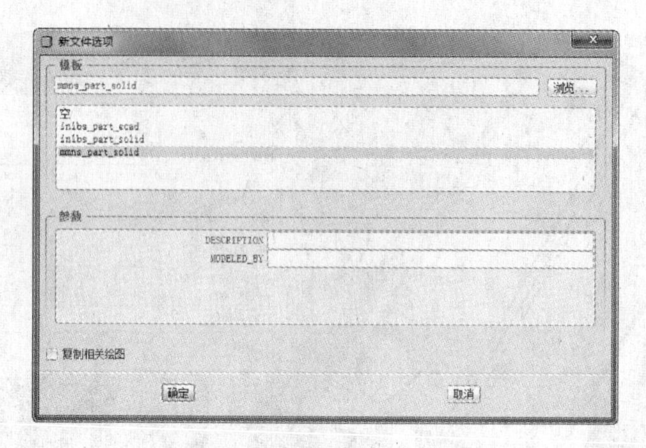

图 16-76 选定软件环境模板

2）用“复制几何”命令从“body”骨架中提取需要用到的前壳曲面。点击“插入”按钮，选择“工享数据”—“复制几何”工具；点击“打开”按钮并选择“body. prt”确认打开，放置对话框中选择“缺省”选项，点开参照菜单，点取曲面集，在弹出的 body 骨架对话框中选取前壳所需面组，确认完成，具体过程如图 16-77～图 16-80 所示。

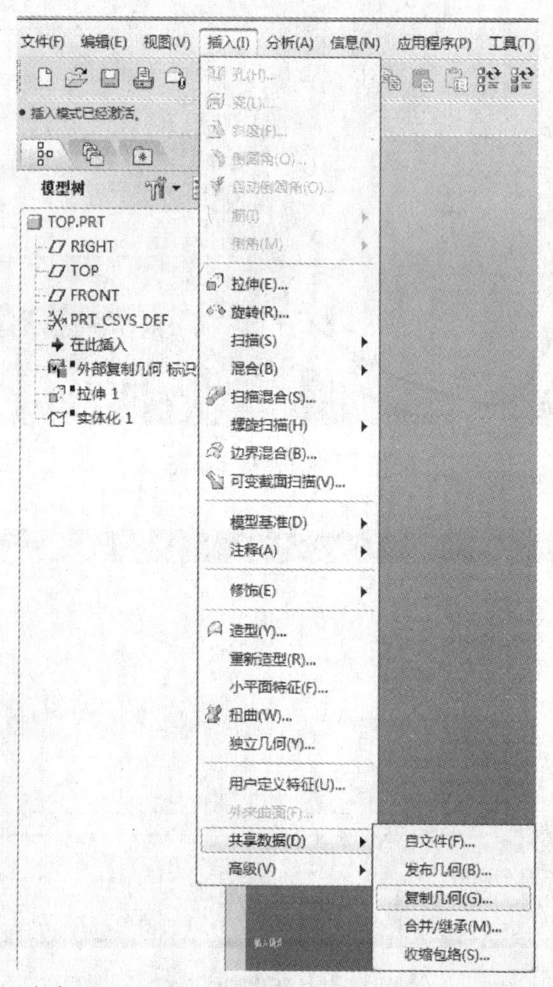

图 16-77 点击“插入”按钮，选择“工享数据”—“复制几何”工具

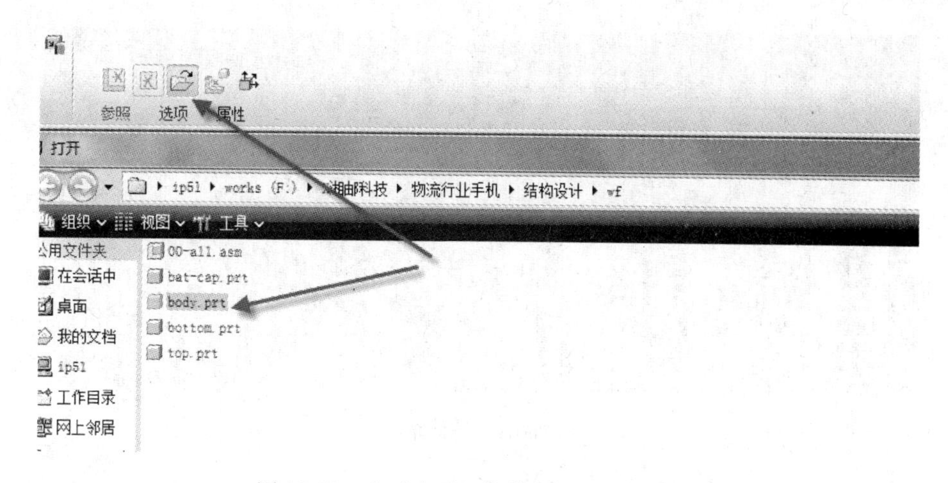

图 16-78　在“选项”菜单中打开 body 文件

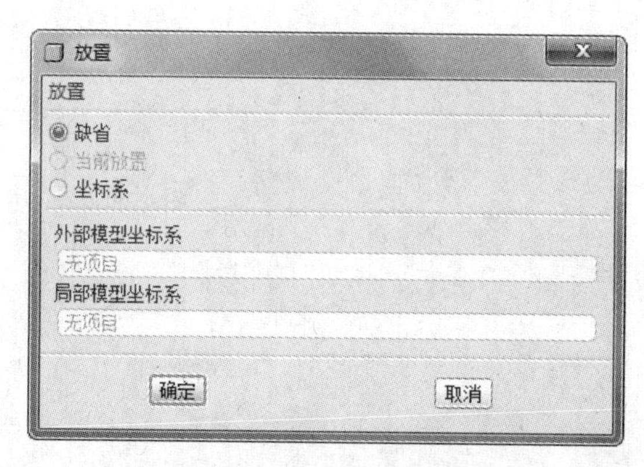

图 16-79　选择缺省放置

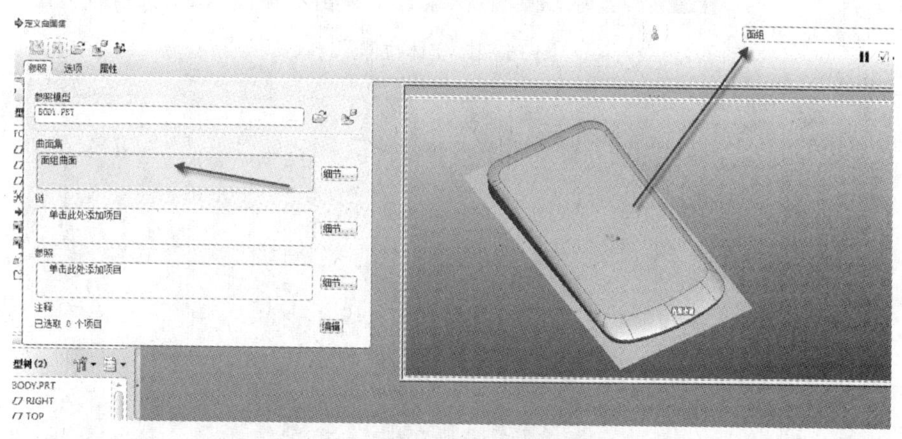

图 16-80　选择面组曲面

3）用“拉伸实体”命令拉伸一个从分件面以上大于前壳曲面的包裹方体。点击“拉伸”工具按钮，进入草绘界面后选择各对应节点作为参照，运用“直线”描绘一个从分件面上大于前壳曲面的包裹长方形。拉伸值应大于前壳曲面，具体过程如图 16-81、图 16-82 所示。

4）用“实体化”命令将长方体用前壳曲面裁剪成实体。点亮前壳曲面，选择“编辑”—“实体化”工具，选择“移除材料”并调整裁剪方向，使其保留曲面内部实体，具体过程如图 16-83、图 16-84（图 16-84 见文前彩页）所示。

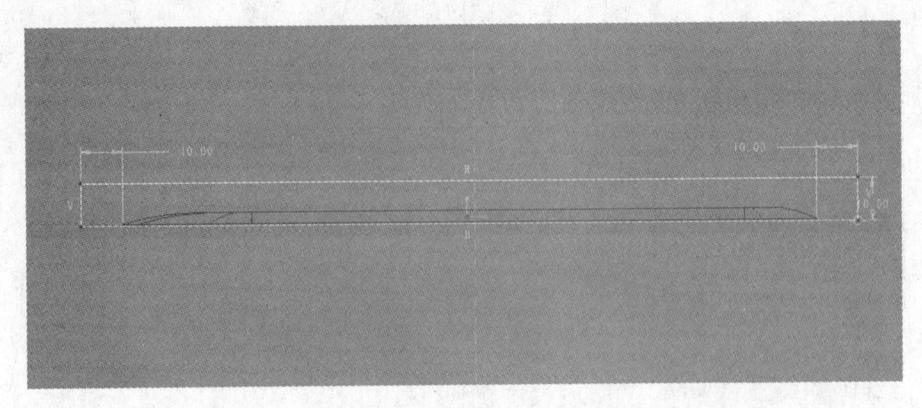

图 16-81 拉伸草绘

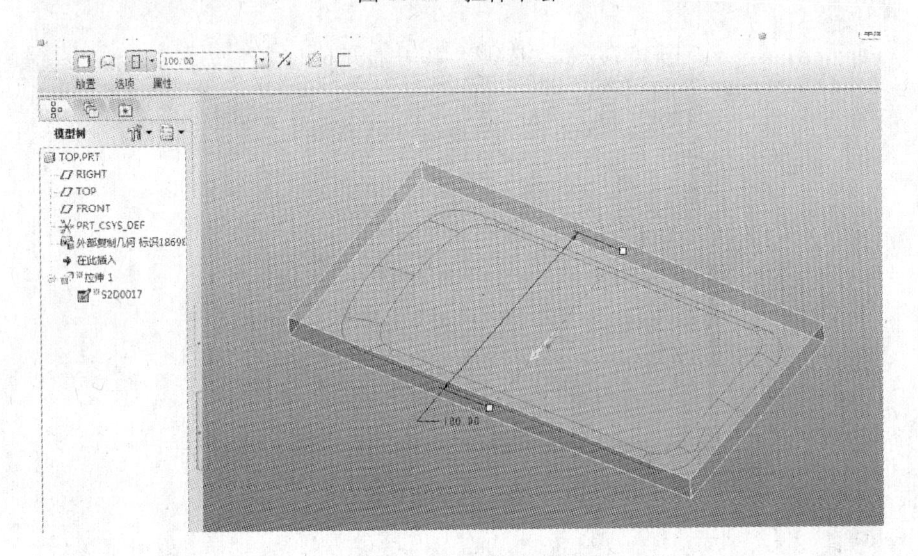

图 16-82 实体拉伸

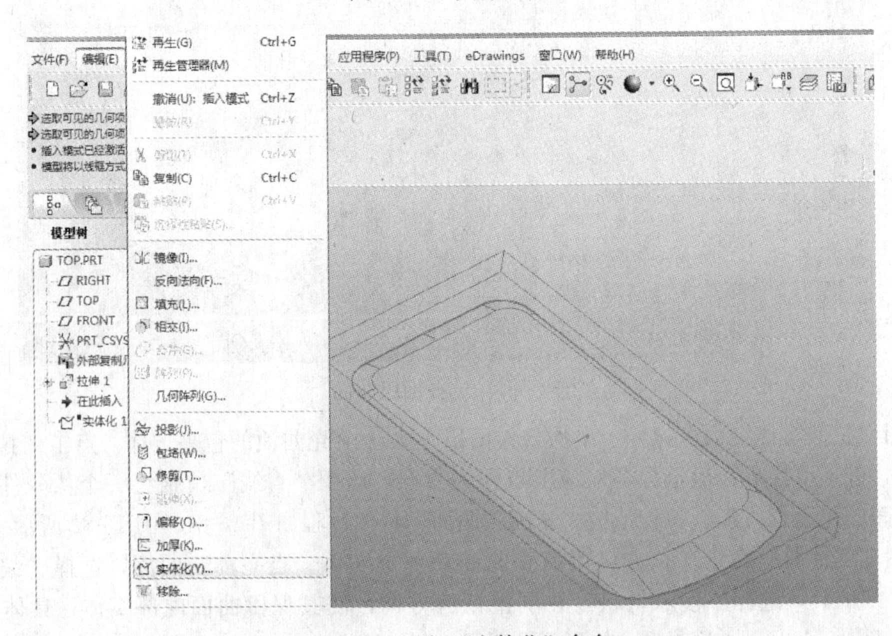

图 16-83 运行“实体化”命令

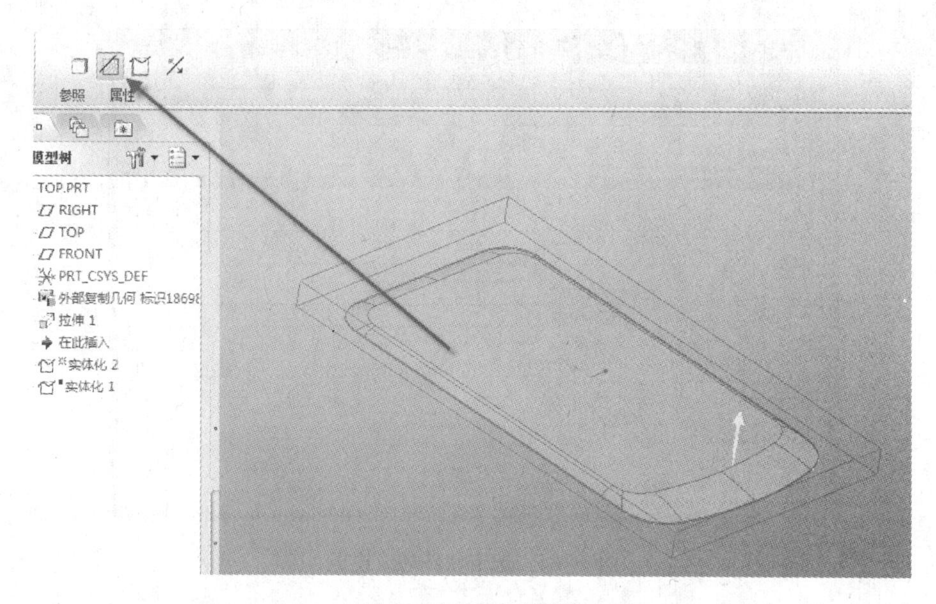

图 16-84 完成实体化

5）给前壳实体着色，图 16-85 见文前彩页。

6）新建一个名字为“bottom”的后壳“零件”并调整相关参数，具体过程如图 16-86、图 16-87 所示。

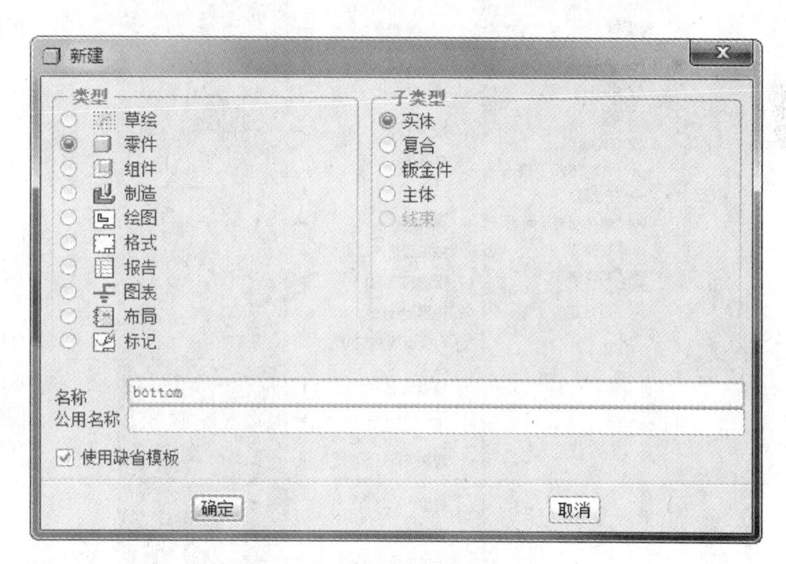

图 16-86 新建零件面板

7）用“复制几何”命令从“body”骨架中提取需要用到的后壳曲面。点击“插入”按钮，选择“共享数据”—“复制几何”工具；点击“打开”按钮并选择“body. prt”，确认打开，放置对话框中选择“缺省”选择，点开参照菜单，点取曲面集，在弹出的 body 骨架对话框中选取后壳所需面组，确认完成，具体过程如图 16-88～图 16-91 所示。

8）用“拉伸实体”命令拉伸一个从分件面以上大于后壳曲面的包裹方体。点击“拉伸”工具按钮，进入草绘界面后选择各对应节点作为参照，运用“直线”描绘一个从分件面上大于后壳曲面的包裹长方形。拉伸值应大于后壳曲面，具体过程如图 16-92、图 16-93 所示。

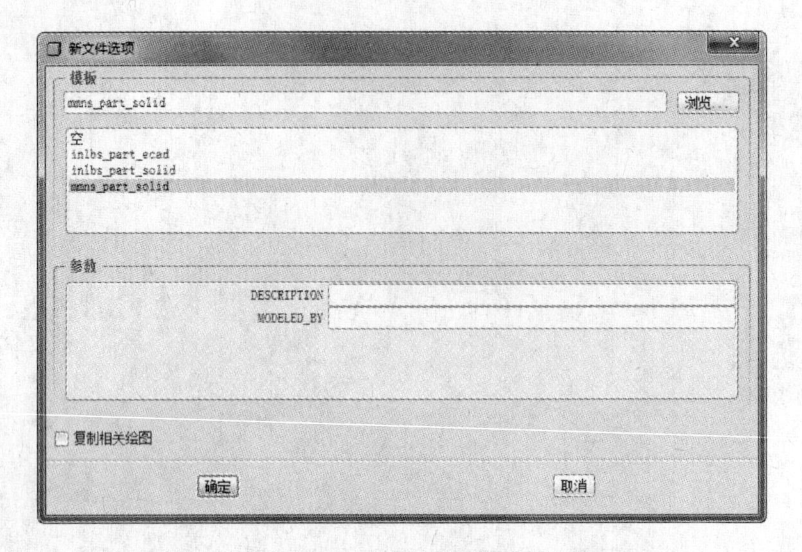

图 16-87　选定软件环境模板

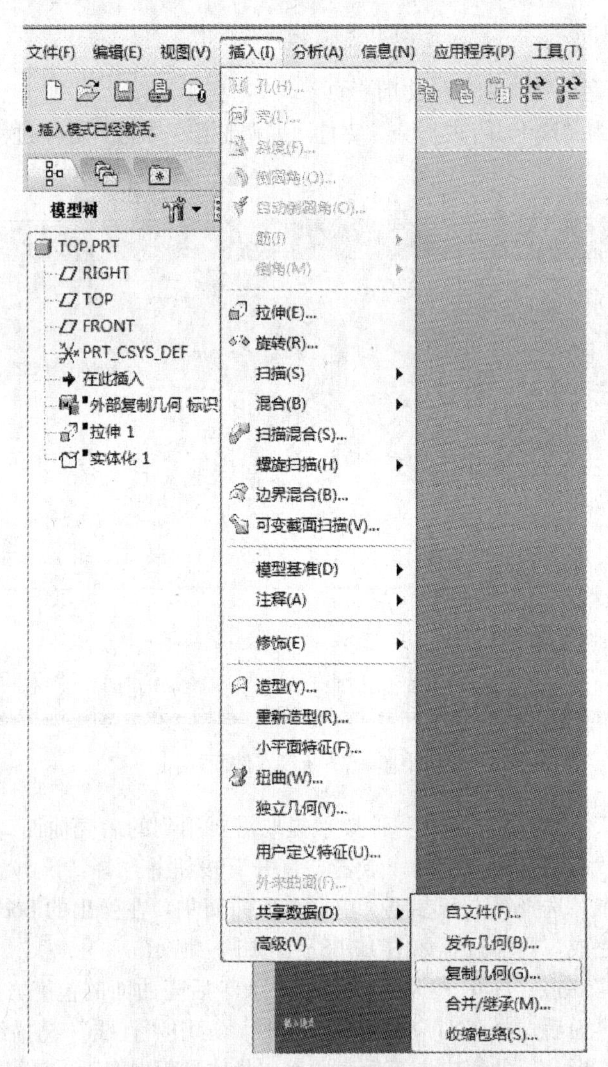

图 16-88　点击“插入”按钮选择“共享数据”—“复制几何”工具

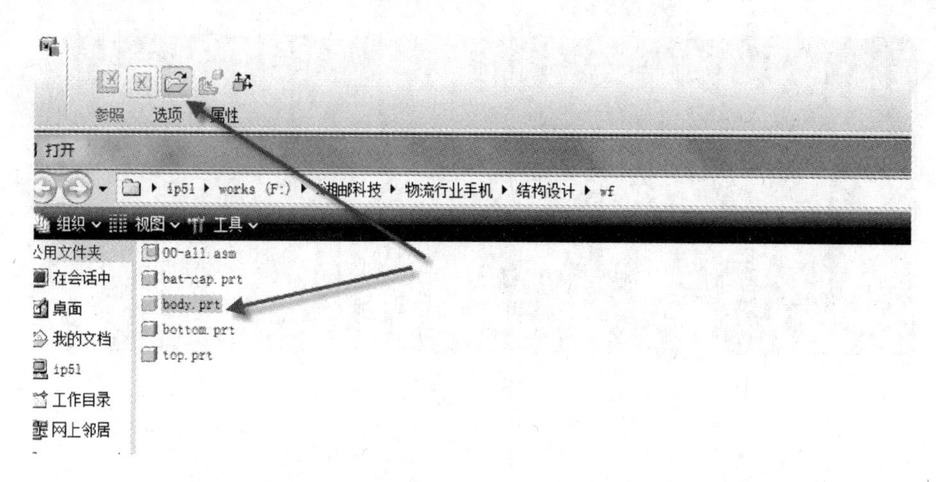

图 16-89　在“选项”菜单中打开 body 文件

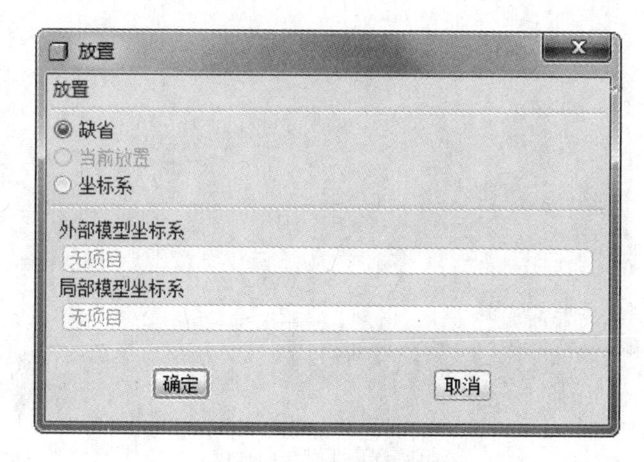

图 16-90　选择缺省放置

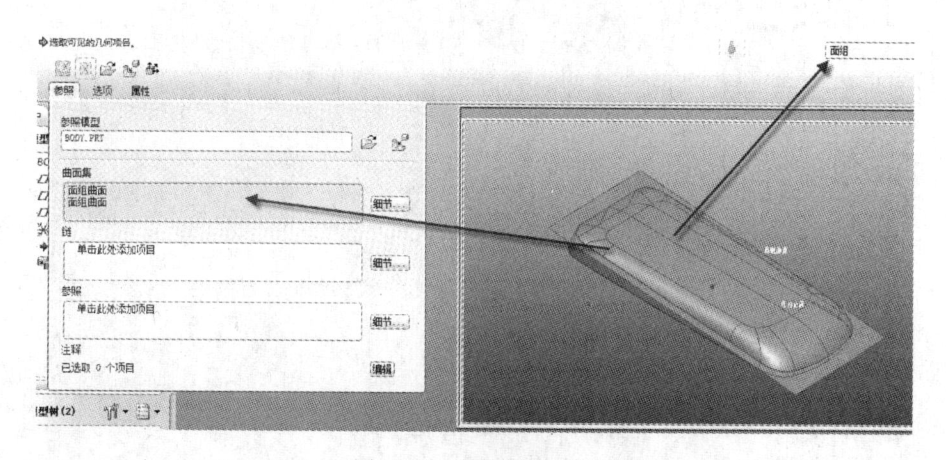

图 16-91　提取后壳曲面

9）用“实体化”命令将长方体用后壳曲面裁剪成实体。点亮后壳曲面，选择“编辑”—“实体化”工具，选择“移除材料”并调整裁剪方向，使其保留曲面内部实体，具体过程如图 16-94、图 16-95 所示。

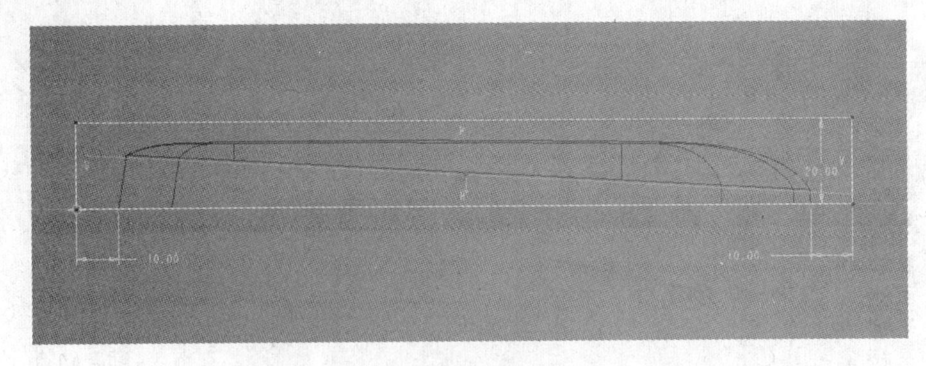

图 16-92　拉伸草绘

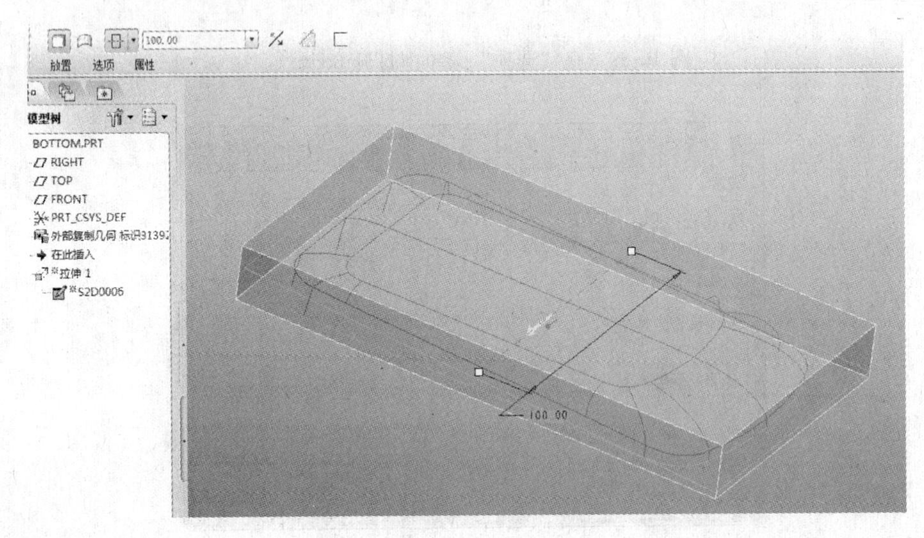

图 16-93　设定拉伸深度

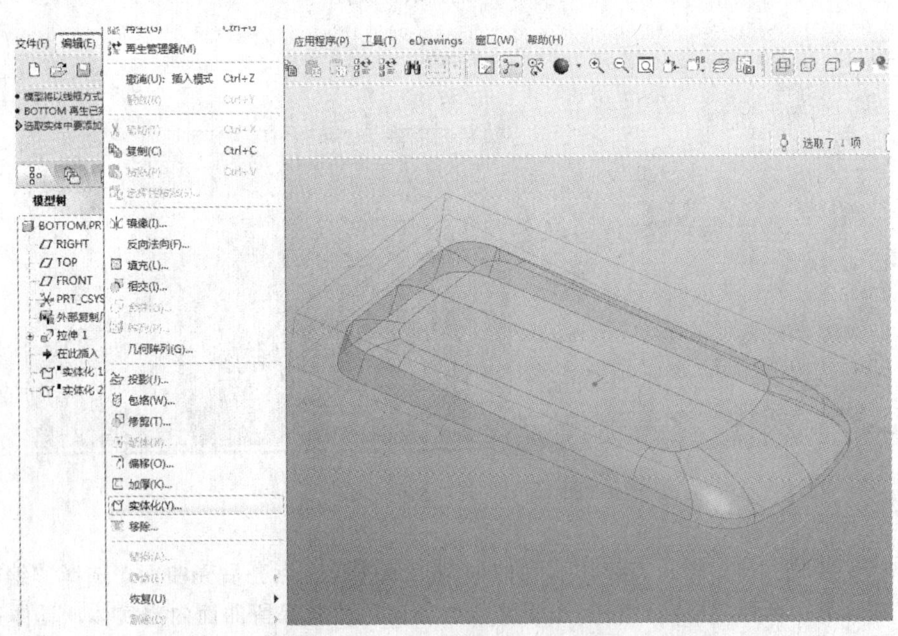

图 16-94　运行“实体化”命令

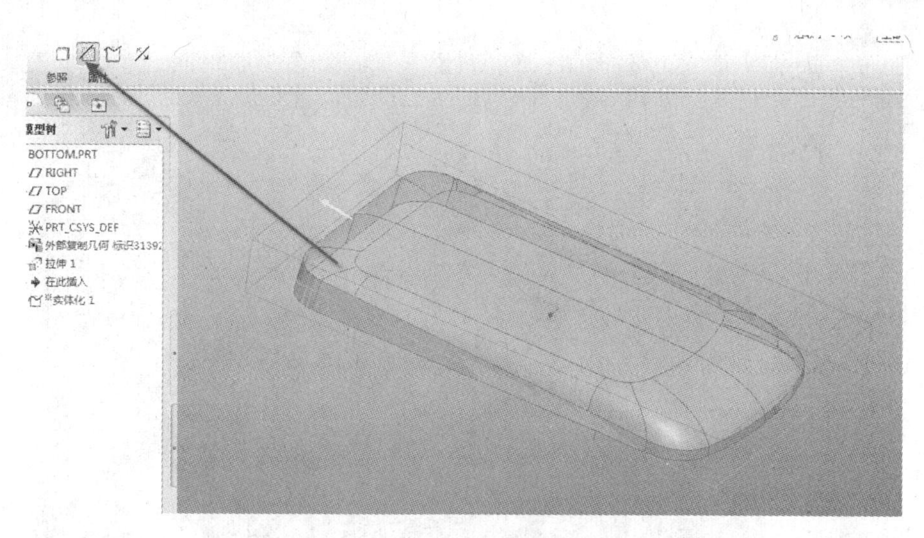

图 16-95　完成实体化

10）用“实体化”命令将后壳实体电池盖部分裁剪掉。点亮电池盖分件曲面，选择“编辑”—“实体化”工具，选择“移除材料”并调整裁剪方向，使其保留曲面内部实体，具体过程如图 16-96、图 16-97 所示。

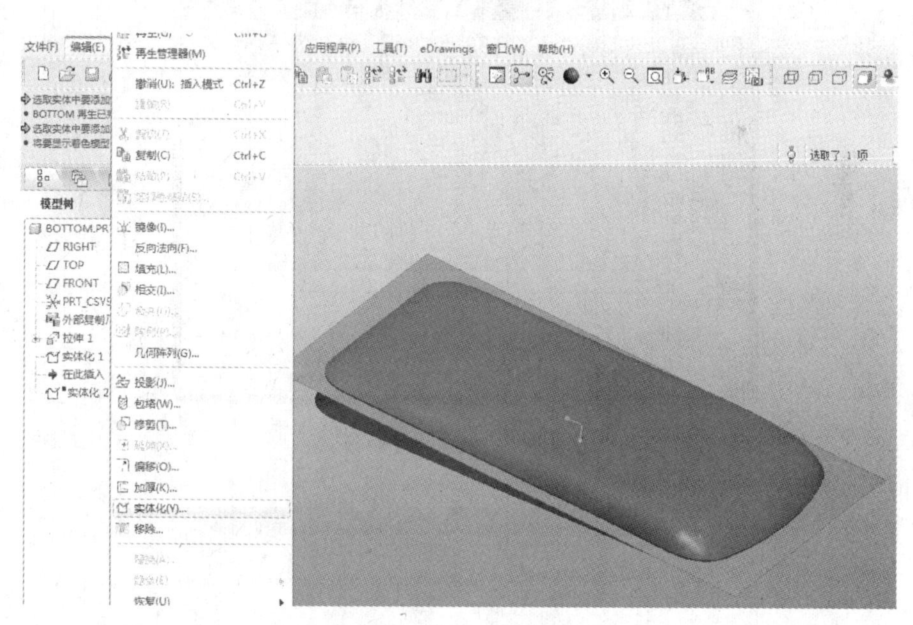

图 16-96　运行“实体化”命令

11）给后壳实体着色，图 16-98 见文前彩页。

12）新建一个名字为“bat-cap”的电池盖“零件”并调整相关参数，具体过程如图 16-99、图 16-100 所示。

13）用“复制几何”命令从“body”骨架中提取需要用到的电池盖曲面。

点击“插入”按钮，选择“共享数据”—“复制几何”工具；击“打开”并选择“body. prt”确认打开，放置对话框中选择“缺省”选项，点开参照菜单，点取曲面集，在弹出的 body 骨架对话框中选取电池盖所需面组，确认完成，具体过程如图 16-101～图 16-104 所示。

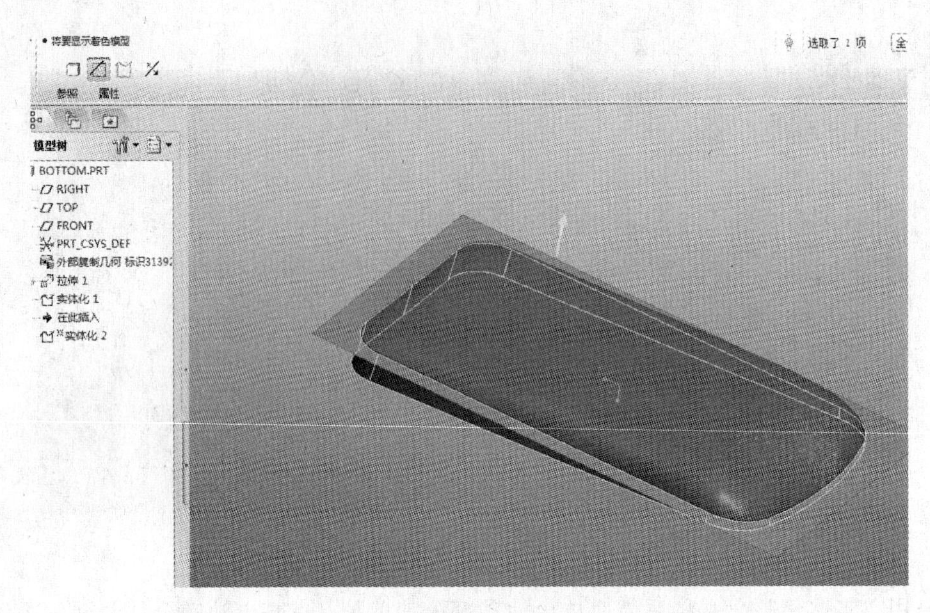

图 16-97 完成后壳实体化

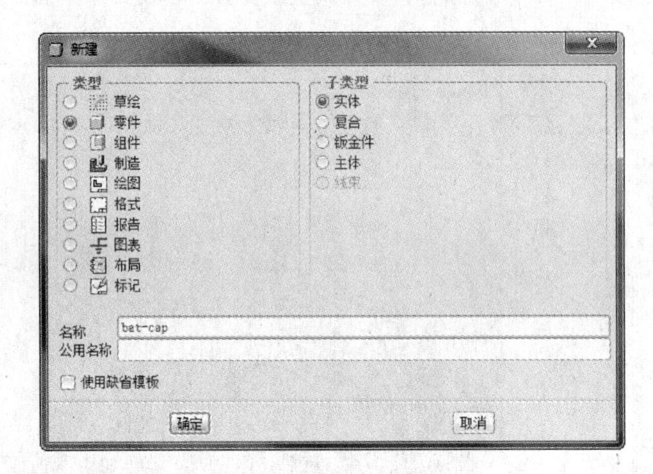

图 16-99 新建零件面板

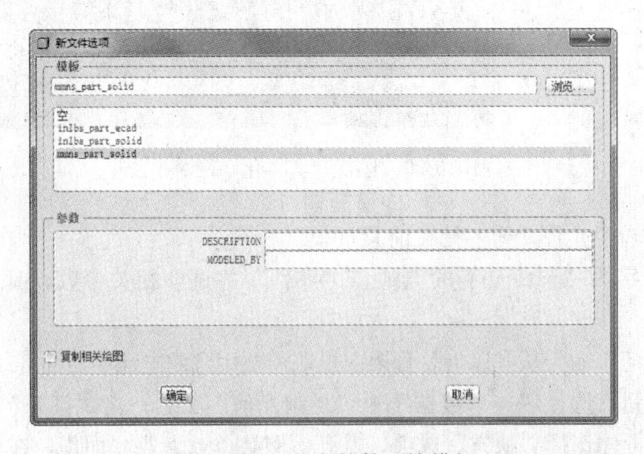

图 16-100 选定软件环境模板

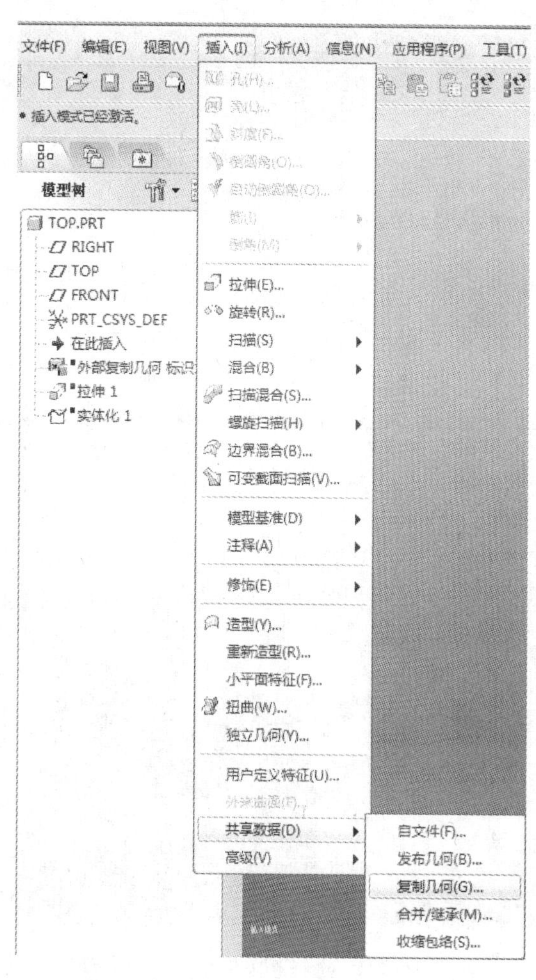

图 16-101　点击“插入”按钮，选择“共享数据”—“复制几何”工具

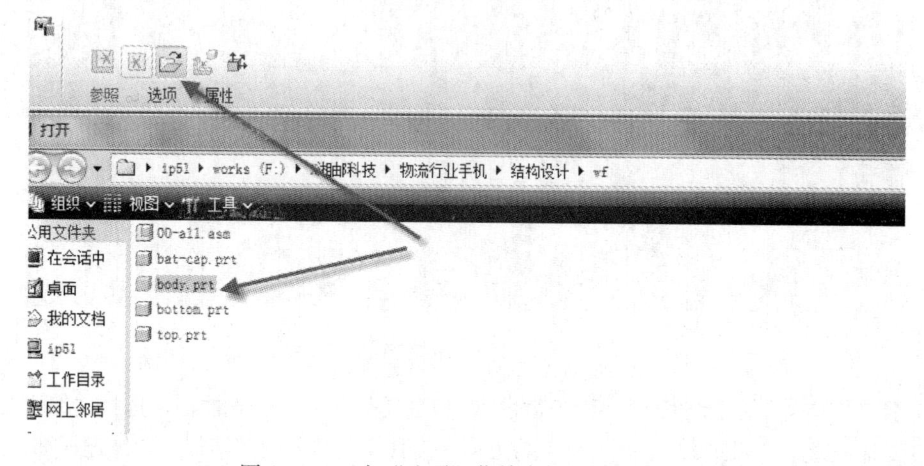

图 16-102　在“选项”菜单中打开 body 文件

14）用“拉伸实体”命令拉伸一个从分件面以上大于电池盖曲面的包裹方体。点击“拉伸”工具按钮，进入草绘界面后选择各对应节点作为参照，运用“直线”描绘一个从分件面上大于后壳曲面的包裹长方形。拉伸值应大于电池盖曲面，具体过程如图 16-105、图 16-106 所示。

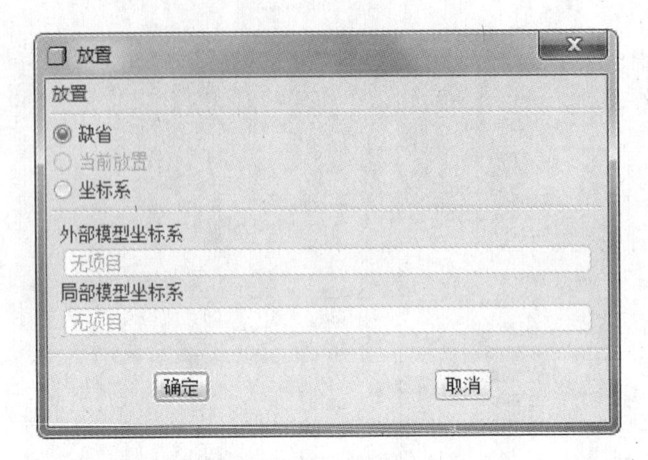

图 16-103　选择缺省放置

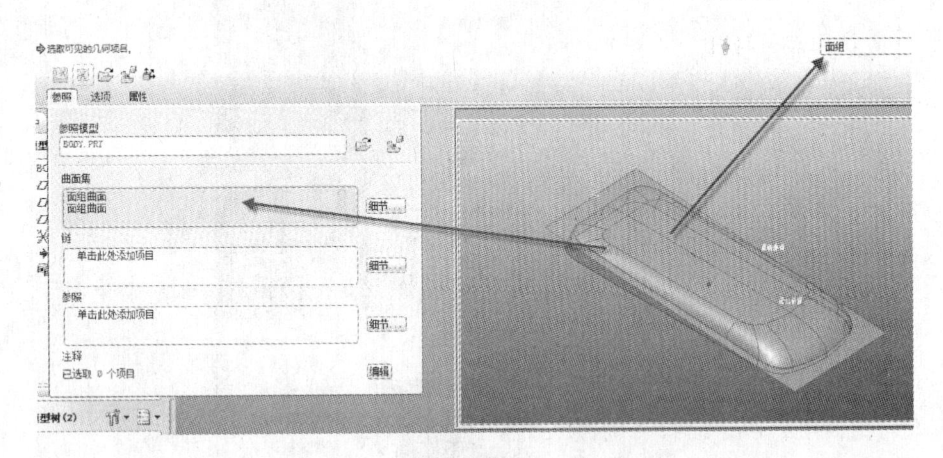

图 16-104　选择相关面组，完成命令

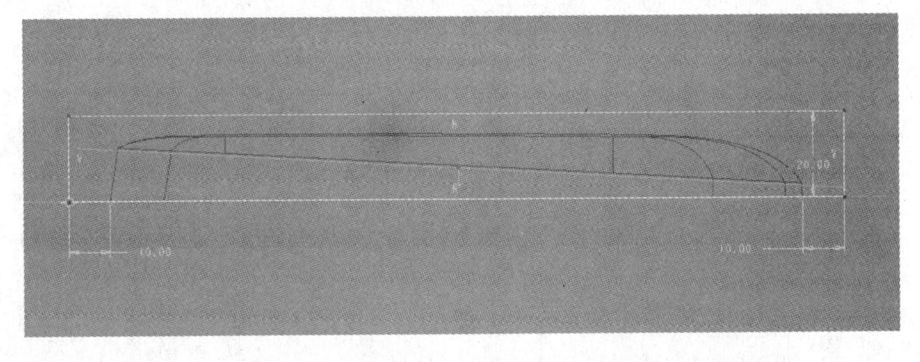

图 16-105　草绘图形

15）用“实体化”命令将长方体用后壳曲面裁剪成实体。点亮后壳曲面，选择“编辑”—“实体化”工具，选择“移除材料”并调整裁剪方向，使其保留曲面内部实体，具体过程如图 16-107、图 16-108 所示。

16）用“偏移”命令偏移出一个与后壳有着间隙的电池盖分件面。点亮后壳分件面，点击“编辑”—“偏移”工具，调整方向并输入间隙值 0.05。确认偏移完成，具体过程如图 16-109、图 16-110 所示。

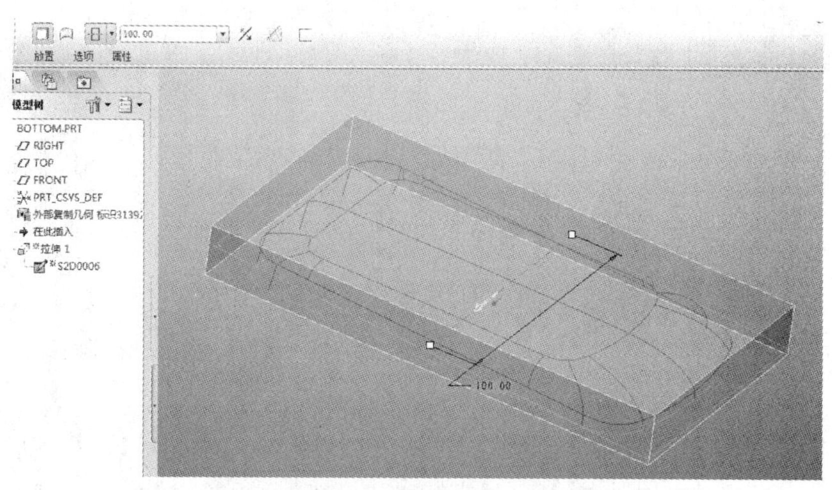

图 16-106　设置并完成拉伸

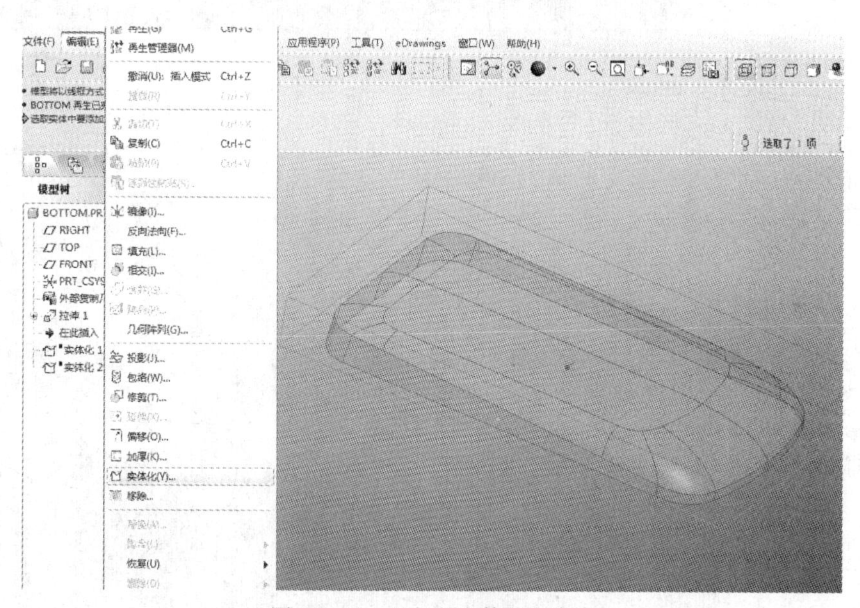

图 16-107　运行“实体化”命令

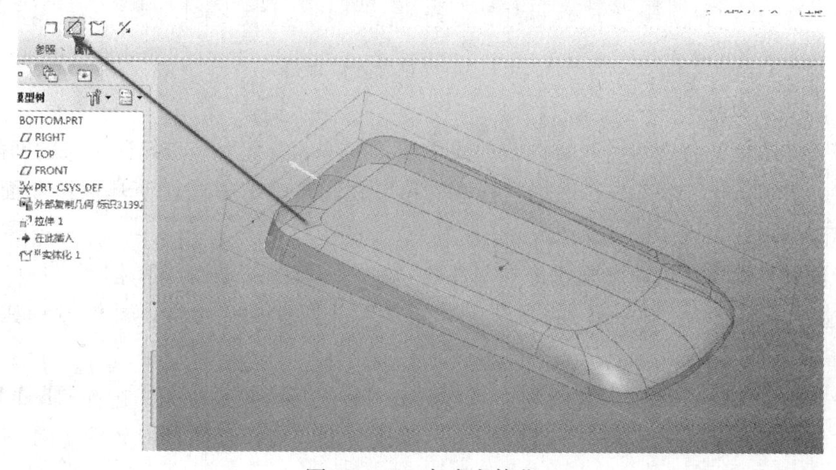

图 16-108　完成实体化

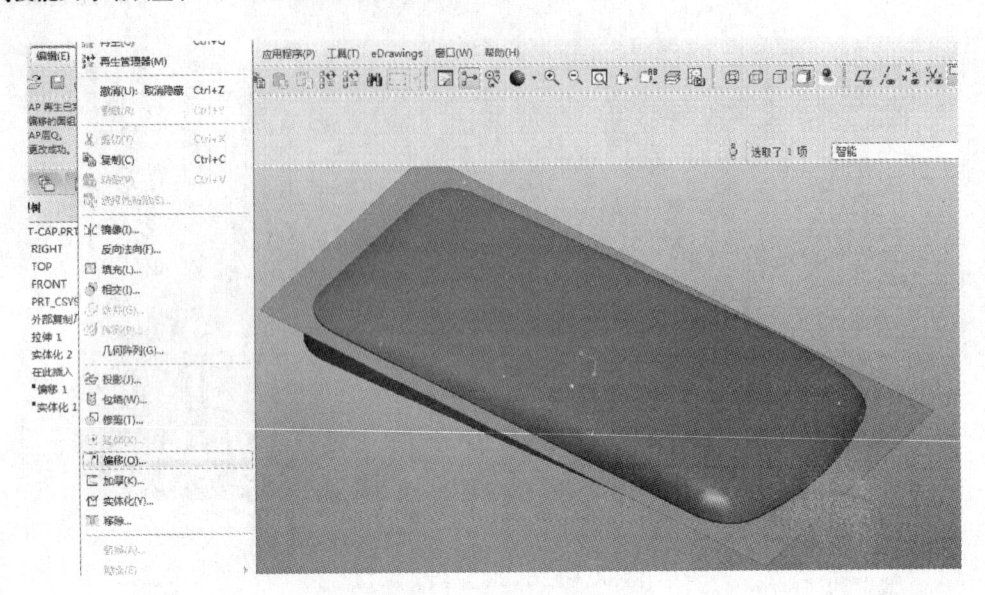

图 16-109　运行“偏移”工具

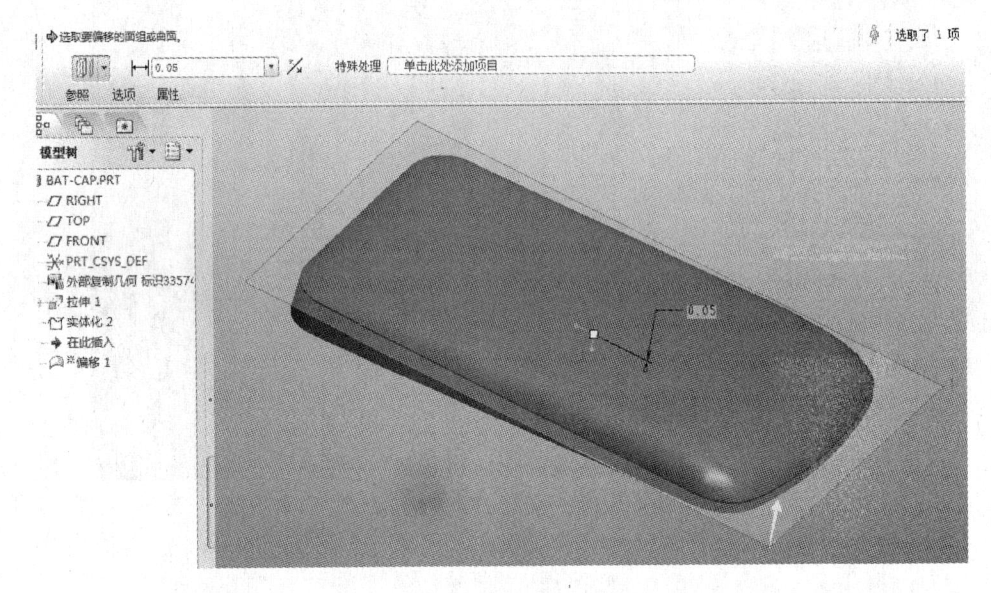

图 16-110　设置并完成偏移

17）用“实体化”命令将后壳实体裁剪成电池盖实体。点亮上一步偏移出来的间隙曲面，选择“编辑”—“实体化”工具，选择“移除材料”并调整裁剪方向，使其保留曲面内部实体，具体过程如图 16-111、图 16-112 所示。

（3）步骤三：学习整机总装配建造与零件的“缺省”装配的操作与运用。

1）新建一个名字为“00-all”的总装配“组件”并调整相关参数，具体过程如图 16-113、图 16-114 所示。

2）将“body”第一个骨架零件装配进去。点击“装配”工具按钮，选择“body”骨架零件并打开，在装配界面下选择“缺省”装配即可。确认装配完成，具体过程如图 16-115、图 16-116 所示。

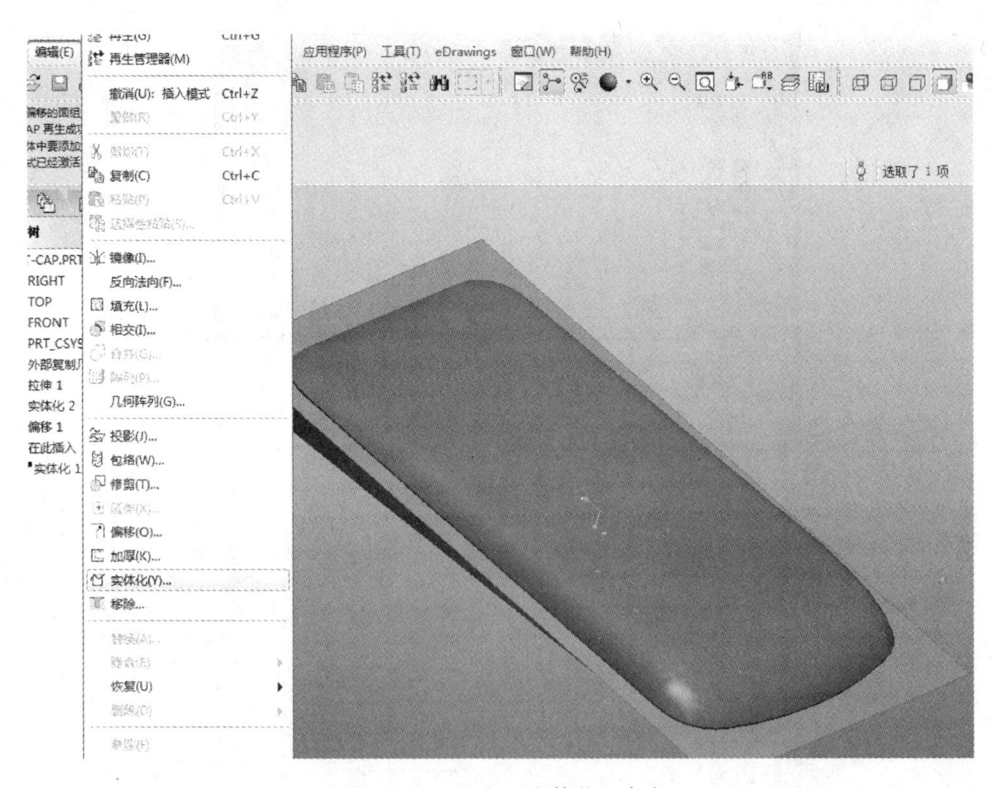

图 16-111 运行“实体化”命令

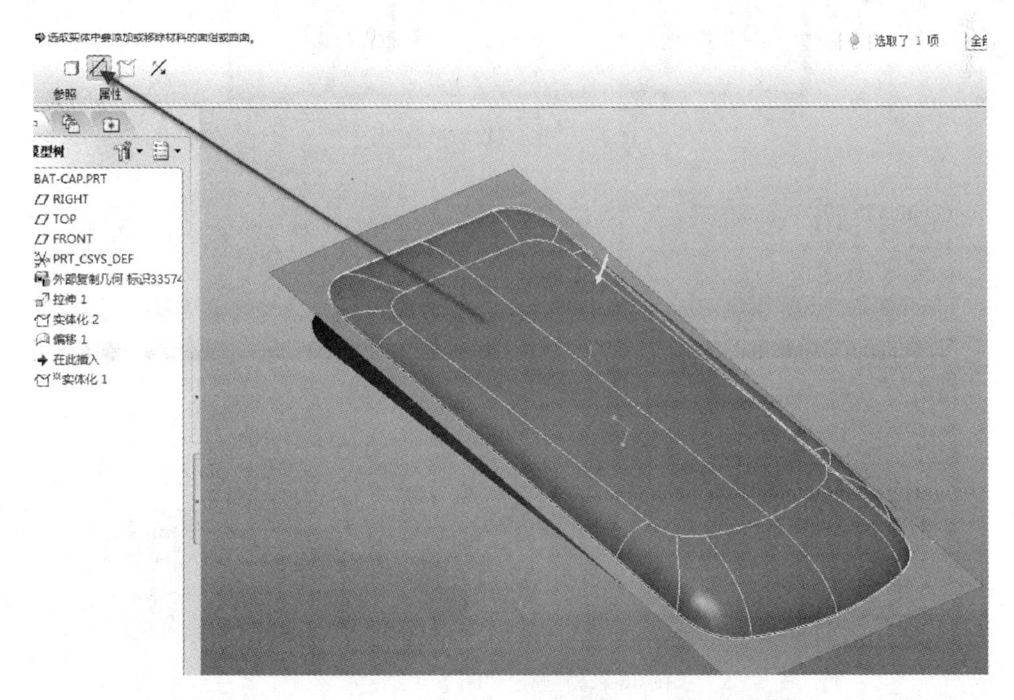

图 16-112 完成实体化

3）将“top”前壳零件装配进去。点击“装配”工具按钮，选择“top”前壳零件并打开，在装配界面下选择“缺省”装配即可。确认装配完成，具体过程如图 16-117、图 16-118 所示。

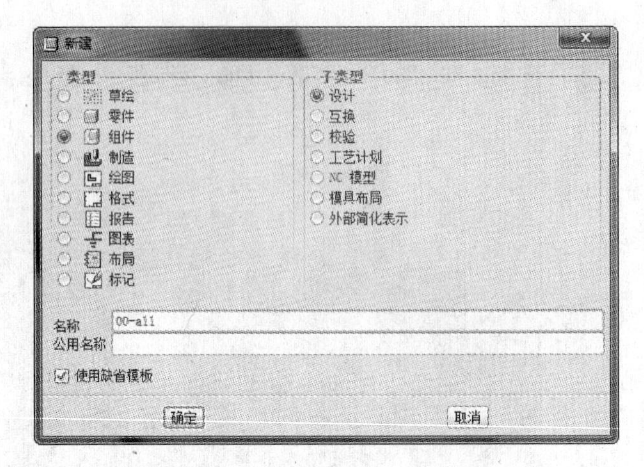

图 16-113　新建组件面板

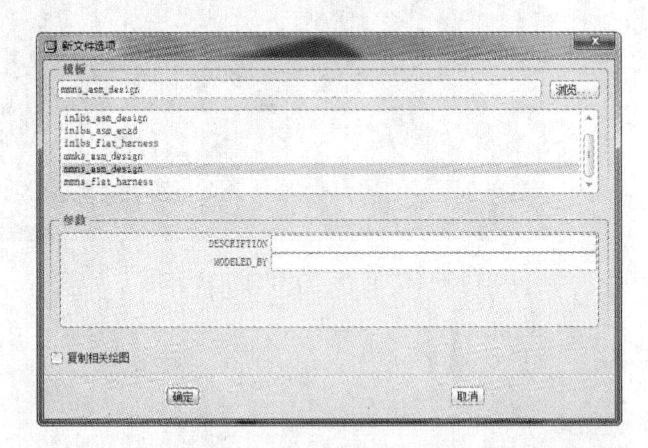

图 16-114　选定软件环境模板

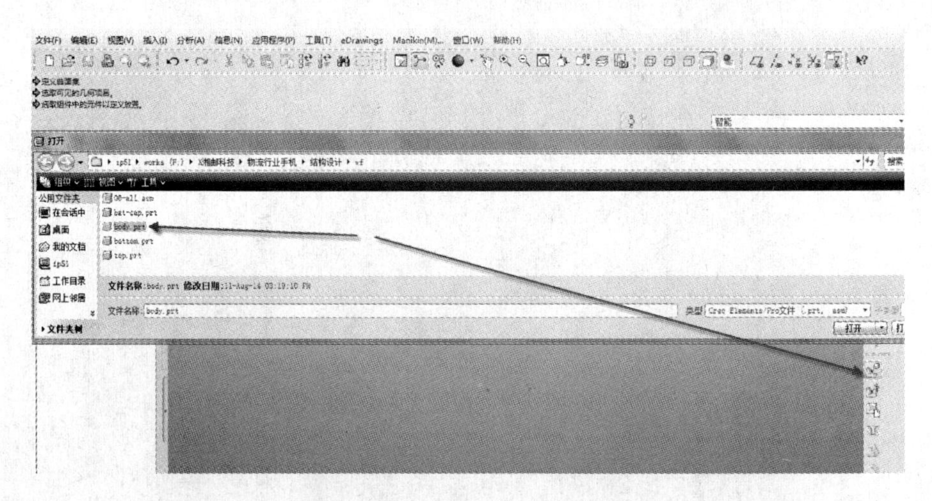

图 16-115　选定“body”文件

4）将“bottom”后壳零件装配进去。点击“装配”工具按钮，选择“bottom”后壳零件并打开，在装配界面下选择“缺省”装配即可。确认装配完成，具体过程如图 16-119、图 16-120 所示。

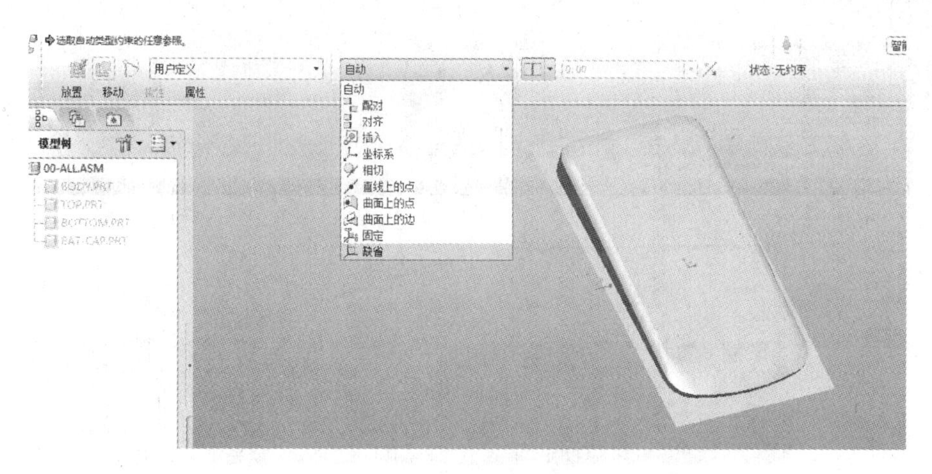

图 16-116　选择缺省放置

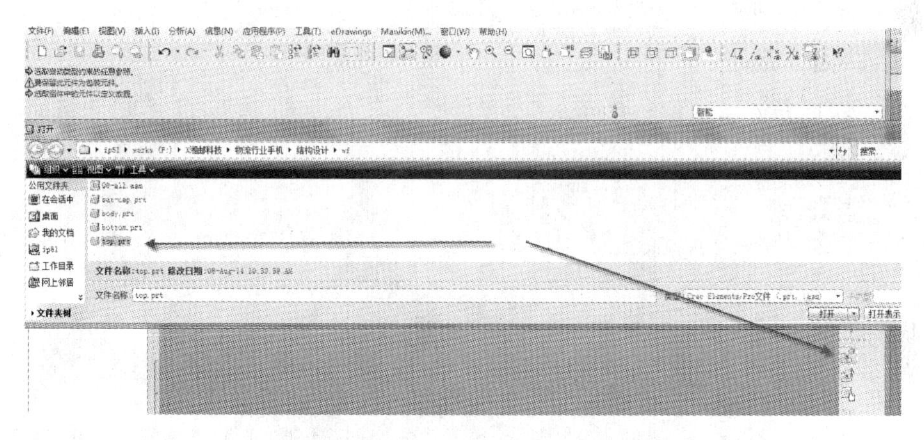

图 16-117　选定“top”文件

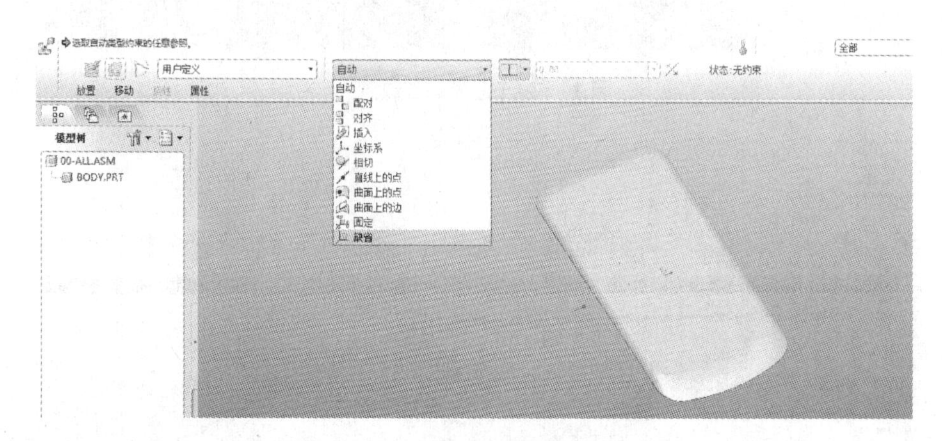

图 16-118　选择缺省放置

5）将“bat-cap”电池盖零件装配进去。点击“装配”工具按钮，选择“bat-cap”电池盖零件并打开，在装配界面下选择“缺省”装配即可。确认装配完成，具体过程如图 16-121、图 16-122 所示。

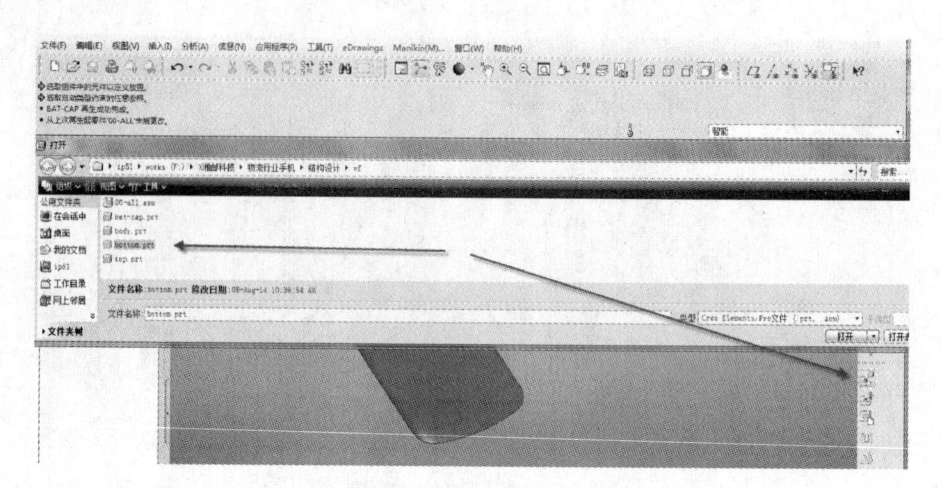

图 16-119　选择“bottom”文件

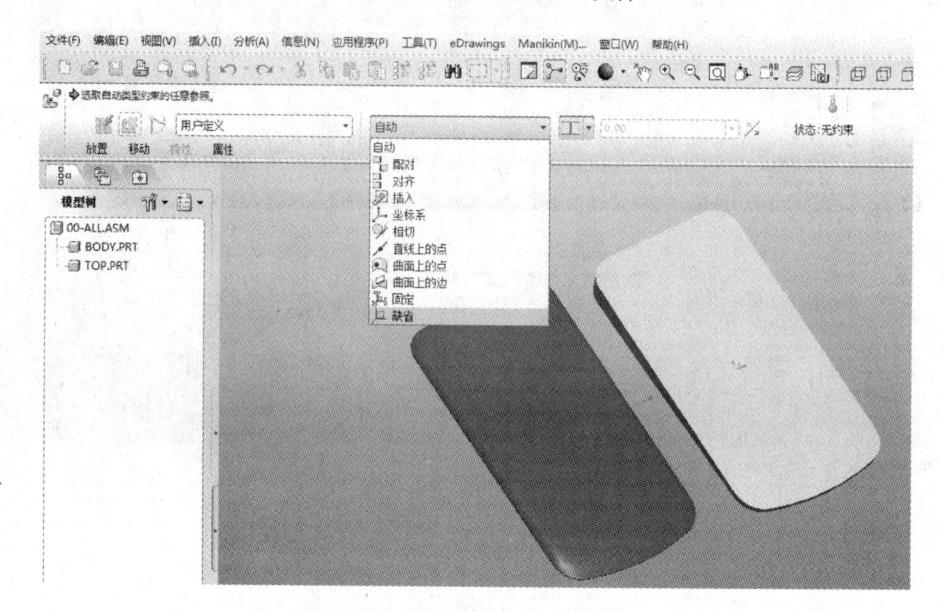

图 16-120　选择缺省放置

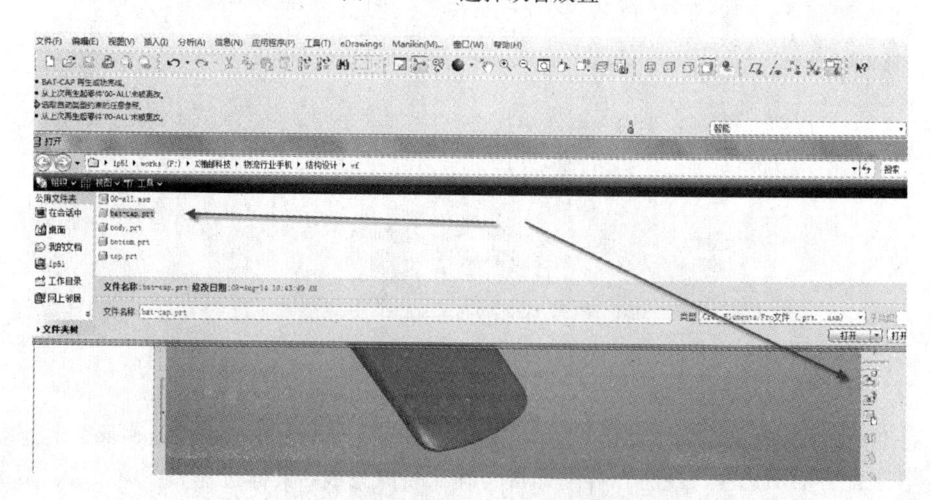

图 16-121　选择“bat-cap”文件

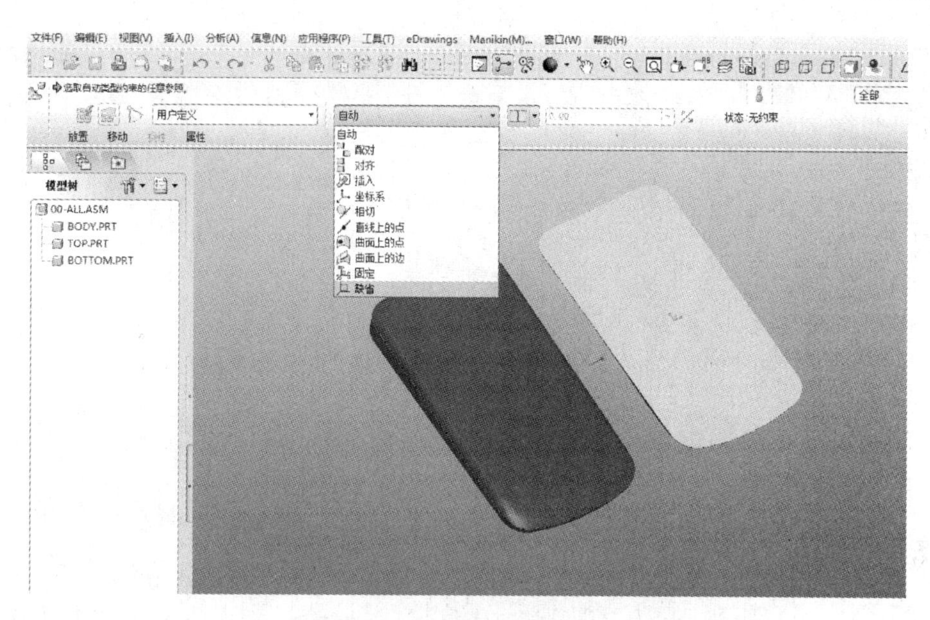

图 16-122 选择缺省放置

6）建一骨架图层，将“body”骨架零件隐藏起来。到此整机组件装配完毕，最后建一图层用于隐藏“body”骨件零件，具体过程如图 16-123、图 16-124 所示（图 16-124 见文前彩页）。

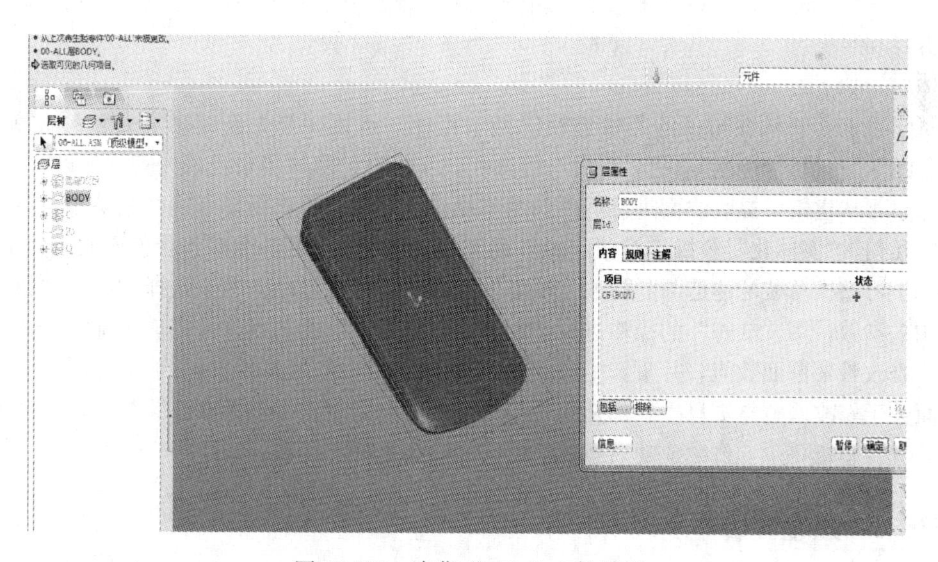

图 16-123 隐藏“body”文件骨架

（4）步骤四：修改骨架曲面数值，并重新生成整机组件。目前整机“建模”“拆件”“总装配”已经全部完成，后面关于修改调整整机尺寸，都是在“body”骨架曲面零件中调整，然后在总装配档运用“模型再生”工具进行整机再生，再生成功后整机尺寸将和“body”骨架档保持一致，结果如图 16-125 所示。

16.4.3 能力提升

内容是根据活动内容和示范操作要求，运用 Pro/E 软件制作产品外壳三维模型，并在软件

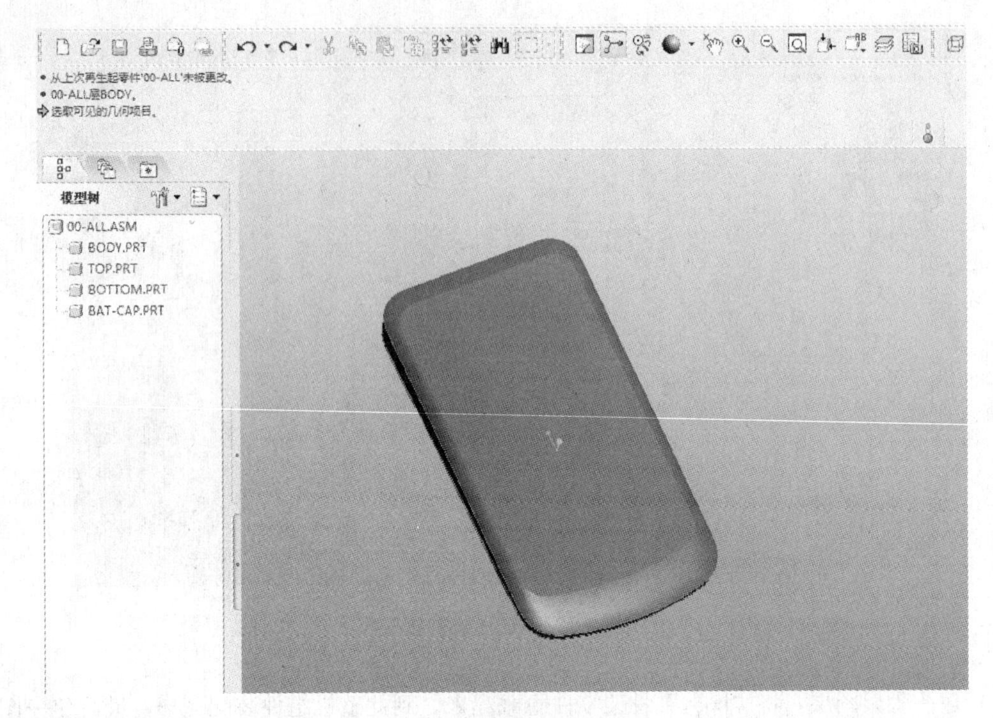

图 16-125　重新生成整机组件

中进行拆件和装配。

具体要求如下：

（1）学习 Pro/E 软件相关的零件建模的基本操作与运用。首先新建名字并调整相关参数；运用“草绘”“扫描”“造型”“边界混合”等操作建立模型；隐藏多余线条并完成建模。

（2）学习从建模中提取曲面进行拆件的基本操作与运用。首先新建名字并调整相关参数；运用“复制几何”“实体化”等操作对相应的位置提取所需部分；对各个部分着色形成区分。

（3）学习整机总装配建造与零件的“缺省”装配的操作与运用。首先选择“组件“新建名字并调整相关参数；用“缺省”的操作进行装配零件；隐藏不需要的零件并完成装配。

（4）修改骨架曲面数值，并重新生成整机组件。当“建模”“拆件”“总装配”已经全部完成时，后面关于修改调整整机尺寸，都是在骨架的曲面零件中调整，然后在总装配档运用“模型再生”工具进行整机再生，再生成功后整机尺寸将和骨架档保持一致。

16.5 效果评价

效果评价参见任务 1，评价标准见附录。

16.6 相关知识与技能

16.6.1 Pro/Engineer Wildfire 建模的概念

建模就是绘出想要的形状，一开始可以是曲面，但终将在拆件时转换为实体，因为结构细化、生产加工，都是要在实体上完成的。建模是一个混合的过程，是一个成型的结果，是将产品从平面效果转建成可加工三维的第一步，是产品外观造型的基础数据，产品后续的拆件、产品内部结构细化的基础数据都来自于建模，一个产品造型效果的好坏，取决于建模的质量好坏，所以建模是一个成型的结果。

16.6.2 草绘

草绘是一项基本技巧。草绘截面可以作为单独对象创建，也可以在创建特征过程中创建。下面是一些重要术语。

（1）图元：草绘环境中的任何元素。如直线、圆弧、圆、样条、点和坐标系等。

（2）约束：定义图元几何或图元间的关系。如可以约束两条直线平行或垂直，这时会出现约束符号。

（3）参数：草绘中的辅助元素，用来定义草绘的形状和尺寸。

（4）参照图元：指创建特征截面或轨迹时所参照的图元。

（5）弱尺寸和弱约束：系统自动创建的尺寸或约束，以灰色显示。

（6）强尺寸和强约束：由用户创建的尺寸和约束，以较深的颜色显示。

草绘的基本知识是十分重要的，它在很大程度上决定了三维建模的好坏。下面对草绘的基本功能做详细的介绍。为建模打下良好基础。

进入草绘环境有三种方法：

（1）直接从“文件”新建“草绘”文档。

（2）在特征建立时，单击操控板中的“放置”按钮，在弹出的对话框中单击“定义”按钮。如最常见的“拉伸”特征建立时就会进入草绘环境。

（3）在零件或装配环境中，单击工具栏中的“草绘工具”按钮。

三种方法进入草绘环境后，草绘操作界面都是一样的，结合案例的第一步，新建完“零件”并进入“零件”环境操作界面后，点击“草绘”工具按钮，并选取一个基准平面，进入“草绘”操作界面。下面对草绘操作界面的各项功能指令意义说明如下。

1. 直线

线：创建两点线。

（1）直线相切：创建与两个图元相切的线。

（2）中心线：创建两点中心线。

2. 矩形

（1）矩形：创建矩形。

（2）斜矩形：创建斜矩形。

（3）平行四边形：创建平行四边形。

3. 圆

（1）圆心和点：通过拾取圆心和圆上一点来创建圆。

（2）同心圆：创建同心圆。

（3）3 点：通过拾取其 3 个点来创建圆。

（4）3 相切：创建与 3 个图元相切的圆。

（5）轴端点椭圆：根据椭圆的长轴端点创建椭圆。

（6）中心和轴椭圆：根据椭圆的中心和长轴端点创建椭圆。

4. 圆弧

（1）3 点/相切端：用 3 点创建一个弧，或创建一个在其端点相切于图元的弧。

（2）同心：创建同心弧。

(3) 圆心和端点：通过选取弧圆心和端点来创建圆弧。

(4) 3 相切：创建与 3 个图元相切的弧。

(5) 圆锥：创建一个锥形弧。

5. 圆角

(1) 圆形：在两图元间创建一个圆角。

(2) 椭圆形：在两图元间创建一个椭圆形圆角。

6. 倒角

(1) 倒角：在两个图元之间创建倒角并创建构造线延伸。

(2) 倒角修剪：在两个图元之间创建倒角。

7. 样条

样条：创建样条曲线。

8. 点

(1) 点：创建点。

(2) 坐标系：创建参照坐标系。

9. 使用

(1) 使用：通过边创建图元。

(2) 偏移：通过偏移一条边或草绘图元来创建图元。

10. 法向

法向：创建定义尺寸。

11. 修改

修改：修改尺寸值、样条几何或文本图元。

12. 约束

(1) 竖直：使线或两顶点竖直。

(2) 水平：使线或两顶点水平。

(3) 垂直：使两图元正交。

(4) 相切：使两图元相切。

(5) 中点：在线或弧的中间放置点。

(6) 重合：创建相同点、图元上的点或共线约束。

(7) 对称：使两点或顶点关于中心线对称。

(8) 相等：创建等长、等半径、等尺寸或相同曲率的约束。

(9) 平行：使各条线平行。

13. 文本

文本：创建文本，作为剖面一部分。

14. 修剪

(1) 删除段：动态修剪剖面图元。

(2) 拐角：将图元修剪（剪切或延伸）到其他图元或几何。

(3) 分割：在选取点的位置处分割图元。

15. 镜像

(1) 镜像：镜像选定的图元。

(2) 移动和调整大小：平移、旋转和缩放选定图元。

16.6.3 扫描曲面

扫描曲面是将二维剖面沿着一条轨迹线扫描出一个曲面，其操作步骤如下。

（1）单击“插入”→“扫描”→“曲面”按钮（意义：以扫描的方式创建曲面）。

（2）单击“草绘轨迹”按钮（意义：轨迹线为以草绘方式画出来的线条）。

（3）选取轨迹线的草绘平面，并决定绘制轨迹线时的视图方向，然后再选取一个平面，作为草绘和方向参照，以将零件转换为二维视图。

（4）绘制扫描的轨迹线。

（5）指定扫描的属性，其选项视轨迹线为封闭或非封闭的线条而不同。

1）若轨迹线为非封闭的线条，则属性的选项为：

a.“开放终点”——曲面的两端不封闭。

b.“封闭端”——曲面的两端自动封闭住。

2）若轨迹线为封闭的线条，则属性的选项为：

a.“添加内表面”——将一个非封闭的剖面顺着轨迹线（须为封闭的线条）扫描出“没有封闭”的曲面，然后系统自动在两端加入曲面，成为封闭曲面。

b.“无内表面”——将一个剖面顺着封闭的轨迹线直接扫描出曲面。

（6）系统再次进入草绘模式，用户绘制扫描的剖面。

（7）单击“曲面”对话框中的“确定”按钮，完成扫描曲面的创建。

16.6.4 造型曲线

常用的造型曲线有三种，分别是“自由曲线”“平面曲线”“Cos 曲线”。

下面针对案例，介绍“平面曲线”的建构，其操作步骤如下。

（1）单击“插入”→“造型”按钮，进入造型操作界面。

（2）单击“设置活动平面”按钮。

（3）选取活动平面（意义：将建造的造型曲线落在活动平面上）。

（4）单击“曲线”～按钮

（5）选择“创建平面曲线”～（从左至右分别为“自由曲线”“平面曲线”“Cos 曲线”）。

（6）单击“曲线编辑”按钮，点亮平面曲线，选取节点进行拖曳调整至所需造型。（平面曲线的意义：无论怎么拖曳，该曲线仍然落在当初设置的活动平面上）

16.6.5 边界混合

边界混合曲面的构成非常灵活，在曲面造型中经常用到。边界混合曲面是在参照图元间创建的，这些图元在一个或两个方向上定义该曲面。在每个方向上选定的第一个和最后一个图元用于定义曲面的边界。增加更多的参照图元能够更完全地定义曲面形状。

选择参照图元必须遵照下列原则：

（1）曲线、特征的边线、基准点、曲线和边的端点都可以作为参照图元。

（2）在同一个方向上，必须按照顺序选择参照图元。

边界混合有两种：一种是“单方向的边界混合”，另一种是“双方向的边界混合”。

下面针对案例，介绍“双方向的边界混合”，其操作步骤如下。

（1）单击“插入”→“边界”按钮。

（2）选择第一方向的第一条边界链，接着按住“Ctrl”键选择第一方向的第二条边界链。

（3）用鼠标右键单击背景，从弹出的快捷菜单中选择“第二方向曲线”命令，或者直接点击“第二方向”编辑框。

（4）选择第二方向的第一条边界链，接着按住“Ctrl”键选择第二方向的第二条边界链。

（5）在操控板中单击“约束”按钮。

（6）定义边界条件，四条边键都可以设置为“自由”“相切”“曲率”或“垂直”。

1）自由：沿边界没有设约束条件。

2）相切：混合曲面沿边界与参照曲面相切。

3）曲率：混合曲面沿边界具有曲率连续性。

4）垂直：混合曲面与参照曲面或基准平面垂直。

（7）单击鼠标中键，完成创建曲面。

练习与思考

一、单选题

1. “建模”一开始可以是曲面，但终将在拆件时转换为（　　）。

A. 剖面　　B. 切面　　C. 实体　　D. 平面

2. 一个产品造型效果的好坏，取决于建模的（　　）好坏。

A. 质量　　B. 数量　　C. 大小　　D. 体积

3. 弱尺寸和弱约束：系统自动创建的尺寸或约束，以（　　）显示。

A. 黄色　　B. 灰色　　C. 红色　　D. 黑色

4. 在约束中，使两图元正交的名称（　　）。

A. 相交　　B. 相切　　C. 垂直　　D. 竖直

5. 边界混合曲面是在（　　）间创建的。

A. 参照图元　　B. 图元　　C. 参数　　D. 约束

6. 扫描曲面是将（　　）沿着一条轨迹线扫描出一个曲面。

A. 二维剖面　　B. 三维剖面　　C. 模型　　D. 透视

7. 边界混合有两种：一种是“单方向的边界混合”，另一种是（　　）。

A. 双方向的边界混合　　B. 两方的边界混合

C. 左右的边界混合　　D. 全方位的边界混合

8. 根据椭圆的长轴端点创建椭圆是（　　）的指令意义。

A. 中心和轴椭圆　　B. 同心圆　　C. 圆心和点　　D. 轴端点椭圆

9. 在修剪的工具，能表达“动态修剪剖面图元”是（　　）。

A. 拐角　　B. 删除段　　C. 分割　　D. 文本

10. 混合曲面沿边界具有曲率连续性，这是（　　）的边界条件。

A. 曲率　　B. 相切　　C. 垂直　　D. 自由

二、多选题

11. 圆角的指令意义包括（　　）。

A. 同心：创建同心弧

B. 圆形：在两图元间创建一个圆角

C. 椭圆形：在两图元间创建一个椭圆形圆角

D. 倒角：在两个图元之间创建倒角并创建构造线延伸

12. 以下哪些工具命令能够在草绘环境中完成？（ ）

A. 直线　B. 圆弧、圆　C. 点

D. 约束　E. 样条线

13. 直线在草绘操作界面的各项功能指令意义有（ ）。

A. 线：创建两点线。　B. 直线相切：创建与两个图元相切的线

C. 样条：创建样条曲线　D. 中心线：创建两点中心线

14. 约束在草绘操作界面的各项功能指令意义有（ ）。

A. 竖直：使线或两顶点竖直

B. 偏移：通过偏移一条边或草绘图元来创建图元

C. 垂直：使两图元正交

D. 相切：使两图元相切

E. 水平：使线或两顶点水平

15. 常用的造型曲线有三种，分别是（ ）。

A. 三维曲线　B. 自由曲线　C. 二维曲线

D. 平面曲线　E. Cos 曲线

16. 操作“边界混合”命令时，选择参照图元必须遵照的原则包括（ ）。

A. 曲线、特征的边线、基准点、曲线和边的端点都可以作为参照图元

B. 客观真实性

C. 科学合理性

D. 二维剖面沿着一条轨迹线扫描出一个曲面

E. 在同一个方向上，必须按照顺序选择参照图元

17. 若轨迹线为非封闭的线条，则属性的选项为（ ）。

A. 添加内表面　B. 开放终点　C. 无内表面　D. 封闭端

18. 定义“约束”边界条件，四条边键都可以设置为（ ）。

A. 自由　B. 相切　C. 曲率

D. 偏移　E. 垂直

19. 修剪在草绘操作界面中的各项功能指令有（ ）。

A. 删除段　B. 拐角　C. 分割　D. 修改

20. 一个产品建造运用 Pro/E 软件需要的操作内容包括（ ）。

A. 建模　B. 拆件　C. 装配　D. 修改

三、判断题

21. 建模终将在拆件时转换为实体，因为结构细化、生产加工，都是要在实体上完成的。（ ）

22. 草绘截面可以作为单独对象创建，但是不可以在创建特征过程中创建。（ ）

23. 弱尺寸和弱约束：由用户创建的尺寸和约束，以较深的颜色显示。（ ）

24. 边界混合是将二维剖面沿着一条轨迹线扫描出一个曲面。（ ）

25. 边界混合曲面是在参照图元间创建的。（ ）

26. 使用在草绘操作界面的各项功能指令意义说明——①使用：通过边创建图元；②偏移：通过偏移一条边或草绘图元来创建图元；③移动和调整大小：平移、旋转和缩放选定图元。（ ）

27. 各种方法进入草绘环境后，草绘操作界面都是不一样的。（ ）

28. “3点”创建圆是指创建与3个图元相切的圆。（　　）

29. 镜像在草绘操作界面的各项功能指令意义说明——镜像：镜像选定的图元；移动和调整大小：平移、旋转和缩放选定图元。（　　）

30. 直线在草绘操作界面的各项功能指令意义说明——线：创建两点线；直线相切：创建与两个图元相切的线；中心线：创建两点中心线；样条：创建样条曲线。（　　）

练习与思考参考答案

1. C	2. A	3. B	4. C	5. A	6. A	7. A	8. D	9. B	10. A
11. BC	12. ABCDE	13. ABD	14. ACDE	15. BDE	16. AE	17. BD	18. ABCE	19. ABC	20. ABCD
21. Y	22. N	23. N	24. N	25. Y	26. N	27. N	28. N	29. Y	30. N

任务 17

产品工程图纸制作

该训练任务建议用 12 个学时完成学习。

17.1 任务来源

产品工程图纸是产品结构设计师与工厂加工师傅进行数据传递和信息沟通的重要工具。合理的产品工程图纸必须准确地传递各种产品设计信息和加工要求，同时也必须符合加工制造的现实条件。产品工程图纸也是结构设计师与客户对接的重要媒介，必须符合客户需求所对应的工程规范。

17.2 任务描述

将三维模型数据导出并制作为二维工程图纸，注意图纸符合客户的规范。

17.3 能力目标

17.3.1 技能目标

完成本训练任务后，你应当能（够）：

1. 关键技能

(1) 会将产品三维电子模型转化为不同视角的二维产品线图。

(2) 会对二维产品线图进行编辑，使其符合工程图要求。

(3) 会为不同视角的二维产品线图标注尺寸。

(4) 会为二维产品线图绘制图框线、标题栏等内容，完成工程图制作。

2. 基本技能

(1) 会完成三维软件视图转化的基本操作。

(2) 会完成产品二维工程图制作的软件基本操作。

17.3.2 知识目标

完成本训练任务后，你应当能（够）：

(1) 熟悉工程图制作规范。

(2) 掌握产品三维模型转化为二维图纸的操作方法。

(3) 熟悉产品加工及技术要求。

17.3.3 职业素质目标

完成本训练任务后，你应当能（够）：

（1）具备娴熟的软件操作技能。

（2）具备细致认真的工作素养。

17.4 任务实施

17.4.1 活动一 知识准备

（1）设计制图基本概念。

（2）设计制图的相关规范。

（3）三维模型转化为二维图纸的基本方法。

17.4.2 活动二 示范操作

1. 活动内容

用Pro/E软件打开充电座上壳三维模型，观察充电座上壳壳体细节，制作充电座上壳工程图纸。具体要求如下：

（1）打开充电座上壳三维电子文件，分析其结构特征。

（2）将三维电子模型按不同视图转化为二维图纸。

（3）编辑二维图纸，标注尺寸。

（4）按制图规范完成二维图纸。

2. 操作步骤

（1）步骤一：设置工作目录，如图17-1所示。

（2）步骤二：工作目录为充电座上壳三维文件所在文件夹，如图17-2所示。

（3）步骤三：打开充电座上壳PRT文件，如图17-3、图17-4所示。

（4）步骤四：在文件菜单栏里点击新建（N），如图17-5所示。

（5）步骤五：类型项里选择绘图，点击“确定”按钮，如图17-6所示。

（6）步骤六：在弹出来的新制图窗口里选择使用模板，并选择所需制图模板，点击“确认”按钮，如图17-7、图17-8所示。

（7）步骤七：在制图页面上方的工具中，选择创建视图图标。在绘图视图窗口里选择类别为视图类型，如图17-9所示。

（8）步骤八：在类别栏中，点击视图显示，调整各项设置，如图17-10所示。

（9）步骤九：在制图页面左边的项目栏里，鼠标右键点击“最高级别图层”按钮，选择“隐藏”选项，便于观察工程图纸，如图17-11所示。

（10）步骤十：鼠标右键单击“充电座上壳主视图”按钮，选择“插入投影视图…”选项，制作左视图和俯视图，如图17-12所示。

（11）步骤十一：鼠标右键点击“俯视图”按钮，跳回到Pro/E三维页面，选择页面右边工具中的基准轴工具，在页面左边选择TOP、RIGHT基准面，如图17-13所示。

（12）步骤十二：回到二维图纸页面，在页面上方工具栏中，选择“显示及拭除”工具，在“显示/拭除”窗口中，进行相关设置，如图17-14所示。

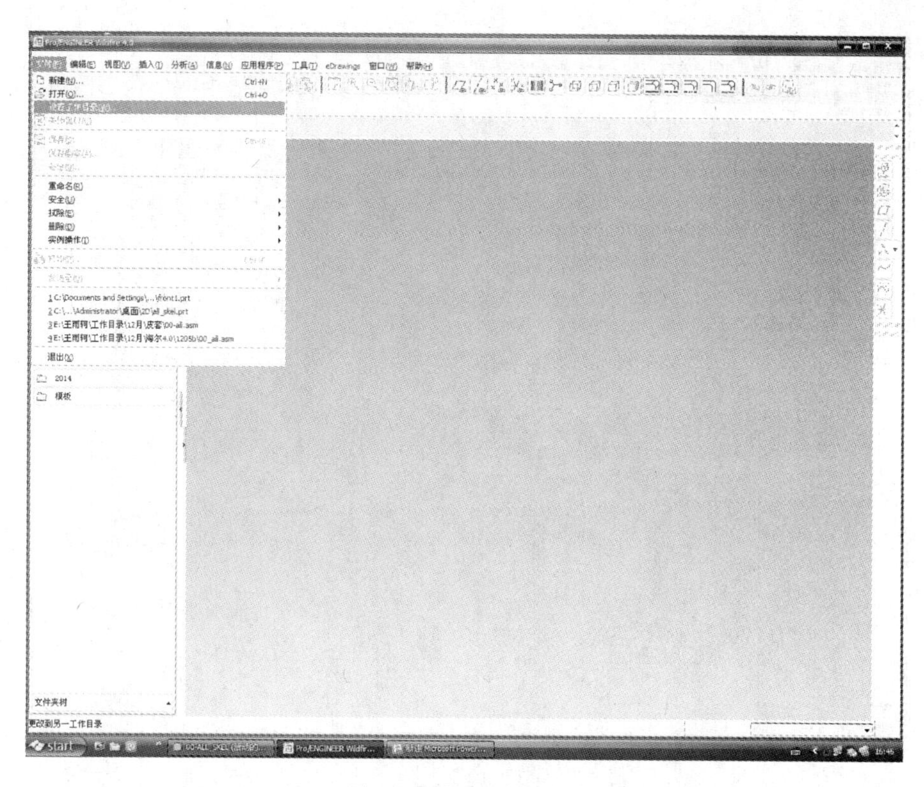

图 17-1 设置工作目录

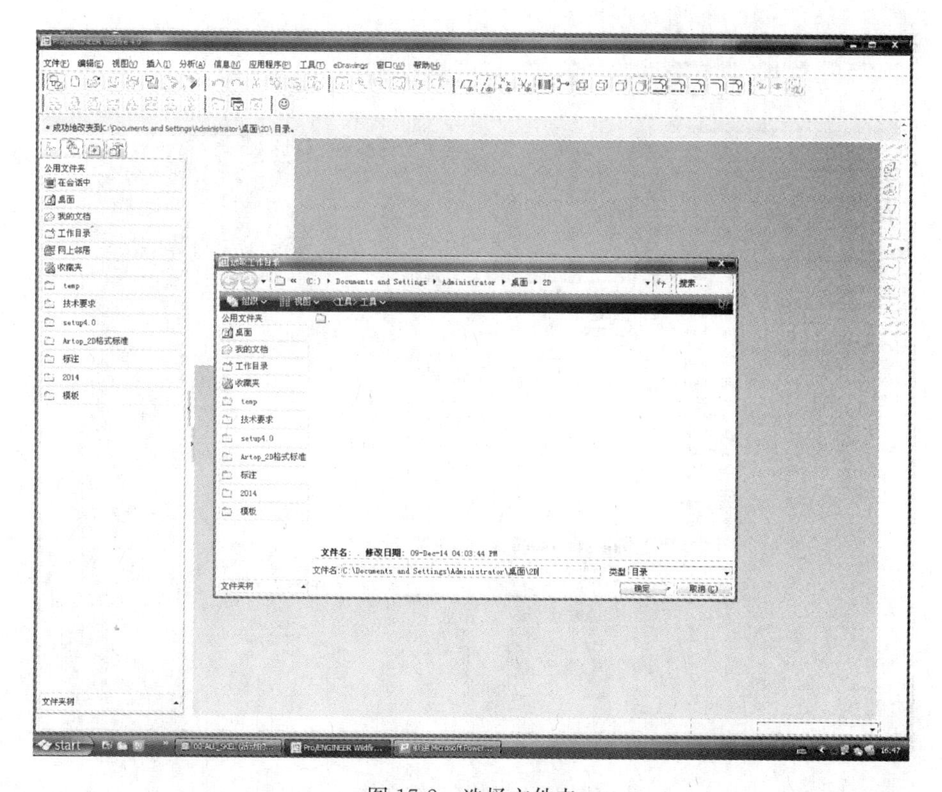

图 17-2 选择文件夹

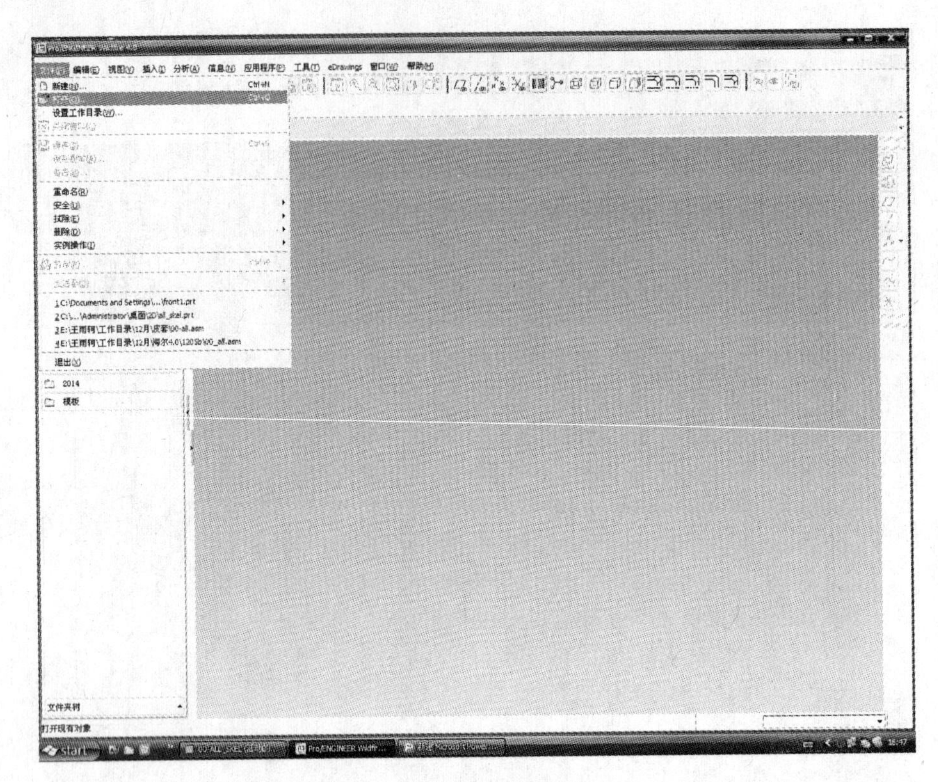

图 17-3　打开文件夹

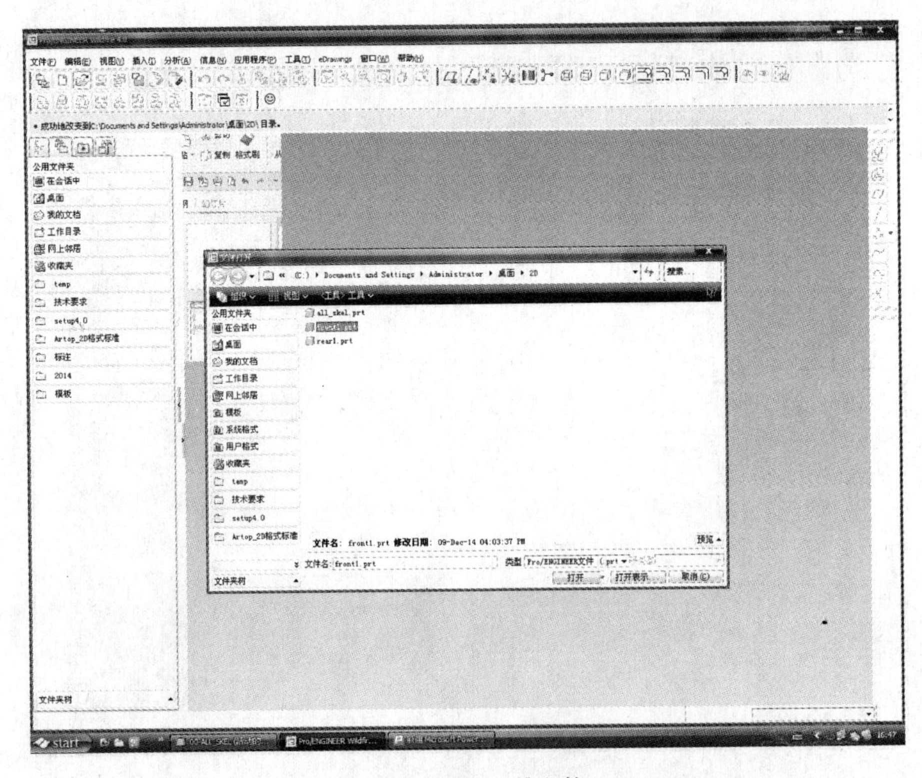

图 17-4　选择三维文件

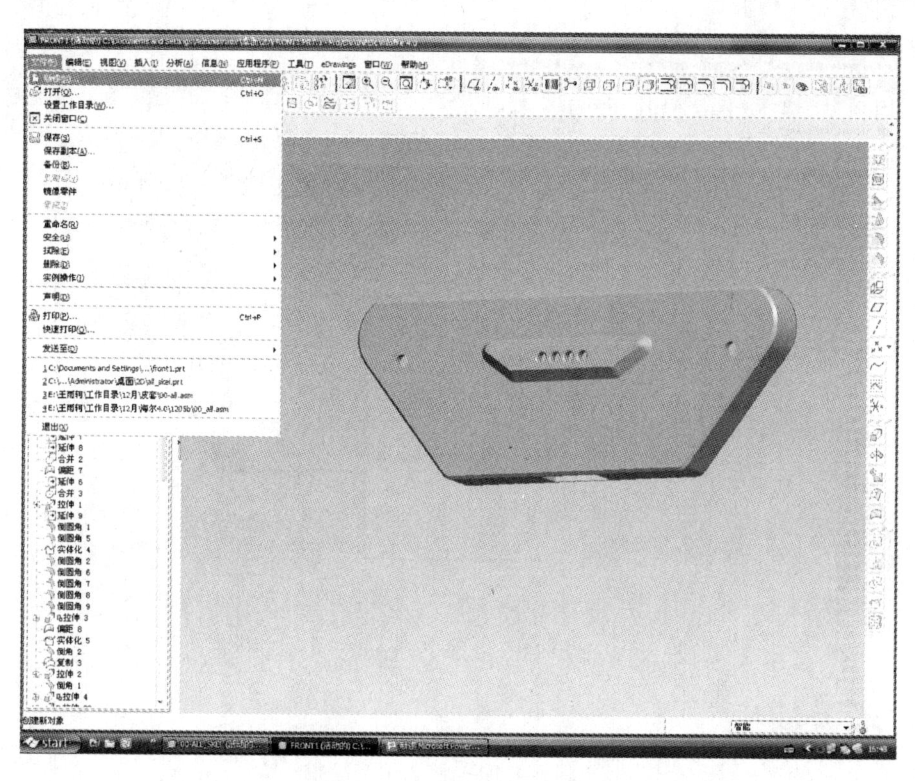

图 17-5　文件菜单栏点新建

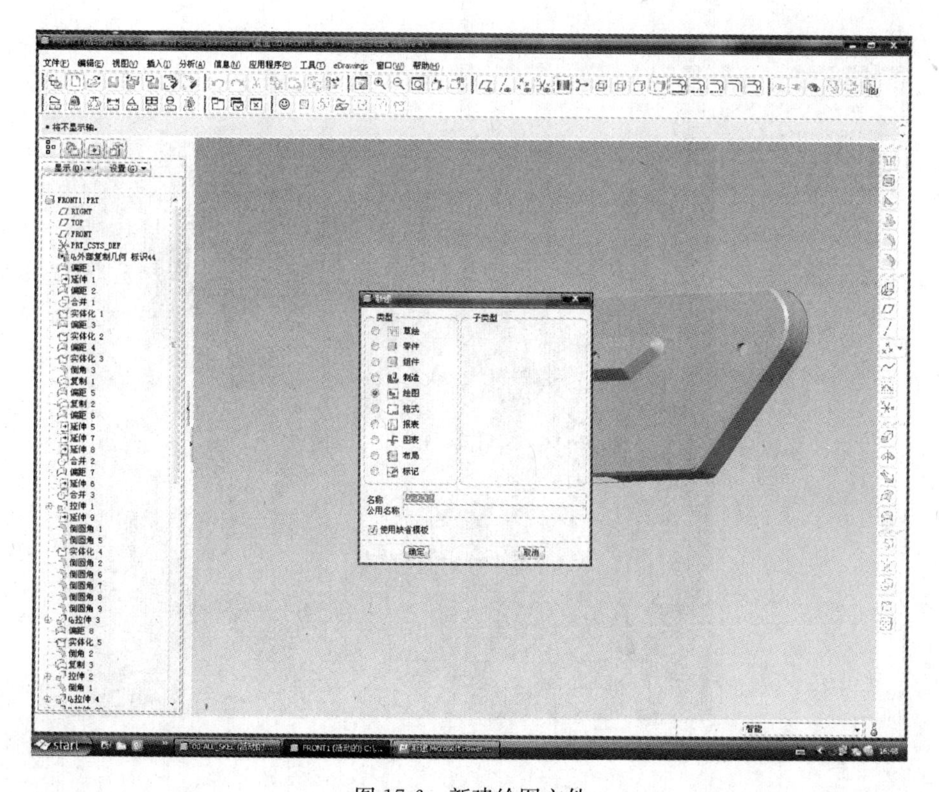

图 17-6　新建绘图文件

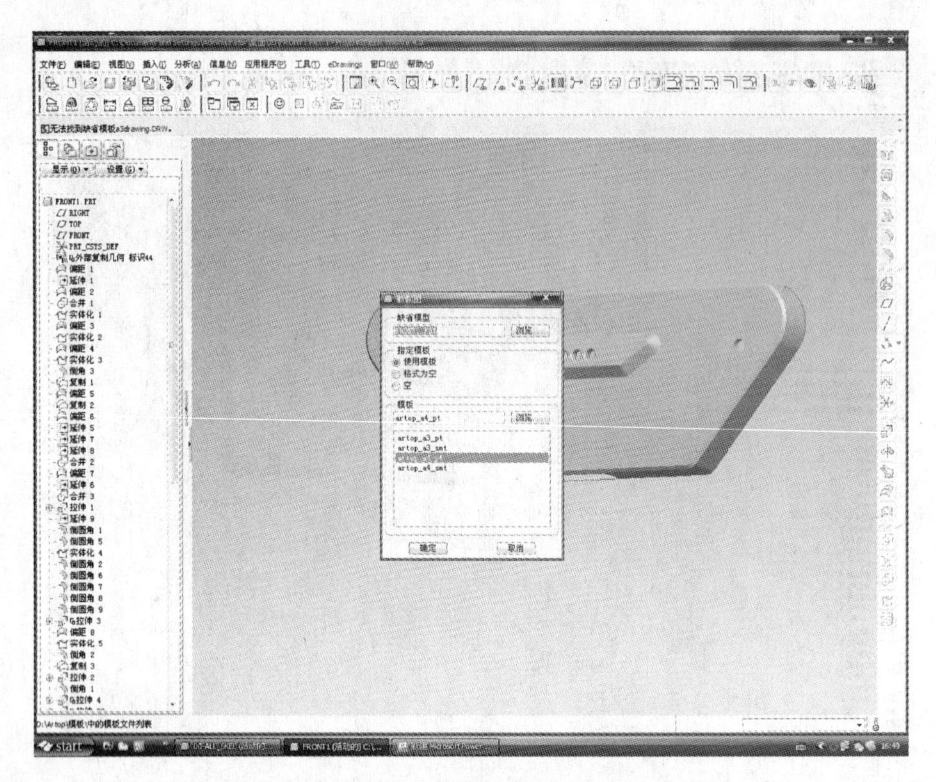

图 17-7　选择图纸模板

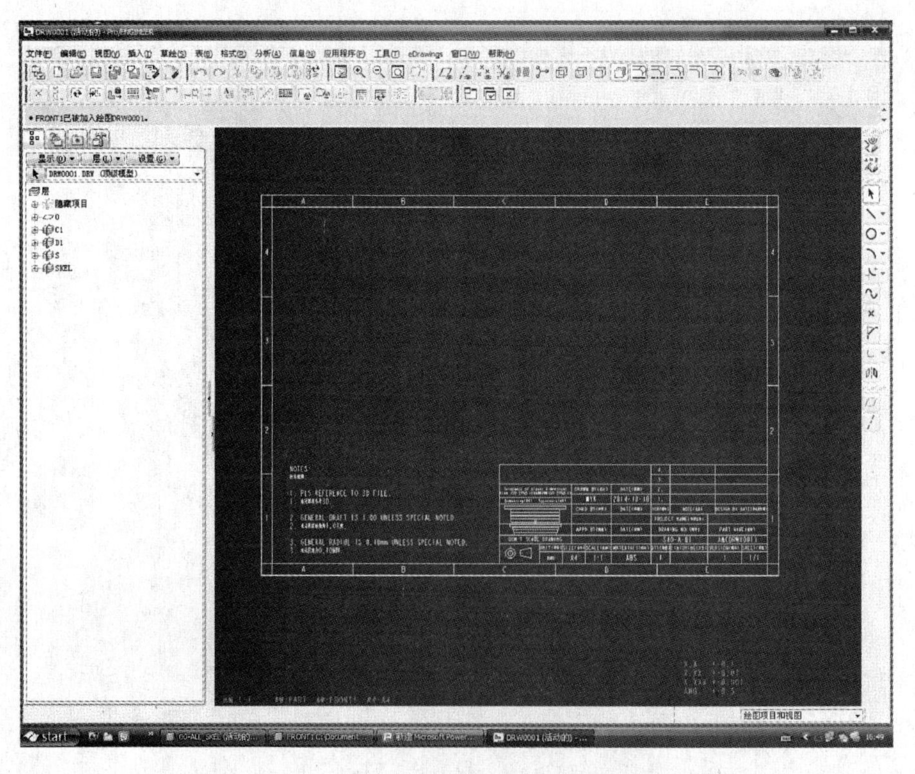

图 17-8　打开模板

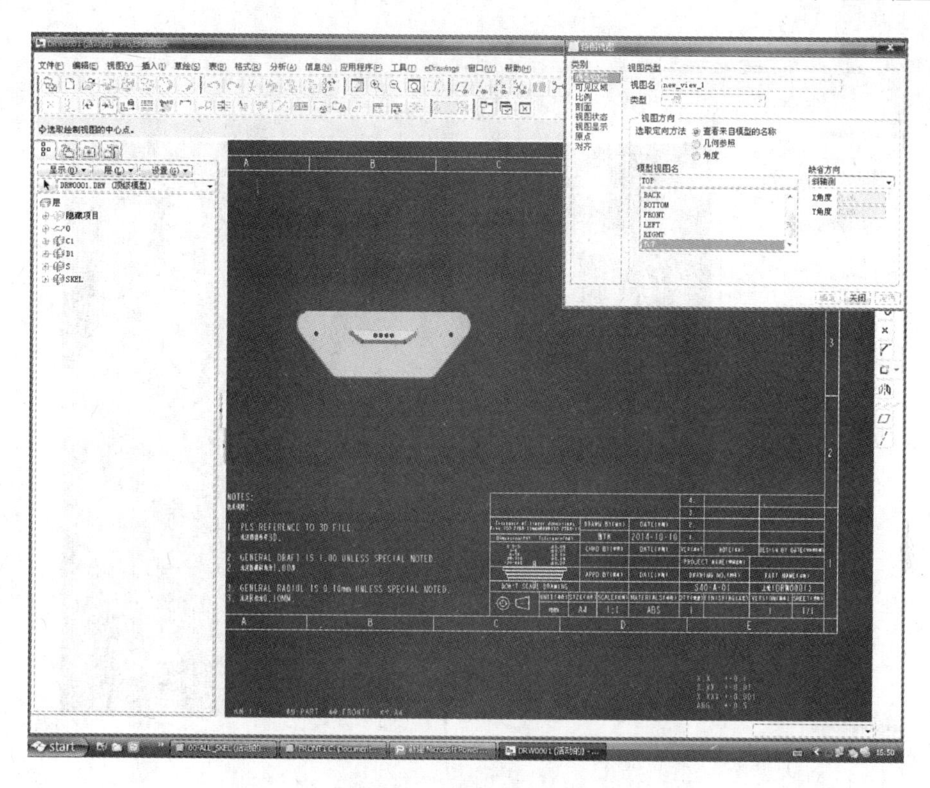

图 17-9　创建视图图标

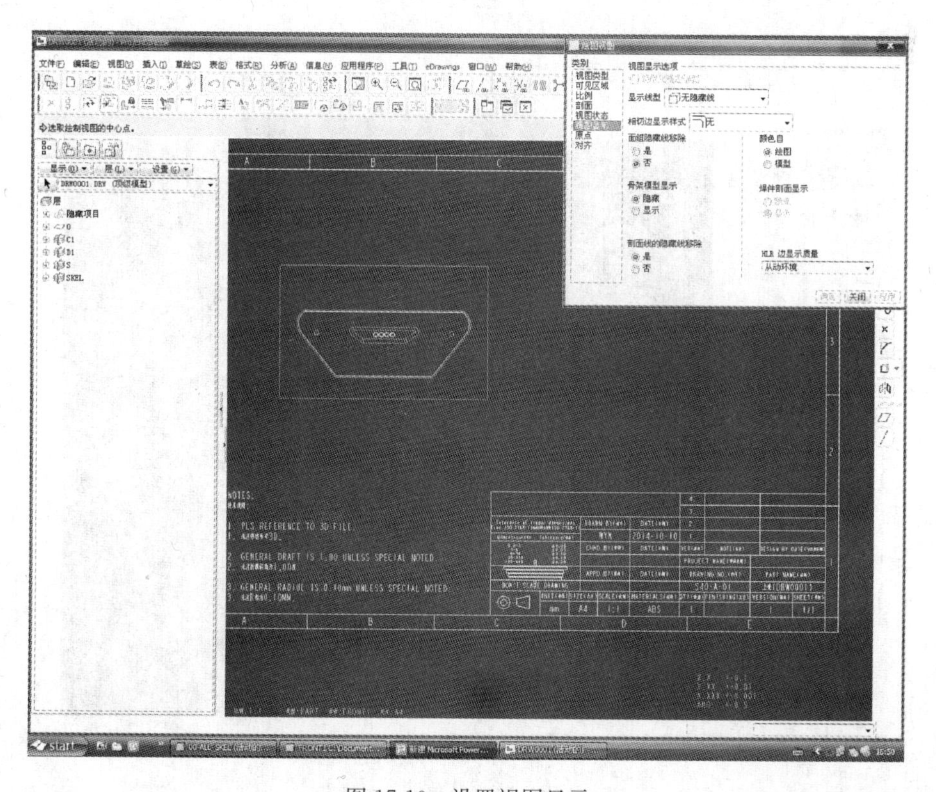

图 17-10　设置视图显示

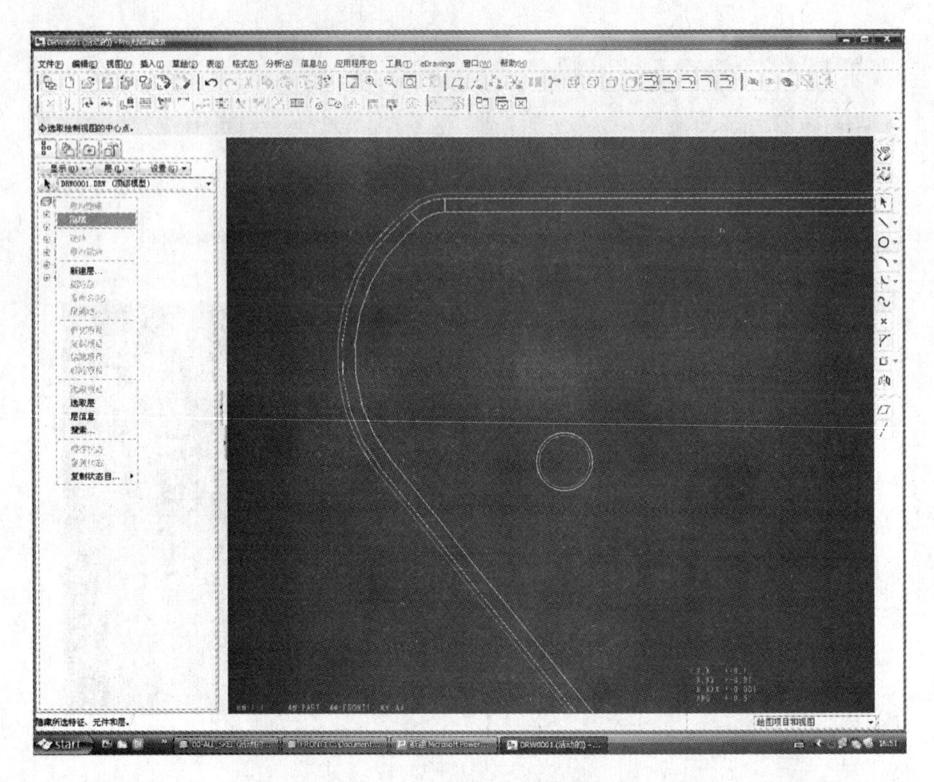

图 17-11　隐藏最高级别图层

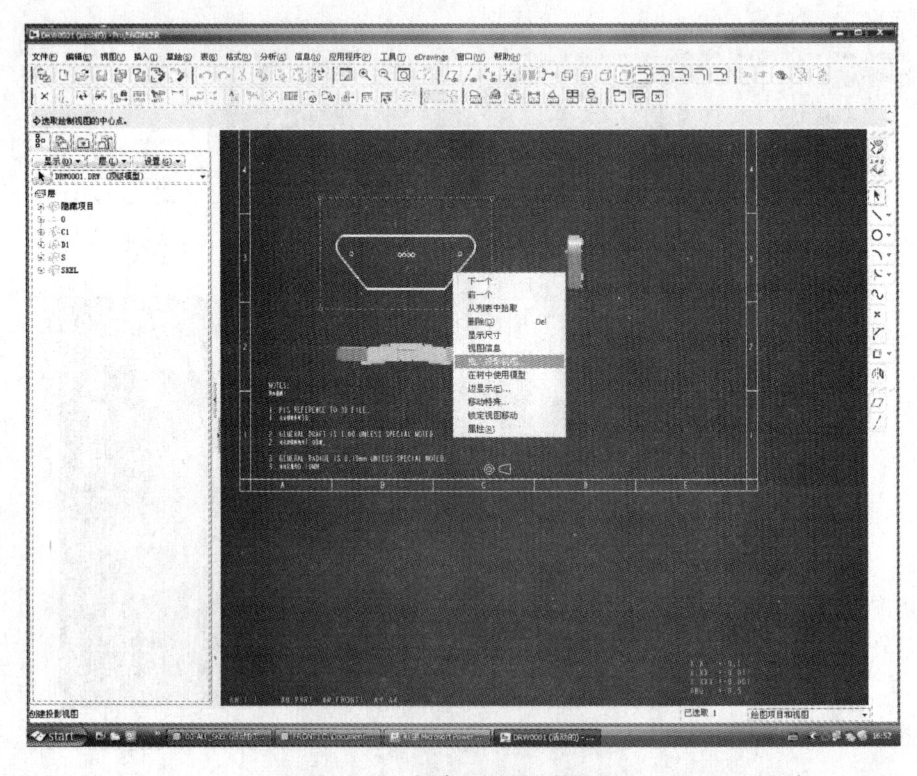

图 17-12　创建左视图和俯视图

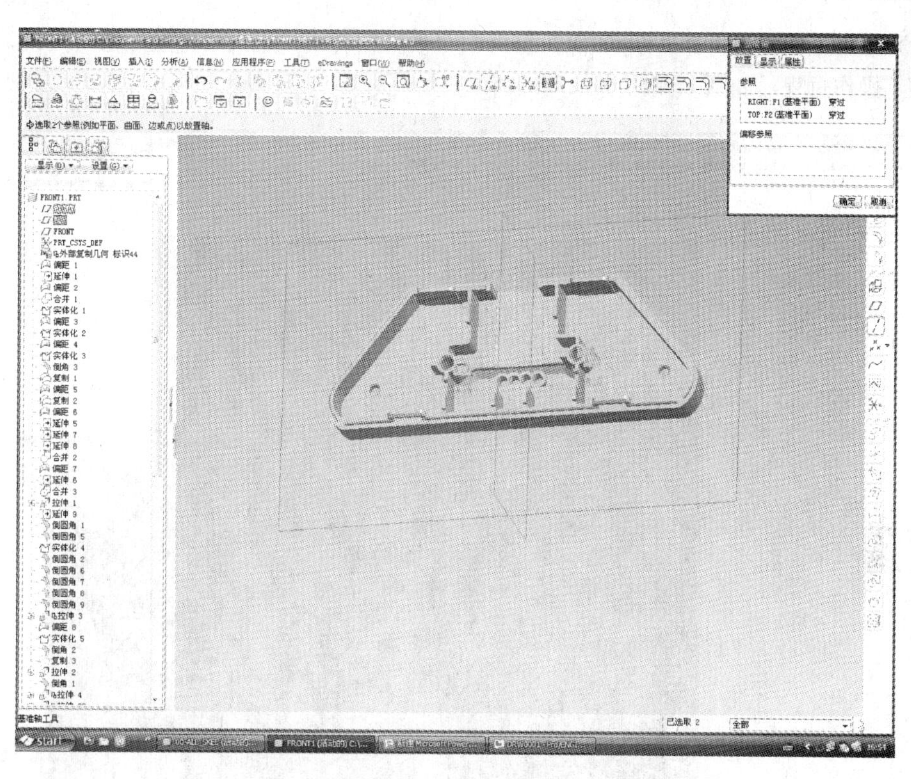

图 17-13　在三维页面中选择 TOP、RIGHT 基准面

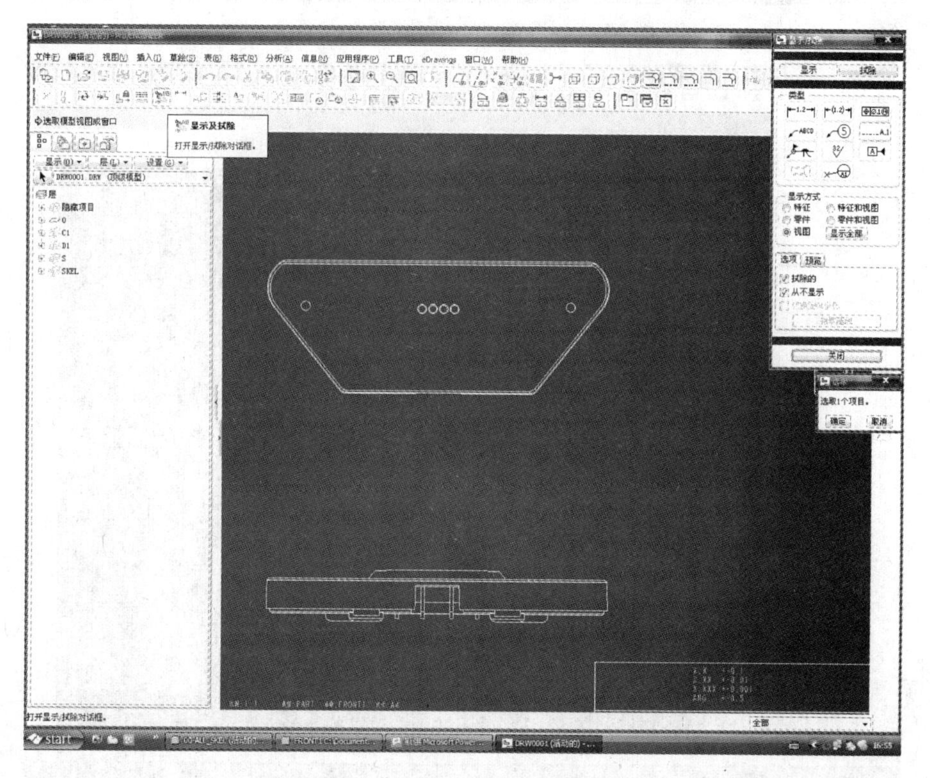

图 17-14　设置“显示及拭除”工具 1

(13) 步骤十三：点击“显示/拭除”窗口中“预览”选项，点击“选取保留”按钮，选择保留 A _ 9，操作过程，如图 17-15、图 17-16 所示。

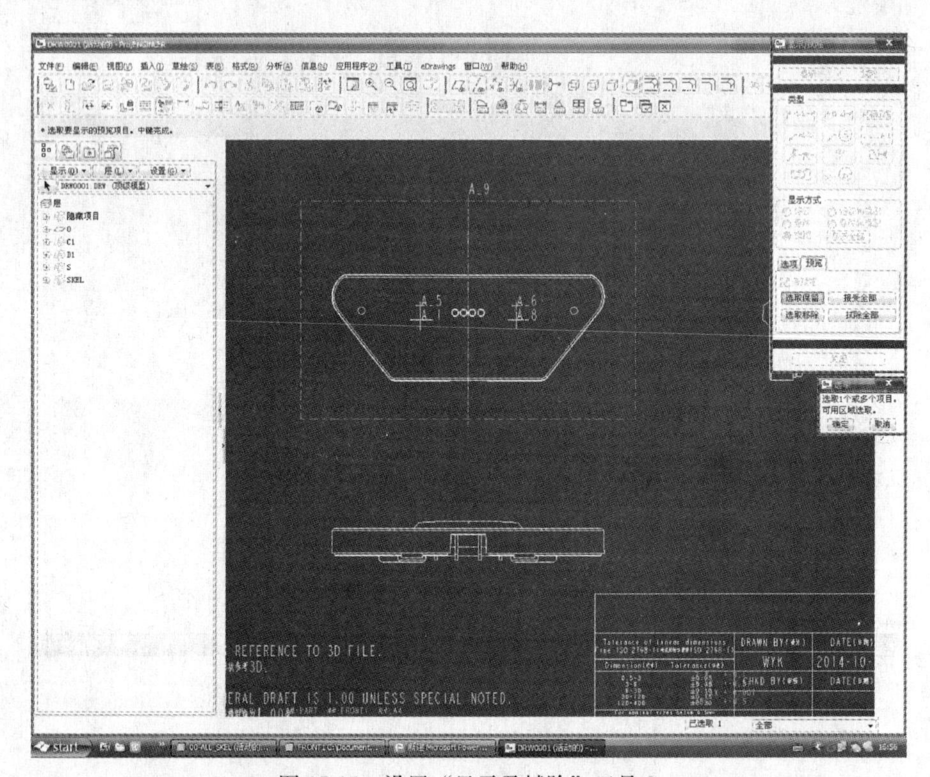

图 17-15 设置“显示及拭除”工具 2

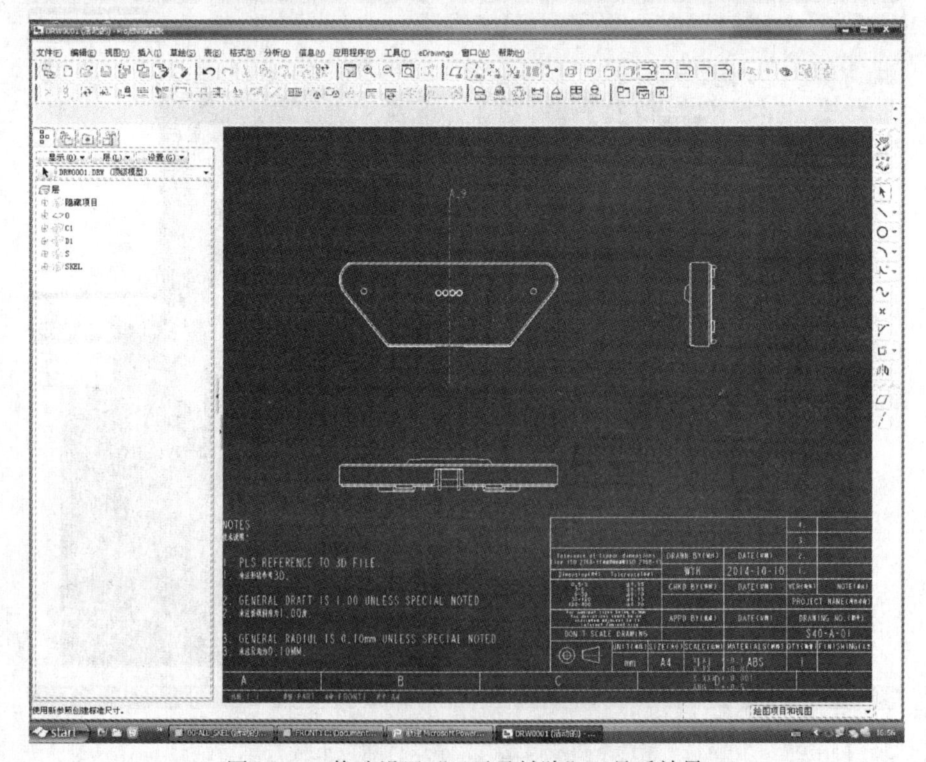

图 17-16 修改设置“显示及拭除”工具后效果

（14）步骤十四：在二维页面内，选择页面上方“标注”工具，选取充电座上壳两侧的两个圆洞，并且将“菜单管理器”窗口中的选项调整至如图 17-17 所示状态，点击“确定”按钮，进行第一个尺寸标注，如图 17-17 所示。

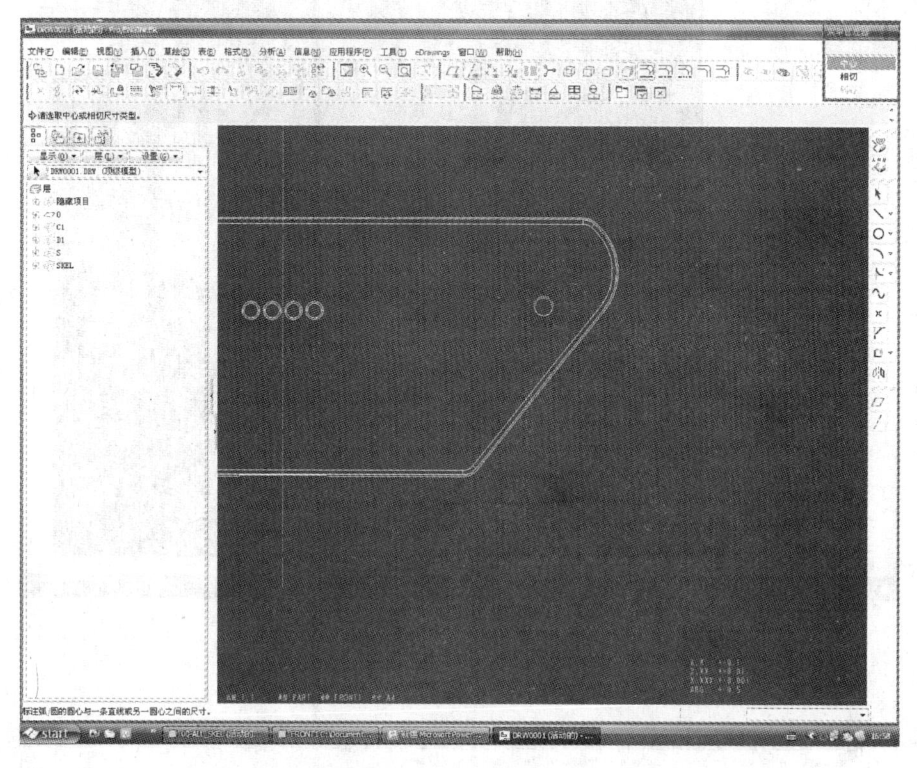

图 17-17　选择标注对象

（15）步骤十五：选择尺寸标注工具，双击主视图右侧圆洞，标注圆洞直径（单击标注半径），如图 17-18、图 17-19 所示。

（16）步骤十六：双击圆洞的尺寸标注，弹出的“尺寸属性”窗口，在前缀中输入“2-”，点击确定，结果如图 17-20 所示。

（17）步骤十七：回到 Pro/E 三维页面，在视图菜单栏中选择“视图管理器”，如图 17-21 所示。

（18）步骤十八：在“视图管理器”窗口中，选择“X 截面”，新建一个“A 截面”，如图 17-22 所示。

（19）步骤十九：在“菜单管理器”中，选择偏距，点击鼠标中键确定，如图 17-23 所示。

（20）步骤二十：设置如图 17-24 所示的草绘平面。

（21）步骤二十一：设置如图 17-25 所示的两个参照。

（22）步骤二十二：通过充电座上壳两侧圆洞的圆心绘制基准轴，如图 17-26 所示。

（23）步骤二十三：通过基准轴绘制截面线，如图 17-27 所示。

（24）步骤二十四：截面制作完成后，将新建的 X 截面中 A 设置为活动，如图 17-28 所示。

（25）步骤二十五：回到 Pro/E 二维页面，双击俯视图，在绘图视图中，将剖面中的选项选为二维截面，并设置 A 为目标截面，如图 17-29 所示。

（26）步骤二十六：在弹出的“菜单管理器”中，可以调整截面的样式，设置面板中，修改模式的“一半”为减少截面线，“加倍”是增加截面线，如图 17-30、图 17-31 所示。

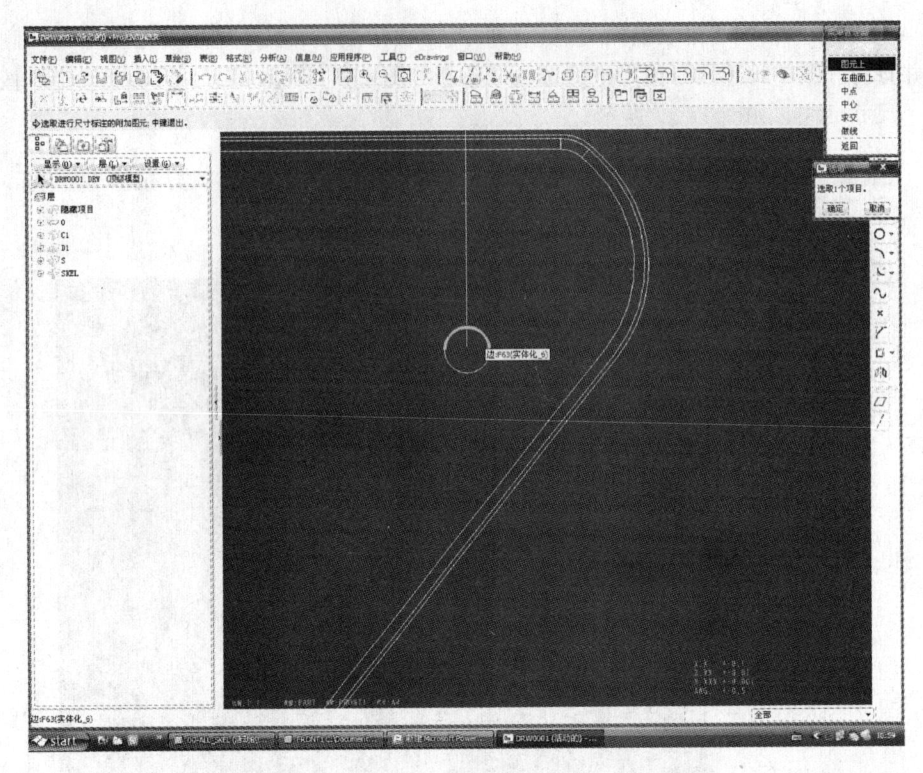

图 17-18　尺寸标注工具

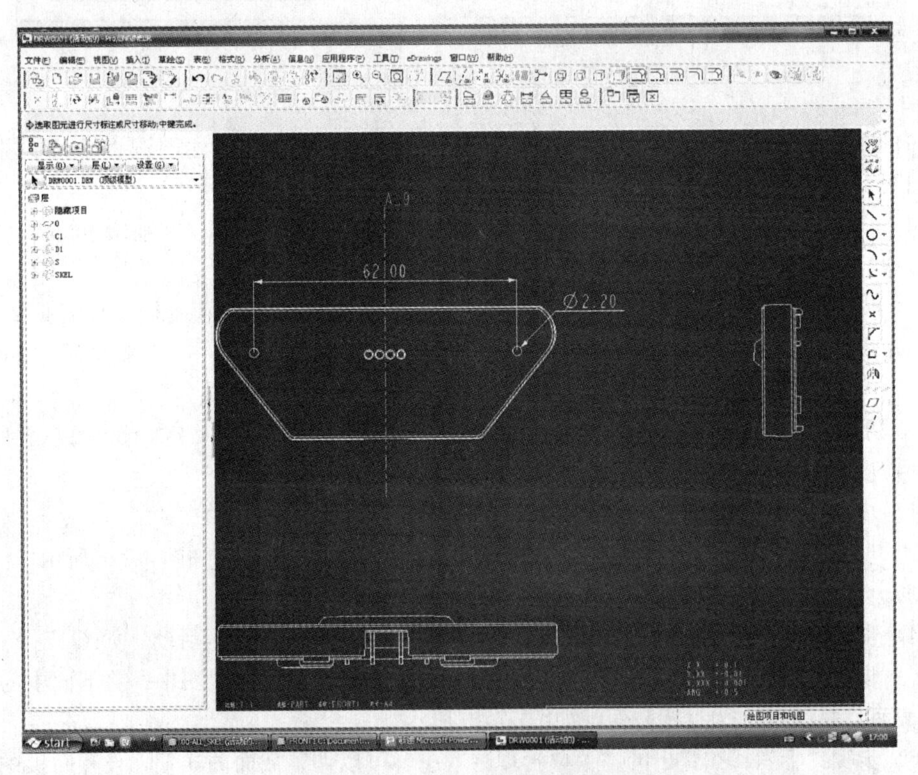

图 17-19　标注圆洞直径

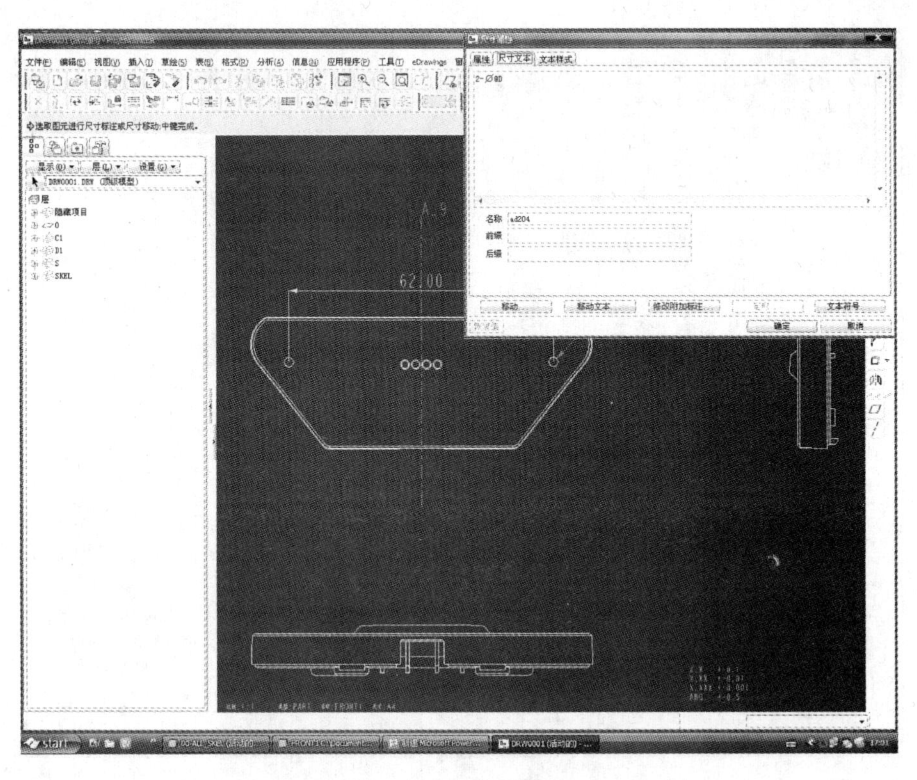

图 17-20 尺寸属性窗口

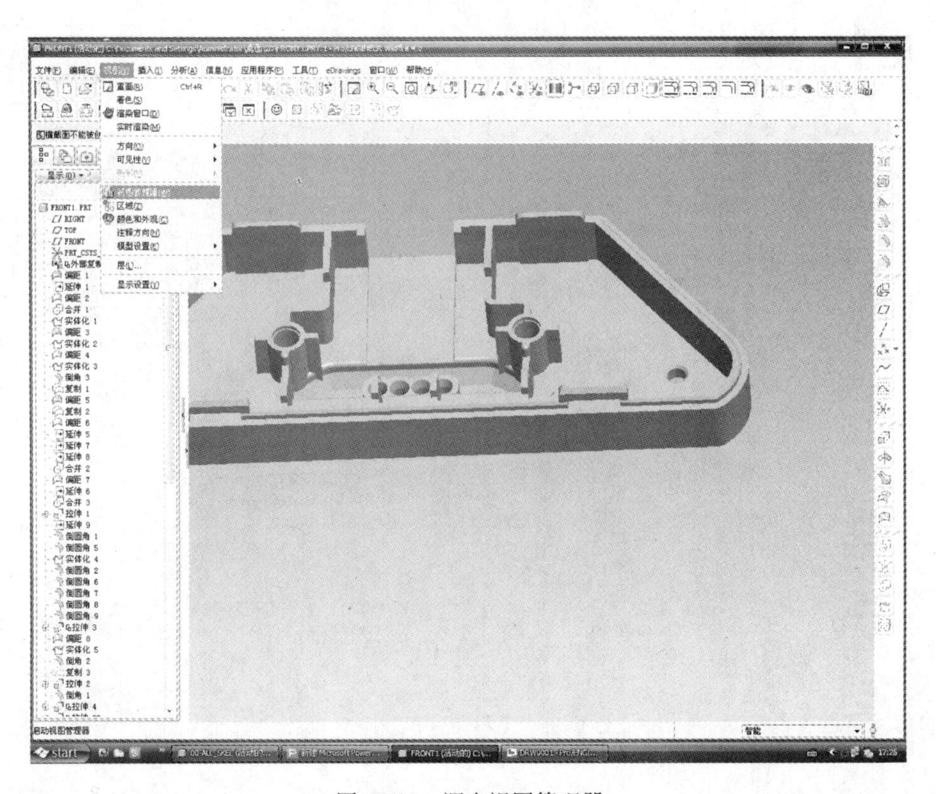

图 17-21 调出视图管理器

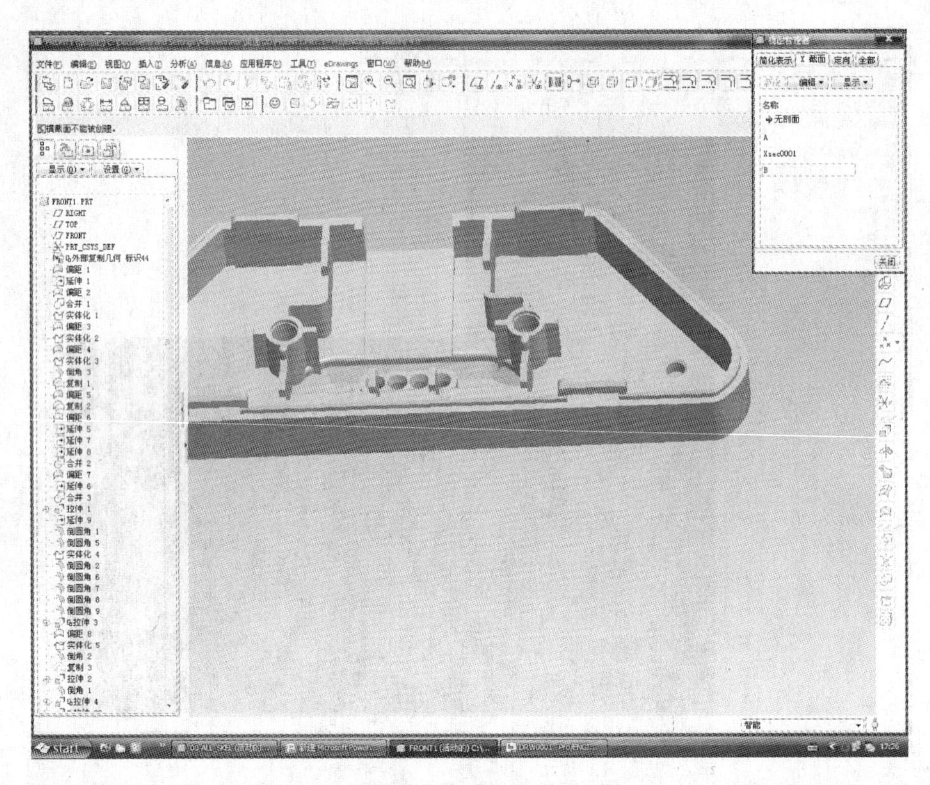

图 17-22　新建 A 截面

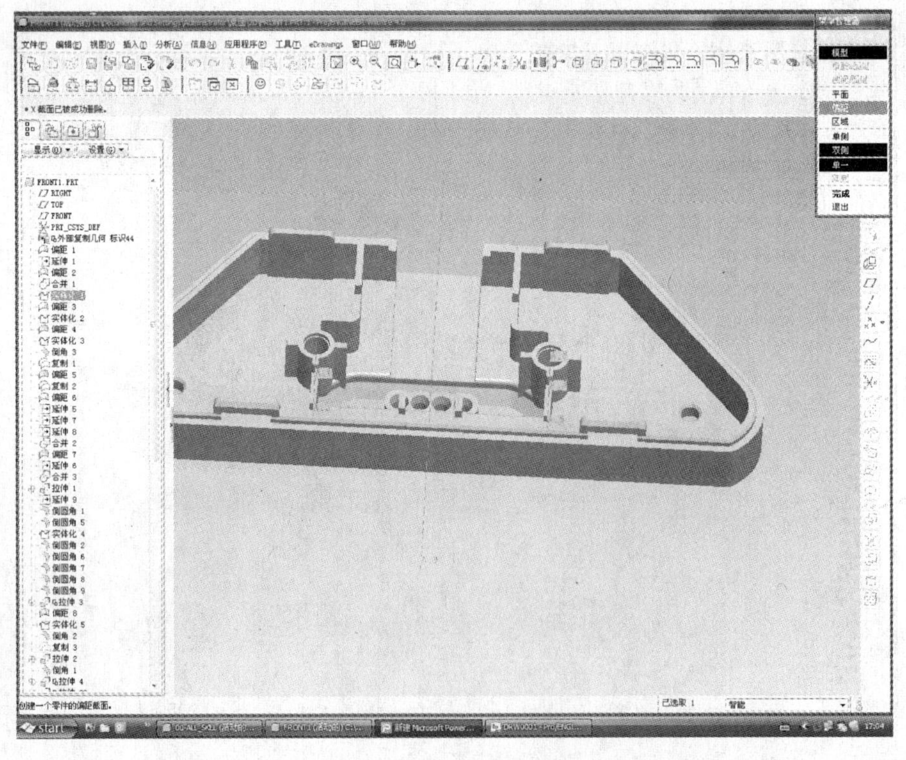

图 17-23　确定偏距

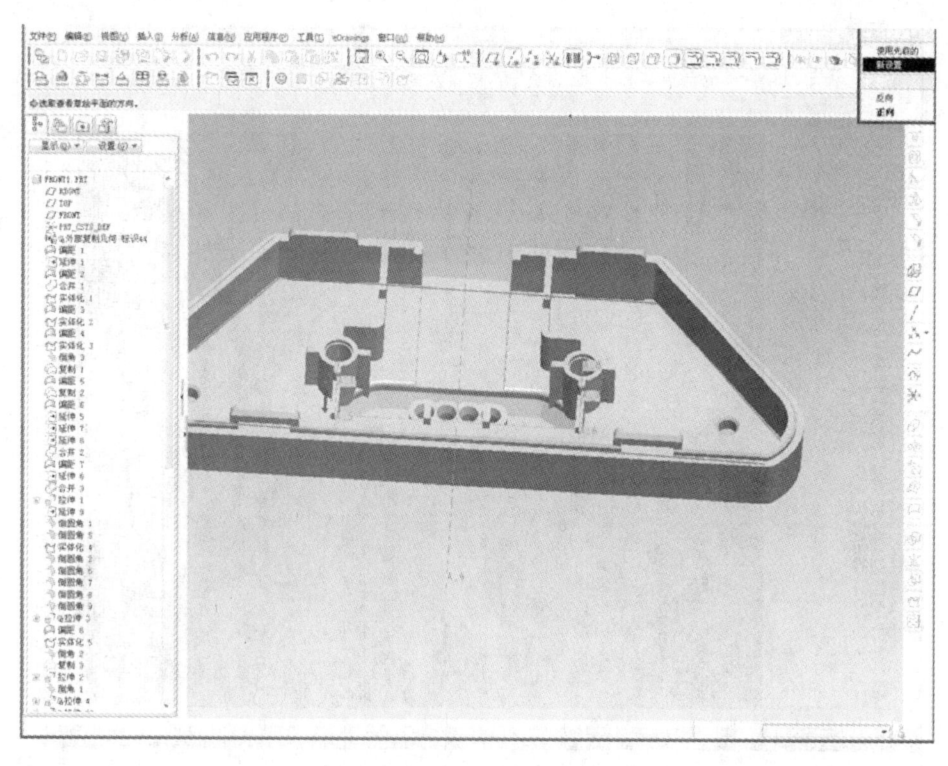

图 17-24　设置草绘平面

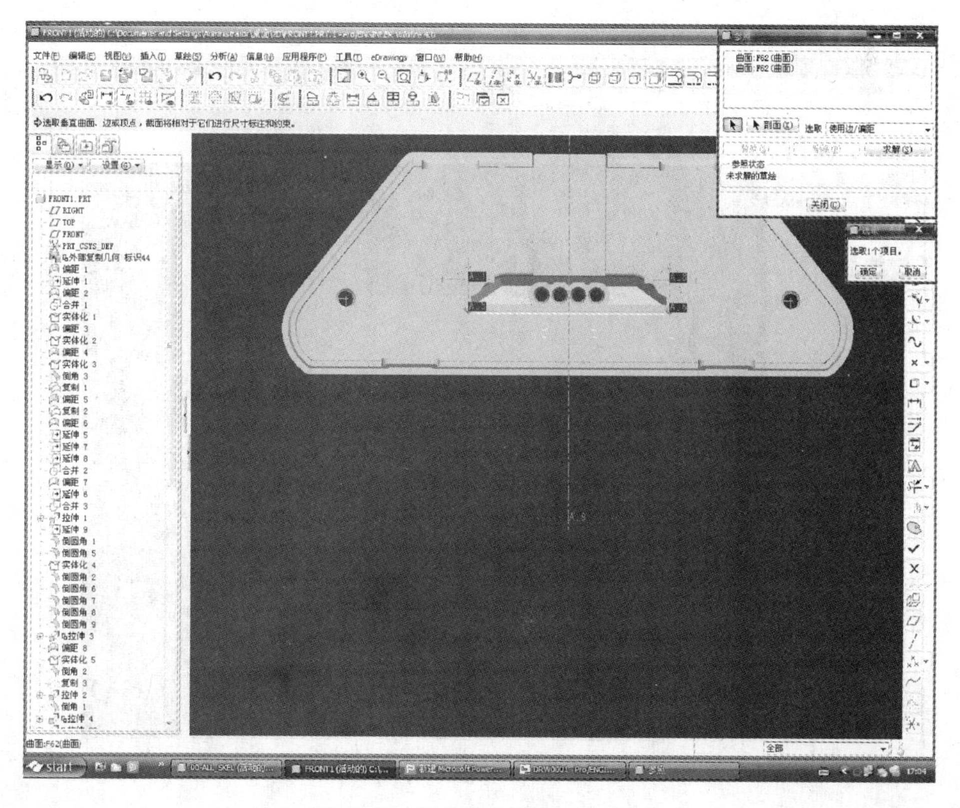

图 17-25　设置草绘平面两个参照

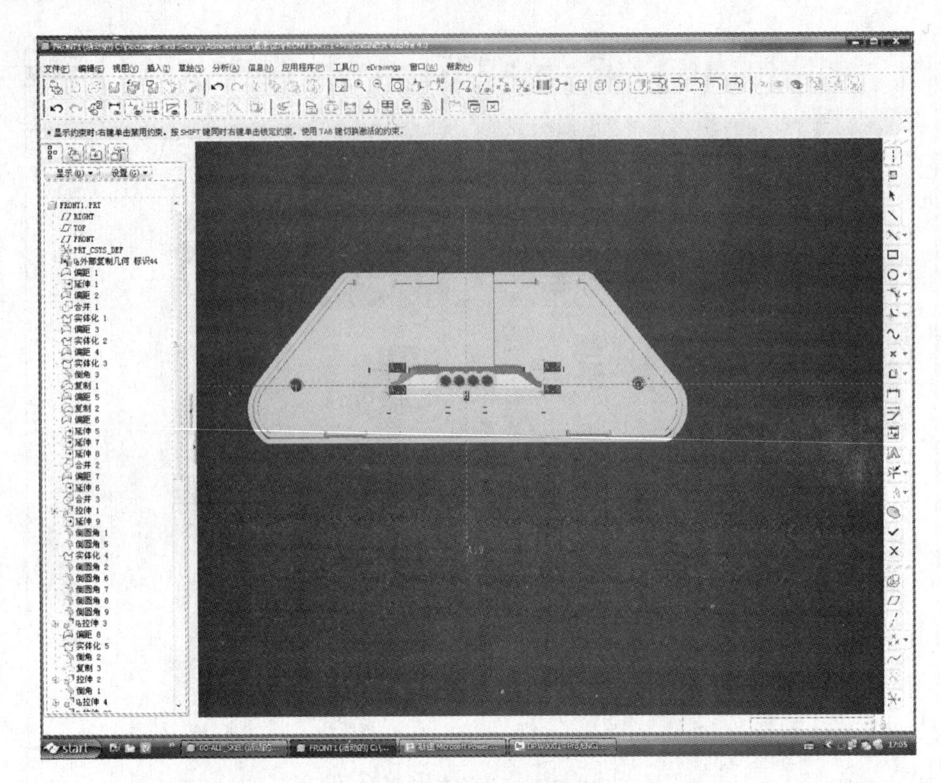

图 17-26　绘制基准轴

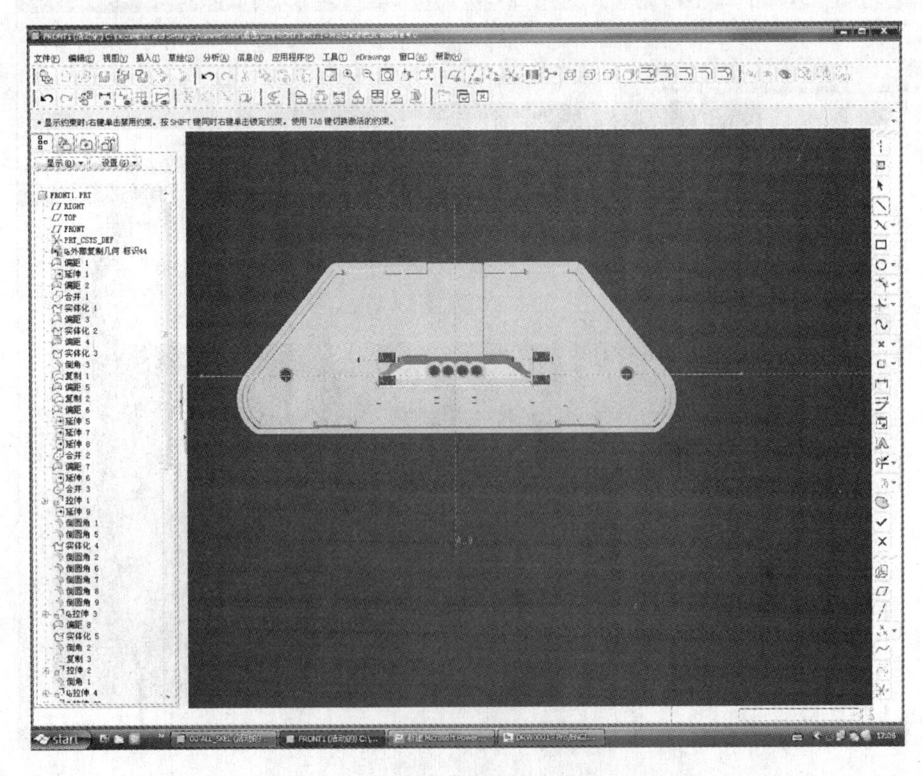

图 17-27　绘制截面线

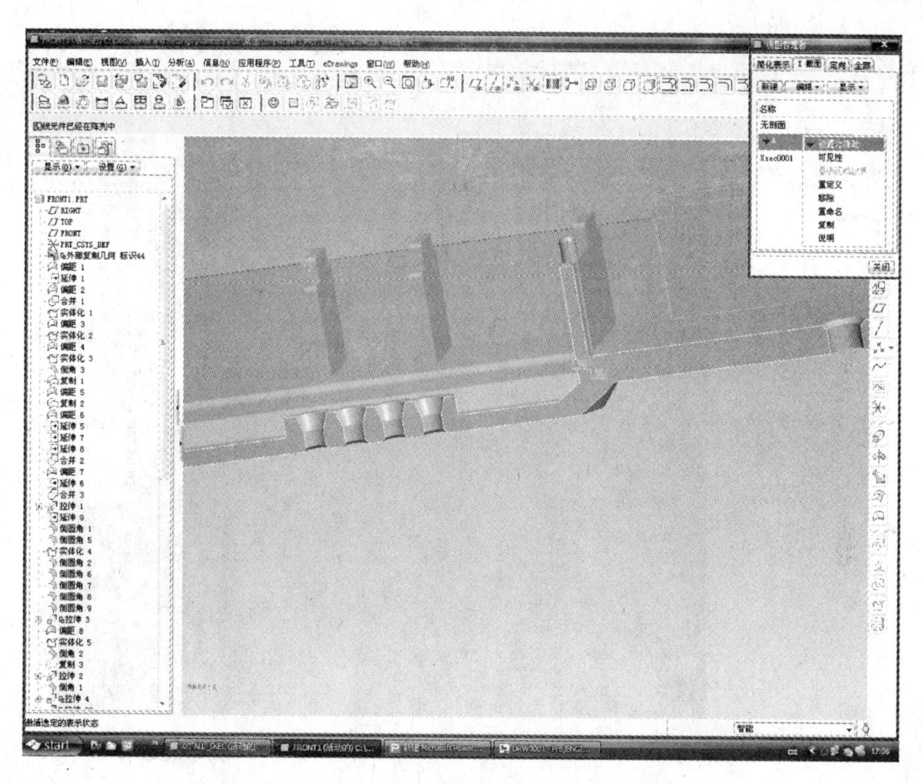

图 17-28　将 X 截面中 A 设置为活动

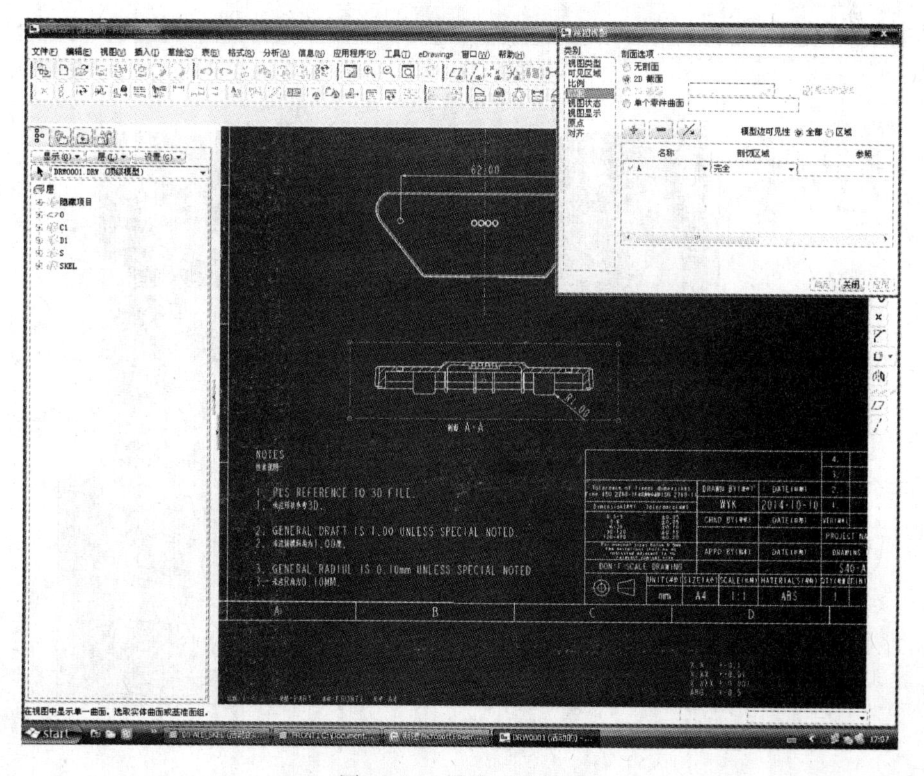

图 17-29　设置二维截面

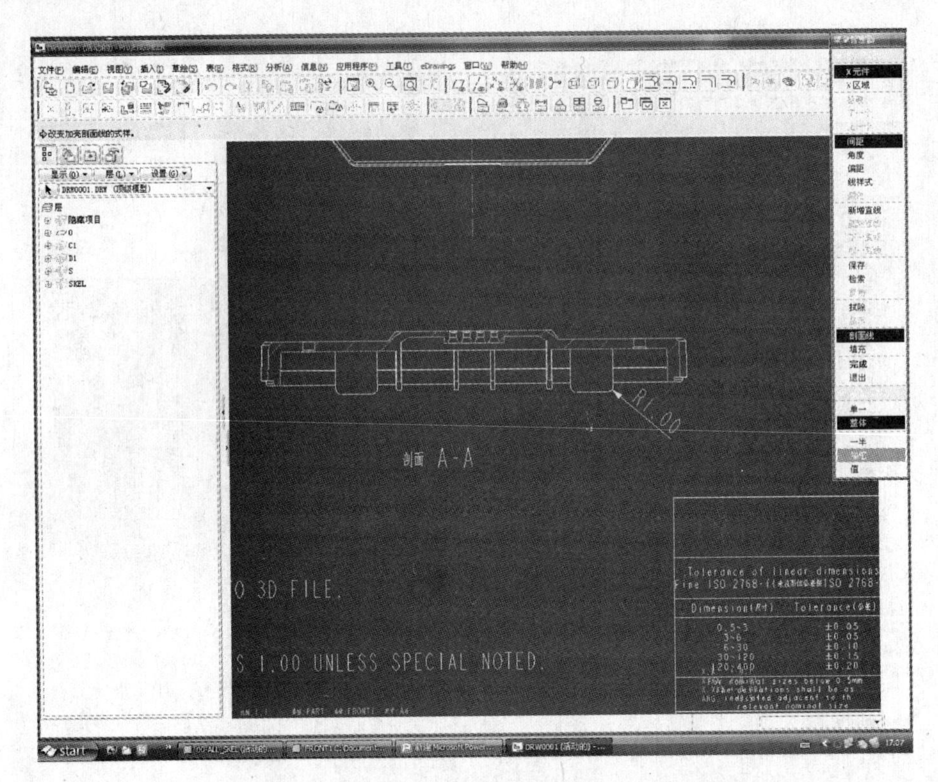

图 17-30　截面样式选择

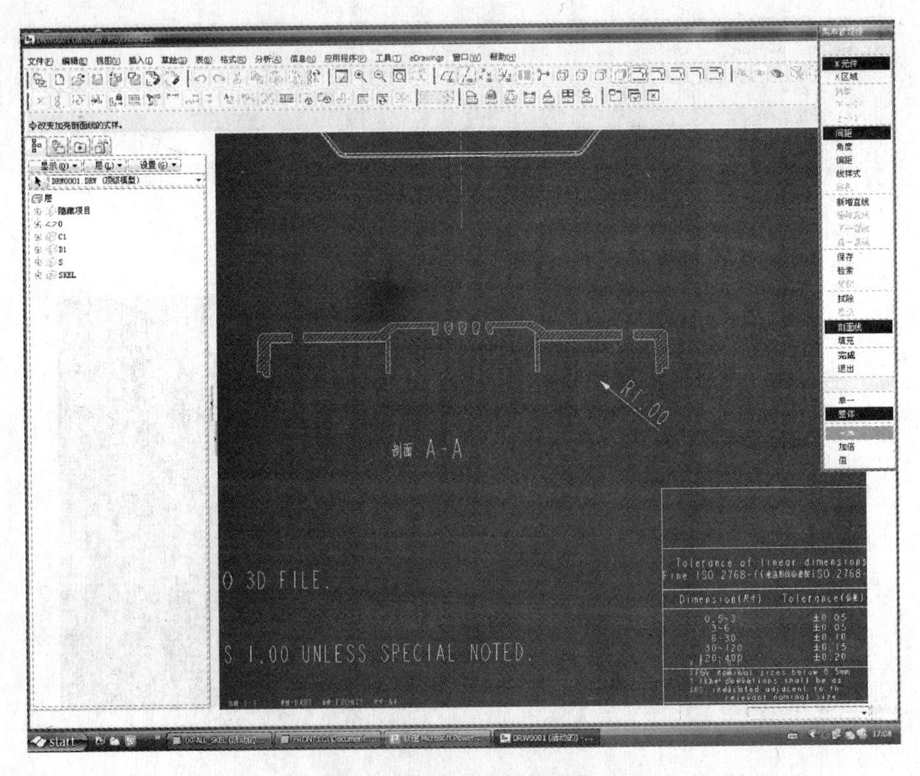

图 17-31　选择增加截面线

（27）步骤二十七：在插入菜单栏中，选择“绘图视图”，点击“详细”按钮，将充电座上壳的卡扣的细节放大，如图 17-32 所示。

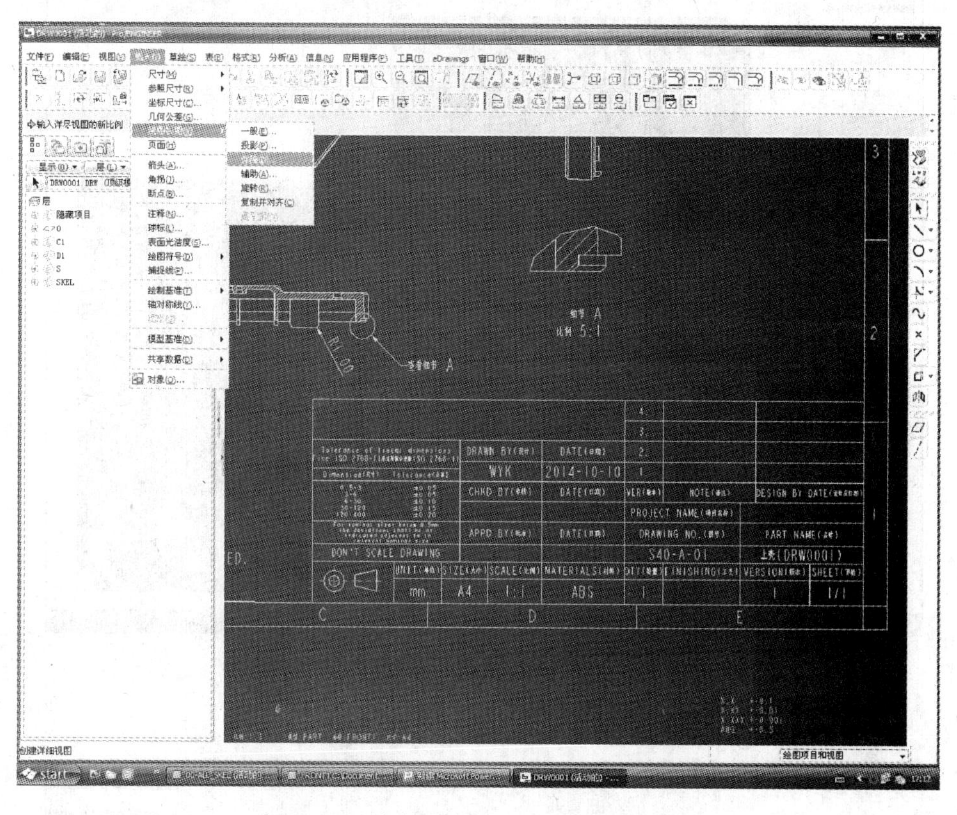

图 17-32　放大后的充电座上壳的卡扣细节

（28）步骤二十八：通过左视图插入充电座上壳的后视图，并将该视图设置为线框模式，如图 17-33 所示。

（29）步骤二十九：选取保留如图 17-34 所示基准轴示。

（30）步骤三十：回到 Pro/E 三维页面，制作充电座上壳的截面，并将截面名称设置为“B”，如图 17-36 所示。

（31）步骤三十一：在二维页面中，将左视图设置为“B 截面”，如图 17-36 所示。

（32）步骤三十二：按照以上方法，将充电座上壳的所有尺寸标注出来，最终工程图纸如图 17-37 所示。

17.4.3　活动三　能力提升

根据活动内容和示范操作要求，用 Pro/E 软件打开如图 17-38 所示充电座下壳三维模型，观察充电座下壳壳体细节，制作充电座下壳工程图纸。

具体要求如下：

（1）打开充电座下壳三维电子文件，分析其结构特征。

（2）将三维电子模型按不同视图转化为二维图纸。

（3）编辑二维图纸，标注尺寸。

（4）按制图规范完成二维图纸。

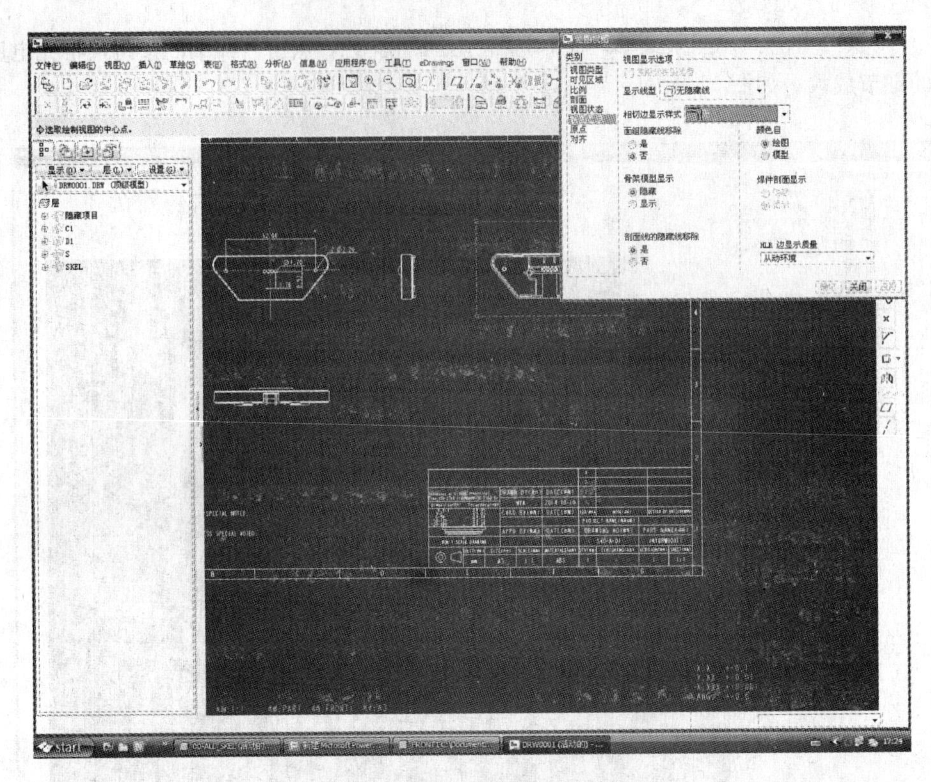

图 17-33　插入充电座上壳的后视图

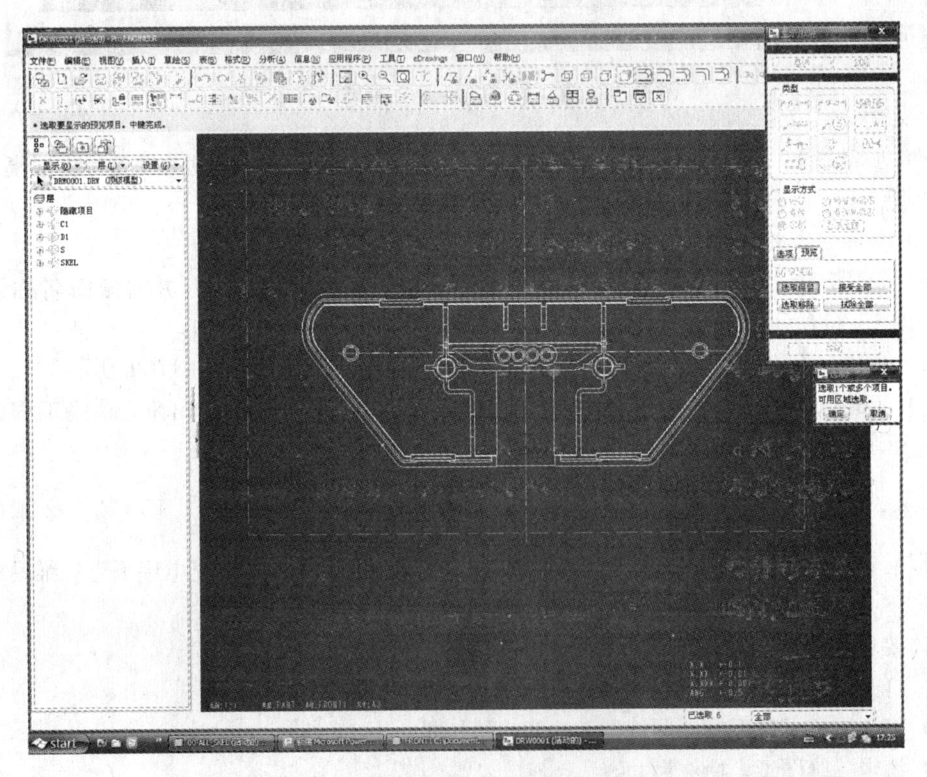

图 17-34　选取要保留的基准轴

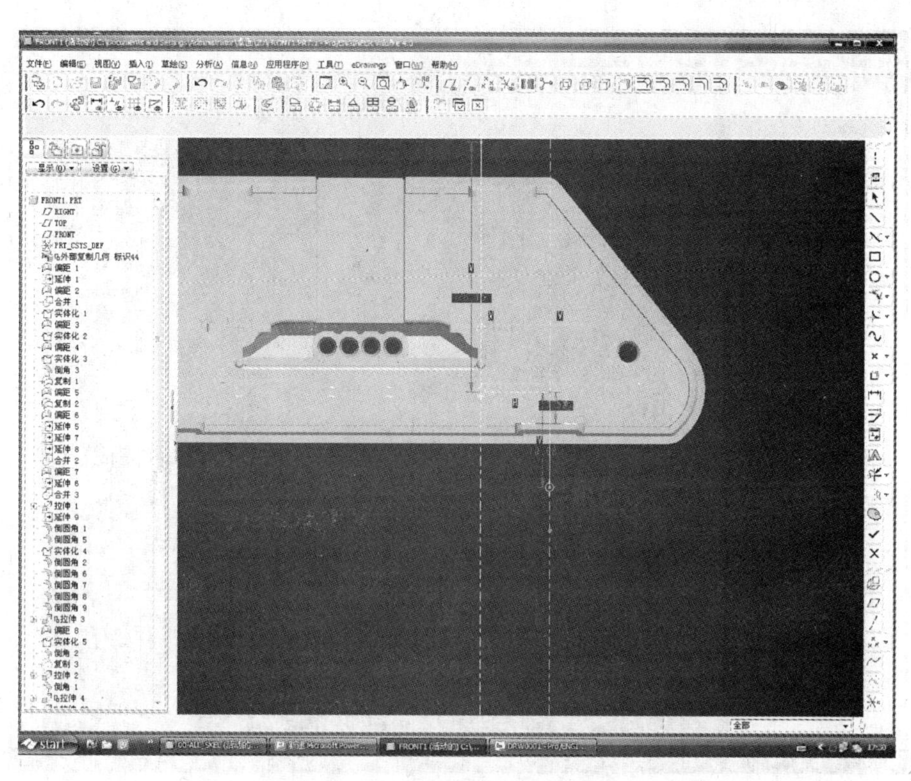

图 17-35　三维环境中设置截面 B

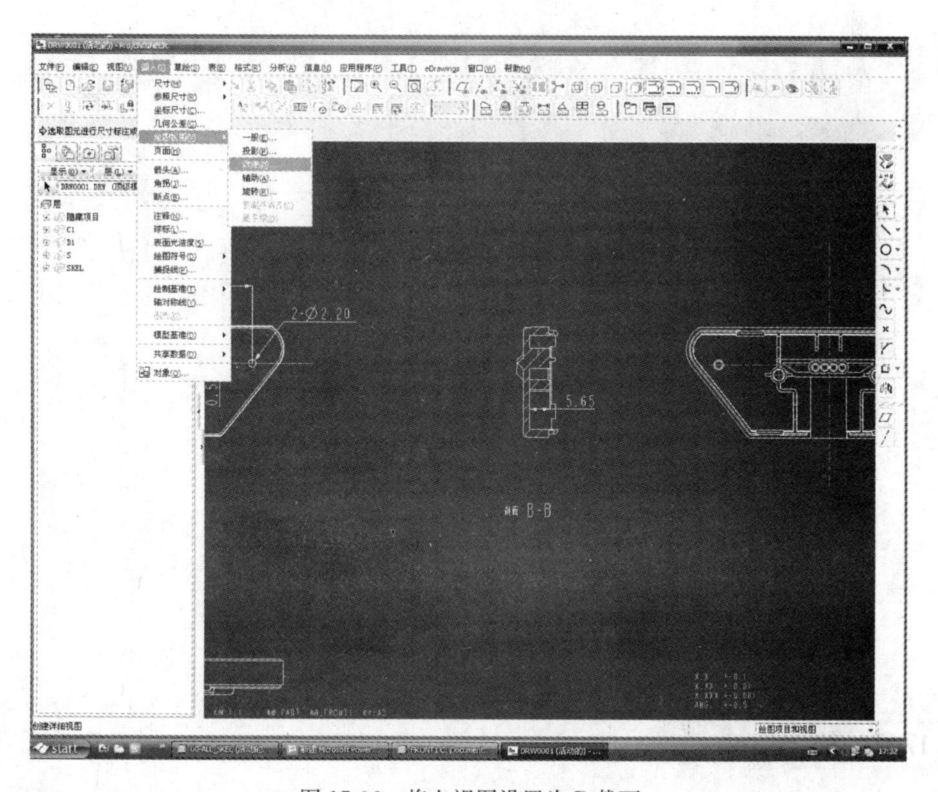

图 17-36　将左视图设置为 B 截面

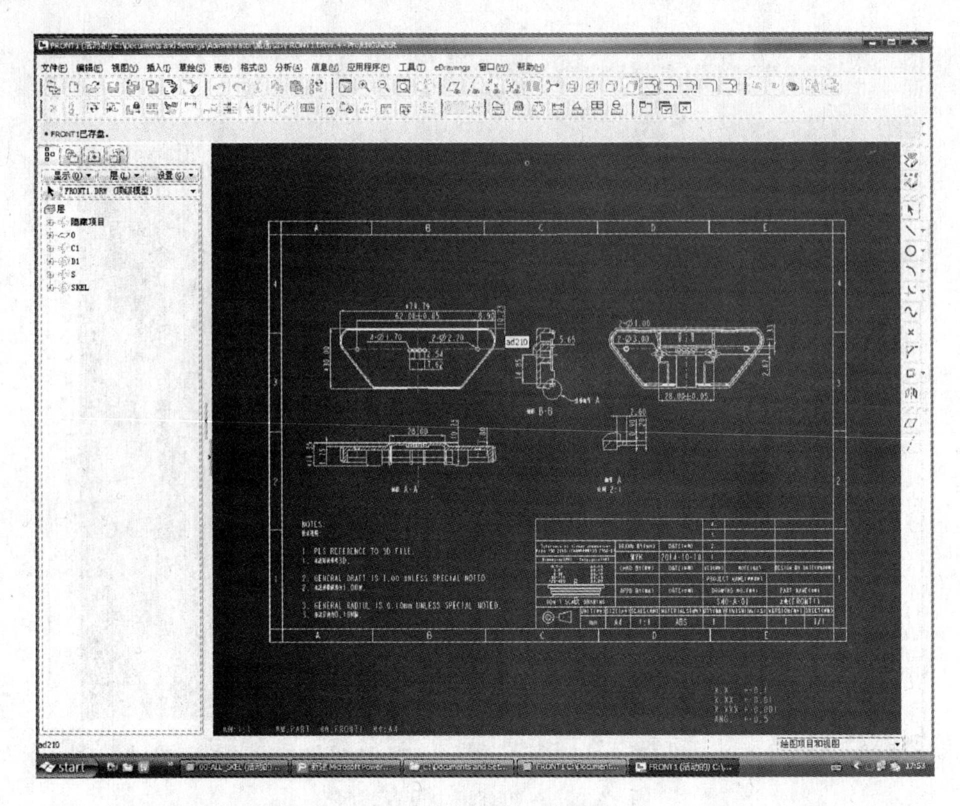

图 17-37　最终工程图纸

图 17-38　充电座下壳

17.5 效果评价

效果评价参见任务 1，评价标准见附录。

17.6 相关知识与技能

17.6.1 什么是设计制图

设计制图是一门专门研究绘制和阅读产品设计中各种工程图样、立体构型方法与表达、计算机辅助设计软件在工业设计中应用的技术基础学科。

17.6.2 产品设计与设计制图

产品设计是指对产品的造型、结构和功能等方面进行综合性的设计。功能的图示、外观造型的表达以及结构设计都离不开各种图样的表达。所谓图样，是指根据投影原理、规范、标准和必要的技术说明所表示的工程对象的图形。图样是我们表达设计意图、执照和检验产品的重要技术依据。

在产品设计中产品的功能和造型是两个关键要素，这两个要素在设计、制造、销售等方面都需要用符合工程规范的图样来表达，而设计制图正是研究和提供规范地表达设计意图的设计手段。因此，设计制图是产品设计领域中的一门重要的技术基础学科。

17.6.3 设计制图的内容

设计制图的内容包括设计制图基本知识与技能、画法几何基础、立体构型与表达、产品图样绘制与阅读及计算机辅助工业设计等方面的内容。

1. 设计制图基本知识与技能

设计制图基本知识与技能主要介绍设计制图的基本规定、制图工具及使用方法、集合做图和设计草图的绘制方法。

2. 投影基础

投影基础主要研究投影法和空间几何形体图示和图解的基本原理和方法。它为工程图样表达提供理论和基本的图示方法，是产品设计等后继课程的基础。

3. 立体构型与表达

立体构型与表达主要研究立体构型与表达的基本方法、产品设计中立体图（轴测图和透视图）的绘制方法、工程图样的常用表达方法。这部分内容是设计制图的主干，也是产品设计的基础。

4. 产品图样绘制与阅读

产品图样绘制与阅读主要研究绘制与阅读机械图样的方法。机械图样是工程图样中最常用的图样之一，它是表达和交流技术思想的重要工具，是工程技术部门的重要技术文件，常被人们比喻为“工程界的技术语言”。

5. 计算机辅助设计与设计制图

随着产业的深入发展，结构设计中许多内容与方法也得到了迅速发展，计算机技术引入设计领域后，引发了设计手段的巨大改变，设计概念和结构的表达由于计算机辅助设计的应用已变得越来越一体化。利用计算机生成的产品模型来模拟产品的外观、色彩、质感及人机关系，利用快速成型和 CNC 加工手段生成产品原型，为产品的工业设计、制造及市场战略提供有效的依据。因此，CAID 为产品设计快速、准确、可靠和高效提供了有力的保障，使产品的概念设计、工程设计、生产制造成为一体化。

练习与思考

一、单选题

1. 绘制工程图样时，幅面代号为A0的图纸幅面尺寸为（　　）。

A. 594mm×841mm　　B. 841mm×1189mm

C. 210mm×297mm　　D. 297mm×420mm

2. 绘制工程图样时，幅面代号为A4的图纸幅面尺寸为（　　）。

A. 594mm×841mm　　B. 841mm×1189mm

C. 210mm×297mm　　D. 297mm×420mm

3. 绘制工程图样时，幅面代号为A1的图纸幅面尺寸为（　　）。

A. 594mm×841mm　　B. 841mm×1189mm

C. 210mm×297mm　　D. 297mm×420mm

4. 绘制工程图样时，幅面代号为A2的图纸幅面尺寸为（　　）。

A. 420mm×594mm　　B. 841mm×1189mm

C. 210mm×297mm　　D. 297mm×420mm

5. 图中图形与其机件相应要素的线性尺寸之比，称为比例。比值小于（　　）的称为缩小比例。

A. 2　　B. 1.5　　C. 3　　D. 1

6. 绘制同一机件的各个视图应采用（　　）比例。

A. 差异　　B. 不同　　C. 相同　　D. 一般

7. 技术图样中的字体不同于日常使用的字体，汉字应写成（　　）字体。

A. 正楷　　B. 楷体　　C. 微软雅黑　　D. 长仿宋

8. 图纸可以横放，也可以竖放，但必须用（　　）画出图框。

A. 细线　　B. 点划线　　C. 虚线　　D. 粗实线

9. 图纸格式分为（　　）和留有装订边两种，但同一产品的图样只能采用一种格式。

A. 横式　　B. 不留装订边　　C. 竖式　　D. 倾斜式

10. 图样不论放大或缩小，在标注尺寸数字时，应按机件的（　　）填写，与比例无关。

A. 比例　　B. 材料　　C. 实际大小　　D. 表面工艺

二、多选题

11. 用作（　　）等的数字及字母，一般采用小一号字体。

A. 指数　　B. 分数　　C. 极限偏差

D. 注脚　　E. 标注

12. 设计制图的内容包括（　　）。

A. 设计制图基本知识与技能　　B. 画法几何基础

C. 立体构型与表达　　D. 产品图样绘制与阅读

E. 计算机辅助工业设计简介

13. 技术图样中的字体不同于日常使用的字体，书写的汉字、数字、字母必须做到（　　）。

A. 富有个性　　B. 字体端正　　C. 笔画清楚

D. 间隔均匀　　E. 排列整齐

14. 技术图样中，字母和数字可写成斜体，关于斜体字说法正确的有（　　）。

A. 斜体字字头向右倾斜　　B. 斜体字字头向左倾斜
C. 与水平基准线成 75°　　D. 与水平基准线成 92°
E. 与水平基准线成 30°

15. 技术图样中，(　　) 数字或字母标注可以采用小一号的字体。
A. 指数　　B. 分数　　C. 标题
D. 极限偏差　　E. 注脚

16. 以下选项中，不符合缩小比例选用规范的有 (　　)。
A. 1∶1.5　　B. 2∶1.5　　C. 3.3∶3.5
D. 1∶2.5　　E. 1∶7.7

17. 以下选项中，允许选用放大比例的有 (　　)。
A. 4∶1　　B. 2.5∶1　　C. 40∶1
D. 25∶1　　E. 400∶1

18. (　　) 的首尾两端应是长画而不是短画。
A. 点画线　　B. 细点画线　　C. 双点画线
D. 粗点画线　　E. 虚线

19. 同一图样中，同类图线的宽度应基本一致。(　　) 的线段长短和间隔应大致相等。
A. 粗点画线　　B. 虚线　　C. 点画线
D. 双折线　　E. 双点画线

20. 产品设计是对产品的 (　　) 等方面进行的综合性设计。
A. 造型　　B. 结构　　C. 功能
D. 透视　　E. 草图

三、判断题

21. 图纸可以横放，也可以竖放。(　　)
22. 必须用细实线画出图框，用来界定绘图边界。(　　)
23. 同一产品的图样可以采用多种格式。(　　)
24. 对于加长幅面的图框尺寸，按所选用的基本幅面大一号的图幅尺寸确定。(　　)
25. 无须每张图纸上都必须画出标题栏。(　　)
26. 看图的方向与看标题栏的方向一致。(　　)
27. 图中图形与其几件相应要素的线性尺寸之比，称为比例。(　　)
28. 比值为 1 的比例称为等值比例。(　　)
29. 比值大于 1 的称为放大比例。(　　)
30. 技术图样中的字体相同于日常使用的字体。(　　)

练习与思考参考答案

1. B	2. C	3. A	4. A	5. D	6. C	7. D	8. D	9. B	10. C
11. ABCD	12. ABCDE	13. BCDE	14. AC	15. ABDE	16. BCE	17. ABCDE	18. AC	19. BCE	20. ABC
21. Y	22. N	23. N	24. Y	25. N	26. Y	27. Y	28. Y	29. Y	30. N

任务 18

产品结构设计手板资料编制

该训练任务建议用 3 个学时完成学习。

18.1 任务来源

大部分的设计都需要在量产前进行小批量的生产，手板就是进行这部分的工作。手板在开始制作之前，结构设计师都需要准确地将设计意图传递给手板厂，在这一交接过程中，规范化的结构设计手板资料必不可少。

18.2 任务描述

对产品效果图及 ID 设计师的 CMF 方案图进行系统理解和分析，打开产品设计三维电子模型，配合办公软件制作手板物料清单（BOM 表）。

18.3 能力目标

18.3.1 技能目标

完成本训练任务后，你应当能（够）：

1. 关键技能

（1）会解析 ID 设计师的设计图稿及造型创意。

（2）会对产品方案的所有零件进行合理分类。

（3）会编写手板制作的物料清单（BOM），向手板厂正确传达设计意图。

2. 基本技能

（1）会读懂 ID 设计师创意图稿。

（2）会完成 Excel 软件的排版操作。

18.3.2 知识目标

完成本训练任务后，你应当能（够）：

（1）了解产品手板的种类和常用制作工艺。

（2）掌握产品零件分类的处理原则。

（3）掌握手板物料清单（BOM）的编排方法。

18.3.3 职业素质目标

完成本训练任务后，你应当能（够）：

（1）具有严谨认真的工作态度。

（2）具有较强的协作能力。

（3）具备良好的沟通能力。

18.4 任务实施

18.4.1 活动一 知识准备

（1）产品手板的含义。

（2）手板的制作过程。

（3）手板的常见加工工艺。

18.4.2 活动二 示范操作

1. 活动内容

对硬盘产品效果图及 ID 设计师的 CMF 方案图进行系统理解和分析，打开产品设计三维电子模型，配合办公软件制作手板物料清单（BOM 表）。

具体内容如下：

（1）对硬盘产品的每个零件进行系统的分析和理解，此部分内容要求结构设计师对产品是装配以及拆分都有一定认识。

（2）对设计师提供的 ID 设计图稿及造型创意进行分析，确定产品设计的零件拆分。

（3）对设计师的产品造型创意有了深入理解后，在 Excel 软件中将零件进行合理的分类，有序地排列出来，包括表格上所需要的标题、名称、图片、单位、数量等。如有备注的地方也需表达清楚。

（4）表格填充完毕后，再仔细检查，避免有缺失遗漏的地方，将错误的地方加以修改。

2. 操作步骤

（1）步骤一：打开设计师所提供硬盘 ID 设计图稿和 CMF 图表，深入分析每个不同零件的特征和装配方式，完善 CMF 图表，硬盘 ID 设计图稿和 CMF 图表如图 18-1 所示（见文前彩页）。

（2）步骤二：在办公软件中制作手板物料清单底板，图 18-2 见文前彩页。

（3）步骤三：打开产品设计三维电子模型，如图 18-3 所示。

（4）步骤四：把每个零件拆分开，如图 18-4～图 18-11 所示。

（5）步骤五：将截图下来的图片分别放入手板物料清单的图片框中，分别命名。注意，图片需要分类分别放入，五金类如图 18-12 所示，硅胶类如图 18-13 所示，塑胶类如图 18-14 所示，辅料如图 18-15 所示。

（6）步骤六：在手板物料清单中把三维档名、单位、数量等相关信息依次填上，填上相关信息后的手板物料清单，如图 18-16 所示。

（7）步骤七：填好技术要求的项目，结果如图 18-17 所示。

（8）步骤八：当表面不需要处理的时候，就在对应的表格中填上“无”字或者划斜线，如

图 18-18 所示。

（9）步骤九：若有需要备注的材料，应完善备注，如图 18-19 所示。

（10）步骤十：对物料清单的表格进行检查，检查完毕后记得随时存档。

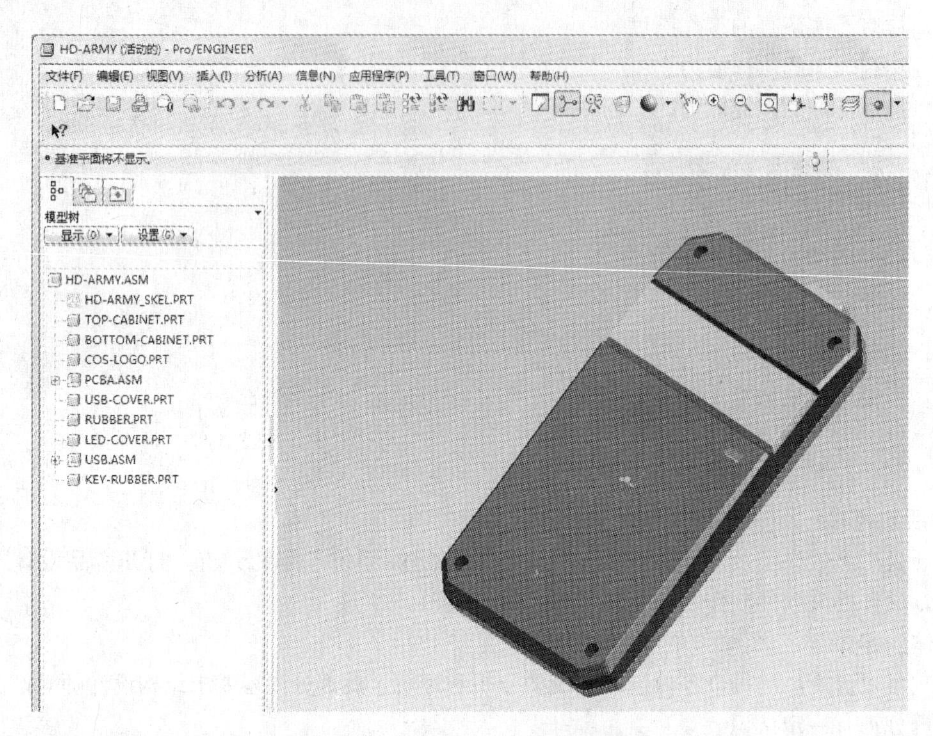

图 18-3 产品设计三维电子模型

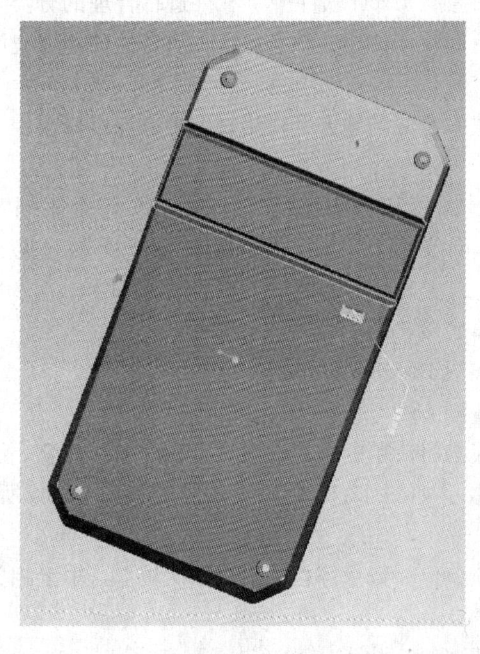

图 18-4 面壳

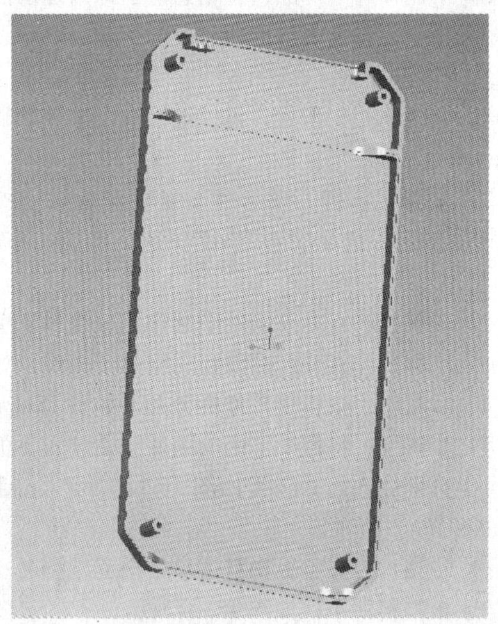

图 18-5 底壳

图 18-6　铭牌

图 18-7　接口盖

图 18-8　硅胶按键

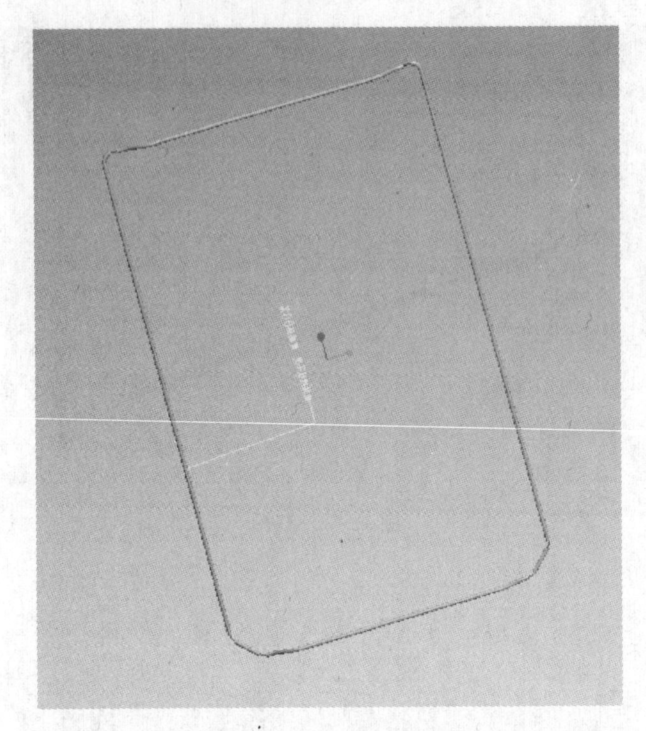

图 18-9　图防水胶圈

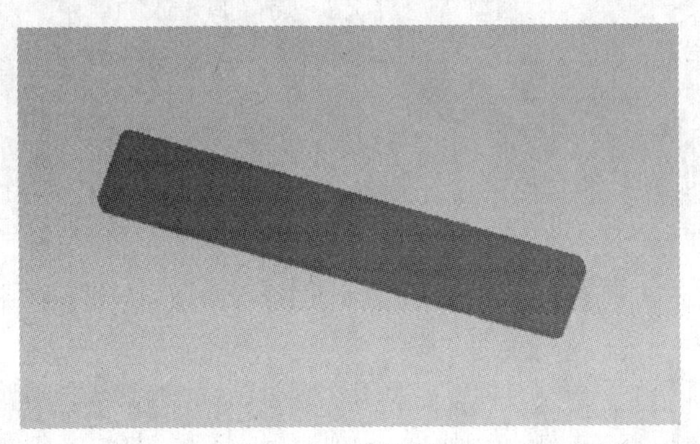

图 18-10　Led-导光片

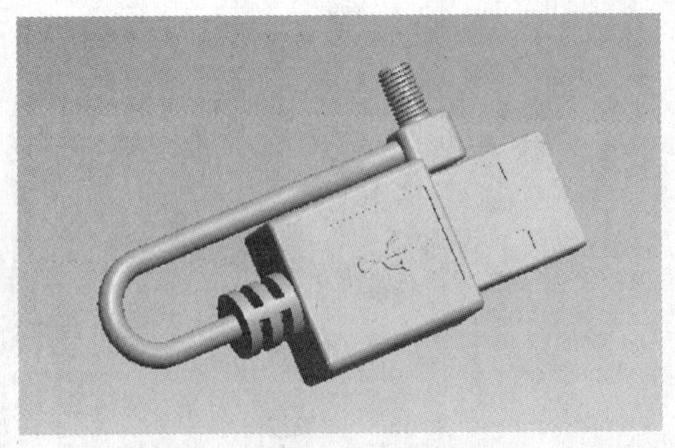

图 18-11　USB 接口（线长 15cm）

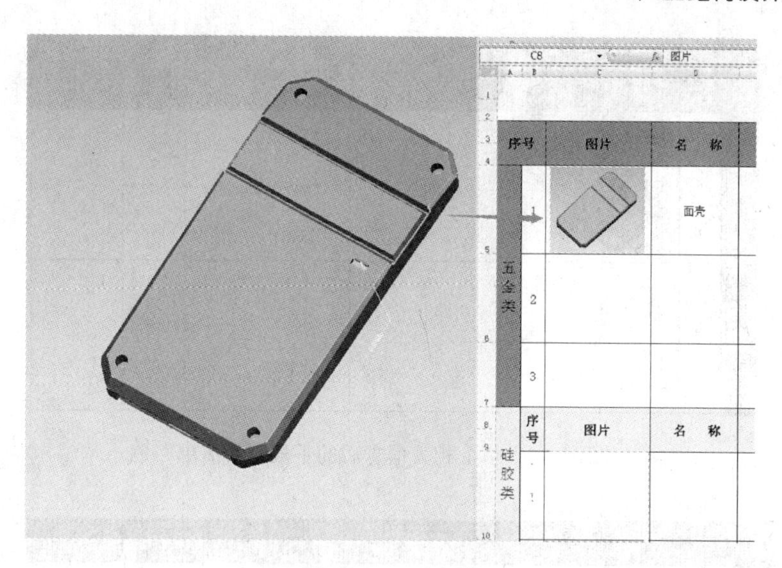

图 18-12　五金类

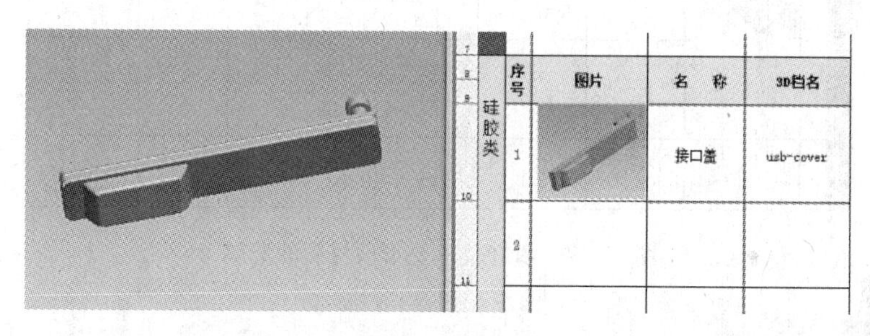

图 18-13　硅胶类

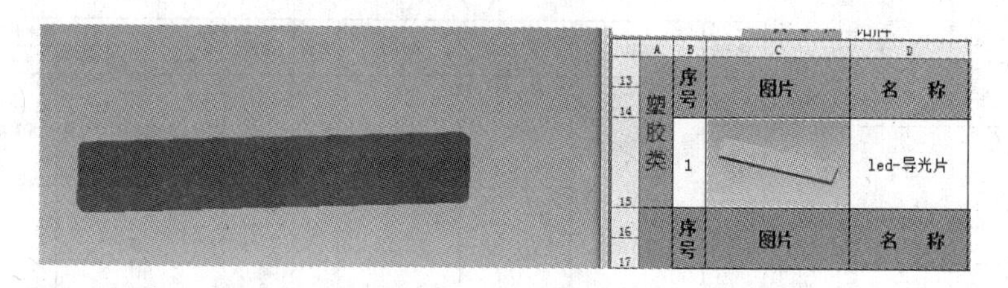

图 18-14　塑胶类

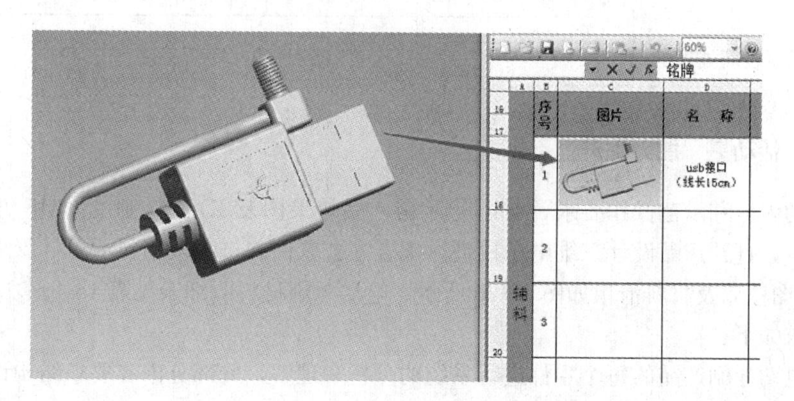

图 18-15　辅料

序号		图片	名　称	3D档名	单位	数量
五金类	1		面壳	top-cabinet	pcs	1
	2					

图 18-16　填上相关信息后的手板物料清单

序号		图片	名　称	3D档名	单位	数量	技术要求			
							材料	素材颜色	表面处理	备注
五金类	1		面壳	top-cabinet	pcs	1	铝合金压铸	枪色	喷砂哑油	
	2									
	3									

图 18-17　填好技术要求项目后的清单

技术要求		
材料	素材颜色	表面处理
硬质硅胶	warm gray 8u	无
硅胶	红色	无
硅胶	半透明白色	无

图 18-18　无须表面处理的项目表达

序号		图片	名　称	3D档名	单位	数量	技术要求			
							材料	素材颜色	表面处理	备注
五金类	1		面壳	top-cabinet	pcs	1	铝合金压铸	枪色	喷砂哑油	
	2									
	3									

图 18-19　完善备注

18.4.3　活动三　能力提升

根据活动内容和示范操作要求，对电动牙刷产品效果图及 ID 设计师的 CMF 方案图进行系统理解和分析，打开产品设计三维电子模型，配合办公软件制作手板物料清单（BOM 表）。电动牙刷 ID 设计图稿以及材料清单如图 18-20 所示，电动牙刷材料明细表见表 18-1。

具体要求如下：

（1）对电动牙刷产品的每个零件进行系统的分析和理解，此部分内容要求结构设计师对产品是装配以及拆分都有一定认识。

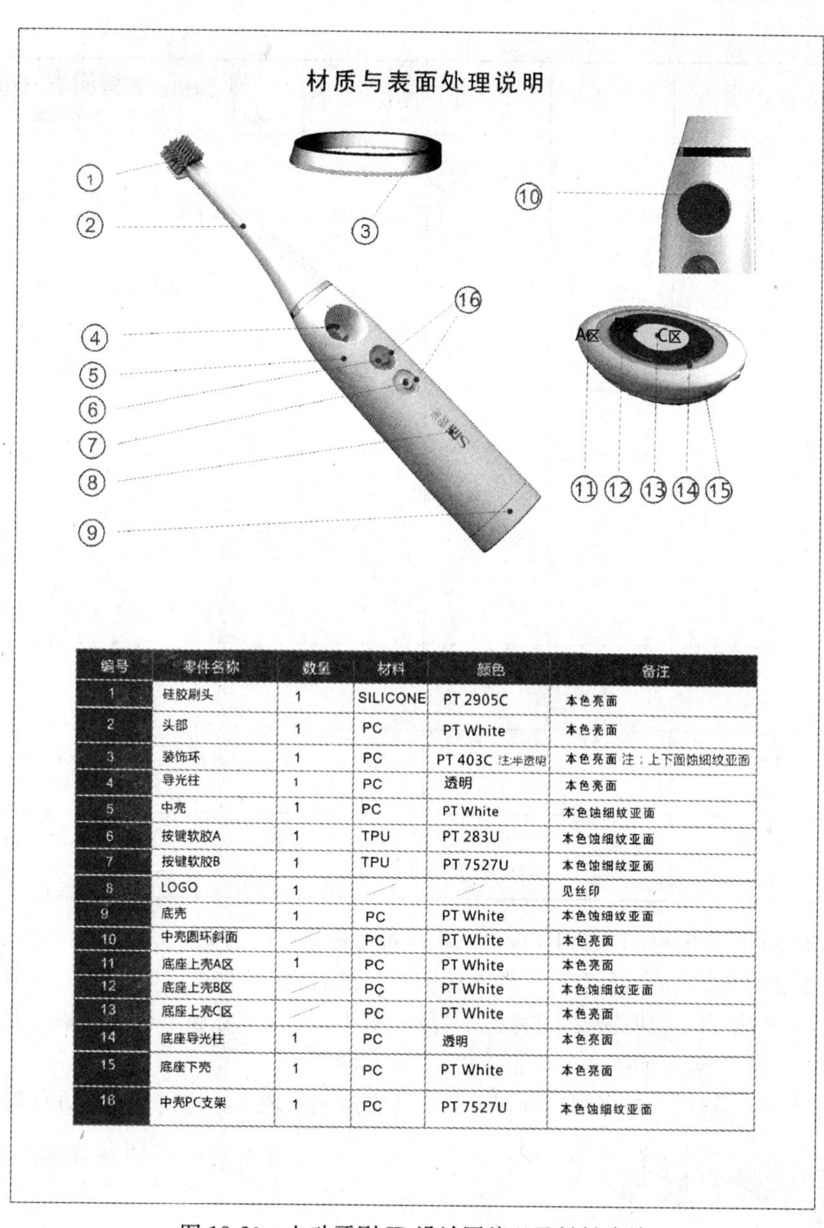

编号	零件名称	数量	材料	颜色	备注
1	硅胶刷头	1	SILICONE	PT 2905C	本色亮面
2	头部	1	PC	PT White	本色亮面
3	装饰环	1	PC	PT 403C 注:半透明	本色亮面 注：上下面蚀细纹亚面
4	导光柱	1	PC	透明	本色亮面
5	中壳	1	PC	PT White	本色蚀细纹亚面
6	按键软胶A	1	TPU	PT 283U	本色蚀细纹亚面
7	按键软胶B	1	TPU	PT 7527U	本色蚀细纹亚面
8	LOGO	1	/	/	见丝印
9	底壳	1	PC	PT White	本色蚀细纹亚面
10	中壳圆环斜面	/	PC	PT White	本色亮面
11	底座上壳A区	1	PC	PT White	本色亮面
12	底座上壳B区	/	PC	PT White	本色蚀细纹亚面
13	底座上壳C区	/	PC	PT White	本色亮面
14	底座导光柱	1	PC	透明	本色亮面
15	底座下壳	1	PC	PT White	本色亮面
16	中壳PC支架	1	PC	PT 7527U	本色蚀细纹亚面

图 18-20　电动牙刷 ID 设计图稿以及材料清单

表 18-1　　　　**电动牙刷材料明细表**

序号		图片	名称	3D 档名	单位	数量	技术要求			
							材料	素材颜色	表面处理	备注
五金类	1									
	2									
	3									

续表

序号		图片	名称	3D档名	单位	数量	技术要求			
							材料	素材颜色	表面处理	备注
硅胶类	1									
	2									
	3									
塑胶类	1									
	2									
	3									
辅料	1									
	2									
	3									

（2）对设计师提供的电动牙刷ID设计图稿及造型创意进行分析，确定产品设计的零件拆分。

（3）对设计师的产品造型创意有了深入理解后，在Excel软件中将零件进行合理的分类，有序地排列出来，包括表格上所需要的标题、名称、图片、单位、数量等。如有备注的地方也需表达清楚。

（4）表格填充完毕后，再仔细检查，避免有缺失遗漏的地方，将错误的地方加以修改。

18.5 效果评价

效果评价参见任务1，评价标准见附录。

18.6 相关知识与技能

18.6.1 什么是手板

通常刚研发或设计完成的产品均需要做手板，手板是验证产品可行性的第一步，是找出设计产品的缺陷、不足、弊端的最直接、最有效的方式，从而对缺陷做出针对性的改善，直至不能从个别手板样中找出不足。

手板，又称笏、玉板或朝板。是古代臣子上殿面君时的工具。古时候文武大臣朝见君王时，双手执笏以记录君命或旨意，亦可以将要对君王上奏的话记在笏板上，以防止遗忘。古书记载《礼记》中记载“笏长2尺6寸，中宽3寸”，由于古代的尺寸和今天的尺寸不同，因此，2尺6

寸要短于今天的 2 尺 6 寸。唐代武德四年以后，五品官以上执象牙笏，六品以下官员执竹木做的笏。明代规定五品以上的官员执象牙笏，五品以下不执笏；从清朝开始，笏板就废弃不用了。

通俗点讲，手板就是在没有开模具的前提下，根据产品外观图纸或结构图纸先做出的一个或几个，用来检查外观或结构合理性的功能样板。手板目前在不同的地方亦称为首板。

1. 手板分类

（1）按制作手段分。

1）CNC 手板：主要是运用数控 CNC 车床加工，目前比较主流的 CNC 机床为日本的 FUNAC。

2）RP 手板：RP 手板包含 SLA 激光快速成型、LOM 叠层法快速成型、SLS 粉末烧结快速成型、FDM 融熔沉积法快速成型、3D 打印技术。

3）真空复模手板：这个工艺的第一个步骤需要用 CNC 手板或 RP 手板作为手板原型，然后利用硅胶做出硅胶模具，最后用硅胶模具重复地复制出手板，行业中简称为复模。

4）RIM 低压灌注成型手板：这种工艺同真空复模，需要制作模具，然后重复地复制手板。

（2）按制作的材料分。

1）塑胶手板：其原料一般为塑胶板材，常见的主要有 ABS（米黄色和黑色）、PC（半透明）、PMMA（透明）、PA（白色）、POM（白色）。

2）金属手板：手板常用材料主要有铝合金、镁合金、锌合金、铜、不锈钢。

3）软胶手板：这种手板主要利用真空复模工艺制作出来，软胶手板的硬度为 10°～90°。

（3）按制作的用途分。

1）结构手板：主要检测产品的结构合理性，对于尺寸要求较高，对外观要求相对较低，国外对这类要求尤为严格。

2）外观手板：主要检测产品的外观设计，要求外观精美，颜色准确。对内部的处理要求不高，有些产品的内部直接做成实心体。

3）功能手板：要求实现跟真正的产品一样完全相同的外观、结构及功能，可以理解为未上市的成品，是要求最高，难度最大的一类手板。

2. 处理工艺

手板利用原材料加工完成后，一般需要进行后处理。SLA 激光快速成型手板只需稍稍去掉加工过程中形成的支撑就可以，一般不能进行喷漆电镀，可以直接出货。CNC 加工的手板需要进行的工艺比较多且比较复杂。需要手工打磨，然后根据客户的要求，可以喷漆、水镀、真空镀、丝印、镭雕、氧化、拉丝等。

3. 手板制作的必要性

（1）检验外观设计。手板不仅是可视的，而且是可触摸的，它可以很直观的以实物的形式把设计师的创意反映出来，避免了“画出来好看而做出来不好看”的弊端。因此手板制作在新品开发、产品外形推敲的过程中是必不可少的。

（2）检验结构设计。因为手板是可装配的，所以它可直观地反映出结构的合理与否，安装的难易程度。便于及早发现问题，解决问题。

（3）避免直接开模具的风险。由于模具制造的费用一般很高，比较大的模具价值数十万乃至几百万元，如果在开模具的过程中发现结构不合理或其他问题，其损失可想而知。而手板制作则能避免这种损失，减少开模风险。

（4）使产品面世时间大大提前。由于手板制作的超前性，可以在模具开发出来之前利用手板做产品的宣传，甚至前期的销售、生产准备工作，及早占领市场。

4. 运用领域

(1) 电子家电：显示器、加湿器、果汁机、吸尘器、空调面板、拓维手板模型。

(2) 玩具动漫：卡通人物、动漫周边产品、微缩车模、航模。

(3) 医疗美容：医疗器械、美容工具、美甲工具、健身器材。

(4) 航模军工：医疗器械、美容工具、美甲工具、健身器材。

(5) 银联安防：收银机、取款机、税控机、测速仪、3G摄像头。

(6) 汽车交通：汽车车灯、保险杠、座椅、电动车。

(7) 建筑展示：建筑模型、概念建筑、展厅布置、陈列格局。

(8) 工艺饰品：PMMA工艺品、浮雕工艺品、摆件、仿古器具。

18.6.2 手板生产讲解

不同的手板企业所使用的后半材料各有不同，所生产的工序也就不一样，但是手板的基本原理都是一样的，即“分层制造、逐层叠加”。这种生产技术叫作“增长法”或者“加法”。

手板的每一个截面就像在医院中拍CT相片，整个生产的过程我们可以看作是一个积累的过程。手板模型技术是在现代CAD/CAM技术、激光技术、计算机数控技术、精密伺服驱动技术以及社会工业设计中所需要的情况下发展起来的。

手板模型的基本原理是：用计算机中的三维数据模型对各个产品的截面进行数据化，计算机根据这些数据控制激光器（或喷嘴）对所需要生产的产品进行一层一层的烧结的粉末材料（或者是固化液态光敏树脂一层又一层，或切割片状材料一层又一层，或喷射热熔料或黏合剂一层又一层）这样就形成我们所需要微小厚度的片状实体，在采用熔结、聚合、粘结等手段逐渐堆积在一起，这样就可以制造出我们所设计的新产品样件、模型或模具。

18.6.3 手板模型

1. 手板模型制作过程中影响质量的几个要素

手板的生产当中，设计师的经验与技能起到了至关重要的作用。通过试模确认设计合理性；只有通过多次试模及反复修改手板，才能最终完成。在生产实践中，有些手板一旦投入到生产线上使用，往往会产生各种问题，无法满足产品的生产要求或技术要求，造成生产线的非正常停工等，带来诸多不稳定因素。于是，如何提高手板的质量，成为手板制造企业面临的现实问题。

2. 手板及冲压成形的质量及其影响因素

何谓质量？质量分为工艺质量和生产质量。工艺质量指满足生产合格产品具有质量的工艺方案；生产质量则指生产过程中具有质量的生产能力。

由于国内的手板制造企业大多为中小企业，而且这其中的相当一部分企业，尚停留在传统作坊式的生产管理阶段，往往忽略了手板的质量，造成手板开发周期长、制造成本高等问题，严重制约了企业的发展步伐。

先让我们来看看影响手板及冲压成形质量的主要因素，分别为：手板材料的使用方法；手板结构件的强度要求；冲压材料性能的质量；材料厚度的波动特性；材质的变化范围；拉伸筋阻力大小；压边力变化范围；润滑剂的选择。

3. 综合权衡影响质量的各项因素

值得注意的是，在冲压成形过程中，由于每一种冲压板材都有自己的化学成分、力学性能以及与冲压性能密切相关的特性值，冲压材料的性能不稳定、冲压材料厚度的波动，以及冲压材质的变化，不但直接影响到冲压成形加工的精度和品质，亦可能导致手板的损坏。

以拉伸筋为例，其在冲压成形中便占据有非常重要的地位。在拉伸成形过程中，产品的成形需要具备一定大小且沿固定周边适当分布的拉力，这种拉力来自于冲压设备的作用力、边缘部分材料的变形阻力，以及压边圈面上的流动阻力。而流动阻力的产生，如果仅仅依靠压边力的作用，则手板和材料之间的摩擦力是不够的。

为此，还须在压边圈上设置能产生较大阻力的拉伸筋，以增加进料的阻力，从而使材料产生较大的塑性变形，以满足材料的塑性变形和塑性流动的要求。同时，通过改变拉伸筋阻力的大小与分布，并控制材料向手板内流动的速度和进料量，实现对拉伸件各变形区域内的拉力及其分布状况的有效调节，从而防止拉伸成形时产品的破裂、起皱，以及变形等品质问题。由上可见，在制定冲压工艺和手板设计过程中，必须考虑拉伸阻力的大小，根据压边力的变化范围来布置拉伸筋并确定拉伸筋的形式，使各变形区域按需要的变形方式和变形程度完成成形。

18.6.4 手板表面处理工艺

手板模型制作过程中，除了优质的机器加工外，大多数情况下还可能需要大量的手工或借助其他仪器进行后期处理操作，以下所列出的就是使用塑料和金属材质加工的手板模型后期表面处理工艺。手板表面处理工艺主要有打磨、喷砂、抛光、喷涂、喷粉、UV喷涂、印刷、镭雕、电镀、氧化、钝化、发黑、拉丝和磷化共14种工艺。

1. 打磨

使用砂纸对工件外貌进行摩擦，以除去工件表面上的毛刺、机加工纹路、粘接痕迹等缺陷，从而提高工件的平整度，降低粗糙度，使工件表面平滑，精细。

2. 喷砂

喷砂是以压缩空气为动力，形成高速喷射束将喷料（铜矿砂、石英砂、金刚砂、铁砂、海砂）高速喷射到被需处理工件表面，由于磨料对工件表面的冲击和切削作用，使工件的表面获得一定的清洁度和不同的粗糙度，同时也使工件表面的机械性能得到改善，因此提高了工件的抗疲劳性，增加工件和喷漆涂层之间的附着力，延长了漆膜的耐久性，也有利于油漆的流平和装饰。

3. 抛光

在打磨的基础上利用柔性抛光工具和磨料颗粒或其他抛光介质对工件表面进行的修饰加工。抛光不能提高工件的尺寸精度或几何形状精度，而是以得到光滑表面或镜面光泽为目的，有时也用以消除光泽（消光）。经过抛光工艺的工件表面粗糙度一般可达 $Ra0.63 \sim 0.01 \mu m$。PMMA透明工件由于需要非常高的打磨抛光要求，因此PMMA透明件的价格非常昂贵，是普通ABS件的4倍以上。

4. 喷涂

表面喷漆是应用最为广泛的表面工艺之一。

喷涂具有以下几个优点：

（1）可遮盖成型后工件的表面缺陷；

（2）工件表面通过喷涂可以获得多种色彩、不同的光泽度、不同的外观视觉效果及多种不同的手感；

（3）增强了工件表面的硬度和耐擦伤性；喷涂的效果有哑光，半哑光，亮光（高光），各种各样的颜色，各种各样的纹理、蚀纹，拉丝效果（金属颜色方可拉丝），皮革效果，弹性手感效果（橡胶漆）等。

5. 喷塑（喷粉）

静电喷塑是利用电晕放电现象使粉末涂料吸附在工件上的。其过程是这样的：粉末涂料由供粉系统借压缩空气气体送入喷枪，在喷枪前端加有高压静电发生器产生的高压，由于电晕放电，在其附近产生密集的电荷，粉末由枪嘴喷出时，形成带电涂料粒子，它受静电力的作用，被吸到与其极性相反的工件上去，随着喷上的粉末增多，电荷积聚也越多，当达到一定厚度时，由于产生静电排斥作用，便不继续吸附，从而使整个工件获得一定厚度的粉末涂层，然后经过热使粉末熔融、流平、固化，即在工件表面形成坚硬的涂膜。静电喷粉的优缺点：不需稀料，无毒害，不污染环境，涂层质量好，附着力和机械强度非常高，耐腐蚀，固化时间短，不用底漆，工人技术要求低，粉回收使用率高；涂层很厚，表面效果有波纹，不平滑，只能加工半哑光、亮光这两种外观效果。

6. UV 喷涂

表面经过 UV（Ultraviolet，紫外线）处理保护的板材。UV 漆即紫外光固化漆，也称光引发涂料。

UV 的优点：

(1) 硬度高。最高硬度可达 5～6H；

(2) 固化速度快，生产效率高，通过紫外线固化，30min 即可固化；

(3) 涂层性能优异，涂层在硬度、耐磨、耐酸碱、耐盐雾、耐汽油等溶剂各方面的性能指标均非常高；特别是其漆膜丰满、光泽尤为突出；

(4) UV 漆所采用的光固化工艺在淋刷油漆时无污染，是公认的绿色环保产品。

UV 的缺点：

(1) UV 涂料对灰尘敏感，因而对施工环境要求严格；

(2) 在喷涂的过程中容易发生爆裂；

(3) 不防日晒，在阳光的照射下容易裂；

(4) 时间长了会泛黄，因此，在产品外观要求纯白时，一般不使用 UV 上光；

(5) 价格比较昂贵，对涂层前处理要求非常高。

7. 印刷

丝网印版的部分网孔能够透过油墨，漏印至承印物上；印版上其余部分的网孔堵死，不能透过油墨，在承印物上形成空白。印版上要过墨的部分的网孔不封闭，印刷时油墨透过，在承印物上形成墨迹，印刷时在丝网印版的一端倒入油墨，油墨在无外力的作用下不会自行通过网孔漏在承印物上，当用刮墨板以一定的倾斜角度及压力刮动油墨时，油墨通过网版转移到网版下的承印物上，从而实现图像复制（印刷出来的图案是凸起来的）。

丝印的优点：

(1) 成本低、见效快；

(2) 适应不规则承印物表面的印刷；

(3) 附着力强、着墨性好；

(4) 墨层厚实、立体感强；

(5) 耐旋光性强、成色性好；

(6) 印刷对象材料广泛，印刷幅面大。

移印（曲面印刷），是指用一块柔性橡胶，将需要印刷的文字、图案，印刷至含有曲面或略为凹凸面的塑料成型品的表面。移印是先将油墨放入雕刻有文字或图案凹版内，随后将文字或图案复印到橡胶上，再利用橡胶将文字或图案转印至塑料成型品表面，最后通过热处理或紫外线光照射等方法使油墨固化。

8. 镭雕

镭雕又叫激光雕刻，是一种用光学原理进行表面处理的工艺。比如说要做一个键盘，它上面的字有蓝色、绿色、红色和灰色，键体是白色，激光雕刻时，先喷油，蓝字、绿字、红字、灰字各喷相应的颜色，这样看上去就有蓝键、绿键等键了，再整体喷一层白色，这样就是一整块白键盘了，各蓝绿都被包在下面了。然后利用激光技术和工业设计师提交的按键图做成的菲林，雕掉上面的白色油，呈现出来的就是蓝绿等按键。

镭雕的局限：

（1）镭雕深度：AL 为 0.1mm，塑料喷漆涂层为 0.2～0.3mm，铁等其他金属达 0.08mm；

（2）镭雕的极限表面积：100mm×100mm，超过 100mm×100mm 需要拼接镭雕，衔接的位置不美观，衔接痕迹比较明显；

（3）白色及接近白色的颜色无法雕除，曲面镭雕出来的字符容易发生变形。

9. 电镀

电镀是利用电极通过电流，使金属附着于物体表面上，其目的是在改变物体表面的特性或尺寸。电镀一般分为湿法电镀和干法电镀两种。湿法就是平常所说的水镀，干法就是平常所说的真空镀，水镀是把镀层金属通过电极法，产生离子置换附着到镀件表面，而真空镀是利用高压、大电流，使镀层金属在真空的环境下，瞬间汽化成离子再蒸镀到镀件表面，水镀附着力好，后期不需要其他处理，真空镀附着力较差，一般需要在表面做 PU 或者 UV，PC 不可以电镀。复模件不可以水镀，只可以真空镀。水电镀颜色较单调，常见的水镀有镀铬、镍、金等，而真空电镀可以解决七彩色的问题。水镀前工件的表面效果必须打磨到 1500～2000 的砂纸，然后抛光才可以进行水镀，因此水镀的工件一般都非常昂贵，真空镀打磨的效果可以稍微差点 800～1000 的砂纸即可，因此真空镀也相对比较便宜。

10. 拉丝

拉丝处理是通过研磨产品在工件表面形成线纹，起到装饰效果的一种表面处理手段。拉丝能够很好地体现金属材料的质感，可使金属表面获得非镜面般金属光泽。根据表面效果不同可分为直丝（发丝纹）和乱丝（雪花纹）。根据拉丝效果的要求、不同的工件表面的大小和形状选择不同，拉丝分为手工拉丝和机械拉丝两种方式。常见的手工拉丝多用于 3M 公司的工业百洁布。丝纹类型的好坏具有很大的主观性。每个用户对表面线纹的要求不同，对线纹效果的喜好不同，因此必须要有拉丝的样板才能加工出用户喜欢满意的效果。圆弧（弧面和直面交接处非常难看，拉丝不均匀）及漆面（金属颜色表面可拉细小的丝纹）均不宜拉丝。

11. 氧化

金属的氧化处理是金属表面与氧或氧化剂作用而形成保护性的氧化膜，防止金属腐蚀。氧化分为化学氧化和电化学氧化（即阳极氧化）。

（1）化学氧化所产生的氧化膜较薄，厚度为 0.3～4μm，多孔，有良好的吸附能力，质软不耐磨，导电性能好，适用于有屏蔽要求的场合，可着上各种各样的颜色，有较好的吸附能力，可着上各种各样的颜色，在其表面再涂漆，可有效地提高铝制品的耐蚀性和装饰性。

（2）阳极氧化所产生的氧化膜较厚，厚度一般在 5～20μm，硬质阳极氧化膜厚度可达 60～2500μm，硬度高，耐磨性能好，化学稳定性好，耐腐蚀性能好，吸附能力好，有很好的绝缘性能，绝热抗热性能强，可着上各种各样的颜色。综上所述，铝和铝合金经化学氧化处理，特别是阳极氧化处理后，在其表面形成的氧化膜具有良好的防护—装饰等特性，因此，被广泛应用于航空、电气、电子、机械制造和轻工工业等方面。（只可以在铝或者铝合金上面氧化，一般铝合金都用进口 6160 进行氧化工艺。）

12. 钝化

在一定条件下，当金属的电位由于外加阳极电流或局部阳极电流而移向正方向时，原来活泼溶解的金属表面状态会发生突变。金属的溶解速度则急速下降。这种表面状态的突变过程叫作钝化。钝化可以提高金属材料的钝化性能，促使金属材料在使用环境中钝化，提高金属的机械强度，是腐蚀控制的最有效途径之一，增强了金属与涂膜的附着力。

13. 发黑

表面发黑处理，又被称为发蓝。发黑处理现在常用的方法有传统的碱性加温发黑和出现较晚的常温发黑两种。发黑所得保护膜呈黑色，提高了金属表面的耐腐能力和机械强度，并且还可以作为涂料的良好底层。(不锈钢不可以发黑处理，铁的发黑效果最佳。)

14. 磷化

表面磷化就是用锰、锌、铁等金属的正磷酸盐溶液处理金属表面，使其生成一层不溶性磷酸盐保护膜的过程。磷化处理后生成的保护膜可以提高金属的绝缘性和抗腐蚀性，提高工件的防护和装饰性能，并且还可以作为涂料的良好底层。金属表面磷化处理方法分为冷磷化（常温磷化）、热磷化、喷少磷化以及电化学磷化等。磷化处理在汽车工业中是对汽车覆盖件、驾驶室、车厢板等涂漆零件的涂前处理的主要方法，要求磷化膜细密、平滑、均匀、厚度适中并且具有一定的耐热性。

一、单选题

1. 在古代，手板被称为（　　）。
   A. 笏板　　B. 物品　　C. 叫板　　D. 拍板
2. 手板的分类共有（　　）种。
   A. 1　　B. 2　　C. 3　　D. 4
3. （　　）的好坏程度是直观地反映出结构的合理与否。
   A. 密封　　B. 安装　　C. 破损　　D. 使用
4. 表面处理中，（　　）是以得到光滑表面或镜面光泽为目的而运用的。
   A. 打磨　　B. 电镀　　C. 拉丝　　D. 抛光
5. 经过抛光工艺的工件表面粗糙度一般可达（　　）μm。
   A. Ra0.63～0.02　　B. Ra0.63～0.01　　C. Ra0.65～0.01　　D. Ra0.65～0.02
6. 手板常用材料主要是（　　）。
   A. 钛合金　　B. 镁合金　　C. 金　　D. 碳
7. 手板的表面处理工艺是（　　）。
   A. 挤压　　B. 氧化　　C. 压印　　D. 车削
8. 外观手板对内部的处理要求不高，有些产品的内部直接可做成（　　）。
   A. 空心体　　B. 实心体　　C. 隔空　　D. 有厚度
9. 质量分为（　　）质量和生产质量。
   A. 好坏　　B. 产量　　C. 工艺　　D. 外观
10. 在制定冲压工艺和手板设计过程中，必须考虑（　　）阻力的大小。
   A. 空气　　B. 按压　　C. 拉伸　　D. 挤压

二、多选题

11. 手板按制作的材料分有（　　）。

A. 塑胶手板　B. 结构手板　C. 金属手板　D. 软胶手板
E. 真空复模手板

12. 塑胶手板，其原料一般为塑胶板材，常见的主要有（　　）。

A. 灰色　B. 白色　C. 米黄色　D. 黑色
E. 透明

13. 丝网印版的优点有（　　）。

A. 附着力弱、触感好　B. 墨层厚实、立体感强
C. 成本低、见效快　D. 感光性强
E. 节省材料，使用面积大

14. 拉丝依据表面效果不同可分为（　　）。

A. 抽丝　B. 直丝　C. 雪花纹　D. 乱丝
E. 发丝纹

15. 制作手板的好处是（　　）。

A. 验证产品可行性　B. 找出设计产品的缺陷
C. 找出设计产品的不足　D. 发现产品弊端
E. 对缺陷进行改善

16. 手板的制作手段分为（　　）。

A. RIM 低压灌注成型　B. CNC
C. ABS　D. SP
E. RP

17. 不属于手板制作的必要性的有（　　）。

A. 检验外观设计　B. 检验内部设计
C. 避免直接开模具的风险　D. 开模风险大
E. 检验结构设计

18. PMMA 工艺品不属于（　　）。

A. 建筑展示　B. 工艺饰品　C. 汽车交通　D. 玩具动漫
E. 绘图展览

19. 手板可运用的领域不包括（　　）。

A. 玩具动漫　B. 银联防爆　C. 医疗用品　D. 复合塑料
E. 航空材料

20. 原材料加工完成后，SLA 激光快速成型手板，一般不能进行（　　）。

A. 真空镀　B. 氧化　C. 拉丝　D. 喷漆电镀

三、判断题

21. 手板的基本原理都是一样的，即“分层制造、逐层叠加”。这种生产技术叫作“增加法”或者“叠加法”。（　　）

22. 如何提高手板的质量，成为手板制造企业面临的现实问题。（　　）

23. 手板模型在制作过程中，除了优质的机器加工外，大多数情况下不需要大量的手工或借助其他仪器进行后期处理操作。（　　）

24. 打磨是使用砂纸对工件外貌进行摩擦从而提高工件的平整度，降低粗糙度。（　　）

25. 喷砂不是以压缩空气为动力的。（　　）

26. 以拉伸筋为例，其在冲压成形中占有非常重要的地位。（　　）

27. 喷塑（喷粉）是静电喷塑利用电晕放电现象，使粉末涂料吸附在工件上。（　　）

28. UV漆所采用的光固化工艺在淋刷油漆时无污染，是公认的绿色环保产品。（　　）

29. UV喷涂表面经过UV处理保护的板材，UV漆即紫外线树脂漆，又称光引发涂料。（　　）

30. 镭雕也叫镭光印刻，是一种用光学原理进行表面处理的工艺。（　　）

练习与思考参考答案

1. A	2. C	3. B	4. B	5. D	6. B	7. B	8. B	9. C	10. C
11. ACD	12. BCDE	13. BC	14. BCD	15. ABCDE	16. ABE	17. BD	18. ACDE	19. BCDE	20. ABCE
21. N	22. Y	23. N	24. Y	25. N	26. Y	27. Y	28. Y	29. N	30. N

任务 19

结构设计检讨修正

该训练任务建议用 6 个学时完成学习。

19.1 任务来源

产品开模前的结构检讨是结构设计与开发的必经阶段，该阶段主要针对电子模型和图纸进行检讨，一方面要进行全局干涉检查和运动干涉检查。另一方面要尽可能地从模具、生产、后期处理、物料管理、采购等方面，配合相关人员进行检讨和修正，尽力查找设计阶段出现的问题，确保后续工作的顺利完成。

19.2 任务描述

用 Pro/E 软件打开 OBD 控件三维结构模型，检查分析其出现的设计问题，再针对问题对模型进行修正，制作结构检讨修正信息表。

19.3 能力目标

19.3.1 技能目标

完成本训练任务后，你应当能（够）：

1. 关键技能

（1）会分析现有三维模型的结构特征。

（2）会查找现有结构三维模型的结构设计问题。

（3）会应用 Pro/E 软件针对结构设计问题进行修正。

2. 基本技能

（1）会使用软件进行干涉检查，运动模拟检查等。

（2）会使用 Pro/E 软件进行产品建模修改。

19.3.2 知识目标

完成本训练任务后，你应当能（够）：

（1）了解产品制造工艺相关结构知识。

（2）掌握产品结构设计问题检查和修正的技巧方法。

（3）熟悉 Pro/E 软件检测与修改过程的操作方法。

19.3.3 职业素质目标

完成本训练任务后，你应当能（够）：

（1）具有严谨认真的工作态度。

（2）具有较强的问题分析能力。

19.4 任务实施

19.4.1 活动一　知识准备

（1）产品制造基本流程。

（2）产品制造常见工艺。

（3）结构设计检查方法。

（4）结构设计常见问题修正技巧。

19.4.2 活动二　示范操作

1. 活动内容

用 Pro/E 软件打开 OBD 控件三维模型，检查 OBD 控件壳体、结构各项细节。从工艺性、零件干涉性、结构力学性能等多方面出发查找现有三维模型的问题点，在软件环境修正问题与错误，编排结构检讨修正信息表，为下一步工序提供参考和借鉴。

具体要求如下：

（1）分析产品三维模型的结构特征。

（2）查找现有三维模型的问题点。

（3）操作三维软件修正找出的结构设计问题。

（4）编排结构检讨修正信息表，为下一步工序提供参考和借鉴。

2. 操作步骤

（1）步骤一：打开 OBD 控件，分析其现有结构特征，如图 19-1 所示。

（2）步骤二：检查后发现，缺少下盖底部支撑结构，在制作侧面卡扣凸起结构时，模具机构侧面滑块缺少导轨支撑，如图 19-2 所示。

图 19-1　OBD 控件结构模型

图 19-2　底部缺少支撑结构

（3）步骤三：在底部凹槽增加加强筋，在用模具进行注塑成型制作侧面卡扣凸起结构阶段时，该加强筋将起到滑块导轨的支撑作用，如图 19-3 所示。

（4）步骤四：检查后发现，底壳卡扣凸起机构呈连体造型，引起了该机构与上盖卡扣凹槽机构的干涉，如图 19-4 所示。

图 19-3　底部凹槽增加加强筋

图 19-4　卡扣凸起机构存在干涉

（5）步骤五：修改底壳卡扣凸起机构的形态，使其与上盖卡扣凹孔机构形态相对应，如图 19-5 所示。

（6）步骤六：检查后发现，底壳侧面 PCB 板的支撑结构拔模方向弄反了，这将造成底壳无法出模，如图 19-6 所示。

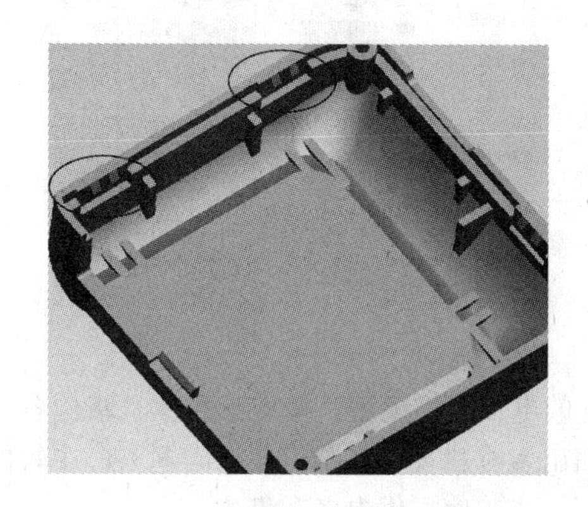

图 19-5　修改底壳卡扣凸起机构

图 19-6　底壳侧面 PCB 板的支撑结构存在拔模问题

（7）步骤七：修改底壳侧面 PCB 板的支撑结构拔模方向，使其满足底壳制造的工艺性要求，如图 17-7 所示。

（8）步骤八：检查后发现，上盖卡扣凹孔结构壁厚过大，势必造成上盖厚度不均，从而造成上盖表面凹坑瑕疵，如图 19-8 所示。

（9）步骤九：将该结构变薄，同时保留两边窄条作为加强结构，如图 19-9 所示。

（10）步骤十：用 Excel 表格将整个结构设计检讨、修正过程及结果整理为表格，以备工作中随时查阅，如图 19-10 所示。

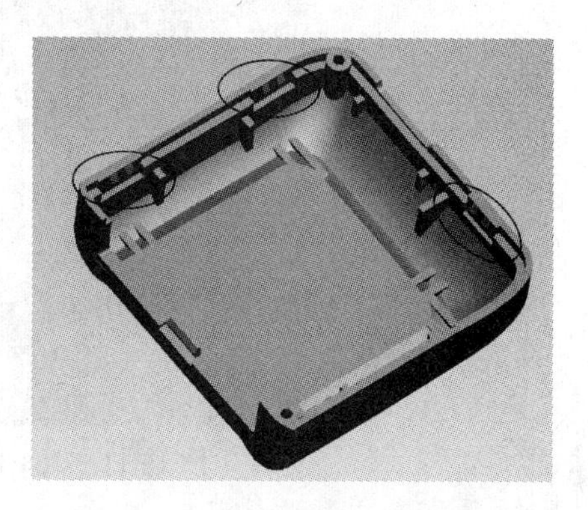

图 19-7　修改底壳侧面 PCB 板的支撑结构拔模方向

图 19-8　上盖卡扣凹孔结构存在壁厚问题

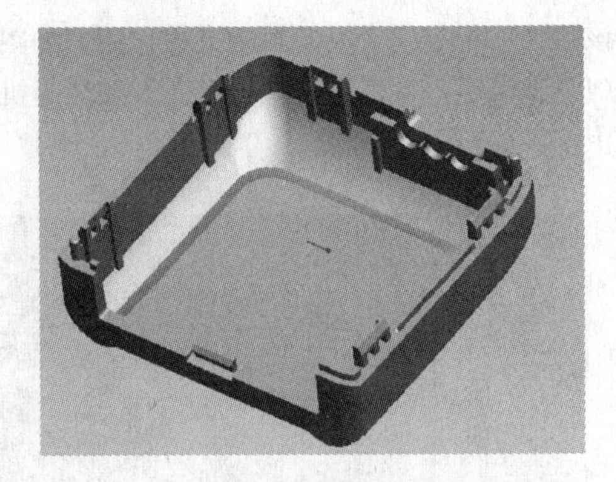

图 19-9　修改上盖卡扣凹孔结构壁厚

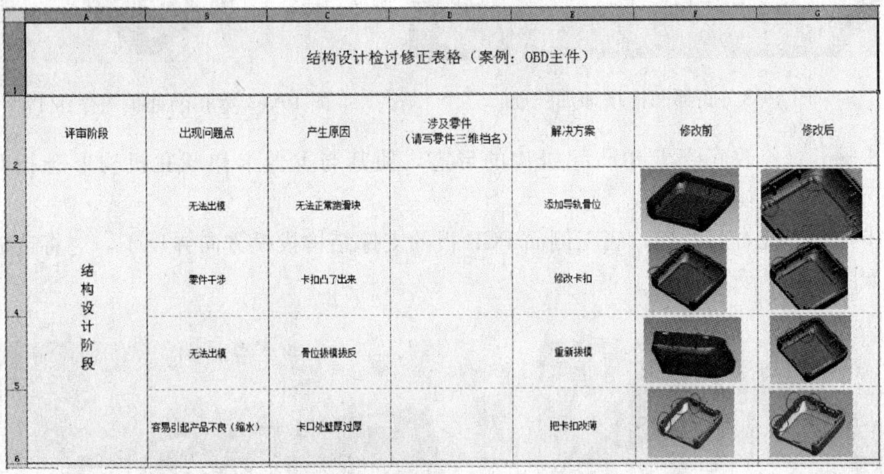

结构设计检讨修正表格（案例：OBD主件）						
评审阶段	出现问题点	产生原因	涉及零件 （请写零件三维档名）	解决方案	修改前	修改后
结构设计阶段	无法出模	无法正常跑滑块		添加导轨骨位		
	零件干涉	卡扣凸了出来		修改卡扣		
	无法出模	骨位拔模拔反		重新拔模		
	容易引起产品不良（缩水）	卡口处壁厚过厚		把卡扣改薄		

图 19-10　结构设计检讨修正表格

19.4.3　活动三　能力提升

用 Pro/E 软件打开如图 19-11 所示汽车内窥镜组件的电子三维模型，检查其壳体、结构各项细节。从工艺性、零件干涉性、结构力学性能等多方面出发查找现有三维模型的问题点，在软件环境修正问题与错误，编排结构检讨修正信息表，为下一步工序提供参考和借鉴。

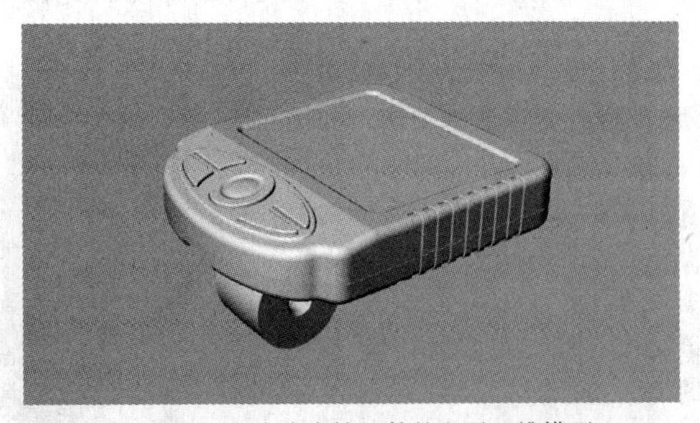

图 19-11　汽车内窥镜组件的电子三维模型

具体要求如下：

（1）分析产品三维模型的结构特征。

（2）查找现有三维模型的问题点。

（3）操作三维软件修正找出的结构设计问题。

（4）编排结构检讨修正信息表，为下一步工序提供参考和借鉴。

19.5 效果评价

效果评价参见任务1，评价标准见附录。

19.6 相关知识与技能

19.6.1 什么是产品结构设计

产品的结构设计是指产品开发环节中结构设计工程师根据产品功能而进行的内部结构的设计工作，产品结构设计的工作包括根据外观模型进行零件的分件、确定各个部件的固定方法、设计产品使用和运动功能的实现方式、确定产品各部分的使用材料和表面处理工艺等，产品结构设计是机械设计的基本内容之一，也是设计过程中花费时间最多的一个工作环节。在产品形成过程中，起着十分重要的作用。

如果把设计过程视为一个数据处理过程，那么，以一个零件为例，工作能力设计只为人们提供了极为有限的数据，尽管这少量数据对于设计很重要，而零件的最终几何形状，包括每一个结构的细节和所有尺寸的确定等大量工作均需在结构设计阶段完成。其次，因为零件的构形与其用途以及其他“相邻”零件有关，为了能使各零件之间彼此“适应”，一般一个零件不能抛开其余相关零件而孤立地进行构形。因此，设计者总是需要同时构形较多的相关零件（或部件）。此外，在结构设计中，人们还需更多地考虑如何使产品尽可能做到外形美观、使用性能优良、成本低、可制造性、可装配性、维修简单、方便运输以及对环境无不良影响等。因此可以说，结构设计具有“全方位”和“多目标”的工作特点。

一个零件、部件或产品，为要实现某种技术功能，往往可以采用不同的构形方案，而且这项工作又大都是凭着设计者的“直觉”进行的，所以结构设计具有灵活多变和工作结果多样性等特点。

对于一个产品来说，往往从不同的角度提出许多要求或限制条件，而这些要求或限制条件常常是彼此对立的。例如，高性能与低成本的要求，结构紧凑与避免干涉或足够调整空间的要求，在接触式密封中既要密封可靠又要运动阻力小的要求，以及零件既要加工简单又要装配方便的要求等。结构设计必须面对这些要求与限制条件，并需要根据各种要求与限制条件的重要程度去寻求某种“折中”，求得对立中的统一。

19.6.2 关键检讨点

1. 材料选择

2. 壳体厚度

（1）壁厚要均匀，厚薄差别尽量控制在基本壁厚的25%以内，整个部件的最小壁厚不得小于0.4mm，且该处背面不是A级外观面，并要求面积不得大于100mm²。

（2）在厚度方向上的壳体的厚度尽量在1.2～1.4mm，侧面厚度在1.5～1.7mm；外镜片支承面厚度0.8mm，内镜片支承面厚度最小0.6mm。

（3）电池盖壁厚取0.8～1.0mm。

3. 零件厚度

4. 脱模斜度

脱模角的大小没有一定的准则，多数是凭经验和依照产品的深度来决定的。此外，成型的方式，壁厚和塑料的选择也在考虑之列。一般来讲，对模塑产品的任何一个侧壁，都需有一定量的脱模斜度，以便产品从模具中取出。脱模斜度的大小可在0.2°至数度间变化，视周围条件而定，一般以0.5°～1°比较理想。

（1）取斜度的方向，一般内孔以小端为准，符合图样，斜度由扩大方向取得，外形以大端为准，符合图样，斜度由缩小方向取得。

（2）凡塑件精度要求高的，应选用较小的脱模斜度。

（3）凡较高、较大的尺寸，应选用较小的脱模斜度。

（4）塑件的收缩率大的，应选用较大的斜度值。

（5）塑件壁厚较厚时，会使成型收缩增大，脱模斜度应采用较大的数值。

（6）一般情况下，脱模斜度不包括在塑件公差范围内。

（7）插穿面斜度一般为1°～3°。

（8）外壳面脱模斜度大于等于3°。

（9）除外壳面外，壳体其余特征的脱模斜度以1°为标准脱模斜度。特别的也可以按照下面的原则来取：低于3mm高的加强筋的脱模斜度取0.5°，3～5mm取1°，其余取1.5°；低于3mm高的腔体的脱模斜度取0.5°，3～5mm取1°，其余取1.5°。

5. 加强筋的设计

为确保塑件制品的强度和刚度，又不致使塑件的壁增厚，而在塑件的适当部位设制加强筋，不仅可以避免塑件的变形，在某些情况下，加强筋还可以改善塑件成型中的塑料流动情况。为了增加塑件的强度和刚性，宁可增加加强筋的数量，也不增加其壁厚。

6. 柱子的问题

（1）设计柱子时，应考虑胶位是否会缩水。

（2）为了增加柱子的强度，可在柱子四周追加加强筋。

7. 孔的问题

（1）孔与孔之间的距离，一般应取孔径的2倍以上。

（2）孔与塑件边缘之间的距离，一般应取孔径的3倍以上，如因塑件设计的限制或作为固定用孔，则可在孔的边缘用凸台来加强。

（3）侧孔的设计应避免有薄壁的断面，否则会产生尖角，有伤手和易缺料的现象。

8. 螺丝柱的设计

通常采取螺丝加卡扣的方式来固定两个壳体，螺丝柱通常还起着对PCB板的定位作用。用于自攻螺丝的螺丝柱的设计原则为：其外径应该是Screw外径的2.0～2.4倍。

9. 止口的设计

（1）止口的设计。

1）壳体内部空间与外界的导通不会很直接，能有效地阻隔灰尘/静电等的进入。

2）上下壳体的定位及限位。

（2）壳体止口的设计需求注意的事项。

1）嵌合面应有＞3～5°的脱模斜度，端部设计倒角或圆角，以利于装配。

2）上壳与下壳圆角的止口配合，应使配合内角的R角偏大，以增加圆角之间的间隙，预防圆角处相互干涉。

3）止口方向设计，应将侧壁强度大的一端的止口设计在里边，以抵抗外力。

4）止口尺寸的设计，位于外边的止口的凸边厚度为 0.8mm；位于里边的止口的凸边厚度为 0.5mm；B_1=0.075～0.10mm；B_2=0.20mm。

5）美工线设计尺寸：0.50mm×0.50mm。是否采用美工线，可以根据设计要求进行。

10. 面壳与底壳断差的需求

装配后在止口位，如果面壳大于底壳，称为面刮；底壳大于面壳，则称为底刮。无论如何制作，段差均会存在，只是段差大小的问题，尽量使产品装配后面壳大于底壳，且缩小面壳与底壳的段差。

11. 卡扣设计关键点

（1）数量与位置：设在转角处的扣位应尽量靠近转角。

（2）结构形式与正反扣：要考虑组装、拆卸的方便，考虑模具的制作。

（3）卡扣处应注意防止缩水与熔接痕。

（4）朝壳体内部方向的卡扣，斜销运动空间不小于 5mm。

12. 装饰件的设计

（1）装饰件尺寸较大时（大于 400mm^2），壳体四周与装饰件配合的粘胶位宽度要求大于 2mm。在进行装饰件装配时，要用治具压装饰片，压力大于 3kgf，保压时间大于 5s。

（2）外表面的装饰件尺寸较大时（大于 400mm^2），可以采用铝、塑胶壳喷涂、不锈钢等工艺，不允许采用电铸工艺。因为电铸工艺只适用于面积较小、花纹较细的外观件。面积太大无法达到好的平面度，且耐磨性能很差。

（3）电镀装饰件设计时，如果与内部的主板或电子器件距离小于 10mm，塑胶壳体装配凹槽尽量无通孔，否则 ESD 非常难通过。如果装饰件必须采用卡扣式，即壳体必须有通孔，则卡位不能电镀，且扣位要用屏蔽胶膜盖住。

（4）如果装饰件在主机的两侧面，装饰件内部的面壳与底壳筋位深度方向设计成直接接触，不能靠装饰件来保证装配的强度。

（5）电镀装饰件设计时需考虑是否有 ESD 风险。

（6）对于直径小于 5.0mm 的电镀装饰件，一般设计成双面胶粘接或后面装入的方式，不要设计成卡扣的方式。

19.6.3 模图检查

1. 散件图的检查项目

（1）标题栏、规格表的全项检查。

（2）视图检查。

1）按第三角投影法，视图方向是否合理（是否镜像正确），视图关系是否一一对应，有无投影错误（指所有结构）。

2）是否清晰合理地反映各部分 PL 位置及所有结构，包括枕位、擦穿位、避空位、行位、斜顶、流道、浇口。

3）是否清晰合理地反映胶位，胶位是否完全符合产品图要求。

4）各部分结构要尽量剖析，少用虚线标示，尽量多局部放大及剖图。

（3）尺寸标注。

1）标注基准是否合理，有胶位的散件各视图是否均有 PL 线做基准，计缩水是否正确？

2）是否有最大外形数及各级铜公最深点尺寸，RIB、BOSS 中心线尺寸是否标示？

3）各视图的标注比例是否正确？

4）标注线条是否清晰、肉眼是否可以轻易分清？

5）是否有流道尺寸及浇口放大图？

6）产品图有公差的尺寸、散件图相应的尺寸是否反映良好？

（4）加工说明。

1）产品图上有的说明，散件图是否有？

2）特别交代修改产品图的尺寸及说明是否有？

3）外观加工的最终要求散件图上是否有？

2. 组立图的检查：

（1）标题栏和明细表的检查。

（2）冷却水的分布是否合理，塞打螺丝或拉板、开闭器、中托司、撑头、弹簧的位置及数量是否合理、相互干涉？

（3）是否需要强制复位机构？

（4）尺寸检查。

1）模胚外形尺寸、相关模板的厚度及开框深度尺寸。

2）产品的排位和基准尺寸、流道尺寸。

3）装配螺丝、冷却水道、顶出孔（KO孔）位置尺寸。

4）滑块、斜顶、导滑块、限位柱的中心数等尺寸。

5）撑头、弹簧、拉杆、开闭器、中托司的位置、大小尺寸。

6）塞打螺丝（或拉板）的位置、长度尺寸。

19.6.4 设计的再核对与修正

对设计的检讨将有助于回答一些根本的问题：所设计的产品是否达到预期的效果？价格是否合理？甚至于在此时，许多产品为了生产的经济性或是为了重要的功能和外形的改变，必须被发掘并改善，当然，设计上的重大改变，可能需要做完整的重新评估；假若所有的设计都经过这种仔细检讨，则能够在这个阶建立产品的细节和规格。

一、单选题

1. 凡塑件精度要求高的，应选用（　　）的脱模斜度。

A. 大　　B. 较大　　C. 较小　　D. 小

2. 凡较高、较大的尺寸，应选用（　　）的脱模斜度。

A. 较小　　B. 小　　C. 较大　　D. 大

3. 外壳面脱模斜度应大于等于（　　）。

A. 1°　　B. 2°　　C. 3°　　D. 4°

4. 朝壳体内部方向的卡扣，斜销运动空间不小于（　　）mm。

A. 2　　B. 3　　C. 4　　D. 5

5. 上壳与下壳圆角的止口配合，应使配合内角的 R 角偏大，以（　　）圆角之间的间隙，预防圆角处相互干涉。

A. 增加　　B. 减少　　C. 去除　　D. 忽略

6. 美工线设计尺寸为（　　）。

A. 0.40mm×0.50mm　　B. 0.50m×0.50m

C. 0.40m×0.50m　　D. 0.50mm×0.50mm

7. 外表面的装饰件尺寸大于（　　）为较大。

A. $400mm^2$　　B. $500mm^2$　　C. $600mm^2$　　D. $700mm^2$

8. 有胶位的散件各视图是否均有（　　）线做基准。

A. PM　　B. PC　　C. PL　　D. PD

9. 零件的构形与其用途以及其他（　　）的零件有关。

A. 相对　　B. 相交　　C. 相离　　D. 相邻

10. 脱模斜度的大小可在0.2°至数度间变化，视周围条件而定，一般以（　　）比较理想。

A. 0°～0.5°　　B. 0.5°～1°　　C. 1°～1.5°　　D. 1.5°～2°

二、多选题

11. “尺寸检查”是为了检查（　　）。

A. 模胚外形尺寸、相关模板的厚度及开框深度尺寸

B. 产品的排位和基准尺寸、流道尺寸

C. 装配螺丝、冷却水道、顶出孔（KO孔）位置尺寸

D. 滑块、斜顶、导滑块、限位柱的中心数等尺寸

E. 撑头、弹簧、拉杆、开闭器、中托司的位置、大小尺寸

12. 散件图的检查项目有（　　）。

A. 标题栏、规格表的全项检查　　B. 视图检查

C. 尺寸标注　　D. 加工说明

E. 线条粗细

13. 散件图的加工说明要注意的有（　　）。

A. 各视图的标注比例是否有　　B. 是否有流道尺寸及浇口放大图

C. 产品图上有的说明，散件图是否有　　D. 特别交代修改产品图的尺寸及说明是否有

E. 外观加工的最终要求散件图上是否有

14. 组立图的检查有（　　）。

A. 是否需要强制复位机构

B. 标题栏和明细表的检查

C. 冷却水的分布是否合理，塞打螺丝或拉板、开闭器、中托司、撑头、弹簧的位置及数量是否合理、相互干涉

D. 外观加工的最终要求

E. 尺寸检查

15. 卡扣设计的关键点有（　　）。

A. 数量与位置：设在转角处的扣位应尽量靠近转角

B. 从简化

C. 卡扣处应注意防止缩水与熔接痕

D. 朝壳体内部方向的卡扣，斜销运动空间不小于5mm

E. 结构形式与正反扣：要考虑组装、拆卸的方便，考虑模具的制作

16. 壳体止口的设计需求注意的事项有（　　）。

A. 嵌合面应有＞3°～5°的脱模斜度，端部设计倒角或圆角，以利于装配

B. 上壳与下壳圆角的止口配合，应使配合内角的 R 角偏大，以增加圆角之间的间隙，预防圆角处相互干涉

C. 止口方向设计，应将侧壁强度大的一端的止口设计在里边，以抵抗外力

D. 止口尺寸的设计，位于外边的止口的凸边厚度为 0.8mm；位于里边的止口的凸边厚度为 0.5mm；B_1＝0.075～0.10mm；B_2＝0.20mm

E. 美工线设计尺寸：0.50mm×0.50mm。是否采用美工线，可以根据设计要求进行

17. 关于脱模斜度，正确的有（　　）。

A. 凡塑件精度要求高的，应选用较小的脱模斜度

B. 凡较高、较大的尺寸，应选用较小的脱模斜度

C. 塑件的收缩率大的，应选用较大的斜度值

D. 塑件壁厚较厚时，会使成型收缩增大，脱模斜度应采用较大的数值

E. 一般情况下，脱模斜度不包括在塑件公差范围内

18. 壁厚要均匀，厚薄差别尽量能控制在基本壁厚的（　　）。

A. 10%　　B. 20%　　C. 25%　　D. 35%

19. 内镜片支承面厚度可以是（　　）mm。

A. 0.5　　B. 0.6　　C. 0.7　　D. 0.8

20. 对于直径适合（　　）mm 的电镀装饰件，一般设计成双面胶粘接或后面装入的方式，不要设计成卡扣的方式。

A. 4　　B. 5　　C. 6　　D. 7

E. 8

三、判断题

21. 结构设计必须面对这些要求与限制条件，并需要根据各种要求与限制条件的重要程度去寻求某种“折中”，求得对立中的统一。（　　）

22. 结构设计具有“全方位”和“多目标”的工作特点。（　　）

23. 脱模角的大小有一定的准则，不能凭经验和依照产品的深度来决定。（　　）

24. 装饰件尺寸较大时（大于 400mm²），壳体四周与装饰件配合的粘胶位宽度要求大于 2mm。（　　）

25. 为了增加塑件的强度和刚性，宁可增加加强筋的数量，而不增加其壁厚。（　　）

26. 卡扣处应注意防止缩水与熔接痕。（　　）

27. 一般情况下，脱模斜度不包括在塑件公差范围内。（　　）

28. 孔与孔之间的距离，一般应取孔径的 2 倍以上。（　　）

29. 通常采取螺丝加卡扣的方式来固定两个壳体，螺丝柱通常还起着对 PCB 板的定位作用。（　　）

练习与思考参考答案

1. C	2. A	3. C	4. D	5. A	6. D	7. A	8. C	9. D	10. B
11. ABCDE	12. ABCD	13. CDE	14. ABCE	15. ABCDE	16. ABCDE	17. ABCDE	18. ABC	19. BCDE	20. AB
21. Y	22. Y	23. N	24. Y	25. Y	26. Y	27. Y	28. Y	29. Y	

任务 20

产品结构装配评审

该训练任务建议用 6 个学时完成学习。

20.1 任务来源

在进入模具设计制造前，应当进行结构装配评审，使该产品具有较好的可制造性和可装配性，从根本上避免在产品开发后期出现的制造和装配质量问题。

20.2 任务描述

对现有产品结构设计方案进行结构装配评审，充分考虑来自于产品制造和装配的要求，使该产品具有较好的可制造性和可装配性，从根本上避免在产品开发后期出现的制造和装配质量问题。

20.3 能力目标

20.3.1 技能目标

完成本训练任务后，你应当能（够）：

1. 关键技能

（1）会完成结构装配评审资料输入。

（2）会审核生产装配合理性。

（3）会审核零件装配设计合理性。

（4）会审核其他影响装配的设计。

（5）会填写 FMEA 结构装配检查表。

2. 基本技能

（1）会理解产品结构设计基本术语。

（2）会理解产品装配的流程。

（3）会处理常见产品装配问题。

（4）会计算机三维结构建模。

20.3.2 知识目标

完成本训练任务后，你应当能（够）：

(1) 掌握产品结构装配的评审规则。
(2) 掌握产品结构装配的评审方法。
(3) 了解产品装配的流程及简化原则。
(4) 了解产品结构设计与装配的联系。

20.3.3 职业素质目标

完成本训练任务后，你应当能（够）：
(1) 养成严谨科学的工作态度。
(2) 具备耐心细致的工作素养。
(3) 养成总结训练过程和结果的习惯，为下次训练总结经验。
(4) 养成团结协作精神。

20.4 任务实施

20.4.1 活动一 知识准备

(1) DFMA 定义与内容。
(2) 产品零件装配工艺知识。
(3) 面向制造和装配的产品开发方法。

20.4.2 活动二 示范操作

1. 活动内容

现有经过初步结构设计评审的手持 POS 机三维图档一组，在进入模具设计制造前，进行结构装配评审，充分考虑来自于产品制造和装配的要求，使该产品具有较好的可制造性和可装配性，从根本上避免在产品开发后期出现的制造和装配质量问题。FMEA 装配检查表见表 20-1。

具体要求如下：
(1) 整理结构装配评审资料。
(2) 进行生产装配合理性审核。
(3) 进行零件装配设计合理性审核。
(4) 进行其他影响装配的设计审核。
(5) 填写 FMEA 结构装配检查表。

2. 操作步骤

(1) 步骤一：结构装配评审资料输入。
1) 审核结构设计三维图档的版本及完整性。
2) 明确装配顺序。
3) 确定零件定位。
(2) 步骤二：生产装配合理性审核。
1) 整机装配步骤合理性检查。
2) 装配中的特别要求检查。
(3) 步骤三：零件装配设计合理性审核。
1) 零件、运动件及 PCB 板干涉检查。
2) 壳体、零件及 PCB 板限位检查。

3）壳体、零件及 PCB 板的连接与固定检查。
4）零件的防呆检查。
5）壳体、零件及 PCB 板的间隙检查。
（4）步骤四：其他影响装配的设计审核。
1）外观合理性审核。
2）线缆（包括焊接引线与 FPC）审核。
（5）步骤五：填写 FMEA 结构装配检查表（见表 20-1）。
1）依据 FMEA 结构装配检查表内容检查结构设计文件。
2）总结检查结果并给出合理化建议。

表 20-1　　FMEA 装配检查表

类别	检查内容	检查结果	
生产装配	整机的装配步骤是否清晰明了	□OK	□NG
	整机的装配步骤是否容易操作	□OK	□NG
	装配是否需要特制的夹具	□OK	□NG
	装配是否有特别注意的地方	□OK	□NG
	小物件装配是否容易掉出	□OK	□NG
	装配步骤是否能够简化	□OK	□NG
	装配过程是否有危险动作	□OK	□NG
干涉	零件装配是否有干涉	□OK	□NG
	运动件装配是否有干涉	□OK	□NG
	是否与 PCB 干涉	□OK	□NG
限位	检查壳体零件是否有限位	□OK	□NG
	检查所有小物件是否有限位	□OK	□NG
	检查 PCB 是否有限位	□OK	□NG
	检查所有零件是否有重复限位	□OK	□NG
连接与固定	检查壳体零件是否有连接与固定结构	□OK	□NG
	检查所有小物件是否有连接与固定结构	□OK	□NG
	检查 PCB 是否有固定结构	□OK	□NG
防呆	检查所有零件是否能够防呆	□OK	□NG
	相似的零件尽量合并使用	□OK	□NG
	防呆零件的物征要容易区别	□OK	□NG
	相似但不能合并共用的零件防呆是否明显	□OK	□NG
间隙	零件与零件间隙设计是否合理	□OK	□NG
	壳体与 PCB 及元器件间隙是否合理	□OK	□NG
	设计间隙是否有考虑到公差	□OK	□NG
	设计时是否预留装配间隙	□OK	□NG
外观	外观是否有锋利的边和角	□OK	□NG
	结构设计能否满足表面处理要求，避免影响外观	□OK	□NG
	有无影响外观的装配步骤	□OK	□NG

续表

类别	检查内容	检查结果	
线缆（包括焊接引线与FPC）	线缆是否有空间放置	□OK	□NG
	线缆是否有合理的走向	□OK	□NG
	线缆有没有固定结构	□OK	□NG
	线缆在装配时有没有压坏的隐患	□OK	□NG
	线缆是否需要特殊的保护措施	□OK	□NG

检查结论：

20.4.3 活动三 能力提升

根据活动内容和示范操作要求，对现有某典型产品结构设计进行结构装配评审，充分考虑来自于产品制造和装配的要求，使该产品具有较好的可制造性和可装配性，从根本上避免在产品开发后期出现的制造和装配质量问题。

具体要求如下：

（1）整理结构装配评审资料。

（2）进行生产装配合理性审核。

（3）进行零件装配设计合理性审核。

（4）进行其他影响装配的设计审核。

（5）填写FMEA结构装配检查表。

20.5 效果评价

效果评价参见任务1，评价标准见附录。

20.6 相关知识与技能

20.6.1 DFMA

1. 定义

DFMA（Design for Manufacturing and Assembly）是指在产品设计阶段，充分考虑来自于产品制造和装配的要求，使得机械工程师设计的产品具有很好的可制造性和可装配性，从根本上避免在产品开发后期出现的制造和装配质量问题。

2. 内容

DFMA包括DFM和DFA，即面向制造的设计和面向装配的设计。

DFM是指产品设计需要满足产品制造的要求，具有良好的可制造性，使得产品以最低的成本、最短的时间、最高的质量制造出来。根据产品制造工艺的不同，面向制造的设计可以分为面向注塑加工的设计、面向冲压的设计和面向压铸的设计等。

DFA是指产品的设计需要具有良好的可装配性，使得装配工序简单、装配效率高、装配时间短、装配质量高、装配成本低等。常用的方法包括简化产品设计、减少零件数量、使用标准件、增加零件装配定位和导向、减少零件装配过程中的调节、零件装配模块化和装配防错等。

3. 优点

DFMA 的核心和宗旨是“我们设计，你们制造，设计充分考虑制造的要求”“第一次就把事情做对”，DFMA 具有四大优点，具体如下。

(1) 减少产品设计修改次数。DFMA 倡导“第一次就把事情做对”的理念，把产品的设计修改都集中在产品设计阶段完成，在产品设计阶段，机械工程师投入更多的时间和精力，同制造和装配部门密切合作，使得产品设计充分考虑产品的可制造性和可装配性，当产品进入到制造和装配阶段后，由制造和装配问题引起的产品设计修改次数就大大减少。

(2) 产品开发周期短。DFMA 能够缩短产品开发周期，从而缩短产品上市时间。据统计，相对于传统产品开发，面向制造和装配的产品开发能够节省 39%的产品开发时间。当然，面向制造和装配的产品开发需要更多的产品设计时间和精力以确保产品设计的可制造性和可装配性。

为缩短产品开发周期、缩短产品上市时间，正确的做法是采用面向制造和装配的产品开发，增加产品设计阶段时间和精力的投入，确保“第一次就把事情做对”。遗憾的是，目前有些企业为了缩短产品开发周期，压缩在产品设计阶段的时间和精力的投入，在产品设计还没有完善之前，匆匆忙忙进行模具设计和制造，结果当然只能是事倍功半、适得其反，“反复修改才能把事情做对”，产品开发的时间反而大幅增加。

(3) 降低产品成本。DFMA 能够大幅降低产品成本。据统计，产品设计阶段决定了 75%的产品成本，DFMA 同时也是面向成本的开发，这主要通过以下几个方面来实现。

1) 在设计阶段进行成本分析降低产品成本。在产品设计阶段，对产品的成本进行分析，在满足产品功能等要求的前提下，选择合适的材料和最经济的产品制造工艺。

2) 减少设计修改，降低成本。在产品开发周期中，设计修改的灵活度随着时间的推移越来越低，设计修改所导致的费用就越来越高。一般来说，设计修改费用在产品开发周期中是随着时间的推移呈 10 的指数级增长的。因此，减少产品设计修改，同时避免在产品开发后期进行设计修改，这能够大大降低产品成本，面向制造和装配的产品开发“第一次就把事情做对”，在产品设计阶段就完善产品设计，这就避免了在产品开发后期进行设计修改所带来的巨额费用，降低了产品成本。

3) 简化零件设计，减少产品制造成本。面向制造和装配的产品开发在产品设计阶段通过简化零件的设计，降低零件制造复杂度，从而达到减少零件制造成本的目的。

零件设计简单与否直接关系到零件制造成本，实现同样功能的一个零件，如果设计简单，制造就简单，制造的成本就低；相反，如果零件设计复杂，制造就复杂，制造的成本就高。从成本上来说，零件上的每一个特征必须有其存在的理由，否则这些特征是可以去除的。而零件上一些不必要的特征往往会增加零件的制造复杂度，从而增加模具的复杂度和制造成本。简化零件的设计，减少零件的复杂度，这是面向制造和装配的产品开发中一个非常重要的内容，本书将在以后的章节中对此做详细的描述。

4) 简化产品设计，减少产品成本。DFMA 可以通过简化产品的设计，达到减少产品制造和装配成本的目的。产品成本包括零件的材料成本和相应的制造和装配成本，产品越复杂，产品的装配就越复杂，装配成本就越高，同时装配出现不良品的概率也越高。简化产品设计是降低产品成本的一个强有力的手段。

5) 减少装配工序和装配时间，减少装配成本。DFMA 在产品设计阶段通过选择合适的装配工序、保证产品的可装配性，从而使得产品装配变得简单、有效率、人性化，能够大量降低装配时间、减少装配成本。根据 1993 年 6 月美国《计算机辅助工程》杂志的统计，相对于传统产品开发，DFMA平均能够节省产品13%的装配时间，从而减少产品装配成本支出。

6）降低产品不良率，减少成本浪费。产品成本还包括因为制造过程中产品不良率所带来的成本浪费，产品不良率越高，产品的成本浪费就越高。DFMA通过降低产品不良率来减少产品的成本浪费。

20.6.2 FMEA

故障模式影响分析（Failure Mode and Effects Analysis，FMEA），是分析系统中每一产品所有可能产生的故障模式及其对系统造成的所有可能影响，并按每一个故障模式的严重程度、检测难易程度以及发生频度予以分类的一种归纳分析方法。

1. 实行失效模式与影响分析的目的

（1）能够容易、低成本地对产品或过程进行修改，从而减轻事后修改的危机。

（2）能找到能够避免或减少这些潜在失效发生的措施。

2. 实行失效模式与影响分析的益处

（1）指出设计上可靠性的弱点，提出对策。

（2）针对要求规格、环境条件等，利用实验设计或模拟分析，对不适当的设计，实时加以改善，节省无谓的损失。

（3）有效地实施FMEA，可缩短开发时间及开发费用。

（4）FMEA发展初期，以设计技术为考虑，但后来的发展，除设计时间使用外，制造工程及检查工程亦可适用。

（5）改进产品的质量、可靠性与安全性。

20.6.3 产品零件装配工艺性

零件装配和维修结构工艺性对于产品的整个生产过程有很大影响。它是评定机器设计好坏的标志之一。装配过程的难易、成本的高低、以及机器使用质量是否良好，在很大程度上取决于它本身的结构。

机器的装配工艺性要求机器结构在装配过程中，使相互连接的零部件不用或少用修配和机械加工，就能按要求顺利的、花比较少的劳动量装配起来并达到规定的装配精度。装配对零部件结构工艺性的要求，主要是使装配周期最短、劳动量最少而且操作方便容易达到装配精度要求。

整台机器应能分拆成若干可以单独装配的单元部件、组合件。由于各部件、组合件构成的装配单元可平行作业，因此可缩短装配周期，且便于维修（只需要将检修的部分拆下）。采用这种设计法，常需要增加一些连接零件，但装配工艺性有很大改善，故在实际生产中常常应用。为了多快好省地装配机器，必须最大限度缩短装配周期，而把机器分成若干个装配单元是缩短装配周期的基本措施。因为机器分拆成若干个装配单元后，可以在装配工作上组织平行装配作业，扩大装配工作面，而且能使装配按流水线组织生产。同时，各装配单元能预先调整试验。各部分能以较完善的状态送去总装，有利于保证机器的最终质量。

将机器分拆成若干独立装配单元，除上述优点外，还有：

（1）便于部件规格化、系列化和标准化，并可减少劳动量，提高装配生产率和降低成本。

（2）有利于机器质量不断地改进和提高。这对重型机器尤为重要，因为它们寿命周期较长，不会轻易报废。随着科学技术进步和要求的不断提高，经常在使用过程中需要加以改进。若机器具有独立装配单元，则改进起来很方便。

（3）便于协作生产。可由各专业工厂分别生产独立单元，然后再集中进行装配。

(4) 给重型机械包装运输带来很大方便。

(5) 装配工作中，可在组织平行装配作业基础上安排流水作业生产。

(6) 各独立装配单元可预先进行调整实验，各部分以比较完善状态进入总装，有利于保证产品质量和总装顺利进行。

设计机器结构时，必须考虑装配工作简单方便。很重要的一点是套件的几个表面不应该是同时地装入基准零件（如箱体零件）的配合孔中，而应该按先后次序，依次装入。综上所述，一般装配和维修对零件结构工艺性的要求主要包括：能够组成单独的部件或装配单元、应具有合适的装配基面、考虑装配和拆卸的方便性、考虑设备维护的方便性、选择合理的调整或补偿环以及尽量减少修配工作量等。

练习与思考

一、单选题

1. 对于箱体类零件，为了便于装拆常设计成（　　）。

A. 整体式结构　B. 剖分式结构　C. 封闭式结构　D. 以上都不正确

2. 大批、大量生产的装配工艺方法大多是（　　）。

A. 按互换法装配　B. 以合并加工修配为主

C. 以修配法为主　D. 以调整法为主

3. 热装零件的加热温度与（　　）无关。

A. 零件材质　B. 结合直径　C. 过盈量　D. 热装的最大间隙

4. 油加热零件的加热温度比所用油的闪点应低（　　）℃。

A. 3～5　B. 8～12　C. 15～20　D. 20～30

5. 装配是产品的制造过程的（　　）阶段。

A. 初始　B. 中间　C. 最后　D. 任意

6. 属于可拆卸连接的是（　　）。

A. 焊接　B. 铆接　C. 销连接　D. 过盈配合连接

7. 装配故障模式影响分析的缩写是（　　）。

A. FMEA　B. DFMA　C. DFM　D. FEM

8. 在绝大多数产品中，装配时各组成环不需挑选或改变其大小或位置，装配后即能达到装配精度的要求，但少数产品有出现废品的可能性，这种装配方法称为（　　）。

A. 完全互换法　B. 概率互换法　C. 选择装配法　D. 修配装配法

9. 大批、大量生产的装配工艺方法大多是（　　）。

A. 按互换法装配　B. 以合并加工修配为主

C. 以修配法为主　D. 以调整法为主

10. 以下不属于防松结构的是（　　）。

A. 双螺母锁紧　B. 止动垫圈防松　C. 止动垫片锁紧　D. 用轴肩固定

二、多选题

11. 装配精度包括的内容有（　　）。

A. 相互位置精度　B. 相对运动精度　C. 相互配合精度　D. 绝对位置精度

E. 绝对运动精度

12. 保证产品精度的装配工艺方法有（　　）。

A. 互换法　B. 选配法　C. 计算法　D. 调整法
E. 修配法

13. 选择装配法的三种不同的形式有（　）。
A. 互换法　B. 直接选配法　C. 分组装配法　D. 复合选配法
E. 调整法

14. 装配中必须考虑的因素有（　）。
A. 尺寸　B. 运动　C. 精度　D. 可操作性
E. 零件的数量

15. 锁紧件的种类有（　）。
A. 自动锁紧件　B. 螺纹连接用锁紧件　C. 孔轴类锁紧件　D. 手动锁紧件
E. 以上都不正确

16. 结构装配审核中防呆的内容包括（　）。
A. 检查所有零件是否能够防呆　B. 相似的零件尽量合并使用
C. 防呆零件的物征要容易区别　D. 相似但不能合并共用的零件防呆是否明显
E. 外观是否有锋利的边和角

17. DFMA的优点有（　）。
A. 产品设计修改次数少　B. 产品开发周期短
C. 产品成本低　D. 产品质量高
E. 产品开发周期长

18. 常用的拆卸方法有（　）。
A. 击卸法拆卸　B. 拉拨法拆卸　C. 顶压法拆卸　D. 温差法拆卸
E. 破坏法拆卸

19. 各零部件在安装中必须达到的要求有（　）。
A. 以正确的顺序进行安装　B. 按图样规定的方法进行安装
C. 按图样规定的位置进行安装　D. 按规定的方向进行安装
E. 按规定的尺寸精度进行安装

20. 装配组织的形式随生产类型和产品复杂程度而不同，可分为（　）。
A. 虚拟装配　B. 成批生产的装配　C. 大量生产的装配　D. 现场装配
E. 单件生产的装配

三、判断题

21. 定位是将零件或工具放在正确的位置上，以便进行后续的操作。（　）
22. 零件是组成机器的最小单元，机器的质量最终是通过装配保证的。（　）
23. 装配系统图是表明产品零、部件间相互关系及装配流程的示意图。（　）
24. 零件的结构设计，不一定要考虑装配时是否能方便准确地达到所要求的位置。（　）
25. 为了使零件能够获得准确的安装位置，只能依靠提高加工精度来实现。（　）
26. 各部件、组合件构成的装配单元可平行作业，因此可缩短装配周期，且便于维修。（　）
27. 装配对零部件结构工艺性的要求，主要是使装配周期最短、劳动量最少而且操作方便容易达到装配精度要求。（　）
28. 任何零部件在整个系统中都有自己唯一确定的位置，即都必须定位。（　）
29. 在机械结构设计上，采用调整装配法代替修配法，可以使修配工作量从根本上增加。（　）

练习与思考参考答案

1. A	2. A	3. D	4. D	5. C	6. C	7. A	8. B	9. A	10. B
11. ABC	12. ABDE	13. BCD	14. ABCDE	15. BC	16. ABCD	17. ABCD	18. ABCDE	19. ABCDE	20. BCDE
21. Y	22. Y	23. Y	24. N	25. N	26. Y	27. Y	28. Y	29. N	

任务 21

产品模具评审

该训练任务建议用6个学时完成学习。

21.1 任务来源

在产品正式投产前，需要对产品的模具进行评估，以确保最终产品能达到预期设计目标。

21.2 任务描述

现有典型产品设计项目一个，在模具设计与制造阶段，对模具进行评估，完成对模具的评审，为产品的顺利生产提供可靠保障。

21.3 能力目标

21.3.1 技能目标

完成本训练任务后，你应当能（够）：

1. 关键技能

（1）会完成结构设计图纸审核。

（2）会分析零件加工可行性。

（3）会评审模具结构。

（4）会评审成型设备。

（5）会完成模具设计评审表。

2. 基本技能

（1）会理解产品结构设计基本术语。

（2）会理解产品模具设计的基本原理。

（3）会理解常见塑料的成型工艺及特性。

（4）会计算机三维基础建模。

21.3.2 知识目标

完成本训练任务后，你应当能（够）：

（1）掌握基本材料工艺性能。

（2）掌握模具的跟进流程。

（3）了解模具评审的基本方法。

（4）了解产品注塑缺陷的解决方法。

21.3.3 职业素质目标

完成本训练任务后，你应当能（够）：

（1）养成严谨科学的工作态度。

（2）具备耐心细致的工作素养。

（3）养成总结训练过程和结果的习惯，为下次训练总结经验。

（4）养成团结协作精神。

21.4 任务实施

21.4.1 活动一 知识准备

（1）模具的概念。

（2）塑料模具设计流程。

21.4.2 活动二 示范操作

1. 活动内容

现有手持POS机设计项目一个，在模具设计与制造阶段，对模具进行评估，完成对模具的评审，为产品的顺利生产提供可靠保障。模具设计评审表见表21-1。

具体要求如下：

（1）整理结构设计图纸审核资料。

（2）进行零件加工可行性分析。

（3）进行模具结构评审。

（4）进行成型设备评审。

（5）完成模具设计评审表。

2. 操作步骤

（1）步骤一：结构设计图纸审核。

1）校核主要零件、成型零件工作尺寸及配合尺寸。

2）评审全部零件图及总装图的视图位置，投影是否正确，画法是否符合制图国家标准，有无遗漏尺寸。

3）校核所有零件的几何结构、视图画法、尺寸标注等是否有利于加工。

4）审核装配图上各模具零件安置部位是否恰当是否表示清楚，有无遗漏。

（2）步骤二：零件加工可行性分析。

1）校核模具及模具零件的材质、硬度、尺寸精度和结构等是否符合图纸要求。

2）评审塑料的流动、缩孔、熔接痕、裂口和脱模斜度等是否影响塑料制件的使用性能、尺寸精度和表面质量方面的要求。

3）评审图案设计有无不足，加工是否简单。

4）评审成型材料的收缩率是否选用正确。

(3) 步骤三：模具结构评审。

1) 分析分型面位置及精加工精度是否满足需要，是否会发生溢料，开模后是否能保证塑料制件留在有顶出装置的一边。

2) 分析脱模方式是否正确，推杆、推管的直径、位置、数量是否合适，推板是否会被型芯卡住，是否会造成擦伤。

3) 分析模具温度调节的加热器功率、数量，冷却介质的流动线路位置、粗细、数量是否合适。

4) 分析处理塑料制件侧凹的方法，脱侧凹的机构是否恰当，如斜导柱抽芯机构中的滑块与推杆是否相互干扰。

5) 分析浇注、排气系统的位置、大小是否恰当。

(4) 步骤四：成型设备评审。

1) 评审注射量、注射压力及锁模力是否足够。

2) 评审模具的安装、塑料制件的型芯、脱模是否正确。

3) 确定注射机的喷嘴与浇口套是否正确接触。

(5) 步骤五：完成模具设计评审表（见表21-1)。

1) 依据模具设计评审表逐项填写评审内容。

2) 分析评审内容及检查结果，给出合理化建议。

表21-1　　模具设计评审表

项目名称		产品名称		模具厂家		模号	
会议主持人		记录人		会议时间		会议地点	

参加人员：

项目	内容	检查结果	
模架	模架大小、强度	□OK	□NG
	即嘴孔径、球半径、定位圈跟跟公司注塑机匹配	□OK	□NG
	顶出中心、即嘴中心一致	□OK	□NG
产品	产品数据和收缩率	□OK	□NG
	产品公差	□OK	□NG
	出模皮纹角度	□OK	□NG
	擦穿面角度足够大	□OK	□NG
进胶	进胶方式	□OK	□NG
	流道尺寸合理	□OK	□NG
	胶口尺寸合理	□OK	□NG
模仁	分型面选择合理	□OK	□NG
	大小和强度合理	□OK	□NG
	上下模不能干涉	□OK	□NG
	镶针镶件需要防转的一定要防转	□OK	□NG
行位	分型面选择合理	□OK	□NG
	大小和强度合理	□OK	□NG
	不能跟模仁、模架干涉	□OK	□NG
	运动行程足够	□OK	□NG

项目	内容	检查结果	
斜顶	滑座处左右要避空（单边0.1～0.2)	□OK	□NG
	斜顶导板要与模板配合	□OK	□NG
	多个斜顶导向块和滑座不能连在一起	□OK	□NG
	顶出行程足够，不能跟产品干涉	□OK	□NG
	有防转措施	□OK	□NG
顶针	顶针布置合理，顶出平衡	□OK	□NG
	顶针大小合理	□OK	□NG
	避空合理	□OK	□NG
水路	运水能够构成回路	□OK	□NG
	水路不能与螺钉、顶针等干涉	□OK	□NG
	水路接头间距要足够大，原则30mm以上	□OK	□NG
	水路与其他孔针的距离大于4mm以上	□OK	□NG
	能保证模具温度均匀	□OK	□NG

续表

项目	内容	检查结果		项目	内容	检查结果	
加工工艺	避免不必要的清角，倒角足够大，CNC尽量能加工出来	□OK	□NG	加工工艺	中大型零件吊环孔	□OK	□NG
					镶件拆装方便	□OK	□NG
	应力集中处尽量有倒角	□OK	□NG		镶件模芯不能有太薄弱的部位	□OK	□NG

讨论方案：

21.4.3 活动三　能力提升

根据活动内容和示范操作要求，在某典型产品项目的模具设计与制造阶段，对模具进行评估，完成对模具的评审，为产品的顺利生产提供可靠保障。

具体要求如下：

(1) 整理结构设计图纸审核资料。

(2) 进行零件加工可行性分析。

(3) 进行模具结构评审。

(4) 进行成型设备评审。

(5) 完成模具设计评审表。

21.5 效果评价

效果评价参见任务1，评价标准见附录。

21.6 相关知识与技能

21.6.1 模具概念

在外力作用下使坯料成为有特定形状和尺寸的制件的工具。广泛用于冲裁、模锻、冷镦、挤压、粉末冶金件压制、压力铸造，以及工程塑料、橡胶、陶瓷等制品的压塑或注塑的成形加工中。模具具有特定的轮廓或内腔形状，应用具有刃口的轮廓形状可以使坯料按轮廓线形状发生分离（冲裁）。应用内腔形状可使坯料获得相应的立体形状。模具一般包括动模和定模（或凸模和凹模）两个部分，二者可分可合。分开时取出制件，合拢时使坯料注入模具型腔成形。模具是精密工具，形状复杂，承受坯料的胀力，对结构强度、刚度、表面硬度、表面粗糙度和加工精度都有较高要求，模具生产的发展水平是机械制造水平的重要标志之一。

21.6.2 塑料模具设计流程

1. 接受任务书

模具设计任务书通常由结构设计师提出，其内容如下：

（1）经过审签的正规制件图纸，并注明采用塑料的牌号、透明度等。

（2）塑料产品说明书或技术要求。

（3）生产产量。

（4）塑料产品样品。

通常模具设计任务书由塑料产品工艺员根据产品结构设计师的任务书提出，模具设计人员以成型塑料产品任务书、模具设计任务书为设计输入依据来设计模具。

2. 收集、分析、消化原始资料

收集整理有关塑料产品设计、成型工艺、成型设备、机械加工及特殊加工资料，以备设计模具时使用。

（1）消化产品设计图。了解产品用途，分析产品工艺性、尺寸精度等技术要求。如塑料产品在外表形状、颜色透明度和使用性上要求是什么，产品零件的几何结构、斜度和嵌件等情况是否合理，熔接痕和缩孔等成型缺陷的允许程度，有无涂装、电镀、胶接和钻孔等后加工。选择塑料产品尺寸精度最高的尺寸进行分析，根据估计成型公差评定是否低于塑料制件的公差，能否成型出合乎要求的产品来。此外还要了解塑料的塑化和成型工艺参数。

（2）消化工艺资料，分析工艺任务书所提出的成型方法、设备型号、材料规格和模具类型是否恰当，能否落实。成型材料应满足塑料产品的强度要求，具有好的流动性、均匀性、各向异性和热稳定性。根据塑料产品的用途，成型材料应满足染色、电镀的条件、装饰性能、必要的弹性和塑形、透明性或者相反的反射性能、胶接性或者焊接性等要求。

3. 确定成型方法

采用直压法、铸压法或注射法。

4. 选择成型设备

根据成型设备的种类来进行模具调试，因此必须熟知各种成型设备的性能、规格、特点。对于注射机来说，在规格方面应了解注射容量、锁模压力、注射压力、模具安装尺寸、顶出装置、尺寸、喷嘴直径、喷嘴球面半径、浇口套定位圈尺寸、模具最大厚度和最小厚度及模板行程等，要初步估计模具外形尺寸，判断模具能否在所选的注射机上安装和使用。

5. 具体结构方案

（1）确定模具类型。如压制模（敞开式、半闭合式和闭合式）、铸压模和注射模等。

（2）确定模具类型的主要结构。选择理想的模具结构在与确定必需的成型设备和理想的型腔数，在绝对可靠的条件下能使模具本身的工作满足该塑料产品的工艺技术和生产经济的要求。对塑料产品的工艺技术要求是要保证塑料产品的几何形状、表面光洁度和尺寸精度。生产经济要求是要使塑料产品的成本低、生产效率高，模具能连续地工作、使用寿命长、节省劳动力。

影响模具结构及模具个别系统的因素很多，例如：

1）型腔布置。

2）确定分型面。

3）确定浇注系统。

4）选择顶出方式。

5）确定冷却、加热方式及加热冷却沟槽的形状、位置、加热元件的安装部位。

6）根据模具材料、强度计算或者经验数据，确定模具零件厚度及外形尺寸，外形结构及所有连接、定位和导向件的位置。

7）确定主要成型零件、结构件的结构形式。

8）考虑模具各部分的强度，计算成型零件工作尺寸。

9）绘制模具图。

6. 试模及修模

虽然在选定成型材料、成型设备时是在预想的工艺条件下进行模具设计，但是人们的认识往往是不完善的，因此必须在模具加工完成以后，进行试模实验，看成型的制件质量如何。发现缺陷后进行排除错误性的修模。

7. 整理资料进行归档

模具经试验后，若暂时不用，应完全擦除脱模渣滓、灰尘、油污等，涂上黄油或其他防锈油、防锈剂等，送到保管场所保管。

一、单选题

1. 注塑成型工艺适用于（　　）。

A. 热固性塑料　　B. 热塑性塑料与某些热固性塑料
C. 热塑性塑料　　D. 所有塑料

2. 下列对注塑件成型精度没有影响的因素是（　　）。

A. 模具制造精度　　B. 模具磨损程度　　C. 塑料收缩率的波动　　D. 注塑机的类型

3. 采用直接浇口的单型腔模具，适用于成型（　　）塑件。

A. 平薄易变形　　B. 壳形　　C. 箱形　　D. 支架类

4. 相对来说，模具零件在工作中特别需要冷却的零件是（　　）。

A. 型腔　　B. 大型芯　　C. 小型芯　　D. 侧型芯

5. 塑件最小脱模斜度与塑料性能、收缩率大小、塑件的（　　）等因素有关。

A. 分型面　　B. 外形尺寸　　C. 尺寸精度　　D. 表面粗糙度

6. 影响塑件尺寸精度的主要因素是（　　）的波动和塑料模的制造误差。

A. 塑料收缩率　　B. 模具温度
C. 注射压力　　D. 以上答案都不正确

7. 在设计抽芯机构时，要求在合模时必须有（　　）对滑块起锁紧作用。

A. 限位块　　B. 挡块　　C. 楔紧块　　D. 定位螺钉

8. 下列三种浇口中，主要用于成型尺寸大壁又厚或大而深的塑件的浇口是（　　）。

A. 直接浇口　　B. 点浇口　　C. 侧浇口　　D. 潜入浇口

9. 以下不是注塑机的组成部分的是（　　）。

A. 注射装置　　B. 开合模装置　　C. 电气控制系统　　D. 粉碎装置

10. 以下不属于防松结构的是（　　）。

A. 双螺母锁紧　　B. 止动垫圈防松　　C. 止动垫片锁紧　　D. 用轴肩固定

二、多选题

11. 行位的评审内容包括（　　）。

A. 分型面是否选择合理　　B. 大小是否合理
C. 强度是否合理　　D. 是否和模仁、模架干涉
E. 运动行程是否足够

12. 顶针的评审原则包括（　　）。
A. 顶针布置合理　B. 顶针顶出平衡　C. 顶针大小合理　D. 避空合理
E. 以上都不正确
13. 影响模具结构及模具个别系统的因素包括（　　）。
A. 型腔布置　B. 确定分型面　C. 确定浇注系统　D. 选择顶出方式
E. 确定冷却、加热方式
14. 热固性塑料的工艺性指标主要有（　　）。
A. 收缩率　B. 流动性　C. 比体积　D. 压缩率
E. 固化速度
15. 合模导向装置的作用有（　　）。
A. 导向作用　B. 定位作用
C. 承受一定的侧向压力　D. 承载作用
E. 保持机构运动平稳
16. 抽芯机构的类型包括（　　）。
A. 机动抽芯　B. 手动抽芯　C. 液压抽芯　D. 弹簧抽芯
E. 重力抽芯
17. 常见的冷却通道的形式有（　　）。
A. 直流式和直流循环式　B. 循环式
C. 喷流式　D. 隔板式
E. 间接冷却
18. 脱模斜度与（　　）有关。
A. 塑料的品种　B. 制品的重量　C. 制品的形状　D. 模具的结构
E. 模具的大小
19. 成形零件工作尺寸计算包括（　　）。
A. 型腔和型芯的径向尺寸　B. 型腔深度
C. 型芯高度　D. 中心距尺寸
E. 型芯密度
20. 简单的推出机构有（　　）。
A. 推杆推出　B. 推管推出　C. 推件板推出　D. 推块推出
E. 手动推出

三、判断题

21. 模具的闭合高度可以小于压力机的闭合高度。（　　）
22. 拉深系数越小，说明拉深变形程度越大。（　　）
23. 浇口的位置应开设在塑件截面最厚处，以利于熔体填充及补料。（　　）
24. 为了便于塑件脱模，一般情况下使塑料在开模时留在定模上。（　　）
25. 拉深模根据工序组合情况不同，可分为有压料装置的拉深模和无压料装置的拉深模。（　　）
26. 拉深时，坯料产生起皱和受最大拉应力是在同一时刻发生的。（　　）
27. 曲柄冲床滑块允许的最大压力，随着行程位置的不同而不同。（　　）
28. 塑料模可能有一个或两个分型面，分型面可能是垂直、倾斜或平行于合模方向。（　　）
29. 当分流道较长时，其末端应开设冷料穴。（　　）

30. 同一塑料在不同的成型条件下，其流动性是相同的。(　　)

练习与思考参考答案

1. B	2. D	3. B	4. B	5. B	6. C	7. C	8. A	9. C	10. D
11. ABCDE	12. ABCD	13. ABCDE	14. ABCDE	15. ABCDE	16. ABC	17. ABCDE	18. ACD	19. ABCD	20. ABCD
21. Y	22. Y	23. N	24. N	25. N	26. N	27. Y	28. Y	29. Y	30. N

任务 22

产品模具跟进及检讨

该训练任务建议用 6 个学时完成学习。

22.1 任务来源

产品开模后的模具跟进及检讨是结构设计与开发的必经阶段，该阶段主要针对试模零件及样机与原始设计进行检讨。尽可能地从模具，生产，后期处理，物料管理，采购等方面，配合相关人员进行检讨和修正，确保后续工作的顺利完成。

22.2 任务描述

产品设计项目进入模具设计与制造阶段，在首次试模后对样件进行评估，发现问题并提出解决方案。

22.3 能力目标

22.3.1 技能目标

完成本训练任务后，你应当能（够）：

1. 关键技能

（1）会根据实物核对 BOM 表内容。

（2）会核对实际零件尺寸。

（3）会检查零件外观缺陷。

（4）会完成零件试装检讨。

（5）会填写模具试模检讨表。

2. 基本技能

（1）会理解产品结构设计基本术语。

（2）会理解产品模具设计的基本原理。

（3）会理解常见塑料的成型工艺及特性。

（4）会计算机三维基础建模。

22.3.2 知识目标

完成本训练任务后，你应当能（够）：
（1）掌握基本材料工艺性能。
（2）掌握模具的跟进流程。
（3）了解模具评审的基本方法。
（4）了解产品注塑缺陷的解决方法。

22.3.3 职业素质目标

完成本训练任务后，你应当能（够）：
（1）养成严谨科学的工作态度。
（2）具备耐心细致的工作素质。
（3）养成总结训练过程和结果的习惯，为下次训练总结经验。
（4）养成团结协作精神。

22.4 任务实施

22.4.1 活动一 知识准备

（1）模具跟进与检讨的基本流程。
（2）塑料模具设计流程。
（3）模具试模检讨表的概念。

22.4.2 活动二 示范操作

1. 活动内容

在手持POS机产品项目中，模具加工完成进行试模并制作出样品，根据样品完成情况对产品结构设计及模具进行评估，发现问题并提出解决方案。

具体要求如下：
（1）根据实物核对BOM表内容。
（2）查明核对实际零件尺寸。
（3）检查零件外观缺陷。
（4）零件试装检讨。
（5）填写模具试模检讨表。

2. 操作步骤

（1）步骤一：根据实物核对产品BOM表内容（见表22-1）。
1）BOM物料清单识别。
2）核对实物与BOM表内容。
3）依据核对结果给出整改建议。
（2）步骤二：核对实际零件尺寸，完成零件质量审核表（见表22-2）。
1）识别设计图中整机尺寸及零件尺寸。
2）测量样件尺寸，并与设计图中尺寸核对。

3）依据核对结果给出整改建议。

表 22-1　　　　**BOM 表（物料清单）**

产品名称			产品型号				
版本					第　页　共　页		
类别	物料编号	物料名称	材质	规格描述	用量	备注	供应商
制表		日期		审核		日期	

表 22-2　　　　**零件质量审核表**

产品型号		交样时间		质量证明	合格证（　）
图号		交样数量			质保单（　）
名称		交样次数			试验报告（　）
交样原因	新布厂点（　）				材质报告（　）
	设计更改（　）				尺寸检验报告（　）
	新开模具（　）				其他（　）
	模具修理（　）				

续表

验证项目	验证标准			
	质量特性		尺寸检测	
	额定值	实际值	额定值	实际值
检验结论： 材质（ ） 尺寸（ ） 其他：	设计意见：		交样结论 盖章	
检验员：	主管设计：	审定：	批准：	

（3）步骤三：检查零件外观缺陷。

1）判断以下缺陷的种类：图 22-1 为银纹缺陷，图 22-2 为开裂缺陷。

图 22-1　银纹缺陷

图 22-2　开裂缺陷

2）分析产生以上缺陷的原因。

a. 银纹：又称为料花或气纹。由于塑料中的空气或湿气挥发或异种塑料混入分解而烧焦，在制品表面形成的喷溅状痕迹。

解决方法：

- 原材料水分含量高。塑料原料含水量比较高是出现银纹现象最主要的原因之一。避免这个问题应当重新干燥原料。最好在 80℃左右的温度下烘烤 1～2h，使得水分含量不得高于 0.1%。
- 模具的排气系统不合理，造成模具的排气不良。对于这种现象，工程师一般会修改模具的排气系统，使之满足工艺需要。
- 流道喷嘴与模具接触不良。适当调整喷嘴与模具两者之间的关系，满足其工艺要求。

b. 开裂：产品上有裂纹，处于结构根部，轻微者有发白现象；严重者会出现开裂或断裂现象。

解决方法：

- 在溶胶筒上给后区和射嘴增加一定温度。
- 降低螺杆的旋转速度或者是直接调整转速。
- 在施工区域内降低溶胶筒的温度。
- 将背压降低到一定值。
- 增加注塑的速度。
- 使用排气的溶胶筒，确保每个排出孔都可以正确地运行且在每个孔中设定正确的温度。
- 注塑机上垫料要保持稳定。

（4）步骤四：零件试装检讨。填写零件试装评审表（见表22-3）。

表22-3　　试装零部件评审表

<table>
<tr><td colspan="4" rowspan="2">试装零部件（台套）评审表</td><td>提出日期</td><td></td></tr>
<tr><td>试装单编号</td><td></td></tr>
<tr><td>供应商名称</td><td></td><td rowspan="2">零部件名称</td><td rowspan="2"></td><td rowspan="2"></td><td rowspan="2"></td></tr>
<tr><td>零部件图号</td><td></td></tr>
<tr><td>小批试装件检验试验标准及要求</td><td colspan="5">产品工程师：　　部门主管：</td></tr>
<tr><td>小批量试装来件检验结论</td><td colspan="5">质量工程师：</td></tr>
<tr><td rowspan="3">零部件可装配工艺性/匹配功能结论</td><td colspan="5">各车间意见：</td></tr>
<tr><td colspan="5">质量部意见：</td></tr>
<tr><td colspan="5">研发中心技术部意见：</td></tr>
<tr><td>试装件综合评价结论</td><td colspan="5"></td></tr>
<tr><td>审　核</td><td colspan="2"></td><td>批　准</td><td colspan="2"></td></tr>
<tr><td>相关部门</td><td colspan="5"></td></tr>
</table>

（5）步骤五：根据以上内容填写模具试模检讨表（见表 22-4）。

表 22-4　　模具试模检讨表

产品名称			产品型号		
零件名称			检讨日期		
图档名称					
参加评审人员	结构工程师		签名		
	模具设计师		签名		
	其他人员		签名		
序号	内容			负责改进	完成时间
1					
2					
3					
4					
5					
6					
7					
8					
9					
10					
……					

22.4.3 活动三　能力提升

在某典型产品项目中，模具加工完成进行试模并制作出样品，根据样品完成情况对产品结构设计及模具进行评估，发现问题并提出解决方案。

具体要求如下：

（1）根据实物核对 BOM 表内容。

（2）查明核对实际零件尺寸。

（3）检查零件外观缺陷。

（4）零件试装检讨。

（5）填写模具试模检讨表。

22.5 效果评价

效果评价参见任务 1，评价标准见附录。

22.6 相关知识与技能

22.6.1 BOM 表

物料清单（Bill of Material，BOM）是详细记录一个项目所用到的所有下阶材料及相关属性，亦即，母件与所有子件的从属关系、单位用量及其他属性。在有些系统称为材料表或配方料表。在 ERP 系统要正确地计算出物料需求数量和时间，必须有一个准确而完整的产品结构表，来反映生产产品与其组件的数量和从属关系。在所有数据中，物料清单的影响面最大，对它的准确性要求也相当高。

物料清单是接收客户订单、选择装配、计算累计提前期，编制生产和采购计划、配套领料、跟踪物流，追溯任务、计算成本、改变成本设计不可缺少的重要文件，上述工作涉及企业的销售、计划、生产、供应、成本、设计、工艺等部门。因此，也有这种说法，BOM不仅是一种技术文件，还是一种管理文件，是联系与沟通各部门的纽带，企业各个部门都要用到BOM表。BOM物料清单称为产品结构表或用料结构表，它用来表示一产品、成品或半成品是由哪些零组件或素材原料所结合而组成的元素明细，该元素构成单一产品所需之数量称为基量，BOM是所有MRP系统的基础，如果BOM表有误，则所有物料需求都会不正确。BOM是客户下单之后整个工厂乃至整个供应商生产的源头，错误的BOM会导致整个工厂混乱、生产产能降低、订单交期延长、员工作息紊乱等，给整个工厂造成巨大的损失。反之正确的BOM会使整个工厂的运作如行云流水般顺畅。

设计部门既是BOM的设计者，又是BOM的使用者。单一零件诸如图号、物料名称（材料类型如45号钢）、重量、体积、设计修改审核号、物料生效日期等各种信息；组件或部件还包括外协件、外购件、通用件、标准件、借用件、各单一零件装配数量、部件图号等信息；总图（由零件、组件部件等装配而成）还包括包装、装件清单、技术文件、产品说明书、保修单等信息，这些都是BOM信息的组成部分。在设计部门（CAD）中，通常所说的BOM实际上是零件明细表，是一种技术文件，偏重于产品信息汇总。

设计部门按某种类型产品的图号来组织BOM信息。设计部门在接到订单后按照订单的要求，一般情况下有三种设计思路——自顶向下形式设计、自底向上形式设计、由中间向两头形式设计。无论哪一种设计方式，在图号的组织上都是一致的，都是按照图号来合并产品信息，形成该产品的总明细表、标准件汇总表、外购件汇总表、外协件汇总表等，在需要的时候还能生成产品图纸目录（满足没有运行ERP系统的客户或外协工厂）。有时一个相同的零件由于属于不同的产品，也就有了不同的图号，因此不一定考虑企业物料编码的唯一性。需要说明的是，在形成物料清单后，每一种物料都有唯一的编码，即物料号。不要将零件明细表（CAD通称为BOM表）与ERP中的BOM信息混淆。设计部门中的零件明细信息表转化为ERP系统中的BOM信息，需要设计部门、工艺部门和生产部门的共同协作，以及PDM（产品数据管理）设计产品关系特性的管理来解决零件明细清单与BOM表之间的异同信息，特别是图号与编码号不一致方面（PDM产品结构模块通过其规则库、变量和零件表等功能来完成）。

就使用而言，无论何时，当产品结构发生变化，或者客户更改技术文件、涉及质量问题或对某个零件进行重新改进设计时，为确保物料清单的准确性，都必须以设计变更通知为依据。在设计变更通知文件的指导下，设计部门通过BOM信息表中获取所有零件的信息及其相互间的结构信息。只有得到这些信息，才能对其进行定义、描述或修改，从而使生产能正常地运行下去（特别是客户的紧急更改通知）。根据设计变更通知编号，在PDM支持下，可以方便地检索变更信息，指导生产、装运和售后服务等生产活动。

在实际生产运行过程中，设计变更是导致数据不准确的重要因素，因此一定要有一套行之有效的设计变更通知管理方法来管理设计变更通知。由于要涉及销售、采购、生产、工程技术、财务等部门，因此一般由企业的高级主管直接管理设计变更通知。这一过程须经过设计变更通知确认、分析、审批、文件和监督五个步骤。产品结构树上零部件的构成元素可以分为标准零部件、结构零部件以及设计零部件三类。

设计零部件的产生方式可以从不同的三维CAD或是二维CAD明细表中所产生，是通过本厂或协作厂设计产生的。

结构零部件可以是照片或是一个简单的草图。对应产品结构树上节点名称常常是产品外形图、产品尺寸链图、产品装配关系示意图、包装零部件等。在很多企业产品结构树上必须反映这些信息，但是从总装图上无法获得这些信息，例如产品外形图和产品装配图如果都挂在产品节点上也可以接受，但是用户习惯往往是认为产品外形图和产品装配图都是同级的；另外像包装子树就需要手工建立包装子节点后展开，无法通过 BOM 展开直接从明细表关联。

通用零部件包括标准零部件库和行业、企业通用零部件。并且可以修改与删除和合并，加入通用零部件库要仔细地效验过程。通用零部件可以从借用件中演变而来。

相同的产品其结构零部件，有时甚至设计零部件或是标准零部件可以有多种不同的选择。也因此在制造上与销售报价上同样的产品对于不同的客户也可以有不同的产品信息结构组合（如价格、批量、交货期）。但这些情况一般在 ERP 系统中进行维护，PDM 系统只要保证基础数据的完整和一致性。

22.6.2 BOM 的主要构成要素

（1）BOM 层次（Level）：物料清单是按反工艺路线进行编制的。物料的层次，反映出产品加工次序，最底层是原材料，次低一层是毛坯件，再向上是半成品，最顶层是产成品，也即是第 0 层。参与最后装配的外购零部件处在第一层。

（2）物料编码（Item or Part no）：又俗称料号、品号等，物料编码是按照一定的编码规则编排的物料顺序号。编码规则有多种方法，比如阿拉伯数字法、英文字母法、暗示法、混合法等，一个物料只能有一个物料编码，同样，一个物料编码只能代表一种物料，好像我们的身份证号码一样，虽然有相同的名字，但是身份证号是不一样的。这就是物料编码的唯一性要求。

（3）物料描述（Item Description）：又叫物料名称，是对物料特征的描述。

（4）规格或型号（Type）：一种产品可能有多种规格，不同规格的物料，即使有微小的差别，也视为另一种物料，要分别计算产品成本，产品规格为物料中最小单位，有的 ERP 系统将名称＋规格＝物料描述，在一个字段里处理。

（5）计算单位（Unit of Measure）：计量单位为克、千克、个、套、升、包等，一种物料可能同时拥有多个计量单位，一般是最小单位作为基本单位，也即是库存单位，如果在采购或者销售时，在 ERP 软件中要求设置计量单位的转换系数或者称为转换因子。

（6）标准用量（Standard Quantity）：BOM 表上的标准用量可分投入量和产出量。产出量是构成产成品的净用量。同一种产品在不同的生产阶段，标准用量设置可以不同。投入量与产出量的关系为：投入量＝产出量×(1＋废品率)。

（7）虚拟件（Phantom Item）：虚拟件的使用主要还是为了减少 BOM 的层数和复杂性，简化 MPS 运行，当然也是为了业务管理的方便性，比如减少 MO（Manufacturing Order）等。大量使用虚拟件有很多弊端，特别是为了方便某个部门看产品结构而设定的虚拟件，虚拟件的使用需要谨慎，因为滥用虚拟件对系统带来的影响是很大的，对工单的生产、工单执行和管理都有影响，车间可能很难适应这种情况。虚拟件是否有库存，分两种情况：①不允许有库存；②允许有库存，前提是否是选配件，也就是主料和替代料的关系，如果主料有库存，优先考虑用主料，如果主料库存为 0，则考虑使用替代料。

（8）版本（Revision）：BOM 中存在版本，常见的比如电子行业的 PCB 版，时常根据产品的升级，它的版本也随时在不断地升级，所以需要版本来给予控制。

（9）反冲设置（Backflush）：有的企业叫倒扣料，有些物料是多种产品共用，但又不能在发料时按用量标准将物料分割开来发料，比如喷油工序中的油漆，丝印中用的油墨，插件时用的焊锡，SMT 用的贴片料等。这类物料在 BOM 中设置有用量，但是设置为反冲，不用开出领料单（Pick list），当产品完工入库时，按 BOM 的用量标准从仓库的储位（location）中扣除。

22.6.3 零件缺陷分类细则

检验零件缺陷分类的划分：

（1）外观缺陷分：1 类缺陷或 3 类缺陷。

（2）尺寸缺陷分：2 类缺陷。

（3）性能缺陷分：3 类缺陷。

（4）压铸件、表面处理、印刷物品缺陷划分：1 类缺陷、2 类缺陷、3 类缺陷。

1. 压铸件

（1）1 类（致命缺陷）：

1）材质用错；

2）铸件有裂纹；

3）受力面及附近有穿透性冷隔。

（2）2 类（重要缺陷）：

1）影响装配强度的气孔；

2）影响整机性能、强度的非受力面有透性冷隔；

3）配合尺寸（含加工部分）严重超差，影响装配质量。

（3）3 类（次要缺陷）：

1）影响装配强度的气孔；

2）不影响装配强度的非穿透性冷隔；

3）不影响装配质量的装配尺寸，（含加工）超差和非装配尺寸（模具保证非配合尺寸不记）；

4）不影响质量外观的铸造成流痕及花纹；

5）不影响装配质量的欠铸、锐边、顶杆凸起凹进、水口、夹渣、出气槽的残留痕迹等。

2. 塑料件

（1）1 类（致命缺陷）：

1）材质用错；

2）零件裂纹、零件严重发脆（如拉不脱受力后就破裂）；

3）零件表面颜色与样板反差大。

（2）2 类（重要缺陷）：

1）尺寸超差，影响装配质量的缺陷；

2）零件压注下成型，受力面及其附近冷隔或分层变形严重。

（3）3 类（次要缺陷）：

1）零件压注不成型，非受力面有轻松的不影响外观及装配质量的缺料、冷隔或分层；

2）零件表面有较轻不影响装配的疏松、气泡、气孔和外来杂物；

3）件轻微变形，或校正以后仍变形但不影响装配（如风罩校正后仍有变形，装配后可正过来）；

4）零件表面有局部电蚀纹不清，非外面少量气孔，夹渣和局部色泽不均匀；

5）零件表面有轻微的水印、发白、银丝等。

3. 橡胶件

(1) 1类（致命缺陷）：

1) 材质用错；

2) 表面有裂纹；

3) 性能测试不符合要求。

(2) 2类（重要缺陷）：装配尺寸超差，影响装配质量。

(3) 3类（次要缺陷）：

1) 零件表面有气泡、孔眼、杂质凹凸不平；

2) 装配与配合尺寸超差，不影响装配质量；

3) 模压橡胶件飞边毛刺与缺口>0.5mm，模缝错位<0.2mm。

4. 五金件、板材

(1) 1类（致命缺陷）：

1) 材质用错；

2) 规格用错；

3) 表面严重锈蚀夹渣；

4) 各种板材表面有气泡、裂纹、分层；

5) 有影响强度的裂纹。

(2) 2类（重要缺陷）：

1) 材料规定厚度超差小，不影响装配与装配强度；

2) 装配尺寸与配合尺寸超差。

(3) 3类（次要缺陷）：

1) 有不影响装配的变形、扭曲和翘曲；

2) 不影响装配与外观的压伤、折叠和毛刺；

3) 各种板材（钢材、不锈钢、铝材）表面上允许有厚度公差之半的轻微擦伤、划伤、压坑、麻点等。

5. 标准件

(1) 1类（致命缺陷）：

1) 性能差；

2) 材质不符合装配技术要求；

3) 表面有严重锈蚀或严重的电镀不均匀，标准件表面有腐蚀点。

(2) 2类（次要缺陷）：

1) 影响装配质量的尺寸少量超差；

2) 有镀层则镀层有不影响与外观质量的缺陷；

3) 标准件表面色泽不均匀，表面粗糙度不符合技术要求。

6. 表面处理

(1) 1类（致命缺陷）：

1) 表面无脱皮、皱皮；

2) 喷漆件与样板色不一致；

3) 性能测试不符合要求。

(2) 2类（重要缺陷）：

1) 色泽示均匀、露底、起泡、附着力差；

2）表面有明显的流淌痕、漆黑、划伤；

3）镀层、漆层过厚，未达到装配质量要求。

（3）3类（次要缺陷）：

1）镀层的轻微水印；

2）钝化膜的轻微划伤；

3）漆层有轻微的流淌痕迹，漆层表面有分散的、直径＜0.3mm的疙瘩，且1cm面积上＜5个，返修件或补漆部位有不明显的色差、刷痕。

7. 印刷物品（纸箱、铭牌）

（1）1类（致命缺陷）：

1）材质用错；

2）印刷内容与技术要求不符；

3）性能测试。

（2）2类（重要缺陷）：

1）尺寸超差、铭牌黏性不良；

2）与样板有明显的色差；

3）印刷色不准，有明显地露白边；图案文字印刷不清晰；印刷表面严重露底、有墨屎；

4）覆膜不良，与面纸分层，鼓气泡、箱钉锈蚀、分层、龟裂；

5）纸箱啤压线压痕过深（折合后里纸开裂）；

6）纸箱面纸裱合不良（露楞、折皱、锈胶）；

7）纸箱潮湿。

（3）3类（次要缺陷）：

1）铭牌表面有轻微露底、印刷表面有轻微的不影响外观的擦花痕迹；

2）纸箱箱钉钉距不均匀，未钉透（不影响强度性能）。

练习与思考

一、单选题

1. 若模具闭合厚度小于注塑机允许的模具最小厚度，可采用（　　）来调整，使模具闭合。

   A. 减少座板厚度　　B. 增加座板厚度

   C. 增加推杆固定板厚度　　D. 增加推板厚度

2. 以下不属于影响收缩性因素的是（　　）。

   A. 塑料种类　　B. 模具温度　　C. 成型压力　　D. 嵌件材料

3. 在塑料制品内压入金属零件形成不可卸的连接，此压入零件称为（　　）。

   A. 侧型芯　　B. 成型杆　　C. 嵌件　　D. 凸模

4. 整个模具中与注塑机定位圈配合的是（　　）。

   A. 定模座板　　B. 定模板　　C. 定位环　　D. 浇口套

5. 一般地，注塑制品有气泡，可能的原因是（　　）。

   A. 塑料干燥不良　　B. 塑料缩水严重　　C. 模具排气不良　　D. 以上皆是

6. 模具的合理间隙是靠（　　）刃口尺寸及公差来实现的。

   A. 凸模　　B. 凹模　　C. 凸模和凹模　　D. 凸凹模

7. 导板模中，要保证凸、凹模正确配合，主要靠（　　）导向。
A. 导筒　B. 导板　C. 导柱　D. 导套
8. 当注射模传递的热量不变时，可以通过（　　）途径来缩短冷却时间。
A. 提高模具与冷却介质之间的温差　B. 增大冷却介质的传热面积
C. 降低冷却介质的流速　D. 提高传热膜系数
9. 在冲裁模的结构类型中精度最高是与（　　）等因素有关。
A. 单工序模　B. 级进模　C. 复合模　D. 简易冲模
10. 以下不属于影响收缩性因素的是（　　）。
A. 塑料种类　B. 模具温度　C. 成型压力　D. 嵌件材料

二、多选题

11. 小型芯可以采用的冷却方式有（　　）。
A. 空气冷却　B. 喷流式
C. 隔片导流式　D. 导热杆或导热型芯式
E. 以上答案均不正确
12. 带螺纹的塑件常用的脱模方式由（　　）组成。
A. 旋转脱螺纹　B. 拼合式螺纹型芯　C. 螺纹型环　D. 强制脱螺纹
E. 利用硅橡胶螺纹型芯脱螺纹
13. 材料一般采用 45 号钢的塑料注射模零部件有（　　）。
A. 模板零件　B. 导柱　C. 导套　D. 浇口套、推杆
E. 定位圈、垫块、限位钉
14. 按模具在压力机上的固定方式分类，可分为（　　）。
A. 半溢式压缩模　B. 固定式压缩模　C. 半固定式压缩模　D. 移动式压缩模
E. 不溢式压缩模
15. 浇注系统一般由（　　）组成。
A. 熔接痕　B. 浇口　C. 主流道　D. 分流道
E. 冷料穴
16. 成型过程中气眼的改进方法通常有（　　）。
A. 在最后填充的地方增设排气口
B. 重新设计浇口和流道系统
C. 保证排气口足够大，使气体有足够的时间排走
D. 在最初填充的地方减少排气口
E. 减小排气口，使外界空气无法进入
17. 可能造成产品发脆的原因包括（　　）。
A. 干燥条件不适合　B. 注塑温度设置不对
C. 浇口和流道系统设置不当　D. 螺杆设计不当
E. 熔接痕强度不高
18. 焦痕的改进方法有（　　）。
A. 增加注塑压力　B. 降低注塑速度　C. 降低螺杆转速　D. 提高料筒温度
E. 检查加热器、热电偶是否出于正常状态
19. 以下可能造成飞边的情况有（　　）。
A. 合模力过大　B. 模具存在缺陷

C. 成型条件不合理　　D. 排气系统设计不当

E. 料筒温度过高

20. 以下可能造成流痕的原因有（　　）。

A. 熔体温度过高　B. 模温过低　C. 注塑速度过高　D. 注塑压力过高

E. 流道和浇口尺寸过小

三、判断题

21. 导向零件是用于确定上、下模相对位置、保证位置精度的零件。（　　）
22. 弹性压料装置中，橡胶压料装置的压料效果最差。（　　）
23. 塑料模具的合模导向装置有导柱导向和锥面定位两种类型。（　　）
24. 推出机构一般由推出元件、复位元件、限位元件、导向元件、结构元件等组成。（　　）
25. 拉深过程中，坯料各区的应力与应变是很均匀的。（　　）
26. 坯料拉深时，其凸缘部分因受切向压应力而易产生失稳而起皱。（　　）
27. 冷料穴的作用是防止冷料射入型腔使塑料制品产生各种缺陷，影响外观。（　　）
28. 缩痕是指制件在壁厚处出现表面下凹的现象，通常在加强筋、沉孔或内部网格处出现。（　　）
29. 拉深时压料力是唯一的确定值，所以调整时要注意调到准确值。（　　）
30. 整体型芯是在型芯固定板或型腔上直接加工出型芯。（　　）

练习与思考参考答案

1. B	2. D	3. C	4. C	5. D	6. C	7. B	8. A	9. B	10. D
11. ABCD	12. ABCDE	13. AE	14. BCD	15. BCDE	16. ABC	17. ABCDE	18. BCE	19. BCD	20. BE
21. Y	22. N	23. Y	24. Y	25. N	26. N	27. Y	28. Y	29. N	30. Y

任务 23

产品工程样机结构检讨

该训练任务建议用6个学时完成学习。

23.1 任务来源

产品投产到批量生产之前必须要进过试模的过程，在这个阶段，工程样机结构检讨显得尤为重要。所有对产品性能、造型、结构、装配、生产效率等产生影响的问题都应当要被发现并合理地解决，否则将对后面的批量生产构成重大影响。一个好的结构检讨过程能够显著提高产品品质，降低生产风险，为产品上市成功打下良好的基础。

23.2 任务描述

对工程样机进行检测，汇总问题并提出修改提案。

23.3 能力目标

23.3.1 技能目标

完成本训练任务后，你应当能（够）：

1. 关键技能

（1）会查找工程样机在性能和工艺上的问题。

（2）会辨别和分析工程样机在造型和结构上的问题。

（3）会针对工程样机所出现的各种问题提出合理的修改方案。

（4）会制作文案对工程样机的问题和解决办法进行汇总和表达。

2. 基本技能

（1）会使用常规检测工具检测工程样机。

（2）会使用办公软件制作工程样机结构检讨相关总结文案。

23.3.2 知识目标

完成本训练任务后，你应当能（够）：

（1）掌握测试工程样机结构问题的基本方法。

（2）理解产品结构设计所对应的性能、工艺等相关要求。

(3) 了解产品生产、装配的原理、流程等相关知识。

23.3.3 职业素质目标

完成本训练任务后，你应当能（够）：

(1) 具有丰富的产品制造相关知识。

(2) 具备严谨细致的分析能力。

23.4 任务实施

23.4.1 活动一 知识准备

(1) 工程样机的概念。

(2) 新产品导入量产作业流程。

(3) 常见产品加工工艺。

23.4.2 活动二 示范操作

1. 活动内容

仔细观察手机工程样机T1，检查样机上的每一个细节，并将有问题的细节记录下来。针对部分问题在三维模型中进行查找和修正，制作整理试模问题点文案。

具体要求如下：

(1) 观察、记录工程样机在造型和结构上的问题。

(2) 打开手机壳三维模型针对样机问题进行核对并提出修改意见。

(3) 制作整理试模问题点文案。

2. 操作步骤

(1) 步骤一：观察工程样机T1整体，发现T1的面壳变形较大，工程样机T1整体如图23-1所示。

(2) 步骤二：观察面壳分型线段，发现T1面壳下方分型线段差较明显，如图23-2所示。

图23-1 工程样机T1

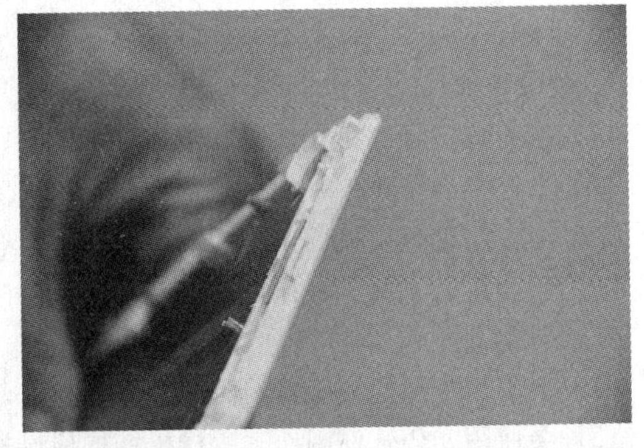

图23-2 T1面壳下方分型线段差

(3) 步骤三：面壳马达围骨与钢片分离，如图23-3所示。

(4) 步骤四：面壳LCD下方4条骨位拉高，如图23-4所示。

(5) 步骤五：底壳变形，如图23-5所示。

(6) 步骤六：底壳反面电池仓围骨（测试孔旁边）圆角易缺胶，如图23-6所示。

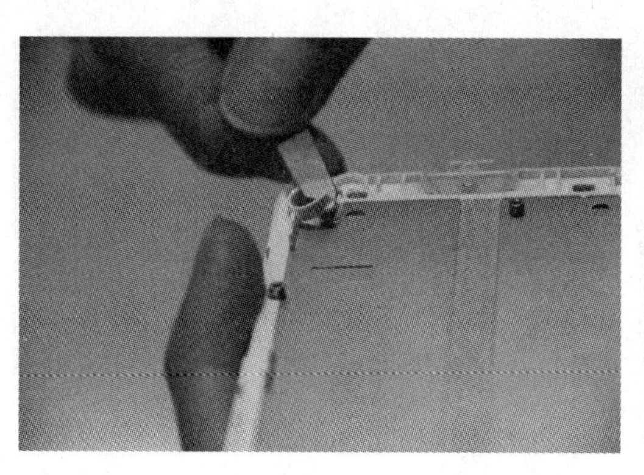

图 23-3　面壳马达围骨与钢片分离

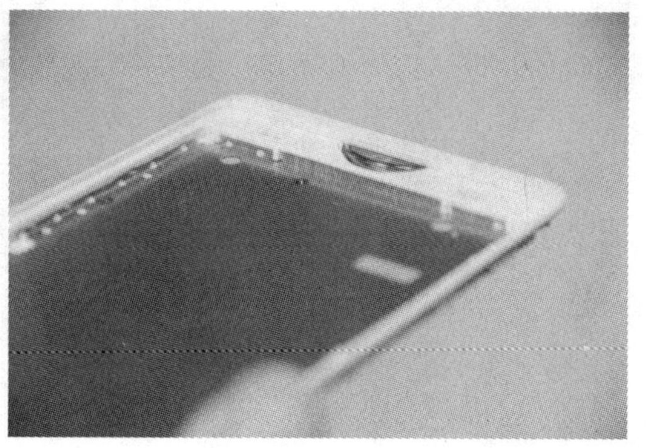

图 23-4　面壳 LCD 下方 4 条骨位拉高

图 23-5　变形的底壳

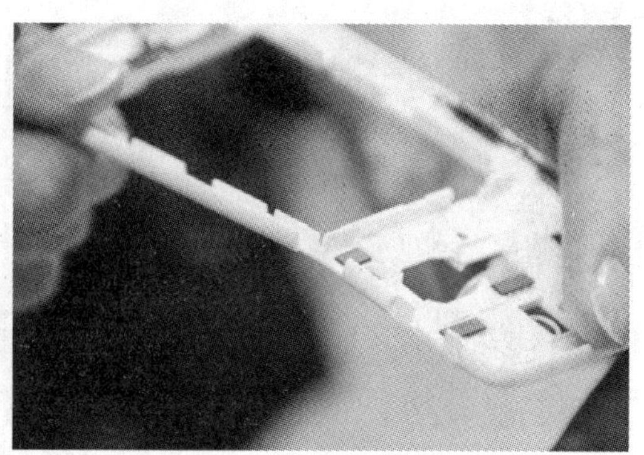

图 23-6　底壳反面电池仓围骨

(7) 步骤七：底壳二级外观面上方夹线起级明显，音量键处批锋较大，如图 23-7 所示。

(8) 步骤八：充电铜柱装配偏松，如图 23-8 所示。

图 23-7　底壳二级外观面上方夹线

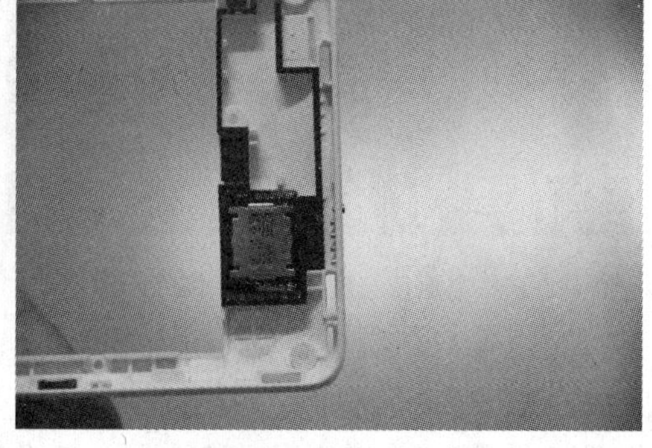

图 23-8　充电铜柱装配偏松

(9) 步骤九：红外灯孔径偏小（而且不圆），如图 23-9 所示。

(10) 步骤十：主按键长度尺寸偏小，设计 15.80mm，实际 15.65mm，如图 23-10 所示。

(11) 步骤十一：侧键的间隙大，如图 23-11 所示。

(12) 步骤十二：电池盖间隙大，扣位松，如图 23-12 所示。

(13) 步骤十三：电池盖与底壳后摄装饰件间隙不均，如图 23-13 所示。

(14) 步骤十四：音量键硅胶偏长，如图 23-14 所示。

图 23-9 红外灯孔径偏小

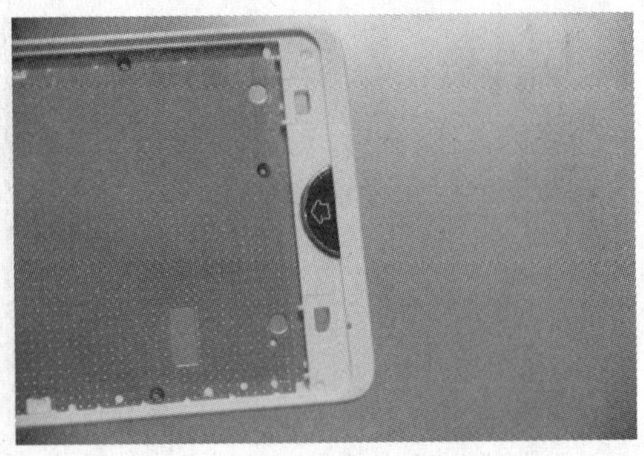

图 23-10 主按键长度尺寸偏小

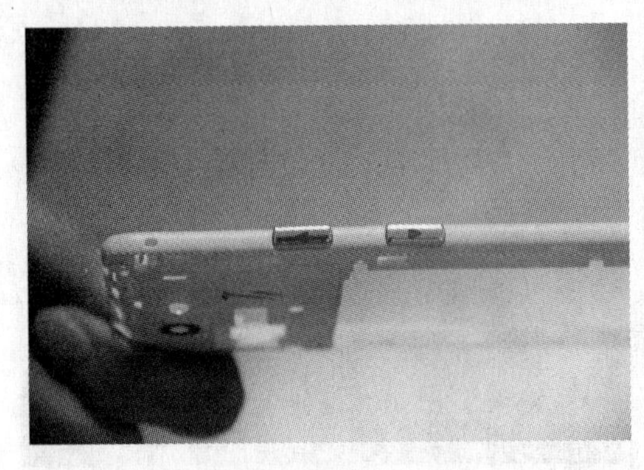

图 23-11 侧键的间隙大

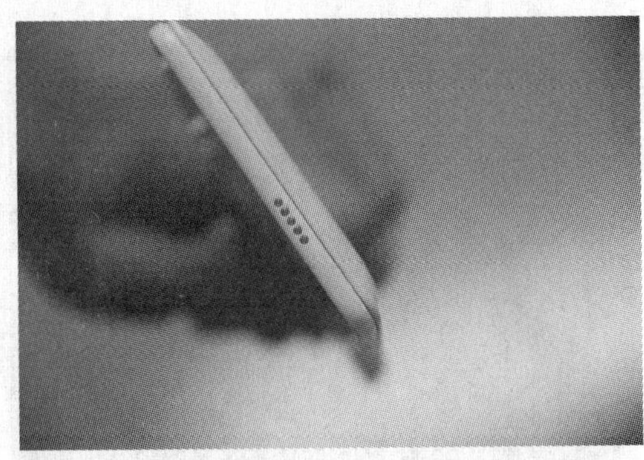

图 23-12 电池盖间隙大

图 23-13 电池盖与底壳后摄装饰件间隙不均

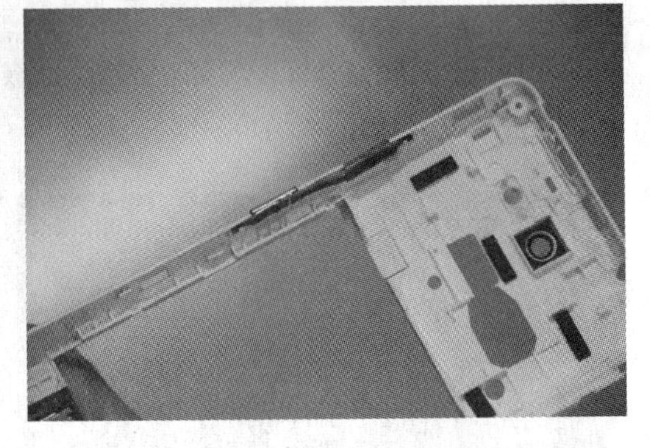

图 23-14 音量键硅胶偏长

(15) 步骤十五：进行三维模型的分析，查找问题并提出修改意见，三维模型处理过程，如图 23-15～图 23-31 所示（见文前彩页）。

(16) 步骤十六：检查完三维模型后，制作文案将所有问题汇总，如图 23-32 所示。

23.4.3 活动三 能力提升

根据活动内容和示范操作要求，仔细观察如图 23-33 所示 A5-T1 手机产品工程样机，检查样机上的每一个细节，并将有问题的细节记录下来。针对部分问题在三维模型中进行查找和修正，制作整理试模问题点文案。

具体要求如下：

(1) 观察、记录工程样机在造型和结构上的问题。

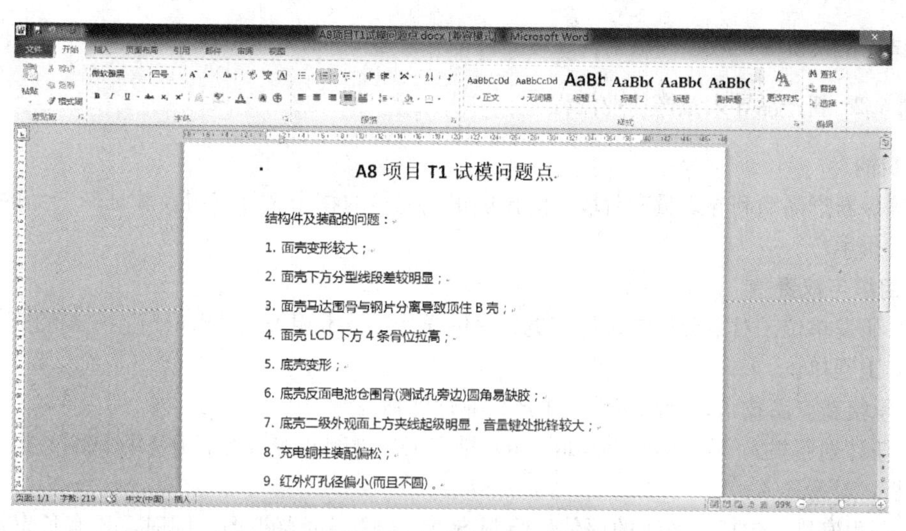

A8 项目 T1 试模问题点

结构件及装配的问题：

1. 面壳变形较大；
2. 面壳下方分型线段差较明显；
3. 面壳马达围骨与钢片分离导致顶住 B 壳；
4. 面壳 LCD 下方 4 条骨位拉高；
5. 底壳变形；
6. 底壳反面电池仓围骨(测试孔旁边)圆角易缺胶；
7. 底壳二级外观面上方夹线起级明显，音量键处批锋较大；
8. 充电铜柱装配偏松；
9. 红外灯孔径偏小(而且不圆)。

图 23-32　试模问题汇总

（2）打开手机壳三维模型针对样机问题进行核对并提出修改意见。

（3）制作整理试模问题点文案。

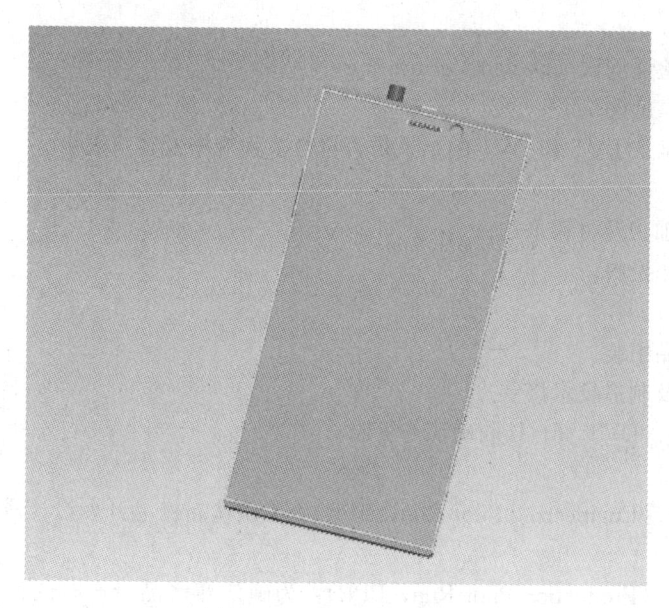

图 23-33　工程样机 A5-T1

23.5 效果评价

效果评价参见任务 1，评价标准见附录。

23.6 相关知识与技能

23.6.1 什么是工程样机

工程样机是工程师们用来测试产品硬件性能、相关技术参数的样板机，是不能拿到市面上卖的，测试完了要统一销毁。一般来说工程样机都有许多BUG。

23.6.2 新产品导入量产作业流程

1. 目的

为确保新产品顺利导入量产阶段，能提供正确完整的技术文件资料及验证新产品的成熟度，以顺利大量生产。

2. 组织与权责

(1) 研发单位。对策分析与设计变更，提供样品及技术相关文件资料与零件采购资料。

(2) 工程单位。

1) 承接新产品技术，产品特性及生产作业性评估。

2) 任计划召集人 (Project Coordinator) 排定工程试制时程表及召开工程试制检讨会，工程问题分析，对策导入。

3) 制程安排，包括生产线的评估，绘制SOP、QC工程草拟图。同时，还有负责治具的准备，制程管制、机器设备架设、参数设定及问题分析等。

4) 规划新产品之测试策略，测试设备，治具及软体。还有负责生产线测试设备的架设，提供测试SOP，测试计划及测试产出分析。

(3) 品保单位。

1) 产品设计验证测试 (Design Verification，DVT)。

2) 功能及可靠度确认。

3) 负责再次确认PVT和DVT的结果是否符合工程规格及客户规格。

(4) 资材单位。

1) PCB委托加工及材料采购。

2) 备料及试作投料。

(5) 生产单位。

1) 支援新产品组装。

2) 成品接受及制造技术接受。

(6) 文管中心。DVT资料接收确认与管制。

3. 名词解释

(1) 工程试作 (Engineering Pilot Run，EPR)：为确认新产品开发设计成熟度所做的试作与测试。

(2) 量产试作 (Production Pilot Run，PPR)：为确认新产品量产时的作业组装所做的试作与测试。

(3) 量产 (Mass Production，MP)：经量产试作后的正式生产。

(4) 材料清册 (Bill of Material，BOM)：记录材料料号、品名/规格、插件位置、单位用量、承认编号、工程变更讯息等相关资讯。

(5) P3-TEST (LPR阶段) 新产品设计完成后，对其设计的结果依据产品规格做各种测试验证，称为P3-TEST。

(6) P4-TEST (EPR阶段)：通过设计审查后之工程试作后的新产品，对其做各种测试验证，称为P4-TEST。

(7) P5-TEST (PPR阶段)：针对新产品的成熟度做测试验证，确认是否可以进行量产，称为P5-TEST。

4. 作业说明

（1）新产品导入生产决策。当研发单位设计的产品经过 P1—P2—P3—P4 后，认为新产品已经进入成熟阶段，可以生产了，但是针对产品的成熟度还需要做设计验证是否可以进入正式量产，所以经过 Meeting 决定后，发出 PPR 指令，在制造单位 PPR 验证通过后正式 MP；同时把 Sample 和相关资料提供给公司的相关部门。

（2）文件与资料确认和 PPR 安排。

1）工程单位收到文管中心转交样品及相关资料后，与 PPR 指令核对和查证无误后，转为专案处理。

2）用干特图排订 PPR 计划。同时知会给各个部门做相关同步准备工作。

3）工程单位填写 PPR 需求单给生管，由生管根据 PPR 计划下达工单指令。

（3）PPR 前准备工作。

1）工程单位根据 Sample 先拿到 DVT 报告，开始 PVT 准备。

2）新产品所需治工具及设备的准备。

3）SOP 制作和人员的培训。

4）测试制程规划和检验标准制定。

5）材料的规格确认及跟催与 BOM 资料的核对。ECN、DCN、Rework 的切入。

6）准备 SMT 所需钢板、程式、制程参数、温度曲线及特殊吸嘴等材料。

7）PPR 材料生产前必须经过 IQC 检验，并记入料检验记录表。最后汇总到 PPR 报告一起存档。

（4）新产品 PPR 时追踪。

1）SMT：要用样品和 BOM 核对 SMT 所打出的 SMD 零件之首件是否相符合。并记录和分析制程上或设计上问题。

2）DIP：要分析和说明 PCB 插件过程中所遇到的问题；说明焊锡炉的状况，分析焊锡炉的产出，并提出改善方法。

3）成品组装：要分析在组装过程中所遇到的问题，每个作业动作的方法是否正确方便，对量产有无产能影响，制程上新的发现和改善。

4）根据生产旧产品的经验去计算新产品在生产线的平准度和标准工时，与以前的进行核对，找出差异共点，并做出评估和改善。

5）PWA 测试：根据测试检验的产出信息，与工程技术人员分析所有未通过的产品之不良原因，并分析到具体的问题点，找出产出的根本原因，提出准确的改善方法。

6）OEM 产品：如果是 OEM 产品，要根据客户的需求做检验和 PWA 测试，更改或特殊指定部分作为重点确认，是否合乎 OEM 之要求。

（5）PPR 结果总结。

1）新产品从进料开始：IQC→SMT→DIP→LOADER 组装→成品组装测试→QRE 测试的所有资料进行编辑，汇总成册；NG 部分之修复和分析，存档量产追踪找出问题产生的根本原因，提出改善方法，并规划出有效性验证方法和改善后的追踪确认记录。

2）根据 PPR 的结果撰写成试产总结报告，而且首件取样时算出 CPK 值；召集相关单位，进行 PPR 结果 Meeting 讨论，决定是否可以量产，如果不能量产，提出原因和责任归属，进行改善后再次试产；出量产通知书，开始正式量产。

3）PPR 结果保存：PPR 试产报告和会议记录必须归类列册，经过会签后存档，如果经过多次试产才通过的产品必须把几次 PPR 和 Meeting 报告汇总在一起。

4）决定MP之产品，必须保留Good-Sample，并且把制作Sample和SOP等相关资料下发到生产部。

5）新产品量产追踪：当一个新产品通过P5-PPR验证可以量产后，产品工程师还需要深入制造现场，生产中可能存在一些潜在未发现的问题，为了再现性预防及校正，所以要做量产后追踪。

6）量产追踪时，针对生产线的测试数据和生产记录做统计，如果经过各种报告数据显示，此产品没有问题，完全可以大量投产时，把追踪报告提出存档，表示新产品导入生产作业完成，开始进入MP追踪时期。

23.6.3 制作工艺

1. 冲压

（1）工艺简介。冲压是靠压力机和模具对板材、带材、管材和型材等施加外力，使之产生塑性变形或分离，从而获得所需形状和尺寸的工件（冲压件）的成形加工方法。冲压和锻造同属塑性加工（或称压力加工），合称锻压。冲压的坯料主要是热轧和冷轧的钢板和钢带。全世界的钢材中，有60%～70%是板材，其中大部分经过冲压制成成品。汽车的车身、底盘、油箱、散热器片，锅炉的汽包，容器的壳体，电机、电器的铁芯硅钢片等都是冲压加工的。仪器仪表、家用电器、自行车、办公机械、生活器皿等产品中，也有大量冲压件。

冲压加工是借助于常规或专用冲压设备的动力，使板料在模具里直接受到变形力并进行变形，从而获得一定形状、尺寸和性能的产品零件的生产技术。板料、模具和设备是冲压加工的三要素。按冲压加工温度分为热冲压和冷冲压。前者适合变形抗力高，塑性较差的板料加工；后者则在室温下进行，是薄板常用的冲压方法。它是金属塑性加工（或压力加工）的主要方法之一，也隶属于材料成型工程技术。

冲压所使用的模具称为冲压模具，简称冲模。冲模是将材料（金属或非金属）批量加工成所需冲件的专用工具。冲模在冲压中至关重要，没有符合要求的冲模，批量冲压生产就难以进行；没有先进的冲模，先进的冲压工艺就无法实现。冲压工艺与模具、冲压设备和冲压材料构成冲压加工的三要素，只有它们相互结合才能得出冲压件。

（2）加工特点。冲压件与铸件、锻件相比，具有薄、匀、轻、强的特点。冲压可制出其他方法难于制造的带有加强筋、肋、起伏或翻边的工件，以提高其刚性。由于采用精密模具，工件精度可达微米级，且重复精度高、规格一致，可以冲压出孔窝、凸台等。冷冲压件一般不再经切削加工，或仅需要少量的切削加工。热冲压件精度和表面状态低于冷冲压件，但仍优于铸件、锻件，切削加工量少。

冲压是高效的生产方法，采用复合模，尤其是多工位级进模，可在一台压力机（单工位或多工位的）上完成多道冲压工序，实现由带料开卷、矫平、冲裁到成形、精整的全自动生产。生产效率高，劳动条件好，生产成本低，一般每分钟可生产数百件。与机械加工及塑性加工的其他方法相比，冲压加工无论在技术方面还是经济方面都具有许多独特的优点。主要表现如下。

1）冲压加工的生产效率高，且操作方便，易于实现机械化与自动化。这是因为冲压是依靠冲模和冲压设备来完成加工，普通压力机的行程次数每分钟可达几十次，高速压力每分钟可达数百次甚至千次以上，而且每次冲压行程就可能得到一个冲件。

2）冲压时由于模具保证了冲压件的尺寸与形状精度，且一般不破坏冲压件的表面质量，而模具的寿命一般较长，所以冲压的质量稳定，互换性好，具有“一模一样”的特征。

3）冲压可加工出尺寸范围较大、形状较复杂的零件，如小到钟表的秒表，大到汽车纵梁、覆盖件等，加上冲压时材料的冷变形硬化效应，冲压的强度和刚度均较高。

4）冲压一般没有切屑碎料生成，材料的消耗较少，且不需其他加热设备，因而是一种省料、节能的加工方法，冲压件的成本较低。

由于冲压具有以上优越性，冲压加工在国民经济各个领域应用范围相当广泛。例如，在宇航、航空、军工、机械、农机、电子、信息、铁道、邮电、交通、化工、医疗器具、日用电器及轻工等部门里都有冲压加工。不但整个产业界都用到它，而且每个人都直接与冲压产品发生联系。像飞机、火车、汽车、拖拉机上就有许多大、中、小型冲压件。小轿车的车身、车架及车圈等零部件都是冲压加工出来的。据有关调查统计，自行车、缝纫机、手表里有 80%是冲压件；电视机、录音机、摄像机里有 90%是冲压件；还有食品金属罐壳、钢精锅炉、搪瓷盆碗及不锈钢餐具，全都是使用模具的冲压加工产品；就连计算机的硬件中也缺少不了冲压件。

（3）存在问题。

1）模具问题。冲压加工所使用的模具一般具有专用性，有时一个复杂零件需要数套模具才能加工成型，且模具制造的精度高，技术要求高，是技术密集型产品。所以，只有在冲压件生产批量较大的情况下，冲压加工的优点才能充分体现，从而获得较好的经济效益的。

2）安全问题。冲压加工也存在着一些问题和缺点。主要表现在冲压加工时产生的噪声和振动两种公害，而且操作者的安全事故时有发生。不过，这些问题并不完全是由于冲压加工工艺及模具本身带来的，主要是由于传统的冲压设备及落后的手工操作造成的。随着科学技术的进步，特别是计算机技术的发展，机电一体化技术的进步，这些问题一定会尽快而完善的得到解决。

3）高强度钢冲压。当今高强钢、超高强钢很好地实现了车辆的轻量化，提高了车辆的碰撞强度和安全性能，因此成为车用钢材的重要发展方向。但随着板料强度的提高，传统的冷冲压工艺在成型过程中容易产生破裂现象，无法满足高强度钢板的加工工艺要求。在无法满足成型条件的情况下，目前国际上逐渐研究超高强度钢板的热冲压成形技术。该技术是综合了成形、传热以及组织相变的一种新工艺，主要是利用高温奥氏体状态下，板料的塑性增加，屈服强度降低的特点，通过模具进行成形的工艺。但是热成型需要对工艺条件、金属相变、CAE 分析技术进行深入研究，目前该技术被国外厂商垄断，国内发展缓慢。

4）工艺分类。冲压主要是按工艺分类，可分为分离工序和成形工序两大类。分离工序也称冲裁，其目的是使冲压件沿一定轮廓线从板料上分离，同时保证分离断面的质量要求。成型工序的目的是使板料在不破坏的条件下发生塑性变形，制成所需形状和尺寸的工件。在实际生产中，常常是多种工序综合应用于一个工件。冲裁、弯曲、剪切、拉深、胀形、旋压、矫正是几种主要的冲压工艺。

2. 注塑

（1）工艺简介。注塑是一种工业产品生产造型的方法。产品通常使用橡胶注塑和塑料注塑。注塑还可分注塑成型模压法和压铸法。注射成型机（简称注射机或注塑机）是将热塑性塑料或热固性料利用塑料成型模具制成各种形状的塑料制品的主要成型设备，注射成型是通过注塑机和模具来实现的。

（2）主要类型。

1）橡胶注塑：橡胶注射成型是一种将胶料直接从机筒注入模型硫化的生产方法。橡胶注塑的优点是：虽属间歇操作，但成型周期短，生产效率高，取消了胚料准备工序，劳动强度小，产品质量优异。

2）塑料注塑：塑料注塑是塑料制品的一种方法，将熔融的塑料利用压力注进塑料制品模具中，冷却成型得到各种想要的塑料件。有专门用于进行注塑的机械注塑机。目前最常使用的塑料是聚苯乙烯。

所得的形状往往就是最后成品，在安装或作为最终成品使用之前不再需要其他的加工。许多细部，诸如凸起部、肋、螺纹，都可以在注射模塑一步操作中成型出来。

3）优点缺点。注塑也就是机器做的鞋子，帮面扎在铝楦上后，一般由转盘机直接注入PVC、TPR等材料，一次性形成鞋底，现今也有PU（化学名聚氨酯）注塑（机器和模具跟一般的注塑不一样）。

优点：由于是机做，产量大，故价格低廉。

缺点：如果款式多，换模具较麻烦，鞋子定型困难，没冷粘鞋做工精致，所以一般适合鞋底款式单一的订单。

4）注塑缺陷。

- 温度、压力、速度与冷却控制的目的、操作与结果。
- 注塑机设定的调整如何影响工艺与品质。
- 优化螺杆控制设定。
- 多段充填与多段保压控制；结晶、非结晶与分子/纤维排向对工艺及品质的影响。
- 内应力、冷却速度、塑料收缩对塑件品质的影响。
- 塑料流变力学：塑料如何流动、排向与改变黏度，剪切与分子/纤维排向关系。
- 浇注系统、冷却系统、模具结构与注塑工艺之间的关系。

5）问题分析与解决。缩孔、缩水、不饱模、毛边、熔接痕、银丝、喷痕、烧焦、翘曲变形、开裂/破裂、尺寸超差及其他常见注塑问题描述、原因分析，以及在模具设计、成型工艺控制、产品设计及塑料材料等方面的解决对策。

- 注塑件周边缺胶、不饱模的原因分析及解决对策。
- 批锋（毛边）的原因分析及解决对策。
- 注塑件表面缩水、缩孔（真空泡）的原因分析及解决对策。
- 银纹（料花、水花）、烧焦、气纹的原因分析解决对策。
- 注塑件表面水波纹、流纹（流痕）的原因分析及解决对策。
- 注塑件表面夹水纹（熔接痕）、喷射纹（蛇纹）的原因分析及解决对策。
- 注塑件表面裂纹（龟裂）、顶白（顶爆）的原因分析及解决对策。
- 注塑件表面色差、光泽不良、混色、黑条、黑点的原因分析及解决对策。
- 注塑件翘曲变形、内应力开裂的原因分析及解决对策。
- 注塑件尺寸偏差的原因分析及解决对策。
- 注塑件粘模、拖花（拉伤）、拖白的原因分析及解决对策。
- 注塑件透明度不足、强度不足（脆断）的原因分析及解决对策。
- 注塑件表面冷料斑、起皮（分层）的原因分析及解决对策。
- 注塑件金属嵌件不良的原因分析及解决对策。
- 喷嘴流涎（流涕）、漏胶、水口拉丝、喷嘴堵塞、开模困难的原因分析及改善措施。
- 利用CAE模流分析技术快速地有效解决注塑现场问题。

6）优化设计与使用。

- 注塑模具的结构、组成、分类及功能。
- 浇注系统（浇口、流道、冷料井等）优化设计。
- 冷却系统（水路、隔水片、铍筒等）优化设计。
- 缩水率的设定与调整。

- 浇注系统、冷却系统、模具结构与注塑工艺之间的关系。
- 模具的安装、调试工作和维护保养。
- 利用 CAE 模流分析技术进行模具优化设计。

练习与思考

一、单选题

1. EPR 的意思是（　　）。

　A. 材料清册　B. 量产　C. 工程试作　D. 量产试作

2. PPR 的意思是（　　）。

　A. 量产试作　B. 材料清册　C. 工程试作　D. 量产

3. MP 的意思是（　　）。

　A. 量产试作　B. 材料清册　C. 量产　D. 工程试作

4. BOM 的意思是（　　）。

　A. 量产试作　B. 量产　C. 材料清册　D. 工程试作

5. P3-TEST 的意思是（　　）。

　A. 通过设计审查之后工程试作后的新产品，对其做各种测试验证，称为 P3-TEST
　B. 新产品设计完成后，对其设计的结果依据产品规格做各种测试验证，称为 P3-TEST
　C. 针对新产品的成熟度做测试验证，确认是否可以进行量产，称为 P3-TEST
　D. 以上都不对

6. P4-TEST 的意思是（　　）。

　A. 新产品设计完成后，对其设计的结果依据产品规格做各种测试验证，称为 P4-TEST
　B. 针对新产品的成熟度做测试验证，确认是否可以进行量产，称为 P4-TEST
　C. 通过设计审查之后工程试作后的新产品，对其做各种测试验证称为 P4-TEST
　D. 以上都是对的

7. P5-TEST 的意思是（　　）。

　A. 针对新产品的成熟度做测试验证，确认是否可以进行量产，称为 P5-TEST
　B. 通过设计审查之后工程试作后的新产品，对其做各种测试验证，称为 P5-TEST
　C. 新产品设计完成后，对其设计的结果依据产品规格做各种测试验证，称为 P5-TEST
　D. 以上均不正确

8. 冲压件由于采用精密模具，工件精度可达（　　）。

　A. 纳米级　B. 厘米级　C. 毫米级　D. 微米级

9. 采用精密模具的冲压件重复精度（　　）、规格一致。

　A. 大　B. 小　C. 高　D. 低

10. 冲压是（　　）的生产方法。

　A. 高效　B. 低效　C. 落后　D. 困难

二、多选题

11. 冲压是靠压力机和模具对（　　）等施加外力，使之产生塑性变形或分离，从而获得所需形状和尺寸的工件（冲压件）的成形加工方法。

　A. 板材　B. 带材　C. 管材　D. 型材

E. 木材

12. 冲压件与铸件、锻件相比，具有（ ）的特点。

A. 薄 B. 匀 C. 轻 D. 强

E. 重

13. 冲压可制出其他方法难于制造的带有（ ）的工件。

A. 所有类型 B. 翻边 C. 加强筋 D. 肋

E. 起伏

14. 冲压可加工出尺寸（ ）的零件。

A. 范围较大 B. 范围较小 C. 范围适中 D. 形状简单

E. 形状复杂

15. 冲压一般没有切屑碎料生成，材料的消耗较少，且不需其他加热设备，因而是一种（ ）的加工方法。

A. 费料 B. 省料 C. 耗能 D. 节能

E. 昂贵

16. 在（ ）里都有冲压加工。

A. 航空 B. 军工 C. 机械 D. 电子

E. 信息

17. 冲压存在的问题包括（ ）。

A. 耗能问题 B. 材料问题 C. 模具问题 D. 安全问题

E. 高强度钢冲压

18. 下列哪些是注塑缺陷（ ）。

A. 温度、压力、速度与冷却控制的目的、操作与结果

B. 注塑机设定的调整如何影响工艺与品质

C. 优化螺杆控制设定

D. 外应力、冷却速度、塑料收缩对塑件品质的影响

E. 浇注系统、冷却系统、模具结构与注塑工艺之间的关系

19. （ ）是几种主要的冲压工艺。

A. 冲裁 B. 弯曲 C. 剪切 D. 拉深

E. 胀形

20. 常见注塑问题包含（ ）。

A. 缩孔 B. 缩水 C. 熔接痕 D. 喷痕

E. 翘曲变形

三、判断题

21. 注塑是一种工业产品生产造型的方法。（ ）

22. 产品通常使用橡胶注塑和塑料注塑。（ ）

23. 冲压加工不存在问题和缺点。（ ）

24. 冲压主要是按工艺分类，可分为分离工序和成形工序两大类。（ ）

25. 冲压加工所使用的模具一般具有专用性，但是一个复杂零件仅需一套模具就能加工成形。（ ）

26. 冲压加工在国民经济各个领域应用范围相当广泛。（ ）

27. 工程样机是工程师们用来测试产品硬件性能，相关技术参数的样板机。（ ）

28. 一般情况下，脱模斜度不包括在塑件公差范围内。(　　)

29. 制作样板机是为了确保新产品顺利导入量产阶段，能提供正确完整的技术文件资料及验证新产品的成熟度，以顺利大量生产。(　　)

30. 一般来说工程样机都有许多BUG。(　　)

练习与思考参考答案

1. C	2. A	3. C	4. C	5. B	6. C	7. A	8. D	9. C	10. A
11. ABCD	12. ABCD	13. BCDE	14. AE	15. BD	16. ABCDE	17. CDE	18. ABCE	19. ABCDE	20. ABCDE
21. Y	22. Y	23. N	24. Y	25. N	26. Y	27. Y	28. Y	29. Y	30. Y

任务 24

产品工程试产和量产跟进

该训练任务建议用 6 个学时完成学习。

24.1 任务来源

经过工程样机结构检讨之后，产品进入工程试产和量产阶段，这个阶段主要需要排好流程和工期，通过大量的生产来检验生产装配上可能出现的问题。结构设计师需要持续跟进量产过程，以保证批量产品的品质，降低其质量方面的不稳定性，确保没有问题的产品能按时上市。

24.2 任务描述

在了解典型产品的试产量产流程之后，完成该产品试产量产流程计划表。

24.3 能力目标

24.3.1 技能目标

完成本训练任务后，你应当能（够）：

1. 关键技能

（1）会理规划不同产品的工程试产及量产流程。

（2）会制定详细的产品试产和量产工程进度表。

（3）会对工程试产和量产的每步流程定出合理的时间规划。

2. 基本技能

（1）会与产品制造各个部门保持良好的沟通。

（2）会使用办公软件完成相关图表文案制作。

24.3.2 知识目标

完成本训练任务后，你应当能（够）：

（1）了解产品工程试产及量产的相关流程、工艺等相关知识。

（2）掌握工程试产和量产工作进度表的制作方法。

24.3.3 职业素质目标

完成本训练任务后，你应当能（够）：

（1）具有丰富的产品制造相关知识。

（2）具备严谨认真的工作态度。

24.4 任务实施

24.4.1 活动一 知识准备

（1）试产量产流程计划表的含义。

（2）常规产品工厂生产流程。

（3）典型加工工艺的特点及周期。

24.4.2 活动二 示范操作

1. 活动内容

在了解了手机的试产量产流程之后，完成手机试产量产流程计划表，在过程中充分考虑各项任务的制订合理性，为项目的试产量产的顺利进行提供指引。

具体要求如下：

（1）打开手机试产量产流程计划表模板。

（2）在“具体任务 & 文档输出”项目栏中填入相应工作任务。

（3）在“计划周期”项目栏中填入合理的工作周期。

（4）检查并提交表格。

2. 操作步骤

（1）步骤一：打开手机试产量产流程计划表模板，如图 24-1 所示。

项目阶段	具体任务&文档输出		开始时间	计划截止	实际开始	实际截止	任务状态	计划周期（工作日）	实际周期（工作日）	优化	备注
试产/量产阶段	试产计划发出										
	试产备料										
	组装厂试产										
	试产检讨会议										
	试产测试										
	测试检讨会议										
	试产总结										
	量产准备会议										
	量产文件输出										
	量产总结										

图 24-1 手机试产量产流程计划表模板

（2）步骤二：依次补全“具体任务 & 文档输出”和“计划周期”列中的缺失项。首先确定试产计划需要发出的文档和预留的时间，如图 24-2 所示。

具体任务&文档输出		开始时间	计划截止	实际开始	实际截止	任务状态	计划周期（工作日）
试产计划发出	正式邮件或文件告知试产数量、工艺要求、完成时间						1

图 24-2 填写“试产计划发出”选项栏内容

（3）步骤三：确定所需要的试产备料和准备时间，如图 24-3 所示。

试产备料	电子备料（PCB、TP、LCD、SPK、CMM、MIC等）						10
	结构备料（壳料、辅料等）						10

图 24-3　填写“试产备料”选项栏内容

（4）步骤四：确定组装厂的任务和工时，如图 24-4 所示。

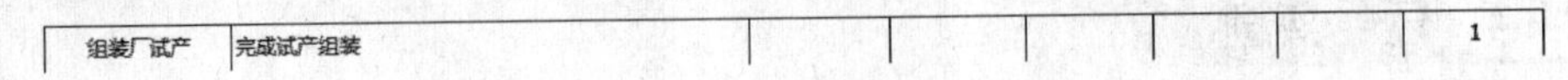

组装厂试产	完成试产组装						1

图 24-4　填写“组装厂试产”选项栏内容

（5）步骤五：确定在试产检讨会议上出具的文档和会议时长，如图 24-5 所示。

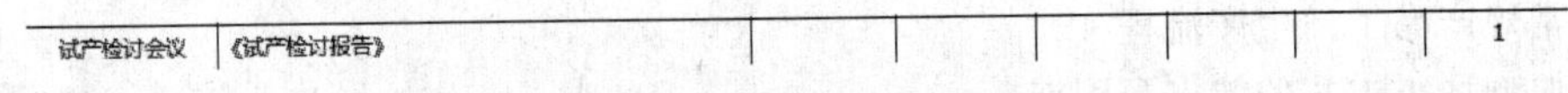

试产检讨会议	《试产检讨报告》						1

图 24-5　填写“试产检讨会议”选项栏内容

（6）步骤六：确定试产测试的内容和工时，如图 24-6 所示。

试产测试	完成环境和性能测试						15

图 24-6　填写“试产测试”选项栏内容

（7）步骤七：确定测试检讨会议的内容和时长，如图 24-7 所示。

测试检讨会议	确定测试出来的问题点并给出改善方案和完成时间						1

图 24-7　填写“测试检讨会议”选项栏内容

（8）步骤八：决定试产总结后的下一步做法，若需重新试产则定义工时，如图 24-8 所示。

试产总结	NG：改善问题点，重新备料试产（重复上面）						38
	OK：转量产						

图 24-8　填写“试产总结”选项栏内容

（9）步骤九：确定量产准备会议的内容和时长，如图 24-9 所示。

量产准备会议	确定相关工程文件和资料下发时间并计划交货进度						1

图 24-9　填写“量产准备会议”选项栏内容

（10）步骤十：确定量产文件输出的文档和每份文档的准备周期，如图 24-10 所示。

量产文件输出	BOM表						1
	SIP（标准检验规范）						1
	SOP（作业指导书）						1
	承认书						3
	工装治具						7
	产品包装规范						2

图 24-10　填写“量产文件输出”选项栏内容

（11）步骤十一：以《项目总结报告》来作为量产总结，计划周期为一个工作日，如图 24-11 所示。

量产总结	《项目总结报告》							1		

图 24-11　填写“量产总结”选项栏内容

（12）步骤十二：至此，《手机试产量产流程计划表》的“具体任务 & 文档输出”和“计划周期”部分已经完成，如图 24-12 所示。

项目阶段	具体任务&文档输出		开始时间	计划截止	实际开始	实际截止	任务状态	计划周期（工作日）	实际周期（工作日）	优化	备注
试产/量产阶段	试产计划发出	正式邮件或文件告知试产数量、工艺要求、完成时间						1			
	试产备料	电子备料（PCB、TP、LCD、SPK、CMM、MIC等）						10			
		结构备料（壳料、辅料等）						10			
	组装厂试产	完成试产组装						1			
	试产检讨会议	《试产检讨报告》						1			
	试产测试	完成环境和性能测试						15			
	测试检讨会议	确定测试出来的问题点并给出改善方案和完成时间						1			
	试产总结	NG：改善问题点，重新备料试产（重复上面）						38			
		OK：转量产									
	量产准备会议	确定相关工程文件和资料下发时间并计划交货进度						1			
	量产文件输出	BOM表						1			
		SIP（标准检验规范）						1			
		SOP（作业指导书）						1			
		承认书						3			
		工装治具						7			
		产品包装规范						2			
	量产总结	《项目总结报告》						1			

图 24-12　手机试产量产流程计划表

24.4.3 活动三　能力提升

根据活动内容和示范操作要求，在了解充电器的试产量产流程之后，完成充电器产品试产量产流程计划表，在过程中充分考虑各项任务的制订合理性，为项目的试产量产的顺利进行提供指引。

具体要求如下：

（1）打开充电器试产量产流程计划表模板。

（2）在“具体任务 & 文档输出”项目栏中填入相应工作任务。

（3）在“计划周期”项目栏中填入合理的工作周期。

（4）检查并提交表格。

（5）完成模具设计评审表。

24.5 效果评价

效果评价参见任务 1，评价标准见附录。

24.6 相关知识与技能

24.6.1 试生产流程

工程样机是工程师们用来测试产品硬件性能，相关技术参数的样板机，是不能拿到市面上卖的，测试完了要统一销毁。一般来说工程样机都有许多 BUG。

1. 目的

通过试生产确保设计达到设计目标，使产品满足客户要求，使新开发的产品进入量产。

2. 范围

包括 EVP 和 PVP，EVP 是指开发工程样品试生产，PVP 是指量产前一次试生产。

3. 职责

（1）开发部负责试产 BOM、技术资料等文件的制作，开发项目工程师主导 EVP 和 EVPUSR

物新料检验的确认。

(2) 供应链管理部负责新物料供应商的开发及成本的控制，试产的物料计划和采购。

(3) 生产制造部技术科负责生产作业指导书及工装制具的制作，主导 PVP。

(4) 品质保证部负责物料来料的检验，试产过程质量管控。

24.6.2 手机试产、量产流程

手机试产、量产流程如图 24-13 所示。

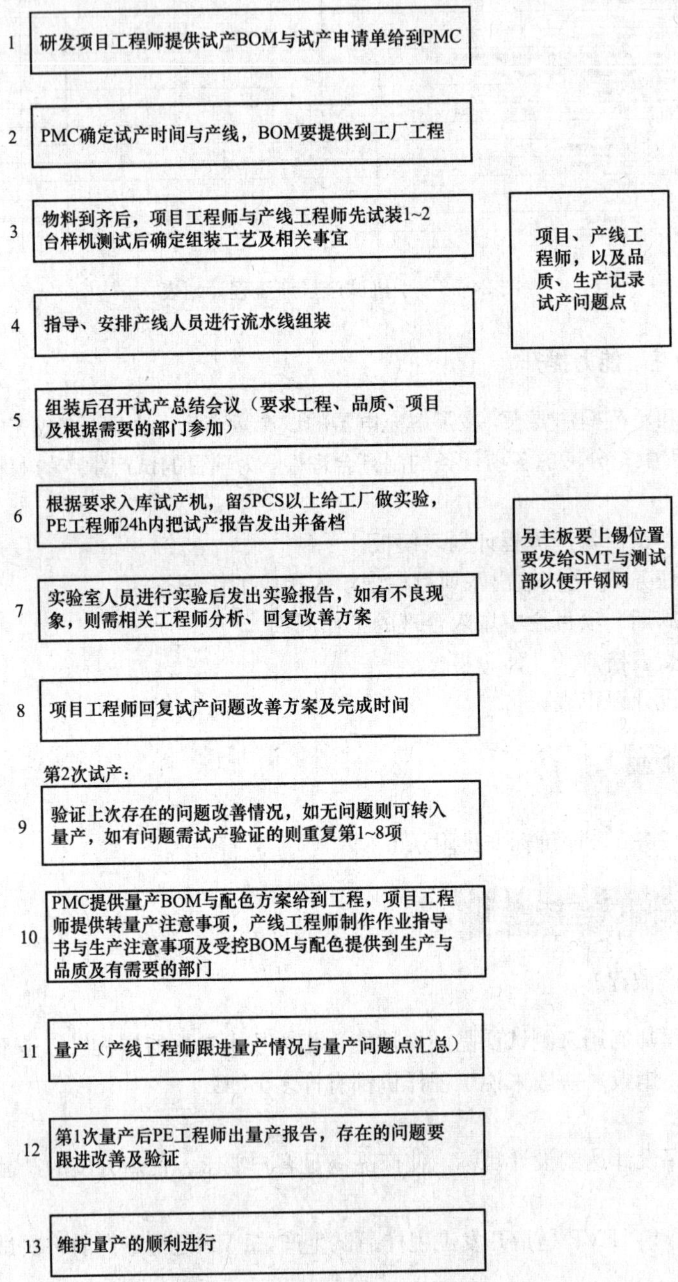

图 24-13 手机试产、量产流程

24.6.3 从出模到量产

1. 投模期间的项目跟进

塑胶件开模需要18天左右，是不是这段时间就没事做了呢？当然不是的，手机的供应商除了塑胶件外，还有按键、五金、镜片、镍片、电池、手写笔、辅料等，只要这款手机上用到的，一样也不能少。因为这些散件的开发周期比塑胶件短，我们可以利用塑胶件开模的这段时间进行报价、打样和开模。由于按键、五金的模具时间也要14天左右，有些公司也有把塑胶件、按键、五金的项目进度同步进行的做法。辅料比较便宜，可以发包给模厂去采购，模厂出货前把辅料（如泡棉、双面胶纸）贴附在壳体上的指定位置，这样就极大地简化了后面整机装配的工序。

2. 试模及改模

还是以塑胶件为例进行说明，试模及改模是供应商完成模具制作后进行的塑胶件试做和模具修整，以满足设计要求。客户在试模前会追齐其他配件的样品，一起去模厂，结构设计工程师对所有配件进行单品检查和实装检查，单品检查包括外观缺陷检查和尺寸检查，实装检查则是把所有配件按照生产实际的装配顺序进行实装，找出问题。所有问题依次列出，和模厂进行协调，确定改善方案、改善时间和改善的责任人，设计公司和模厂有争议的问题由客户作出最终决定，讨论结果签字复印后一式三份交客户，设计公司和模厂分别保存留底，设计公司根据讨论结果更新改模图纸，发出正式的改模图，改模图包括改模部分的详细文字说明，需要改模零件的3D图纸，3D图纸上要求改模的部分需用红色标识出来，改模问题点事无巨细，不得遗漏。

3. 试产

经过改善后的样品还要重复试模的程序进行检验，不过这次试模上、下壳等外观配件可以做上表面处理（如ID工艺图上有标明表面喷油、过UV、氧化、拉丝、丝印、电镀、镭雕的）再进行实装，如果实装确认无误后，就可以安排试产了。试产可以发现少量装机时无法发现的问题，试产数量一般为50～100台，按照生产的实际排布生产流水线进行装配，试产时客户会同结构设计工程师一起去装配厂，由结构设计工程师讲明装配顺序和注意事项，由装配厂的PE工程师安排生产线的排布，逐一指导作业员正确的作业手法和判定标准，量产前PE工程师需完成每一个装配工位的作业指导书。在装配厂进行的装配力求简洁，辅料已经由模厂贴到壳体上了，五金片也已经由模厂热熔到壳体上了，装配厂只要在壳体上装入按键、主板、合壳、锁螺丝、装镜片，最后测试、包装就可以了。

试产时发现的问题由结构设计工程师记录下来，如果需要改模的，由结构设计工程师画出改模图，改模图包括改模部分的详细文字说明，需要改模零件的3D图纸，3D图纸上要求改模的部分需用红色标识出来。通知相关供应商改善，并跟进改模进度和改模结果，改模完成后即可进入量产阶段。

4. 量产

经过多次的论证、修改、检验、修改，结构设计工程师辛劳的成果就快要出来了，所有的问题在量产前都已经解决了，如果没有什么问题，量产的过程可以不需要结构设计工程师的参与，按照现在的市场行情，一般售价在800元左右的手机销量超过5000台，客户就可以收回成本，再有更多的订单，客户就有得赚了。产品上市后，根据市场的反应，客户可能会提出一些修改意见，结构设计工程师再做相应的回应就可以了。

24.6.4 手机产品设计要注意的问题

手机产品设计要注意的问题见表24-1。

表 24-1 手机产品设计要注意的问题

序 号	常见问题	分 类
1	各电声件线长是否合适、螺钉长度是否适合且喇叭来料要绕线	结构
2	各按键机壳透光效果如何（要到黑暗的地方查看）	结构
3	各听筒、马达、DC弹片、电池、天线弹片与主板触点是否能充分接触到	结构
4	主板元器件是否有与机壳、天线等干涉或短路（包括测试点）	结构
5	各元器件、物料是否存在拆机过程中易损坏的隐患	结构
6	各导电布、导电泡棉是否真正起到导电作用	结构
7	摄像头是否正中、照相时镜头是否正中	结构
8	正常拿手机时咪头孔是否存在被遮住的隐患，咪头孔不能在底部	结构
9	LCD是否存在进尘隐患	结构
10	显示屏TP引出脚位是否避开让位（防止触屏失灵）	结构
11	显示屏是否有定位柱定位或参照物定位，否则定位偏（造成显示区域不居中）	结构
12	显示屏与面壳要保留足够的预留空间，防止屏被面壳碰破	结构
13	显示屏两侧的定位孔在不接地时请上绿油（防止焊接时上锡顶屏）	结构
14	各结构设计是否合理，有没有更利于生产、品质的设计，特别是防呆方面	结构
15	各粘贴物料是否能充分粘牢固（如天线FPC、电池仓钢片等）	结构
16	外观断差、缝隙是否在标准范围内	结构
17	电池是否与主板接触良好，不能太松	结构
18	电池仓内的贴纸、网标等要预留足够空间	结构
19	电池盖在结构上要有卡位，防止使用久后松、掉出	结构
20	手机跌落各元器件、结构件是否会损坏	结构
21	各元器件是否离焊盘太近，不利于焊接作业	硬件
22	主板上的测试点离焊盘太近会影响焊接	硬件
23	检查各焊盘是否已上锡（如没有上锡要求SMT加锡）	SMT
24	各焊接件是否可以在SMT贴片进行贴装（主要为弹针、弹片等物料）	硬件＋SMT
25	主屏镜片背胶要与触屏FPC避空	结构
26	天线支架设计扣位要牢固或加螺钉固定	结构
27	面壳与液晶要有足够预留空间，防止压坏液晶	结构
28	易划伤壳料来料要加贴保护膜	结构＋采购
29	背胶、泡棉设计时要预留安全间隙，防止装配后有露泡棉或溢胶现象	结构
30	优化设计尽量减少辅料	结构＋硬件
31	喇叭网如果采用外贴、必须加背胶	结构
32	电池盖的扣位注意位置分配	结构
33	按键透光问题在设计时注意按键丝印工艺	结构
34	注意咪头设计的位置，机身偏长的咪头孔要设计在正面，不能在底部	结构
35	注意射频信号和其他电声件形成干扰，影响信号	结构

练习与思考

一、单选题

1. 在试产的控制程序中，试产 BOM 由（　　）提供。
   A. 研发项目工程师　B. 生产制造部　C. 生产技术科　D. 产线工程师
2. 试产 BOM 与申请单交给（　　）。
   A. PMC　B. PC　C. MC　D. SMT
3. 物料到齐后，项目工程师与产线工程师会先试装（　　）台样机。
   A. 3　B. 4　C. 1～2　D. ＞5
4. 试产机入库后应至少留（　　）台以上给工厂做实验。
   A. 1　B. 2　C. 3　D. 5
5. 试产的装配顺序和注意事项由（　　）说明。
   A. 品控部门　B. 结构设计工程师　C. PE 工程师　D. PMC
6. 试产的生产线的排布由（　　）安排。
   A. PC　B. PMC　C. 结构设计工程师　D. PE 工程师
7. 量产前（　　）需完成每一个装配工位的作业指导书。
   A. PMC　B. 结构设计工程师　C. PE 工程师　D. 品控部门
8. 试产时发现的问题由（　　）记录。
   A. PMC　B. 结构设计工程师　C. 品控部门　D. PE 工程师
9. 试产之后需要改模的，由（　　）出改模图。
   A. PMC　B. PE 工程师　C. 品控部门　D. 结构设计工程师
10. 上市之后客户的修改意见由（　　）回应。
    A. 外观设计师　B. 结构设计工程师　C. PMC　D. 品控部门

二、多选题

11. 试产期初 PMC 确定（　　），并将 BOM 提供到工厂工程。
    A. 试产时间　B. 试产数量　C. 表面处理工艺　D. 试产产线
    E. 装配方式
12. 物料到齐后，（　　）会先试装若干台样机来确定相关事宜。
    A. 造型设计师　B. 产线工程师　C. 结构设计工程师　D. 客户
    E. 项目工程师
13. 样机组装后会要求（　　）以及需要的部门参加试产总结会议。
    A. 项目　B. 工程　C. 社会人士　D. 工厂
    E. 品质
14. 第二次试产时产线工程师会制作（　　）提供到生产与品质及有需要的部门。
    A. 受控 BOM　B. 配色　C. 作业指导书　D. 生产注意事项
    E. 新的样机
15. 量产时产线工程师（　　）。
    A. 工作已经完成　B. 跟进量产情况
    C. 汇总量产问题　D. 参与量产的装配工作

16. 有些公司会把（　　）的项目进度同步进行。
    A. 按键　　B. 拓展套件　　C. 五金　　D. 塑胶件
    E. 主板
17. 模厂出货前可把辅料，如（　　）等贴附在壳体上的指定位置。
    A. 按键　　B. 泡棉　　C. MIC　　D. 双面胶纸
    E. 螺母
18. 单品检查包括（　　）。
    A. 强度检查　　B. 外观缺陷检查　　C. 耐用性检查　　D. 尺寸检查
    E. 安全性检查
19. 塑胶件的检查完成后列出问题，与模厂进行协调确定（　　）。
    A. 新图纸　　B. 改善时间　　C. 改善的责任人　　D. 新模具
    E. 改善方案
20. 改模图包括改模部分的（　　）。
    A. 三维图纸　　B. 二维图纸　　C. 简要说明　　D. 问题描述
    E. 详细文字说明

三、判断题

21. 塑胶件开模期间只需要等待即可。（　　）
22. 散件的开发周期比塑胶件短。（　　）
23. 模厂出货前把辅料贴附在壳体上的指定位置，这样能极大地简化后面整机装配的工序。（　　）
24. 试模及改模是供应商完成模具制作前进行的塑胶件试做和模具修整。（　　）
25. 试模时结构设计工程师会自己去模厂。（　　）
26. 试产前后经过改善后的样品还要重复试模的程序进行检验。（　　）
27. 试产可以发现少量装机时无法发现的问题。（　　）
28. 手机电池盖可不做卡位。（　　）
29. 手机的辅料越多越好。（　　）
30. 长机身手机的MIC孔就可以放在底部。（　　）

练习与思考参考答案

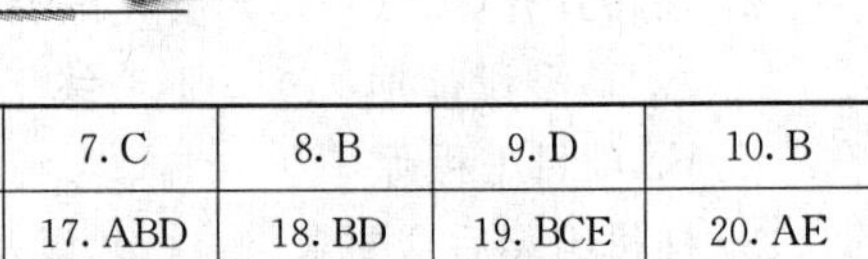

1. A	2. A	3. C	4. D	5. B	6. D	7. C	8. B	9. D	10. B
11. AD	12. BE	13. ABE	14. ABCD	15. BC	16. ACD	17. ABD	18. BD	19. BCE	20. AE
21. N	22. Y	23. Y	24. N	25. N	26. Y	27. Y	28. N	29. N	30. N

附录 训练任务评分标准表

任务1 行业认知及职业规划训练

评 价 标 准

评价项目	评价内容	配分	完成情况	得分	合计	评价标准
安全操作	未按安全规范操作，出现设备及人身安全事故，则评价结果为0分					
能力目标	1. 符合质量要求的任务完成情况	50	是□ 否□			若完成情况为“是”，则该项得满分，否则得0分
	2. 完成知识准备	10	是□ 否□			
	3. 会分析产品结构设计相关行业职业特征	10	是□ 否□			
	4. 会分析产品结构设计相关行业及岗位发展趋势	10	是□ 否□			
	5. 会撰写个人职业规划	20	是□ 否□			
评价结果						

任务2 产品结构项目流程计划表制作

评 价 标 准

评价项目	评价内容	配分	完成情况	得分	合计	评价标准
安全操作	未按安全规范操作，出现设备及人身安全事故，则评价结果为0分					
能力目标	1. 符合质量要求的任务完成情况	50	是□ 否□			若完成情况为“是”，则该项得满分，否则得0分
	2. 完成知识准备	10	是□ 否□			
	3. 会针对不同产品的结构特性进行开发工作流程分析	20	是□ 否□			
	4. 会制订典型产品结构设计工作任务计划	10	是□ 否□			
	5. 会合理规划典型产品结构设计的分项任务进度和时间	10	是□ 否□			
评价结果						

任务3 产品结构设计基础逻辑认知与训练

评 价 标 准

评价项目	评价内容	配分	完成情况	得分	合计	评价标准
安全操作	未按安全规范操作，出现设备及人身安全事故，则评价结果为0分					
能力目标	1. 符合质量要求的任务完成情况	50	是□ 否□			若完成情况为“是”，则该项得满分，否则得0分
	2. 完成知识准备	10	是□ 否□			
	3. 会分析整机结构组成	10	是□ 否□			
	4. 会分析各组件之间的结构关系	20	是□ 否□			
	5. 会合理规划典型产品结构设计的分项任务进度和时间	10	是□ 否□			
评价结果						

任务4 产品工艺及材料信息表制作

评 价 标 准

评价项目	评价内容	配分	完成情况	得分	合计	评价标准
安全操作	未按安全规范操作，出现设备及人身安全事故，则评价结果为0分					
能力目标	1. 符合质量要求的任务完成情况	50	是□ 否□			若完成情况为“是”，则该项得满分，否则得0分
	2. 完成知识准备	10	是□ 否□			
	3. 会准确分析和理解产品效果图所表达的零部件造型	10	是□ 否□			
	4. 会为产品各个部件选用合理的材料以及制造工艺	10	是□ 否□			
	5. 会为产品各个部件选用合理的材料	10	是□ 否□			
	6. 会制作产品结构设计工艺及材料信息表	10	是□ 否□			
评价结果						

任务5 产品表面工艺文件编制

评 价 标 准

评价项目	评价内容	配分	完成情况	得分	合计	评价标准
安全操作	未按安全规范操作，出现设备及人身安全事故，则评价结果为0分					
能力目标	1. 符合质量要求的任务完成情况	50	是□ 否□			若完成情况为“是”，则该项得满分，否则得0分
	2. 完成知识准备	10	是□ 否□			
	3. 会分析产品表面工艺处理特性	20	是□ 否□			
	4. 会合理选用产品表面处理工艺	20	是□ 否□			
评价结果						

任务6 产品测试及安全标准认知与训练

评 价 标 准

评价项目	评价内容	配分	完成情况	得分	合计	评价标准
安全操作	未按安全规范操作，出现设备及人身安全事故，则评价结果为0分					
能力目标	1. 符合质量要求的任务完成情况	50	是□ 否□			若完成情况为“是”，则该项得满分，否则得0分
	2. 完成知识准备	10	是□ 否□			
	3. 会对产品设计方案进行测试使其性能符合设计要求	10	是□ 否□			
	4. 会分析产品设计方案的工艺、材料等要素，使其符合安全标准	20	是□ 否□			
	5. 会基于测试及安全规范的审核结论对现有产品设计信息进行修改	10	是□ 否□			
评价结果						

任务7　产品结构相关图纸识别训练

评　价　标　准

评价项目	评价内容	配分	完成情况	得分	合计	评价标准
安全操作	未按安全规范操作，出现设备及人身安全事故，则评价结果为0分					
能力目标	1. 符合质量要求的任务完成情况	50	是□　否□			若完成情况为“是”，则该项得满分，否则得0分
	2. 完成知识准备	10	是□　否□			
	3. 会识别产品效果图及工艺图	10	是□　否□			
	4. 会识别产品零件工程图	10	是□　否□			
	5. 会识别产品装配图	10	是□　否□			
	6. 会识别丝印图	5	是□　否□			
	7. 会整理各类图纸中结构设计有效信息	5	是□　否□			
评价结果						

任务8　产品测量与绘图训练

评　价　标　准

评价项目	评价内容	配分	完成情况	得分	合计	评价标准
安全操作	未按安全规范操作，出现设备及人身安全事故，则评价结果为0分					
能力目标	1. 符合质量要求的任务完成情况	50	是□　否□			若完成情况为“是”，则该项得满分，否则得0分
	2. 完成知识准备	10	是□　否□			
	3. 会理解测量对象、测量工具和测量方法	5	是□　否□			
	4. 会正确使用测量工具	5	是□　否□			
	5. 会绘制零件草图	10	是□　否□			
	6. 会根据测量数据完成计算机绘图	10	是□　否□			
	7. 会进行尺寸标注和注写技术要求	10	是□　否□			
评价结果						

任务9　ID方案可实现性及工艺评估

评　价　标　准

评价项目	评价内容	配分	完成情况	得分	合计	评价标准
安全操作	未按安全规范操作，出现设备及人身安全事故，则评价结果为0分					
能力目标	1. 符合质量要求的任务完成情况	50	是□　否□			若完成情况为“是”，则该项得满分，否则得0分
	2. 完成知识准备	10	是□　否□			
	3. 会识别ID图纸信息	5	是□　否□			
	4. 会分析评估基本尺寸及材料工艺的可行性	10	是□　否□			
	5. 会分析评估制造能力的可行性	10	是□　否□			
	6. 会分析评估产品的检测与试验的可行性	10	是□　否□			
	7. 会分析评估产品的经济效益	5	是□　否□			
评价结果						

任务10 产品元器件堆叠制作

评 价 标 准

评价项目	评价内容	配分	完成情况	得分	合计	评价标准
安全操作	未按安全规范操作，出现设备及人身安全事故，则评价结果为0分					
能力目标	1. 符合质量要求的任务完成情况	50	是□ 否□			若完成情况为“是”，则该项得满分，否则得0分
	2. 完成知识准备	10	是□ 否□			
	3. 会并能用软件完成常见的产品壳体与内部元器件配合	10	是□ 否□			
	4. 会读懂元器件规格书	10	是□ 否□			
	5. 会将规格书的平面图准确的模拟成三维模型	10	是□ 否□			
	6. 会与硬件工程师、外观设计师充分协调沟通	10	是□ 否□			
评价结果						

任务11 产品结构拆件设计与制作

评 价 标 准

评价项目	评价内容	配分	完成情况	得分	合计	评价标准
安全操作	未按安全规范操作，出现设备及人身安全事故，则评价结果为0分					
能力目标	1. 符合质量要求的任务完成情况	50	是□ 否□			若完成情况为“是”，则该项得满分，否则得0分
	2. 完成知识准备	10	是□ 否□			
	3. 会根据拆件原则对产品形态进行分析	10	是□ 否□			
	4. 会应用Top-Down设计思路对产品形态进行拆解	20	是□ 否□			
	5. 会检查拆件的结果，查找问题并修正	10	是□ 否□			
评价结果						

任务12 产品装配与固定结构设计

评 价 标 准

评价项目	评价内容	配分	完成情况	得分	合计	评价标准
安全操作	未按安全规范操作，出现设备及人身安全事故，则评价结果为0分					
能力目标	1. 符合质量要求的任务完成情况	50	是□ 否□			若完成情况为“是”，则该项得满分，否则得0分
	2. 完成知识准备	10	是□ 否□			
	3. 会分析现有零件的固定需求，构思装配固定方案	10	是□ 否□			
	4. 会合理设计装配细节形态并完成装配点布局	10	是□ 否□			
	5. 运用Pro/E软件完成零件装配固定的细节建模	10	是□ 否□			
	6. 会对完成后的装配细节进行检测和修正	10	是□ 否□			
评价结果						

任务13　产品运动结构设计

评 价 标 准

评价项目	评价内容	配分	完成情况	得分	合计	评价标准
安全操作	未按安全规范操作，出现设备及人身安全事故，则评价结果为0分					
能力目标	1. 符合质量要求的任务完成情况	50	是□　否□			若完成情况为“是”，则该项得满分，否则得0分
	2. 完成知识准备	10	是□　否□			
	3. 会根据产品运动件的设计需求，分析运动结构实现方式	10	是□　否□			
	4. 会提出合理的运动结构方案，进行简单的力学分析和装配分析	10	是□　否□			
	5. 会运用Pro/E软件完成产品运动结构的细节建模	10	是□　否□			
	6. 会在软件环境模拟运动仿真检测并修正运动结构	10	是□　否□			
评价结果						

任务14　产品结构强度与可靠性审核

评 价 标 准

评价项目	评价内容	配分	完成情况	得分	合计	评价标准
安全操作	未按安全规范操作，出现设备及人身安全事故，则评价结果为0分					
能力目标	1. 符合质量要求的任务完成情况	50	是□　否□			若完成情况为“是”，则该项得满分，否则得0分
	2. 完成知识准备	10	是□　否□			
	3. 会完成FMEA零件可靠性审核	10	是□　否□			
	4. 会确定可靠性测试项目	5	是□　否□			
	5. 会进行可靠性测试实验	5	是□　否□			
	6. 会分析测试结果	10	是□　否□			
	7. 会针对测试结果提出改进措施	10	是□　否□			
评价结果						

任务15　产品辅料选型训练

评 价 标 准

评价项目	评价内容	配分	完成情况	得分	合计	评价标准
安全操作	未按安全规范操作，出现设备及人身安全事故，则评价结果为0分					
能力目标	1. 符合质量要求的任务完成情况	50	是□　否□			若完成情况为“是”，则该项得满分，否则得0分
	2. 完成知识准备	10	是□　否□			
	3. 会根据产品的设计需求，分析辅料需求和解决方案	10	是□　否□			
	4. 会查阅相关资料，完成辅料选型	10	是□　否□			
	5. 会运用Pro/E软件完成辅料相关产品结构建模	20	是□　否□			
评价结果						

任务16　产品建模与修改

评　价　标　准

评价项目	评价内容	配分	完成情况	得分	合计	评价标准
安全操作	未按安全规范操作，出现设备及人身安全事故，则评价结果为0分					
能力目标	1. 符合质量要求的任务完成情况	50	是□　否□			若完成情况为“是”，则该项得满分，否则得0分
	2. 完成知识准备	10	是□　否□			
	3. 会用“草绘”进行产品基本造型描线	5	是□　否□			
	4. 会用“扫描”进行产品恒定曲面铺面	10	是□　否□			
	5. 会用“造型”进行建模所需辅助曲线的勾勒	10	是□　否□			
	6. 会用“边界混合”进行四边曲面补接并约束	10	是□　否□			
	7. 会对产品电子模型进行拆件和装配	5	是□　否□			
评价结果						

任务17　产品工程图纸制作

评　价　标　准

评价项目	评价内容	配分	完成情况	得分	合计	评价标准
安全操作	未按安全规范操作，出现设备及人身安全事故，则评价结果为0分					
能力目标	1. 符合质量要求的任务完成情况	50	是□　否□			若完成情况为“是”，则该项得满分，否则得0分
	2. 完成知识准备	10	是□　否□			
	3. 会将产品三维电子模型转化为不同视角二维产品线图	10	是□　否□			
	4. 会对二维产品线图进行编辑，使其符合工程图要求	10	是□　否□			
	5. 会为不同视角二维产品线图标注尺寸	10	是□　否□			
	6. 会为二维产品线图绘制图框线，标题栏等内容，完成工程图制作	10	是□　否□			
评价结果						

任务18　产品结构设计手板资料编制

评　价　标　准

评价项目	评价内容	配分	完成情况	得分	合计	评价标准
安全操作	未按安全规范操作，出现设备及人身安全事故，则评价结果为0分					
能力目标	1. 符合质量要求的任务完成情况	50	是□　否□			若完成情况为“是”，则该项得满分，否则得0分
	2. 完成知识准备	10	是□　否□			
	3. 会解析ID设计师的设计图稿及造型创意	10	是□　否□			
	4. 会对产品方案的所有零件进行合理分类	10	是□　否□			
	5. 会编写手板制作的物料清单（BOM），向手板厂正确传达设计意图	20	是□　否□			
评价结果						

任务 19　产品结构设计检讨修正

评 价 标 准

评价项目	评价内容	配分	完成情况	得分	合计	评价标准
安全操作	未按安全规范操作，出现设备及人身安全事故，则评价结果为 0 分					
能力目标	1. 符合质量要求的任务完成情况	50	是□　否□			若完成情况为“是”，则该项得满分，否则得 0 分
	2. 完成知识准备	10	是□　否□			
	3. 会分析现有三维模型的结构特征	10	是□　否□			
	4. 会查找现有结构三维模型的结构设计问题	10	是□　否□			
	5. 会应用 Pro/E 软件针对结构设计问题进行修正	20	是□　否□			
评价结果						

任务 20　产品结构装配评审

评 价 标 准

评价项目	评价内容	配分	完成情况	得分	合计	评价标准
安全操作	未按安全规范操作，出现设备及人身安全事故，则评价结果为 0 分					
能力目标	1. 符合质量要求的任务完成情况	50	是□　否□			若完成情况为“是”，则该项得满分，否则得 0 分
	2. 完成知识准备	10	是□　否□			
	3. 会完成结构装配评审资料输入	5	是□　否□			
	4. 会审核生产装配合理性	10	是□　否□			
	5. 会审核零件装配设计合理性	10	是□　否□			
	6. 会审核其他影响装配的设计	5	是□　否□			
	7. 会填写 FMEA 结构装配检查表	10	是□　否□			
评价结果						

任务 21　产品模具评审

评 价 标 准

评价项目	评价内容	配分	完成情况	得分	合计	评价标准
安全操作	未按安全规范操作，出现设备及人身安全事故，则评价结果为 0 分					
能力目标	1. 符合质量要求的任务完成情况	50	是□　否□			若完成情况为“是”，则该项得满分，否则得 0 分
	2. 完成知识准备	10	是□　否□			
	3. 会完成结构设计图纸审核	5	是□　否□			
	4. 会分析零件加工可行性	10	是□　否□			
	5. 会评审模具结构	5	是□　否□			
	6. 会评审成型设备	10	是□　否□			
	7. 会完成模具设计评审表	10	是□　否□			
评价结果						

任务22　产品模具跟进及检讨

评　价　标　准

评价项目	评价内容	配分	完成情况	得分	合计	评价标准
安全操作	未按安全规范操作，出现设备及人身安全事故，则评价结果为0分					
能力目标	1. 符合质量要求的任务完成情况	50	是□　否□			若完成情况为“是”，则该项得满分，否则得0分
	2. 完成知识准备	10	是□　否□			
	3. 会根据实物核对BOM表内容	5	是□　否□			
	4. 会核对实际零件尺寸	5	是□　否□			
	5. 会检查零件外观缺陷	10	是□　否□			
	6. 会完成零件试装检讨	10	是□　否□			
	7. 会填写模具试模检讨表	10	是□　否□			
评价结果						

任务23　产品工程样机结构检讨

评　价　标　准

评价项目	评价内容	配分	完成情况	得分	合计	评价标准
安全操作	未按安全规范操作，出现设备及人身安全事故，则评价结果为0分					
能力目标	1. 符合质量要求的任务完成情况	50	是□　否□			若完成情况为“是”，则该项得满分，否则得0分
	2. 完成知识准备	10	是□　否□			
	3. 会查找工程样机在性能和工艺上的问题	10	是□　否□			
	4. 会辨别和分析工程样机在造型和结构上的问题	10	是□　否□			
	5. 会针对工程样机所出现的各种问题提出合理的修改方案	10	是□　否□			
	6. 会制作文案对工程样机的问题和解决办法进行汇总和表达	10	是□　否□			
评价结果						

任务24　产品工程试产和量产跟进

评　价　标　准

评价项目	评价内容	配分	完成情况	得分	合计	评价标准
安全操作	未按安全规范操作，出现设备及人身安全事故，则评价结果为0分					
能力目标	1. 符合质量要求的任务完成情况	50	是□　否□			若完成情况为“是”，则该项得满分，否则得0分
	2. 完成知识准备	10	是□　否□			
	3. 会合理规划不同产品的工程试产及量产流程	10	是□　否□			
	4. 会制定详细的产品试产和量产工程进度表	20	是□　否□			
	5. 会对工程试产和量产的每步流程定出合理的时间规划	10	是□　否□			
评价结果						